U0302722

国际
科学技术前沿
报告2018

张志强　主编

科学出版社
北京

内 容 简 介

本书从重要科技领域中选择科学与工程计算、引力波研究、虚拟现实研究、石墨烯防腐涂料、磁约束核聚变、生物成像技术、人类微生物组、作物病虫害导向性防控、地球深部金属矿资源探测、第三极环境研究 10 个科技前沿领域或热点问题，逐一对其进行国际研究发展态势的全面系统分析，剖析其国际整体进展状况、研究动态与发展趋势、国际竞争发展态势，并提出我国开展这些科技前沿领域或热点问题研究的对策建议，为我国这些领域科技创新发展的科技布局和研究决策等提供重要的咨询依据，为有关科研机构开展这些科技前沿领域或热点问题的研究部署提供国际相关领域科技发展的重要参考背景。

本书所阐述的科技前沿领域或热点问题，选题新颖，具有前瞻性，资料数据翔实，分析全面透彻，采取了领域战略研究专家和科技战略情报研究人员的合作研究模式，研发对策建议可操作性强，适合政府科技管理部门和科研机构的科研管理人员、科技战略研究人员和相关科技领域的研究人员等阅读参考。

图书在版编目（CIP）数据

国际科学技术前沿报告. 2018 / 张志强主编. —北京：科学出版社，2018.11

ISBN 978-7-03-058834-0

Ⅰ. ①国…　Ⅱ. ①张…　Ⅲ. ①科技发展-研究报告-世界-2018　Ⅳ. ①N11

中国版本图书馆 CIP 数据核字（2018）第 213614 号

责任编辑：邹　聪　赵丹丹 / 责任校对：王晓茜

责任印制：徐晓晨 / 封面设计：黄华斌

编辑部电话：010-64035853

E-mail：houjunlin@mail.sciencep.com

科学出版社出版

北京东黄城根北街 16 号

邮政编码：100717

http://www.sciencep.com

北京虎彩文化传播有限公司 印刷

科学出版社发行　各地新华书店经销

*

2018 年 11 月第　一　版　开本：787×1092　1/16

2019 年 2 月第二次印刷　印张：22　插页：8

字数：520 000

定价：198.00 元

（如有印装质量问题，我社负责调换）

《国际科学技术前沿报告2018》
研　究　组

组　长　张志强

成　员（按照报告作者顺序排列）

刘小平	吕凤先	魏　韧	郭世杰	董　璐
李宜展	李泽霞	王立娜	房俊民	徐　婧
田倩飞	唐　川	张　娟	姜　山	万　勇
冯瑞华	吴　勘	郭楷模	赵晏强	陈　伟
丁陈君	吴晓燕	陈　方	郑　颖	陈云伟
施慧琳	王　玥	李祯祺	苏　燕	许　丽
徐　萍	于建荣	王保成	李东巧	谢华玲
杨艳萍	刘　学	赵纪东	王立伟	刘文浩
吴秀平	刘燕飞	曲建升	曾静静	裴惠娟

前　言

中国科学院文献情报系统作为国家级科技信息与决策咨询知识服务骨干引领机构，以服务国家科技发展决策、科技研究创新、区域与产业创新发展的科技战略情报需求为己任，在全面建设支撑科技创新的系统性、综合性、权威性科技信息知识资源体系的同时，全面建立起科技发展全领域、多层次、专业化、集成化、协同化、及时性的支持科技战略研究、科技发展规划和科技发展决策、科技创新与产业化发展应用的科技战略情报研究与决策咨询知识服务体系，全面监测国际科技领域发展态势与趋势，系统分析判断科技领域前沿热点方向与突破趋向，深度关注国际重大科技规划布局和研发计划，全面分析国际科技战略与科技政策最新变革及调整动态，重点评价国际重要科技领域与科技发达国家科技发展竞争态势，建立起系统的国际科技发展态势与趋势监测分析及科技战略研究的决策咨询知识服务机制，系统性、长期性、机制化开展基础与前沿交叉、空间光电、信息、材料、能源、生物、人口健康、农业、海洋和生态环境等重要科技领域的科技发展战略、科技政策及科技发展重要重大信息等方面的科技战略情报与咨询服务。

中国科学院文献情报系统根据国家及中国科学院科技研发创新的战略布局，发挥其系统性整体化优势，按照“统筹规划、系统布局、协同服务、整体集成”的发展原则，构建“领域分工负责、长期研究积累、深度专业分析、支撑科技决策”的科技领域战略情报研究服务体系，面向国家和中国科学院科技创新的宏观科技战略决策、面向中国科学院科技创新领域和前沿方向的科技创新发展决策，开展深层次专业化战略情报研究与咨询服务：中国科学院文献情报中心负责基础科学与交叉重大前沿领域、空间光电与大科学装置及现代农业科技等领域的战略情报研究；中国科学院成都文献情报中心负责信息科技和生物科技等领域的战略情报研究；中国科学院武汉文献情报中心负责能源和材料制造等领域的战略情报研究；中国科学院兰州文献情报中心负责生态环境资源和海洋等领域的战略情报研究；中国科学院上海生命科学信息中心负责人口健康等领域的战略情报研究。基于上述统筹规划，形成了覆盖主要科技创新领域的学科领域科技战略情报研究团队体系。科技决策问题与需求导向、研究与咨询服务体系建设、科技前沿与重大问题聚焦、科技领域发展态势趋势专业化战略分析、科技战略与政策咨询研究的发展机制和措施，促进了这些学科领域科技战略情报研究与决策咨询的专业化知识服务中心、专业化科技智库的快速建设成长和发展。

从 2006 年起，研究组部署这些学科领域科技战略情报研究团队，围绕各自分工关注的科技创新领域的科技发展态势，结合国家和中国科学院科技创新的决策需求，每年选择相应科技创新领域的重大前沿科技问题或热点科技方向，开展国际科技发展态势的系统性战略分析研究，汇编形成年度《国际科学技术前沿报告》，呈交国家相关科技管理部门及中国科学院有关部门和研究所，以供科技发展的相关决策参考。从 2010 年起，完成的各年度《国际科学技术前沿报告》公开出版发行，供更大范围、更广泛的科研人员和科技管理人员参考。《国际科学技术前沿报告》的逻辑框架特色鲜明，不同于现有的其他相关的类似科技前沿发展报告，其中收录的专题领域科技发展态势分析报告，从相应领域的科技战略与规划计划、研究前沿热点与进展、发展态势与趋势及发展启示与对策建议等方面予以系统分析，定性与定量相结合、战略与政策相结合、启示与建议相结合。在研究模式上，更是采取了情报分析人员与科技领域战略专家相结合的研究方式，针对性地咨询相关领域的战略专家。多个年度的《国际科学技术前沿报告》汇集在一起，形成了观察各相关科技领域重大科技问题与前沿方向发展的小型百科全书，可以系统性、历史性地观察主要科技领域的重大发展变化情况。因此，《国际科学技术前沿报告》的研究与编制是一项系统性、战略性、基础性和前瞻性相贯通的工作，对相关科技领域的发展战略研究、科技前沿分析和科技发展决策等具有重要的参考咨询价值。

2017 年，我们继续部署这些学科领域战略情报研究团队，选择相应科技创新领域的前沿学科、热点问题或重点技术领域，开展国际发展态势分析研究，完成这些研究领域的分析研究报告 10 份。中国科学院文献情报中心完成《科学与工程计算国际发展态势分析》《引力波研究国际发展态势分析》和《作物病虫害导向性防控国际发展态势分析》；中国科学院成都文献情报中心完成《虚拟现实研究国际发展态势分析》和《生物成像技术国际发展态势分析》；中国科学院武汉文献情报中心完成《石墨烯防腐涂料国际发展态势分析》和《磁约束核聚变国际发展态势分析》；中国科学院兰州文献情报中心完成《地球深部金属矿资源探测国际发展态势分析》和《第三极环境研究国际发展态势分析》；中国科学院上海生命科学信息中心完成《人类微生物组国际发展态势分析》。本书将这 10 份前沿学科、热点问题或技术领域的国际发展态势分析研究报告汇编为《国际科学技术前沿报告 2018》正式出版，以供科技创新决策部门和科研管理部门、相关领域的科研人员和科技战略研究人员参考。

面对国家深入实施创新驱动发展战略、建设创新型国家乃至世界科技强国、深化科技体制机制改革、建设具有全球影响力的科创中心和国家综合性科学中心、强化国家战略性科技力量、加快中国特色新型智库建设、全面推进科技咨询服务业发展的新形势，以及大数据信息环境和知识服务环境持续快速调整变化的新挑战，围绕有效支撑和服务国家与中国科学院的科技战略研究、科技发展规划与科技战略决策的新需求，适应数字信息环境和数据密集型科研新范式的新趋势，中国科学院文献情报系统的科技战略研究与决策咨询工作，将进一步面向前沿、面向需求、面向决策，着力推动建设科技战略情报研究的新型决策咨询知识服务发展模式——高端科技智库发展模式，着力推动开展专业型、计算型、战略型、政策型和方法型“五型融合”的科技战略情报分析和科技战略决策咨询研究，实时持续监测和系统分析国际最新科技进展与态势、重要国家及国际组织关注的重要科技问题与相关科技新思想，系统开展科技热点和前沿进展、科技发展战略与规划及科技政策与科技评价等方面的研究和分析，及时把握科技发展新趋势、新方向、新变革和新突破，及时揭示国际科技政策、科技管理发展的新动态与新举措，为重大咨询研究、学科战略研究、科技领域战略研究及科技政策研究等提供战略情报分析和决策咨询服务，围绕高水平专业科技智库建设和发展的大方向，在中国科学院国家高端科技智库的建设和发展中发挥不可替代的作用。

中国科学院文献情报系统的战略情报研究服务工作，一直得到中国科学院领导和院有关部门的指导与支持，得到院属有关研究所科技战略专家的指导和帮助，以及国家有关科技部委领导和专家的大力支持与指导，得到相关科技领域的专家学者的指导和帮助，在此特别表示诚挚感谢！衷心希望我们的工作能够继续得到中国科学院和国家有关部门领导与战略研究专家的大力指导、支持和帮助。

《国际科学技术前沿报告》研究组

2018年2月28日

目　　录

1　科学与工程计算国际发展态势分析……1
　1.1　引言……1
　1.2　战略计划和项目部署……3
　1.3　文献计量分析……30
　1.4　科学与工程计算重要的国际国内会议……36
　1.5　科学与工程计算的国际前沿与发展趋势……39
　1.6　总结与建议……41
　参考文献……42
2　引力波研究国际发展态势分析……45
　2.1　引言……45
　2.2　主要国家引力波探测和研究项目……46
　2.3　从论文看引力波研究的现状和趋势……54
　2.4　引力波研究发展趋势……65
　2.5　总结与建议……67
　附表 1……68
　参考文献……69
3　虚拟现实研究国际发展态势分析……71
　3.1　引言……72
　3.2　研发计划与发展策略……73
　3.3　关键技术发展现状与趋势……82
　3.4　虚拟现实研究文献计量分析……93
　3.5　总结与建议……99
　参考文献……100
4　石墨烯防腐涂料国际发展态势分析……103
　4.1　引言……103
　4.2　石墨烯研究应用的配套条件……105
　4.3　石墨烯重防腐涂料研究进展……107
　4.4　石墨烯防腐技术专利分析……112
　4.5　石墨烯防腐论文计量分析……118
　4.6　总结与建议……123
　参考文献……125

5 磁约束核聚变国际发展态势分析 ······ 128
5.1 引言 ······ 129
5.2 磁约束核聚变领域发展历程和现状 ······ 130
5.3 磁约束核聚变关键前沿技术分析 ······ 133
5.4 磁约束核聚变领域主要国家发展态势 ······ 138
5.5 各国参与 ITER 计划情况 ······ 150
5.6 研发创新能力定量分析 ······ 155
5.7 总结与建议 ······ 161
参考文献 ······ 162
6 生物成像技术国际发展态势分析 ······ 166
6.1 引言 ······ 167
6.2 国际发展规划与举措 ······ 168
6.3 技术发展现状与趋势 ······ 174
6.4 国际设施建设现状 ······ 188
6.5 总结与建议 ······ 196
参考文献 ······ 198
7 人类微生物组国际发展态势分析 ······ 200
7.1 引言 ······ 202
7.2 国际政策规划与举措 ······ 203
7.3 人类微生物组研究发展态势 ······ 213
7.4 产业发展态势 ······ 224
7.5 总结与建议 ······ 229
参考文献 ······ 230
8 作物病虫害导向性防控国际发展态势分析 ······ 233
8.1 引言 ······ 234
8.2 主要国家相关战略规划与举措 ······ 236
8.3 研究论文分析 ······ 246
8.4 专利分析 ······ 255
8.5 企业研发动向 ······ 265
8.6 总结与建议 ······ 267
参考文献 ······ 268
9 地球深部金属矿资源探测国际发展态势分析 ······ 270
9.1 引言 ······ 271
9.2 国际矿产资源勘探态势 ······ 272
9.3 深部金属矿探测典型案例 ······ 278
9.4 深部金属矿探测的科技战略与动向 ······ 283
9.5 深部金属矿探测的文献计量分析 ······ 294
9.6 地球深部金属矿资源探测的专利分析 ······ 300

9.7　我国深部金属矿资源探测发展现状与未来需求 …… 303
9.8　总结与建议 …… 304
参考文献 …… 305
10　第三极环境研究国际发展态势分析 …… 308
10.1　引言 …… 309
10.2　第三极环境研究国际发展态势 …… 310
10.3　第三极环境研究文献计量分析 …… 323
10.4　第三极环境研究趋势与热点分析 …… 335
10.5　总结与建议 …… 336
参考文献 …… 337
彩图

1　科学与工程计算国际发展态势分析

刘小平　吕凤先

（中国科学院文献情报中心）

摘　要　科学与工程计算利用高级计算能力理解和解决复杂的科学与工程问题，是计算机实现在高科技领域应用的纽带和工具。进入 21 世纪以来，高性能计算机迅速发展，已经进入千万亿次时代。2010 年，美国能源部（Department of Energy，DOE）提出了百亿亿次系统的设计方案，预计 2020 年建成百亿亿次超级计算机。千万亿次、百亿亿次科学与工程计算将显著提升各国在国家安全、航空航天、生命科学、材料科学及气候与生态环境等领域中的科技创新能力，产生重大科学理论和应用突破。2014 年，DOE 报告《百亿亿次计算的十大挑战》明确指出，百亿亿次计算将改变全球经济（葛蔚等，2016）。为了抢占先机，欧洲各国、美国和日本等相继制定了符合自己国情的科学与工程计算路线图、战略与规划。中国的科学与工程计算在世界上占有重要位置，但还没有公布详细的路线图和发展规划。

本报告对欧盟、美国、英国、日本和中国在科学与工程计算领域的发展路线图、重大研究计划、重要研究机构、相关国际会议进行了调研和分析，同时对 2007～2016 年科学与工程计算领域的科学论文进行了定量分析。

综合定性调研和文献计量学定量分析，建议中国应该面向世界科学前沿，结合中国国情，加强整体规划，加强科学与工程计算的算法研究，加强科学与工程计算软件研制，加强面向国家重要需求的科学与工程计算应用领域研究，培养多学科交叉型人才。

关键词　科学与工程计算　发展态势　战略计划　研发重点与热点

1.1　引言

美国总统信息技术咨询委员会为计算科学提供了一个定义（PITAC，2005），计算科学是计算数学、应用数学、统计学、计算机科学及科学与工程核心学科结合产生的交叉学科，利用高级计算能力来理解和解决复杂的科学与工程问题，致力于开发适用于所有领域的科学发现的计算方法。计算科学主要包括 3 个部分：①运算法则（数值的和非数值的）、建模和模拟软件，用以解决科学（如生物学、物理学和社会学等）、工程及人文学科中的各种问题。②计算机与信息科学，开发和优化各种系统硬件、软件、网络和数据分析技术，解决计算中需要解决的各种问题。③计算基础设施，支持解决科学和工程问题，支持计算机与信息科学自身的发展。计算科学的外围很广，包括计算力学、计算物理学、计算材料科学、计算化学、计算生物学、计算医学，也包括系统科学、经济科学、社会科学中发展起来的计算理论。

科学与工程计算能力包括计算机硬件、应用软件及支撑软件的计算方法和算法的能力（陈志明，2012）。2005 年，美国《计算科学：确保美国的竞争力》报告指出，虽然计算机处理器性能的显著提升广为人知，但是改进算法和程序库对提高计算模拟能力的贡献与对计算机硬件性能提升的贡献是一样的。以在科学与工程计算应用中的三维拉普拉斯方程计算求解为例，从 20 世纪 50 年代的高斯消元法到 80 年代的多重网格法，算法的改进使计算量从正比于网格数 N 的 7/3 次方下降至最优的计算量正比于 N，如果 N=100 万，计算效率就提升 1 亿倍。2009 年，美国世界技术评估中心对 1998～2006 年获超级计算戈登 • 贝尔奖（Gordon Bell Prize）的应用程序进行评估的结果表明，获戈登 • 贝尔奖的应用程序的算法（线性代数、图剖分、区域分裂、高阶离散）的进步使应用程序对计算能力提高的贡献超过摩尔定律（陈志明，2012）。

1944 年，美国在核武器开发中产生的“人工黏性法”，可以用来求解可压缩无粘流动方程（一种非线性双曲型方程），成功地用于冲击波的计算，这一成果导致了计算流体力学的诞生。1948 年，冯 • 诺伊曼（John von Neumann）等提出的蒙特 • 卡罗方法（Monte Carlo method），一种求解复杂系统的通用随机模拟方法，曾用于求解中子输运的玻尔兹曼方程，现在广泛用于计算力学、计算物理学、计算化学。1964 年，库利（J. W. Cooley）和图基（T. W. Turker）提出的快速傅里叶变换，是解决一切涉及谐波分析领域问题的通用工具，广泛用于光、电、声学技术，天气预报，地震波分析，地球物理勘探和晶体分析等。20 世纪 50 年代末 60 年代初，西欧、美国、中国独立提出和发展的有限元方法，是求解椭圆型偏微分方程的基础算法，特别适用于复杂的几何问题。有限元方法的出现导致了计算结构力学的诞生与发展。现在，有限元方法几乎用于一切工程设计行业，成为设计分析的日常工具（石钟慈和桂文庄，1990）。

2005 年，美国《计算科学：确保美国的竞争力》报告多次强调，计算科学是继理论方法和实验方法之后的第三科学支柱（陈志明，2012）。现代用计算科学取得重大科学发现的事例很多。1965 年，美国科学家克鲁斯卡尔（Joseph Kruskal）和扎布斯基（Norman Zabusky）用计算的科学方法在计算机上发现了“孤立子”，他们在用数值方法解典型的非线性色散波方程时，通过计算机的动画显示看到了这种具有独特性状的粒子——“孤立子”。“孤立子”的发现是计算科学在非线性分析中的一项重大成就。计算科学在决定性的混沌现象的发现中也起了很大作用。1963 年，洛伦兹（Hendrik Lorentz）发现了奇异吸引子。1964 年，埃农（Henon）和海尔斯（Heils）发现了守恒系统的混沌现象。1978 年，费根鲍姆（Edward Albert Feigenbaum）和利比查伯（Albert J. Libchaber）发现了分岔现象与湍流模型的普适性。美国的科马克（Allan Macleod Cormack）和豪斯费尔德（Godfrey Newbold Hounsfield）由于对计算机 X 射线体层摄影（computer tomography，CT）所做的贡献而获得 1979 年诺贝尔生理学或医学奖，X 射线扫描成像是应用 radon 变换原理进行数值计算。美国的威尔逊（Kenneth G. Wilson）在重正化群理论的基础上进行了实质性修改后建立的方法，解决了与相转变有关的临界现象理论而获得 1982 年诺贝尔物理学奖。英国化学家克卢格（Aaron Klug）由于发展了晶体电子显微术，并且研究了具有重要生物学意义的核酸-蛋白质复合物的结构而获得 1982 年诺贝尔化学奖。美国数学家和结晶学家豪普特曼（Herbert A. Hauptman）与卡尔（Jerome Karle）共同研究出一套数学方法，可从化合物结晶体的 X 射线衍射图像，推断出其分子结构，因而获得 1985 年诺贝尔化学奖（石钟慈和桂文庄，1990）。

《计算科学：确保美国的竞争力》报告指出，21 世纪最伟大的科学突破将从计算科学中获得。高性能科学与工程计算已经成为科学技术发展和重大工程设计中革命性的研发手段。21 世纪第一个重大科学突破——2001 年宣布的人类基因组的解码，归功于大规模的计算科学。在科学研究中，有些现象不适合做实验，因为太复杂、太昂贵、太危险、太庞大或太微小，计算科学使研究人员能得到这些现象的理论模型。例如，计算宇宙学，通过计算获得宇宙模型，检测关于宇宙起源的不同理论。人们无法创造宇宙的变体，也无法观察其未来的演化，因此，计算科学的建模和数值模拟是进行实验的唯一可行的方法。再如，禁止核试验后计算模拟的核爆炸完全代替了核试验。各国大飞机的研制也都依赖计算力学与计算数学完成气动与结构设计。同样，从新药研制到精准医学，从催化机理的分析到反应器放大与优化，从建筑与桥梁设计到地质灾害防治，科学与工程计算几乎在现代科技的所有领域中突破了理论和实验研究的极限，加快了研发进程，显著降低了费用。美国科学家卡普拉斯（M. Karplus）、莱维特（M. Levitt）和瓦谢勒（A. Warshel），由于在开发多尺度复杂化学系统模型方面所作的贡献而获得了 2013 年诺贝尔化学奖。诺贝尔化学奖评选委员会认为，多尺度复杂化学系统模型的出现，翻开了化学史的新篇章，化学反应发生的速度堪比光速，刹那间电子就从一个原子核跳到另一个原子核，以前，对化学反应的每个步骤进行追踪几乎是不可能完成的任务，而在由这 3 位科学家研发的多尺度复杂化学系统模型的辅助下，化学家让计算机来揭示化学过程。现在，对化学家来说，计算机是同试管一样重要的工具，计算机对真实生命的模拟已经为化学领域大部分研究成果的取得立下了功劳。通过数值模拟，化学家能更快地获得比传统实验更精准的预测结果。2013 年诺贝尔化学奖的颁发表明，计算科学是任何一个学科领域翻开新篇章的有力工具，是引领学科发展的前沿（周宏仁，2016）。

发达国家认为，发展高性能科学与工程计算关系国家的命脉，是保持科学领先、经济竞争能力和国家安全的重要支撑，将其作为国家战略给予高度重视，发布相关战略研究报告，资助相关的研究计划。

1.2 战略计划和项目部署

1.2.1 美国

1.2.1.1 美国国家科学基金会资助的国家战略计算计划

美国国家科学基金会（National Science Foundation，United States，NSF）通过两种方式为国家战略计算计划（National Strategic Computing Initiative，NSCI）提供资金支持：

①2017 财年预算 3000 万美元用于支持 NSCI。②通过现有资助计划（包括核心研究计划）支持 NSCI。

NSF 现有的资助 NSCI 的计划有 5 个：①计算及数据支撑的科学与工程。②NSF 和半导体研究公司合作研究项目，协同解决能源受限计算性能挑战。③NSF/美国国立卫生研究院（National Institutes of Health，NIH）生物医学大数据量化方法联合计划，支持生物医学和数据科学重要的交叉应用领域的合作。④工业-大学合作研究中心计划。⑤可持续创新的软件基础。其中，计划①已经有 2 个主要项目正在运行（表 1-1）。

表 1-1　NSF 计算及数据支撑的科学与工程计划的 2 个主要项目

时段	资助经费/万美元	项目名称	研究内容
2016～2020 年	193.7	具有统计学和计算先进程序包络的喷注能量损失层析成像	开发可扩展的便携式开源软件包来替代现有的各种代码。模块化集成软件框架将由相互作用的发生器组成，以模拟进入核的波函数；模拟等离子体的黏性流体动力演化；模拟等离子体中喷注的运输
2016～2021 年	100	核酸二级结构模型的计算参数化	建立一个计算参数化框架，使用最先进的计算化学方法，对小模型问题进行原子模拟，实现新的核酸二级结构模型的计算参数化

同 NSCI 战略目标相一致的其他计划主要包含 2 个研究所与 1 个项目。

2016 年 7 月，NSF 宣布 5 年内拨款 3500 万美元资助 2 个研究所，即科学网关社区研究所和分子科学软件研究所（表 1-2）。

表 1-2　科学软件创新研究所两大资助项目

时段	项目名称	研究内容
2016～2021 年	科学网关社区研究所	将增加科学网关的能力、数量和可持续性
2016～2021 年	分子科学软件研究所	将资助一个跨学科的软件科学家团队，他们将开发软件框架，与代码开发人员和网络基础设施中心合作，并与企业界合作，支持计算分子科学领域

NSF 还资助了“极限环境中的可扩展并行性”项目，共有 7 个子项目，目前资助总经费为 502.8 万美元（表 1-3），涵盖全部 NSCI 战略目标，旨在应对当今并行计算时代提高性能的挑战。

表 1-3　NSF 资助的“极限环境中的可扩展并行性”项目的 7 个子项目

时段	资助经费/万美元	项目名称	研究内容
2017～2020 年	80	跨层应用感知在极限尺度的恢复能力	探讨单个并行应用环境中使用的多个软件库（和应用程序组件）如何进行交互，以提供并行应用程序定向计算所需的整体故障管理支持。该项研究将扩展到多种编程范例相结合
2017～2020 年	80	数据流的多核到广域分析	开发用于分析计算系统上大量流数据的方法，计算系统包括从多个共享存储器的内核到通过广域网络通信的地理分布式数据中心
2017～2020 年	80	可扩展不规则数值应用的依赖编程与优化	使用新颖的编译器和运行技术来统一并扩展并发集合依赖关系编程模型，并将其应用于动态的、不规则的数值计算

续表

时段	资助经费/万美元	项目名称	研究内容
2017～2021 年	80	各种尺度并行构建的 multi-grain 编译器	开发新技术，加快汇编过程。设计新的编译器算法和调度器，以使编译器能够与硬件功能匹配。加快编译，更快地开发任何类型的软件，为用户提供新功能，更快地压缩潜在的灾难性错误
2017～2020 年	22.8	基于稀疏化的方法分析网络动力学	开发一套可扩展的并行算法，用于更新可在各种高性能计算平台上执行的面向不同问题的动态网络。动态网络分析将能够研究生物信息学、社会科学和流行病学等不同学科复杂系统的演变。预计项目将启动并行动态网络算法的新研究方向
2017～2020 年	80	使用自旋电子学的可扩展内存处理	开发计算工作存储器的概念来构建内存处理解决方案，以使用自旋电子技术解决数据密集型计算问题
2017～2021 年	80	具有增强的无监督学习能力的综合深度神经网络加速框架	在软件层面，设计一个广义层次决策系统；在计算层面，设计具有增强的无监督学习支持的深度神经网络计算范例；在应用层面，将在受益于无人监督学习和强化学习的场景中开发其应用。也将在图形处理器、现场可编程门阵列和新兴纳米级计算系统中对所开发的技术进行演示和评估

1.2.1.2 DOE 和科学与工程计算相关的战略计划及项目

（1）先进科学计算研究计划

先进科学计算研究（Advanced Scientific Computing Research，ASCR）计划的主要任务是为能源安全、核安全、科学发现和创新及环境等科学领域的研究人员开发计算与网络工具，使其能对复杂现象进行分析、建模和预测，对原本因危险和成本过高而无法进行的实验进行验证。ASCR 计划包含应用数学项目和先进计算科学发现（Scientific Discovery through Advanced Computing，SciDAC）项目等。

ASCR 应用数学项目具有悠久的历史，专注于高性能计算的数学研究和软件研究开发。2014 年 3 月，DOE 发布了《百亿亿次计算的应用数学研究》报告，建议其 ASCR 计划优先采取行动，开展针对百亿亿次计算的应用数学研究计划，重点内容包括：①ASCR 计划优先开展一项针对百亿亿次计算的应用数学研究计划，使 DOE 保持在先进计算方面的优势。②加大对建立新数学模型、数学模拟、数学模型离散化、数据分析和数学算法等的研发经费投入，促进应用数学的发展，从而促进百亿亿次计算性能的巨大提高。③ DOE 应该针对应用数学研究找到一个平衡点，同时为百亿亿次计算和其他一些基础研究计划提供足够支持。④计算机科学家、应用数学家、应用科学家要加强紧密合作，这是百亿亿次计算取得成功的必要条件。⑤ASCR 计划必须投入经费，支持计算机科学家参加应用数学的培训，支持应用数学家参加高性能计算方面的培训，使计算机科学家和应用数学家同时具备高性能计算和应用数学两方面的知识，促进百亿亿次计算的发展。

SciDAC 于 2001 年发起，通过应用数学家和计算机科学家的合作，为气候科学、高能物理学、核物理学、材料科学、化学与生物学等领域提供计算解决方案。SciDAC 项目资助了 4 个 SciDAC 研究所和 3 个百亿亿次协同设计中心。

2012～2016 年，SciDAC 项目资助了 4 个研究所：①FASTMath SciDAC 研究所，开发用于可靠地模拟复杂物理并且可扩展的数学算法和软件工具。与 DOE 的各领域科学家合作，确保 FASTMath 技术的实用性和适用性。②QUEST SciDAC 研究所，开发用于极端规模计算的不确定性量化工具，并在科学领域应用。③SciDAC SDAV 研究所，与应用团队合作，协助其实现科学突破，并为计算科学领域的数据管理、分析和可视化提供解决方案。④SUPER 可持续性能、能源和弹性研究所，研究领域包含性能工程（包括建模和自动调整）、能源效率、弹性和优化。

2011 年起，SciDAC 资助了 3 个协同设计中心：①极端环境中材料百亿亿次协同设计中心（Exascale Co-Design Center for Materials in Extreme Environments，ExMatEX），建立算法、系统软件和硬件之间的相互关系，开发多物理场百亿亿次模拟框架，对极端机械和辐射环境的材料进行建模。②先进反应堆百亿亿次模拟中心（Center for Exascale Simulation of Advanced Reactors，CESAR），开发具有百亿亿次能力的综合仿真工具，用于模拟新一代先进核反应堆的设计。③湍流中的燃烧模拟中心（Center for Exascale Simulation of Combustion in Turbulence），执行多学科研究，从算法、编程模型到硬件架构重新设计模拟过程，使百亿亿次燃烧模拟成为现实。

DOE“先进科学计算研究”计划推动百亿亿次计算研发。DOE 科学办公室在 2016 财年为百亿亿次计算研发提供 2.08 亿美元，这在 2015 财年相关预算（0.99 亿美元）的基础上实现了大幅增长。其中，DOE 通过 ASCR 计划投入约 1.78 亿美元，从 5 个方面推动百亿亿次计算研发，包括：①从硬件、软件与数学方面开展技术研发，构建百亿亿次计算系统。②利用新兴技术，协调科学计算应用和数据密集型应用的研发工作，使其能够充分利用百亿亿次计算系统的性能。③联合高性能计算制造商，加速百亿亿次计算技术的研发与实施。④采购和运行使用了新兴技术的千万亿次级别的计算系统，为利用这些新兴技术研制百亿亿次计算系统奠定基础。⑤与其他政府机构合作，确保百亿亿次计算能在其他政府部门获得应用。ASCR 计划认为，百亿亿次计算研发面临许多技术挑战，需要从 10 个方面应对挑战：①提高芯片、供电及冷却技术的能效。②开发新的互联技术，提高数据移动的性能与能效。③集成先进的内存技术，提高内存容量与带宽。④开发可伸缩的系统软件，实现对能耗的感知。⑤开发新的编程环境，实现大规模并行性、数据局部性和系统弹性。⑥开发管理软件，未来能处理大容量的数据。⑦用百亿亿次计算分析科学问题，重新设计、开发适用于百亿亿次计算的算法。⑧针对基于百亿亿次计算的科学发现，设计和开发数学优化方法与不确定量化方法。⑨克服系统误差、可重复性与验证的挑战，确保科学计算的准确性。⑩开发新的软件，提高科学计算的生产力。

（2）先进模拟与计算计划

先进模拟与计算（Advanced Simulation Computing，ASC）计划负责提供模拟工具和计算环境，以在不进行真实核武器试验的情况下对美国的核武器储备的安全性与可靠性进行鉴定和认证。ASC 的前身为加速战略计算创新（Accelerated Strategic Computing Initiative，ASCI）计划。ASCI 成立于 1995 年，用于保证核库存的性能、安全性、可靠性和更新的需要，2004 年，ASCI 正式改为 ASC。ASC 计划的目标是：①通过模拟提高预测的精度；②可量化计算结果不确定性界限；③通过更紧密地整合模拟和实验活动，提高预测能力；④与企业、研究机构、大学和政府机构合作，为用户提供必要的计算能力。

（3）百亿亿次计算项目

百亿亿次计算项目（Exascale Computing Project，ECP）是DOE针对奥巴马提出的NSCI推出的主要研究项目，旨在开发强大的百亿亿次计算生态系统，部署至关重要的应用程序、系统软件、硬件技术和架构及人才发展需求，使高性能计算为美国经济竞争力、国家安全和科学发现带来最大限度的利益。

2016年9月，ECP发布首轮资助的22个应用开发项目，资助金额为3980万美元（表1-4），涵盖45家研究和学术机构。此首轮应用开发项目旨在开发侧重于可移植性、可用性和可扩展性的先进建模与模拟解决方案，应对DOE在科学发现、清洁能源、国家安全和与NIH的美国国家癌症研究所（National Cancer Institute，NCI）合作的精准医疗计划等方面所面临的具体挑战。

表1-4 ECP所资助的22个应用开发项目

序号	项目名称
1	在极限尺度上计算
2	百亿亿次深度学习和模拟，启用癌症精准医疗
3	百亿亿次格点规范理论，核能和高能物理学的机会和要求
4	百亿亿次分子动力学：跨越材料科学关键问题的准确性、长度和时间尺度
5	先进粒子加速器的百亿亿次建模
6	耦合流动、运输、反应和力学的百亿亿次地下模拟器
7	百亿亿次预测风电厂流体物理建模
8	QMCPACK：一种用于预测和系统改进的以量子力学为基础的材料模拟的框架
9	耦合蒙特卡罗中子和小型模块化反应堆的流体流动模拟
10	TrAMEx：通过百亿亿次模拟变革增材制造技术（3D打印）
11	NWChemEx：迎接百亿亿次时代的化学、材料和生物分子挑战
12	磁约束聚变等离子体的高保真整机建模
13	自由电子激光百亿亿次数据分析
14	百亿亿次模拟变革燃烧科学与技术
15	云方案——地球水循环的气候模拟
16	为化学与材料中的百亿亿次计算启用GAMESS
17	多尺度耦合城市系统
18	恒星爆炸的百亿亿次模型：精密多物理场模拟
19	用于微生物分析的百亿亿次计算方案
20	区域尺度地震危害和风险评估的高性能、多学科模拟
21	MFIX-Exa：具有离散元件、粒子和双流体模型的多相能量转换器件的性能预测
22	优化百亿亿次计算的随机网格动力学

注：表中项目时间为2016年9月，资助经费为3980万美元，研究方向为建模和模拟解决方案

ECP 于 2016 年 11 月宣布，对表 1-5 中 35 个软件开发项目资助 3400 万美元，研究方向包括编程模型、运行时库、数学库和框架、工具、数据管理和输入/输出，以及原位可视化和数据分析等。

表 1-5　ECP 所资助的 35 个软件开发项目

序号	项目名称
1	xGA：极限尺度架构上的全局数组
2	用于管理百亿亿次计算和内存相互作用的集成软件组件
3	百亿亿次应用程序的轻量级通信和全局地址空间支持
4	百亿亿次信息传递接口
5	增强百亿亿次计算项目的数据中心并行编程系统
6	百亿亿次分布式任务
7	在百亿亿次架构中高性能计算应用程序有效利用 Kokkos 库实现性能可移植性
8	OMPI-X：为百亿亿次打开信息传递接口
9	用于百亿亿次计算系统的应用级功率控制的运行系统
10	SOLLVE：使用低级虚拟机扩展共享存储并行编程以实现百亿亿次性能和可移植性
11	PROTEAS：新兴架构和系统编程工具链
12	扩展高性能计算工具包以测量和分析百亿亿次平台的代码性能
13	用于跨架构转换和代码生成的自动调谐编译器技术
14	EXA-PAPI：百亿亿次性能应用程序编程接口
15	百亿亿次代码生成工具包
16	SLATE：具有线性代数性能的针对百亿亿次计算的软件
17	PEEKS：生产就绪的、应用于百亿亿次计算的 Krylov 解算器
18	ForTrilinos：可持续生产 Fortran 与 Trilinos 库的互操作性
19	用于百亿亿次计算项目的基于因子分解的稀疏求解器和预处理器
20	xSDK4ECPALExa：极限尺度科学软件开发工具包——用于百亿亿次计算项目
21	ALExa：实现百亿亿次计算的加速库
22	通过 SUNDIALS 进行时间积分器
23	为百亿亿次准备便携式、可扩展的科学计算工具包 PETSc/TAO
24	VeloC：非常低开销透明多级检查点/重新启动
25	EZ：用于科学数据的快速的、有效的并行误差可控的百亿亿次有损压缩
26	UNIFYCR：用于分布式突发缓冲区的检查点/重新启动文件系统
27	ExaHDF5：在百亿亿次计算系统上提供高效并行的输入/输出
28	百亿亿次系统科学数据的 ADIOS 框架
29	支持百亿亿次科学的数据库和服务
30	ZFP：压缩浮点数组
31	ECP ALPINE：用于原位可视化和分析的算法与基础设施
32	ECP VTK-m：更新百亿亿次时代处理器的高性能计算可视化软件
33	为 ECP 科学和能源影响加强 Qthreads
34	为 ECP 建立的简化复杂内存应用程序编程接口和操作系统/运行时接口
35	Argo：百亿亿次计算的操作系统和资源管理

（4）计算材料科学项目

2015 年，DOE 基础能源科学办公室启动了计算材料科学（Computational Materials Sciences，CMS）项目，将理论计算与实验结合，为材料学界提供先进工具和技术，以支撑材料基因组计划。2015 年，计算材料科学项目资助了 3 个项目，总资助经费为每年 800 万美元，持续 4 年。这 3 个项目将针对材料表征、合成、加工、性质评估，以及计算建模等过程产生的大数据，开发开源、强大、有效、用户友好的软件及相关实验和计算数据库，用以捕获相关系统的基本物理和化学性质，促进研究团队和企业加快新功能材料的设计。这些项目研究的目标是将对当前理论与材料模型的简单扩展转为利用特定的计算机代码与软件，配合实验与理论数据的创新使用，促进新材料的设计与发现，完成一种范式转移，从而创造出新的先进创新型技术。2015～2019 年，美国阿贡国家实验室、布鲁克海文国家实验室（Brookhaven National Laboratory，BNL）和南加利福尼亚大学分别负责这 3 个项目：①中西部计算材料综合中心，旨在开发开源先进软件工具，帮助科学界对能量转换技术相关纳米材料和中尺度材料的基本性质与行为进行建模、模拟和预测，其中也包括极不平衡条件下形成的亚稳态材料。②功能性强关联材料计算与理论光谱学中心，旨在开发下一代方法和软件，精确地描述氧化物和复合材料中的电子强关联，以及建设相应的数据库，用以预测热电材料的特定性质。③材料计算合成软件项目，验证层状低维功能材料及超快 X 射线激光实验，旨在开发下一代方法与软件，以在电子层级预测和控制材料工艺，帮助电子器件和催化相关的堆叠二维功能材料的合成、插层和剥离。

2016～2019 年，计算材料科学项目资助了 2 个项目，总资助经费为 1600 万美元。橡树岭国家实验室和劳伦斯伯克利国家实验室分别负责这 2 个项目：①能源材料激发态现象计算研究中心，主要开发多体理论软件方法，用于单粒子、光学激发及功能材料中的高阶相关过程研究。②功能材料预测模拟中心，主要进行功能材料的量子蒙特卡罗软件的方法开发，提供电子本征态的准确和鲁棒的测定，执行超出基态属性的计算，并提高化合价哈密顿量。

（5）癌症先进计算解决方案的联合设计项目

2016 年 6 月，DOE 与 NCI 合作，启动了“癌症先进计算解决方案的联合设计”（Joint Design of Advanced Computing Solutions for Cancer，JDACSC）项目，旨在借助深度学习技术加快抗癌研究。该项目将建立癌症数据共享系统。JDACSC 项目共分为三大试点项目：①RAS 分子项目。该项目通过开发新的计算方法，支持当前已经在进行的 RAS 分子研究，最终增强研究者对癌症中 RAS 基因及其相关信号通道的理解，在 RAS 蛋白膜信号复合体中发现新的治疗对象。②癌症临床治疗前的筛查。该项目以试验性的生物数据为基础，针对“机器学习、大规模数据和预测模型”进行重点开发。通过建立反馈循环，让试验模型对计算模型的设计进行指挥，而这些模型或许能对准癌症中的新目标，帮助医生找到新的治疗方法。③人口模型。该项目开发可扩展性框架，对全世界癌症患者的病情记录进行有效的归纳、分类和总结。根据人们的生活方式、所处环境、癌症种类和医疗体系等要素，从大量癌症患者的病历数据中自动分析，以获得最佳的治疗方案。这种引擎将对医疗健康的多个方面影响巨大，包括数据的分发及对成本的控制。通过这些项目，人们希望能够提供可扩展性机器学习工具，进一步发展深度学习、模拟和分析技术，更快地为用户找出解决方案，为未来癌症先进计算解决方案的联合设计提供参考。最终达到有效地利用逐渐多样化、不断增长的癌症相关数据，建立预测模型，提供对疾病更准确的判断，进一步为患者的治疗提供指导，最终建立未来癌症研究的新模型。

（6）DOE 资助制造业高性能计算计划的 10 个新项目

2016 年 2 月，DOE 投入 300 万美元为“制造业高性能计算计划”资助 10 个新项目，促进私营企业利用 DOE 国家实验室的高性能计算资源，应对制造业中的重要挑战。这些项目覆盖了优化晶体管设计、航空引擎、飞机引擎叶片、优化工业干燥方法设计、降低电子器件热损耗、玻璃纤维和先进焊接仿真工具等多个领域（表 1-6）。

表 1-6　DOE 资助制造业高性能计算计划的 10 个新项目

序号	项目名称	研究内容
1	超低功耗器件架构的计算设计与优化	优化晶体管设计
2	用于优化飞机引擎叶片用锻造铝-锂合金强度的集成计算材料工程工具	开发、利用和验证一种缺陷模型，以预测铝-锂合金的机械性质
3	降低工业喷雾干燥能耗的高性能计算	利用高性能计算进行物理干燥模拟，优化工业干燥方法设计
4	面向增材制造航空零部件的定制化微观结构和材料性质集成预测工具	开发和部署模拟工具，用于预测增材制造工艺中的材料微观结构，保证重要航空零部件符合设计上对强度和抗疲劳上的特殊需求
5	高效纸纤维结构的高扩展性多尺度有限元仿真	降低产品中 20%的纸浆用量，从而大幅降低这一能源密集型产业的能耗和成本
6	激光粉末床融合制造工艺中定制微结构工艺图	推动添加制造零部件微结构和熔体池的本地控制
7	全集成航空发动机燃烧室和高压叶片的大规模并行多物理多尺度大涡模拟	通过设计优化改善航空引擎的效率和部件寿命
8	通过多喷嘴抽丝盒进行玻纤拉丝工艺的数字化模拟	玻璃纤维成型与固化过程中热机械应力建模，了解断裂-失效机制
9	开发简化玻璃熔炉模型，优化工艺运行	开发一种简化的玻璃熔炉计算流体动力学模型，用于在短时间内进行近实时的线性调整
10	焊接预测应用程序	部署基于云计算的先进焊接仿真工具

（7）DOE《基础能源科学的百亿亿次计算需求》报告

2017 年 2 月，DOE 发布《基础能源科学的百亿亿次计算需求》报告，确定了面向 2025 年基础能源科学的前沿科学研究的百亿亿次计算需求，包括计算、数据分析、软件、工作流、高性能服务及各种计算机需求。报告指出 7 个领域，即新型量子材料与化学品，催化、光合作用和光捕获、燃烧，材料与化学发现，软物质，量子系统算法，基础能源科学设施的计算和数据挑战，数学与计算机科学变革基础能源科学，将因计算、模拟和先进工具的重大、持续进展而获得变革性机遇，报告阐述了这 7 个领域的百亿亿次计算需求。

1）新型量子材料与化学品。设计新型量子材料与化学品，需要开发新的预测理论、高效和自适应的软件，利用各种计算设施。到 2025 年实现的目标为：①量子材料。实现材料性能的定量可验证预测，包括超导和磁转变温度、临界电流和拓扑保护的无耗散边缘电流。②重元素科学。开发可以实现长时间模拟和大规模系统的量子力学方法；执行长时间模拟，有效捕获萃取化学的复杂 pH 环境。③高级光谱学。利用密度泛函理论和动力学平均场理论等方法。

2）催化、光合作用和光捕获、燃烧。3 个优先研究方向及其通过百亿亿次计算到 2025 年实现的目标为：①催化。实现对多功能催化的端对端、系统级的描述；不确定性量化方法和数据集成方法将可解决催化材料设计的逆问题；将准确的多尺度模拟集成到能源生产和制造业的过程级描述。②光合作用和光捕获。开发出能准确地描述聚合物中和跨越各个电触点的电子电荷输运、通过陶瓷层和有机聚合物的热流体和冷流体的热传输的模型。③燃烧。将多重物理量、多尺度的燃烧科学全面地纳入经验证的预测模拟中，减少企业开发高效发动机的时间。

3）材料与化学发现。理想状况下，科研人员可以制造具有目标特性的新材料或化学品，从而节省大量成本。然而，材料的特性、化学品的定制合成及材料控制的预测建模需要建模能力、硬件资源与通过计算诠释实验技术的软件。新的计算工具将可以实现：①具有目标特性的新材料和化学品的计算发现。②合成这些材料和化学品的路径预测。③其动力学或热力学稳定性和降解路径的预测。到 2025 年，将可以模拟多相材料、分层材料和复杂化学品的合成、稳定性和降解；用“计算光谱学”来验证模拟结果。

4）软物质。聚合物、表面活性剂、电解质和微多相流等软物质是许多应用的关键组成部分，包括储能和能源生产、化学分离、提高原油采收率、食品包装、芯片制造和保健品。要设计出功能性物质，软物质的复杂性提出了许多科学挑战和计算挑战。到 2025 年，混合多尺度预测模拟将可以为复杂多相系统提供长度尺度为 10^{-10}～10^{-4}m、时间尺度为 10^{-14}～10s 的精确定量信息。

5）量子系统算法。复杂材料和化学问题的现实模拟由于成本高昂而无法实现。真正的预测模拟将需要开发分层理论和算法来处理跨越所有相关长度尺度上的电子关联。到 2025 年，将为量子和经典的每个尺度的系统及多尺度方法开发出高度并行、小规模的算法，以更好地利用百亿亿次计算系统；计算节点越来越复杂，将出现一种全新的应用程序编写方式。

6）基础能源科学设施的计算和数据挑战。计算和数据挑战包括实验的流分析和管理、来自不同仪器的实验结果的多模态分析，以及长期数据管理。各优先领域到 2025 年将要实现的目标包括：①流分析。将利用流分析来控制数据采集系统和仪器控制系统，利用决策支持系统优化科学成果，并将“数字孪生”与流分析相结合。②多模态分析。多模态数据分析将从“一次性”研究提升为常规和严格的项目。③数据管理。④加速器模拟。应用高保真模型来解决全局并行优化的需求，帮助当前和未来的项目促进加速器设计。

7）数学与计算机科学变革基础能源科学。数学提供了语言和蓝图，将模型转换为方程、近似值和算法，计算机科学则提供了理论、工具和方法来有效地执行最先进计算架构上的这些蓝图。到 2025 年将实现的目标包括：①数值模拟方面将开发出可提高预测材料和化学建模速度及准确度的数学。② 实验方面将提供数学算法和统一的软件环境，允许对不同成像模式和 DOE 设施的实验数据进行快速的多模态分析。③软件方面将构建可以使对未来机器的编程变得高效、简单的工具。

（8）DOE 布鲁克海文国家实验室计算科学计划

自 2014 年起，DOE 布鲁克海文国家实验室（BNL）启动了新型重大计算科学计划。该计划集跨学科专业知识于一体，应对下一代科学设施（如新型国家同步辐射光源 II）海量数据带来的挑战，同时也引领新的工具和方法的开发。计算科学计划的工作重点之一是为由可实验、可观测、可计算工具产生的高容量、高速、异构的科学数据提供即时分析研究，促进科学发现。计算科学计划正在采取一种综合的方法，向科学用户社区提供操作数据的分析能力。计算科学计划由计算机科学与数学研究小组、科学数据与计算中心、数据驱动探索中心和计算科学实验室 4 部分组成。

A. 计算机科学与数学研究小组

计算机科学与数学研究小组的主要研究课题是开发先进的方法，用于大规模、多模态和流式数据分析。采用广泛的协同设计方法，从网络与体系结构层到应用程序与工作流层调研新技术。计算机科学与数学研究小组的研究可以满足 BNL 大型科研设施的数据处理需求，如国家同步辐射光源 II、功能纳米材料研究中心、相对论重离子对撞机、BNL 参与的欧洲大型强子对撞机（Large Hadron Collider，LHC）研究及其他重点项目，如 DOE 的大气辐射测量（Atmospheric Radiation Measuring，ARM）计划及系统生物学知识库。计算机科学与数学研究小组具体研究的项目如下。

1）在线数据分析。在线数据分析（Analysis on the Wire，AOW）项目通过 3 个主要方向考察在线路上处理数据的可行性，即潜在的使用案例、网络基础设施的处理能力及合适的算法。

2）晶格量子色动力学的百亿亿次应用开发。该项目是 DOE 的百亿亿次计算项目“百亿亿次晶格理论及核能与高能物理要求”的一部分。目的是为晶格量子色动力学（quantum chromodynamics，QCD）开发算法、语言环境、编程模型和应用程序代码，将提升晶格 QCD 百亿亿次计算机的使用效率，产生的结果是结合粒子在布鲁克海文的相对论重离子对撞机碰撞产生的实验数据，其他设施将帮助科学家更好地理解夸克和胶子之间的基本相互作用。编程模型、软件环境和工具也将影响百亿亿级应用超越晶格 QCD。

3）百亿亿次与超大规模问题的超大规模计算。该项目旨在开发和设计一个针对百亿亿次与超大规模问题的超大规模计算的革命性软件系统原型。探索一套全新的机制和算法、执行模型、编程模型与方法、运行时间和操作系统软件、动态自适应调度、资源管理，以及使用仪器与内省技术以实现在数以亿计并行线路中前所未有的效率、可扩展性和可编程性，同时提供遗留应用程序代码的无缝迁移。

4）图形处理器（graphics processing unit，GPU）研究中心的 GPU 加速计算。GPU 研究中心是使用 GPU 从事跨越多个研究领域的加速计算的机构，从事世界上最具创新性的前沿科学研究。GPU 加速计算利用 GPU 加速器的并行处理能力，使软件能够在科学、人工智能、机器学习、图形、工程和其他要求苛刻的应用程序中显著提高性能。

5）固体脆性断裂的中尺度模型。该项目的新方法的核心是基于能量最小化，新代码是基于任意拉格朗日欧拉（Arbitrary Lagrangian-Eulerian，ALE）方法的一个简化版本，允许大位移和任意网格运动，再加上一个加权最小二乘法公式计算节点的应变和网格自适应性，提高精度和稳定性。有限元法的应用使新软件与广泛用于材料研究的标准有限元程序互操作，新方法也提高了真实材料的模拟精度。

6）多核系统数据传输中间件：利用多核并行来测量数据传送。该项目将为多核计算机平台设计一个异步的高通量数据传输、即时处理系统，允许用户在不同的处理环境中插入数据压缩、加密、转换和校验的综合库。本研究将推进超过 100Gbps（1Gbps 相当于每秒传输速度 128MB）的大型数据传输，缩小裸机网络性能和有效的端到端之间数据传输能力的差距。

7）可视化与增量机器学习过程的交互。该项目的目标是研究基于增量机器学习的有效信息可视化和可视化分析方法。该项目将研究机器学习算法的可视化范例和反馈机制，以及增量机器学习和统计算法，从数据分析管道中提取必要的信息。开发方法的可伸缩性，即应用程序的性能和应用程序向系统用户表示及传递海量信息的能力。

B. 科学数据与计算中心

科学数据与计算中心将集专业高吞吐量、高性能的数据密集型计算、数据管理与保存于一个计算设备。该中心向需要高性能、高可用计算服务的本地和国家客户提供服务，重点开发数据密集型应用程序。

C. 数据驱动探索中心

数据驱动探索中心的任务是将计算机科学与应用数学转化为为科学发现提供改进的算法、工具和服务。数据驱动探索中心的重点是专门为实验设施用户提供数据流分析、长期保存和共享解决方案。具体研究项目如下。

1）纳米材料结构的复杂建模。该项目旨在发展纳米材料结构表征的多模态数据分析方法及软件，将多个实验输入与数值模拟相结合。为了解决纳米颗粒低对称性的复杂结构和噪声等问题，该项目结合了多个实验输入，如对分布函数、小角散射、局部化学约束及在一个单一的优化设置中能量的计算。

2）材料科学数据分析的深度学习。该项目旨在为材料探索实验提供 X 射线同步辐射装置数据分析管道。开发具有双重作用的数据分析管道，为实验人员提供有物理意义的中间结果，并将这些分析结果作为机器学习方法的输入。研究人员正在探索新的机器学习算法和高效率的分析管道以优化科学数据。研究将开发集成技术的数据参数化和统计分析的创新工具，如多尺度层次建模、全局模式和局部特征提取等技术。利用基于偏微分方程的热扩散理论，在连续流形或离散图上构建天然的多尺度结构。

3）科学数据的动态可视化分析。该项目将研究交互式视觉分析范式：从高速、高容量和复杂数据中衍生信息的可定制信息合成方法；相互作用的方法，使科学家能够与数据交互，以支持其发现和决策过程；支持实验过程指导优化科学成果。

4）机器学习辅助材料探索。该项目开发了一个集成的平台，结合计算建模和机器学习，从多模态原位表征技术中获得机械见解，提供一个连贯的和综合的物理图片，加速能源领域的发现。自动、实时分析和数据驱动的探索是该项目的关键目标。

5）材料结构动力学研究的软件工具。X 射线光子相关光谱（X-ray photon correlation spectroscopy，XPCS）和 X 射线斑点可视光谱（X-ray speckle visibility spectroscopy，XSVX）可以用于凝聚态体系中各种平衡及非平衡过程的结构动力学研究。相干的硬 X 射线和相干的软 X 射线光束线采集图像系列研究使用 XPCS 和 XSVX 的动力学材料。该项目的重点是开发一套数据分析工具和数据流分析管道以满足这些光束线的需要。

6）DOE 系统生物学知识库。DOE 系统生物学知识库（knowledgebase，KBase）是一个软件和数据平台，旨在迎接系统生物学的重大挑战：预测和设计生物学功能。KBase 将数据、工具及其相关接口集成到一个统一的、可扩展的环境中，为了执行复杂的系统生物学分析，用户不需要从多个来源进行访问，也不需要学习多个系统。用户可以进行大规模的分析，并结合多种依据来进行植物和微生物生理学及群落动力学模拟。

D. 计算科学实验室

计算科学实验室是一个高级算法开发与优化的新型协同实验室，将汇集高性能计算、数学与领域科学的专家。计算科学实验室将有针对性地开发新的工具和技术来应对百亿亿次科学面临的挑战，达到每秒计算 10^{18}（百亿亿）浮点的运算能力。这些计算速率对处理由计算模型和模拟生成的大量数据是必要的。在不久的将来，计算科学实验室还将采用百亿亿级计算来解释和分析百亿亿级实验数据。

没有这些工具，科学结果将隐藏在这些模拟产生的海量数据中。这些工具将使研究人员能够提取知识并共享关键发现。计算科学实验室承担的项目如下。

1）高性能计算应用的百亿亿次性能可移植策略。这个项目的目的是评估不同的编程模型，进而确定合适的策略，发展高性能计算应用程序代码在不同平台上均为可移植且高性能。该项目的重点是在 C++应用程序上，利用抽象数据类型的代码的可读性和可重用性，使端口很难移植到不同的体系结构中，进而不会在底层实现中发生重大更改和重写。例如，网格数据并行库的格子量子色动力学使用 C++11 特征对绩效规划和模板引擎易于表达。虽然网格具有很强的中央处理器（central processing unit，CPU），但将它移植到 GPU 而不扩大基础代码明显仍具有挑战性。

2）球形内爆等离子体内衬作为隔离磁阻惯性聚变驱动器。该项目致力于等离子体射流的合并传输建模和数值模拟，等离子体射流、衬层的形成和内爆，以及等离子体靶的压缩。使用的两种主要计算工具为氢/磁流体代码及拉格朗日粒子计算程序。所建立的模型用于等离子体射流、衬垫及体靶的计算研究。该项目模拟量化斜激波对衬垫形成的影响及原子过程的作用，提高了衬垫质量和目标压缩率。还研究导致目标不稳定性的过程、相变时间及验证理论的标度律。

3）相对论粒子束冷却新方法的模拟研究。项目重点研究一种有望优于目前任何冷却方案的方法，即高级相干电子冷却的理论与实验研究。

4）泛函强相关材料与理论光谱学计算设计中心。计算科学实验室协助提高代码的性能。已经完成了 GPU 部分代码的工作。该工作已经实现了性能提高，使得移植到 GPU 上的代码增加了 1.8～3.5 倍的加速比。

5）SunShot：智能电网集成光伏系统性能的多尺度预测。该项目建立了两个预测模型：一种是基于从仿真和其他地面光学技术获取的网络图像，而另一种是基于卫星图像，适合于大规模的云系统。现有的气候模型并没有在如此详细的时间和空间分辨率下提供大气透过率预测。该项目解决了计算机科学具有挑战性的问题，即基于预测时间的要求粒度，在各种数据源中选择具有成本效益的输入数据集。这种多尺度预测模型将不稳定的能源来源

（如太阳能和风能）整合至智能电网。预测系统可以直接纳入美国的 32MW 的太阳能电池阵列的构建中，由太阳能操作监控辐射变化，预测电力输出，解决大规模太阳能电池板并网发电的问题。

6）Quantum Espresso GPU 代码开发。Quantum Espresso（QE）是一个开放源码的内部电子结构代码，广泛应用于凝聚态物理和材料科学。GPU 加速的声子模块将有助于广大 QE 用户对声子的基本物理性质、响应函数和光谱特性感兴趣。该项目的目标是在 QE 上开发 GPU 代码，加速响应计算函数。

1.2.1.3 美国国防部高级研究计划局资助的科学与工程计算项目

（1）神经功能、活动、结构和技术项目

作为支持奥巴马总统 2013 年发起的大脑计划行动的一部分，美国国防部高级研究计划局（Defense Advanced Research Projects Agency，DARPA）设立了神经功能、活动、结构和技术（Neuro Function，Activity，Structure，Technology，Neuro-FAST）项目。该项目结合数据处理、数学建模和新颖界面的多学科方法，追求创新的神经技术和对大脑的更深层次的理解。项目旨在实现前所未有的大脑活动的可视化和解码。除了进行基本的啮齿动物研究，Neuro-FAST 项目还将扩展到非人灵长类动物和人体的全身器官组织样本。Neuro-FAST 项目支持在广泛的空间和时间尺度上对脑功能进行的开创性研究，以更好地表征和减轻对人类大脑的威胁，并促进大脑环路系统的发展，加速和改善功能行为。

（2）推进机器学习的概率编程项目

2013 年，DARPA 设立了推进机器学习的概率编程项目，旨在大幅度增加可以成功构建机器学习应用程序的人数，使机器学习专家提升工作效率，并创建更经济、强大、仅需要少量数据产生更准确结果的应用程序。该项目资助期限为 2013～2017 年。该项目有 5 个目标：①缩短机器学习模型代码，使模型写入更快、更容易理解。②减少开发时间和成本，鼓励实验。③促进构建更复杂的模型。结合丰富的领域知识，以及从底层代码分离查询。④减少构建机器学习所需的专业知识。⑤支持在各种领域和工具类型上构建集成模型。

（3）简化科学发现复杂性项目

2014 年 9 月，DARPA 启动了简化科学发现复杂性项目，旨在寻求数学、统计学、计算机科学、数据科学及领域专家的专业知识与合作，开发用于科学数据分析的统一数学框架和工具，最终目标是通过关联科学领域的相关数据促进假设生成及加速科学发现。

（4）实现物理系统不确定量化项目

2015 年，DARPA 启动了实现物理系统不确定量化项目，其目标是提供严格的数学框架和先进的工具，用于传播和管理复杂物理及工程系统建模与设计中的不确定性。主要开发以下功能：①用于前向和反向建模以扩展到高维度多尺度/多物理系统的新方法。②定量了解物理模型本身的不确定性和不足之处。③用于复杂系统的随机设计和决策的全新范例。

（5）复杂适应系统组合和设计环境项目

2015 年 11 月，DARPA 启动复杂适应系统组合和设计环境项目，其目的是：①研究创新的数学架构方案，以更好地理解和表达跨越多时间和空间的动态系统间的关系。②探索和创新可以深入理解系统组件交互行为的数学方法，提供独特的系统行为视角。③从根本上改变系统设计以实现对动态、突发环境的实时弹性响应。

（6）变革设计项目

2016 年 4 月，DARPA 启动了变革设计项目，旨在推进基础数学和计算工具，更好地管理设计的复杂性。变革设计项目是将开发工程工具来进行设计的表示、分析和综合的研究。

（7）高精度天气预报科学加强的评估项目

2016 年 2 月，DARPA 启动了高精度天气预报科学加强的评估项目，旨在提升更准确地预测天气的能力，有助于提高任务成功率并降低运营成本。该项目以从外部有机体获取情报项目为基础，将针对动物行为和利用光子学的开源数据进行大数据分析，提前 6 周提供准确的天气预报。

（8）学习基本限制项目

2016 年 5 月，DARPA 启动了学习基本限制项目，目标是通过支持性理论基础来研究和表征机器学习的基本限制，以设计能够更有效学习的系统。

（9）地面真值项目

2017 年 4 月，为了促进社会科学建模的能力，DARPA 启动了地面真值项目，旨在使用基于计算机的人造社会系统模拟，内置地面真值因果规则作为测试平台，以验证各种社会科学建模方法的准确性。该项目将展示一种原则性方法，用于测试各种社会科学建模方法的能力和局限性；也将探索新的社会科学建模方法，用于描述和预测不同类型的复杂社会系统。

（10）研究模拟与连续可变协处理器项目

2015 年 2 月，DARPA 支持研究模拟与连续可变协处理器项目，开发用于提高科学计算速度的物理协处理器。重点研发内容包括：①可升级、可控制、可测量的工艺，其可在协处理器中实体化，以提高科学模拟中常见计算任务的计算速度。②利用模拟、非线性、非序列或连续可变基元的算法，以减少与冯·诺伊曼/CPU/GPU 处理架构相关的时间、空间和通信复杂性。③系统架构、调试程序、集成电路、计算语言、编程模型、控制器设计和其他组件，进行跨多个协处理器的问题分解、存储器访问、任务分配；通过物理模拟进行建模与模拟的方法。

1.2.1.4 美国陆军研究实验室制定2015～2030年计算科学研发目标

2015年1月，美国陆军研究实验室发布了“2015～2019年技术实施计划”，提出了计算科学和材料研究等七大领域2015～2030年的研发目标和主要研究内容。其中，计算科学领域的主要研究方向、研究目标和研究内容包括以下3个方面。

1）战术高性能计算：①有效利用新兴的计算架构，提升固定和“战术微云”端的计算性能。②在分布式计算架构中有效配置系统，减少网络单跳问题。③实现对软件代码的动态编译，减少重新编写软件的需求，促进运行环境的优化，实现最优性能。④开发能够感知能耗与架构的计算技术，提高系统配置的智能化程度与计算系统的感知能力。

2）陆军大规模数据分析：获取信息控制权并大幅提高美军的感知能力，为作战士兵和情报分析人员提供支持；实现针对决策需求的预测分析；加强自治性技术研发；通过虚拟数据分析提高士兵训练成效；利用观测数据、实验数据、模拟数据促进美军装备系统创新。

3）交叉学科计算预测设计：利用计算模型开展预测，大幅降低材料、电子和能源等交叉学科问题的研发周期，并提高研发成果的性能。

1.2.1.5 材料基因组计划

2011年6月，美国总统奥巴马宣布了一项超过5亿美元的“先进制造业伙伴关系”计划，其中，“材料基因组计划”是该计划中的重要部分，其目标是帮助美国企业发现、开发、生产和应用先进材料的速度提高至目前的2倍，从而促进美国制造业的复兴，保持美国的全球竞争力。

“材料基因组计划”旨在通过高通量的第一性原理计算，结合已知的可靠实验数据，科学家用理论模拟尽可能多的真实材料、未知材料，建立这些材料的化学组分，建立晶体结构、分子结构和各种物性的数据库，利用统计学、信息学方法，通过数据挖掘，探寻材料结构和性能之间的关系模式，为材料设计者提供更多的信息，拓宽材料筛选范围，集中筛选目标，减少筛选次数，预测材料各项性能，缩短材料性质优化和测试周期，预先规划材料回收处理方案，从而加速创新材料研究。

1.2.2 欧盟“地平线2020”计划中的高性能计算战略

作为欧洲数字化行业措施的一部分，欧盟委员会2016年宣布“欧洲云计划——在欧洲建立有竞争力的数据和知识经济”，该计划为期5年，旨在加强欧洲在数据驱动创新中的地位，提高其竞争力和凝聚力，并帮助建立数字化欧洲单一市场。

高性能计算是实现该计划的重要方向，对欧洲数据基础设施和欧洲开放科学云至关重要。欧盟委员会于2012年2月通过高性能计算战略，旨在确保欧洲在2020年之前提供和使用高性能计算系统和服务的领先地位。

高性能计算战略分为3部分：①开发下一代高性能计算技术、应用程序和系统，由未来和新兴技术计划支持。②为包括中小企业和学术界在内的行业提供最佳的超级计算设施和服务，由电子基础设施计划支持。③实现高性能计算，由电子基础设施计划支持。上述未来和新兴技术计划与电子基础设施计划分别是欧盟“地平线2020”（Horizon 2020,

H2020）计划（2014～2020 年）中“卓越科学”部分的两大计划。

高性能计算战略 2014～2015 年的计划及执行情况：资助 19 个研究创新行动，建立 9 个卓越中心，签订 1 项资助协议。

19 个研究创新行动，由未来和新兴技术计划支持。其中的“走向百亿亿次高性能计算” 项目，旨在提供终极规模的高性能计算系统，开发可持续的欧洲高性能计算机生态系统。2015 年秋季，该项目选定并启动 19 个研究创新行动（表 1-7）。

表 1-7 欧盟高性能计算战略 2014～2015 年资助的 19 个研究创新行动

时段	资助经费/万欧元	项目名称	研究内容
2015～2018 年	336.6	ALLSCale——基于递归嵌套并行性的百亿亿级编程，多目标优化和弹性管理环境	全尺度环境将提供一种新颖复杂的方法，使程序执行期间规范并行性与相关管理活动解耦
2015～2018 年	311.5	ANTAREX——用于节能型百亿亿级高性能计算系统的自动调谐和自适应性应用程序	主要提供一种用于：①表达设计时应用的自适应性。②在运行时为绿色和高性能异质计算系统直至百亿亿级系统管理及自动调谐应用程序的方法
2015～2018 年	412.3	ComPat——高性能多尺度计算的计算模式	开发通用和可重复使用的高性能多尺度计算算法，用于：①解决异构架构带来的百亿亿级尺度的挑战。②实现可扩展性、鲁棒性、弹性和节能。③运行终极数据需求的多尺度应用
2015～2018 年	423.7	ECOSCALE——百亿亿级节能高效异质计算	针对当前和未来的高性能计算应用的特性和趋势，提出可扩展的编程环境和硬件架构，用于显著减少数据流量、能源消耗、延迟
2015～2018 年	397.8	ESCAPE——百亿亿级天气预报的节能可扩展算法	为欧洲业务数值天气预报和未来气候模式开发世界级的终极尺度的计算能力
2015～2018 年	331.2	ExaFLOW——启用百亿亿级流体动力学模拟	在百亿亿级环境，解决算法挑战，以建立准确的模拟模型。主要研究：①复杂计算领域的误差控制和自适应网格细化。②复杂模拟中的弹性和容错能力。③异构建模。④求解器设计能效评估。⑤并行输入/输出和终极数据的原位压缩
2015～2019 年	287.3	ExaHyPe——百亿亿级双曲线 PDE 引擎	开发产生高计算效率的新型百亿亿级双曲线模拟引擎；利用结构化的空间网格，在低内存占用空间和时间内提供动态适应性；优化所有计算内核，以最小化能量消耗并开发数值方法的固有容错属性
2015～2018 年	844.3	ExaNest——欧洲百亿亿级系统互连和存储	ExaNeSt 将为统一的通信和存储互连及提供欧洲百亿亿级系统所需的环境结构开发、评估和构建物理平台及架构解决方案
2015～2018 年	862.9	ExaNode——欧洲百亿亿级处理器内存节点设计	调查、开发整合和验证构建块，用于匹配百亿亿级计算的高效、高度集成、多路、高性能、异构计算元素
2015～2018 年	391	ExCAPE——百亿亿级复合活动预测引擎	研究适合于未来百亿亿级计算机的最先进的可扩展算法
2015～2018 年	399	EXTRA——利用可重构架构开发百亿亿级技术	专注于运行时可重构的百亿亿级高性能计算系统的基本构建单元
2015～2018 年	376.1	greenFLASH——绿色闪存，高效能的高性能计算实时科学	设计和构建针对欧洲极大望远镜自适应光学仪器的实时控制器原型
2015～2018 年	386.1	INTERTWINE——编程模型互操作性	百亿亿级编程模型设计和实现
2015～2018 年	580.2	MANGO——探索下一代高性能计算系统的多核架构	在未来的服务质量敏感型高性能计算中实现极高的资源效率

续表

时段	资助经费/万欧元	项目名称	研究内容
2015～2018年	796.8	MontBlanc-3——基于低功耗嵌入式技术的欧洲可扩展和功率高效的高性能计算平台	创建一个新的高端高性能计算平台（系统芯片和节点），用于在执行实际应用时提供新的性能/能量比
2015～2018年	811.5	NextGenIO——用于百亿亿级计算的下一代I / O	为新的、可扩展的、高性能的、高能效的计算平台设计和制作原型，用于为百亿亿级应用提供可扩展I/O性能
2015～2018年	390.7	NLAFET——未来极限尺度系统的并行数值线性代数	开发出尽可能多的并行性的新算法，利用异构性，避免通信瓶颈，应对不断升级的故障率，并帮助满足能量限制；探索在多核和混合环境中重点关注极端规模和强大可扩展性的先进预约策略；为离线和在线自动调整设计和评估新颖的策略和软件支持
2015～2018年	353.4	READEX——节能百亿亿级计算的运行时应用动态性探索	开发一个集成的工具套件和READEX编程范例，以利用应用领域知识，共同实现高达22.5%的能效提升
2015～2018年	788.3	SAGE——用于百亿亿级数据中心计算的前瞻性存储	提供下一代多层面的基于对象的数据存储系统；提供支持百亿亿级和高性能数据分析的数据访问技术的路线图；提供验证其可用性的编程模型、访问方法和支持工具，包括“大数据”访问和分析方法；在地球科学、气象学、清洁能源和物理学界的较小的代表性系统上进行共同设计和验证；通过对评估结果的模拟，映射极大规模的适应性

欧盟高性能计算战略通过电子基础设施计划资助9个“计算机应用卓越中心”（表1-8），旨在加强欧洲在高性能计算应用领域的领导地位，覆盖提高高性能计算性能的工具，涉及的领域包括可再生能源、材料建模与设计、分子和原子建模、气候变化、全球系统科学和生物分子研究等。

表1-8　欧盟高性能计算战略资助的9个“计算机应用卓越中心”

时段	资助经费/万欧元	项目名称	研究内容
2015～2018年	478.2	BioExcel——生物分子研究卓越中心	提高生物分子研究重要软件包的效率和可扩展性
2015～2018年	447	COEGSS——全球系统科学卓越中心	开发基于高性能计算的框架，为全球系统科学应用程序生成定制的合成总体；通过融合全球系统科学和高性能计算，为决策者和民间社会提供对全球风险与机会的实时评估及其基本背景知识
2016～2019年	493.8	CompBioMed——计算生物医学卓越中心	为学术、工业和临床研究人员提升基于计算的建模与仿真在生物医学中的作用。三个不同的示范研究领域，即心血管、基于分子的医学和神经肌肉骨骼医学
2015～2020年	483.7	E-CAM——用于仿真和建模的软件，培训和咨询的电子基础设施	创建、开发和维护应用于计算科学的欧洲基础设施：①在原子、分子和连续体尺度上建立一个分布式、可持续的模拟和建模中心。②开发、测试、维护和传播针对最终用户需求的强大软件模块
2015～2018年	569	EoCoE——以能源为导向的计算机应用卓越中心	建立一个以能量为导向的计算应用优化中心。用不断增长的计算机基础设施提供的巨大潜力来促进和加速欧洲向可靠和低碳能源供应过渡
2015～2019年	495.1	ESiWACE——欧洲天气和气候模拟的卓越性	通过支持高性能计算环境中全球地球系统建模的端到端工作流程，大幅提高高性能计算平台上的数值天气和气候模拟的效率和生产力，改进和支持：①最先进的超级计算机系统的模型，工具和数据管理的可扩展性。②欧洲高性能计算生态系统中的模型和工具的可用性。③ 大量数据的可利用性

续表

时段	资助经费/万欧元	项目名称	研究内容
2015～2018 年	406.9	MaX——百亿亿级材料设计	两个核心行动：①社区代码，能力和可靠性；出处，保存和共享数据和工作流程；硬件支持和过渡到百亿亿级架构。②为核心社区整合、培训和提供服务，同时制定和实施可持续发展模式，在科学研究和工业创新实践中推动材料模拟
2015～2018 年	491.1	NoMaD——新型材料发现实验室	开启新的高性能计算机会；促进所有相关数据的共享；成为物理、材料和量子化学科学中原子模拟和多尺度建模的关键工具；为材料科学开发“大数据分析”
2015～2018 年	404.9	POP——性能优化和效能	提供精确评估从几百到几千个处理器的任何类型的计算应用程序的性能的服务；向客户展示影响其代码性能的问题，以及改善这些代码的最佳方式；针对所有领域的代码所有者和用户，包括基础设施运营商、学术和工业用户；改善计算机应用的访问

1 项资助协议：在“欧洲先进计算机伙伴关系（Partnership for Advanced Computing in Europe，PRACE）第四个执行阶段”项目投入 1635.4 万欧元。PRACE 成立于 2010 年 5 月，是一种永久的泛欧高性能计算服务，为前沿科学研究提供先进的计算系统。PRACE 第四个执行阶段基于 PRACE 计划的成就，继续进行新的创新与协作行动。在科学计算方面的内容包括制定了针对超级计算的战略和最佳做法，协调和加强了多层次的高性能计算系统和服务的运行，并支持用户大规模并行开发系统和新颖的架构。

高性能计算战略 2016～2017 年的进展情况：在未来和新兴技术前瞻计划-高性能计算主题下，发起了“研究与创新行动”与“协调和支持行动”的倡议。

1.2.3 英国

1.2.3.1 英国国家高性能计算项目

英国国家高性能计算项目是万亿次级高端计算资源项目的后续项目。2013 年 12 月，英国工程与自然科学研究理事会（Engineering and Physical Sciences Research Council，EPSRC）提供 2300 万英镑支持爱丁堡大学和 Cray 公司合作开发超级计算机 Cray XC30，作为该项目的最新设备，并于 2014 年 4 月正式获得资金，具有高速度、高扩展性、高能效和高可靠性等特点。Cray XC30 为英国的科学家提供高端计算资源。该项目致力于在英国现有国家高性能计算设施投资基础上进行整体规划，使英国在国际科学与工程计算领域成为领导者。该项目将为气候学、海洋学、生命科学、航空航天、物理学和材料科学等科学研究提供高端计算资源。

2014 年，Cray XC30 超级计算机全面运行后，经过用户反馈和测试，其代码运算速度达到其前身万亿次级高端计算资源项目的 3 倍。

1.2.3.2 英国新建 6 个高性能计算中心，支持学术界和产业界的科学与工程计算

2017 年 3 月，英国 EPSRC 提供 2000 万英镑资助建设 6 个高性能计算中心（表 1-9），这 6 个高性能计算中心将向学术界和产业界开放，支持其在自然科学和工程的计算工作，将为其提供多种科学需求驱动的计算架构。

表 1-9 EPSRC 资助建设的 6 个高性能计算中心

计算中心名称	重点研究内容	资助经费/万英镑
先进架构高性能计算中心	将是世界上首个同类运行系统，利用 ARM 处理器系统提供广泛的最有希望的新兴架构的访问	300
千万亿次数据密集计算与分析设施	将提供大规模的数据模拟与高性能数据分析，推动材料科学、计算化学、计算工程和健康信息学等的进步	500
材料与分子模拟中心	将以托马斯·杨（Thomas Young）的名字命名，并在能源、医疗卫生和环境等领域得以应用	400
联合学术数据中心	英国最大的 GPU 设备，具有 8 个 NVIDIA Tesla P100 GPU 的计算节点通过高速 NVlink 互连紧密耦合，该中心将聚焦于机器学习与相关数据科学领域及分子动力学等。将用于自然语言理解、自主智能机器、医学成像和药物设计等领域	300
英格兰中部地区中心	将在工程、制造、医疗和能源等领域开展复杂模拟和大批量处理	320
爱丁堡高性能计算服务	爱丁堡并行计算中心正在扩展新的行业高性能计算系统，并正在安装下一代研究数据存储库	240

1.2.3.3 EPSRC 资助的科学计算计划

EPSRC 资助的科学计算计划包括并行计算计划、计算与理论化学计划、普遍和无处不在的计算计划，这 3 个计划近年具体资助的部分项目见表 1-10。

表 1-10 EPSRC 资助的科学计算计划

	项目名称	时段	资助经费/英镑	主要研究内容
并行计算计划	定制应用程序：提高设计质量和开发人员的生产力	2017～2022 年	1 263 356	旨在开发定制计算系统的设计质量和设计效率的创新特性，该项目将彻底改变包括需要大数据处理或提高可靠性和安全性在内的许多应用程序
	大数据压缩感知：快速、并行和分布式算法	2015～2019 年	742 513	压缩感知是信息理论最近的一个突破，有可能彻底改变许多领域的数据采集和分析，为解决大数据挑战提供了有希望的途径，即通过稀疏正则化解决与海量数据欠采样相关的逆问题。许多研究基于 Matlab 和 Python 编写缺乏并行化的专业软件包，本研究通过开发 SOPT++来填补其空白。预计 SOPT++将用于解决包括磁共振成像、计算机断层扫描、地震成像、计算机视觉、机器学习、无线电干涉测量和宇宙学在内的广泛领域的逆问题
	可扩展高性能计算超声模型的开发与临床翻译	2015～2018 年	352 913	该项目的目的是开发更有效的计算机模型，以准确预测超声波如何穿过人体。这将涉及开发可以在超级计算机的大量互连的计算机核心上划分计算问题的新方法。还将实现减少大量输出数据的新方法，包括在仿真运行时计算临床重要参数，以及优化数据存储到磁盘中的方式。本项目还将开发一个专业的用户界面，并在医疗软件所需的监管框架内封装代码。这将允许终端用户（如医生）轻松地使用代码进行超声波治疗，而不需要成为计算机科学专家。该项目将与临床合作伙伴合作，将计算机模型应用于治疗超声波的不同应用，以允许针对个体患者预测超声能量的精确传递

续表

	项目名称	时段	资助经费/英镑	主要研究内容
并行计算计划	探索单指令多种来源数据大内核设计中抢占式调度的机器学习	2016～2017 年	98 669	本研究探索如何使用机器学习使 GPU 的并行计算单元更有效率。使用一个名为 Mega-Kernel 的并行编程概念，将在并行硬件层面探索统计机器学习，以自动预测复杂现实世界数据分析中任务的优先级，如重建和运动修正 *n* 维运动损坏的医学图像数据。本研究将探索机器学习的实时功能，支持预先调度的重建，以便将运动校正直接集成到胎儿磁共振数据的扫描过程中。该项目结果可能在高性能计算中引入新的范例，将有助于运动对象医学图像采集的范式转变
	超快速化学动力学的全量子理论	2015～2018 年	317 697	该项目将展示量子力学方法可以克服狄拉克发现的困难，主要侧重于 3 种类型的实验，包括气相中研究的芳族分子的氢光分离模拟，用于研究与飞秒时间分辨率相似的溶液反应的新的泵浦探针实验，以及基于新型国际自由电子激光 X 射线设备的独特实验
计算与理论化学计划	一种用于从分子动力学模型预测谱线形状的新的通用方法：应用电子顺磁共振（EPR）	2017～2019 年	213 632	将支持来自分子动力学的信息直接用于谱线形状的智能数学工具，进行分子运动引起的谱线形状分析需要广泛的建模和数值模拟，借助包含描述分子的随机动力学的数学术语的自旋态的著名随机 Liouville 方程来实现。它将被严格测试并应用于重要局部分子系统（如脂质体系和自旋标记的蛋白质）
	电子转移的生物分子催化的精确自由能计算	2016～2017 年	100 972	本研究引入可用于计算偏差或无偏差模拟轨迹的速率和自由能的新的方法来确定材料和生物系统中蛋白质之间的长距离和短程电子转移过程的结构、能量和动力学。本研究将探索催化反应，使用新颖的计算方法提供准确的自由能及关于光合系统的动力学信息
	通过机械化学的共晶形成的原子模拟	2017～2018 年	98 019	目的是通过使用计算机进行分子动力学模拟来检查在机械化学反应中发生了什么？可以始终跟踪所有原子的位置。同时开发用于研究这些高度复杂过程的计算工具。将研究两种药物活性分子，即阿司匹林和美洛昔康之间的反应。研究将构建由这些分子类型组成的纳米颗粒的模型，将使用非平衡分子动力学模拟来强制发生这些颗粒之间的碰撞。研究两种化学成分混合的程度及结构的结晶度被碰撞破坏的程度
普遍和无处不在的计算计划	超越经典分子动力学	2017～2019 年	548 153	本研究的目标是解决经典分子动力学的局限性。本研究将在 DL_POLY 中开展：①密度函数紧密绑定来解决精度和量子效应问题。②前向通量采样，以实现罕见事件的模拟，解决长时间尺度现象。同时计划开发许多测试应用程序来演示新软件的功能
	来自众包云服务的无障碍路线	2014～2017 年	344 853	ARCSS 项目的目的是设计一个能够从一大群人获取已知质量数据的系统，采用从黄金标准测量到从可变质量的手机传感器收集数据的方法。使用这些数据，建议的开发技术包括：①分析和呈现信息给最终用户，以帮助其以个性化和尊重其特定残疾的方式进行导航。②向城市规划者提供有关环境问题及其潜在原因或共同点的反馈意见，目的是以循证方式改进设计实践。本研究将把物联网硬件和软件作为开源材料出版，并且在符合道德准则的情况下，在社区内进一步研究如何适当地识别数据

续表

	项目名称	时段	资助经费/英镑	主要研究内容
普遍和无处不在的计算计划	ARISES：一个适应的、实时的、智能的系统来增强慢性病患者的自我照顾	2016～2019 年	1 335 436	本研究汇集了一个多学科的工程师、临床医师和患者的合作团队，提供以用户为导向，以患者为中心的定制技术来治疗慢性健康状况。研究将开发一种自适应实时智能系统，该系统将在本地智能手机上运行，并从多个来源收集数据，为患者提供干预治疗，从而实现慢性疾病的自我管理。ARISES 的核心是将使用基于案例推理，即一种综合人工智能技术，用与人类完全相同的方式解决问题，使用历史数据和场景作为参考，推荐可以治疗的当前解决方案
	智能电网中以用户为中心的隐私	2015～2018 年	342 884	主要研究目标是开发保护消费者隐私的新技术，同时不牺牲“智慧”，即先进的控制和监控功能。核心思想是将原有消费模式与额外的物理消费或生成叠加在一起，从而隐藏消费者隐私敏感消费。实现这一目标的手段包括使用存储、小规模分布式生成和/或弹性能量消耗。因此，COPES 提出并开发出一种全新的改变物理能量流的方法，而不是纯粹依赖于加密仪表读数，这样可以提供对第三方入侵者的保护，但不阻止能源供应商使用这些数据。本项目基于差分隐私，信息和检测理论第一原则的算法，其允许有效利用物理能力来改变由智能电表测量的总消耗，并开发多个小型测试系统进行验证
	DARE：分布式自治和弹性应急管理系统	2017～2020 年	1 193 567	本项目旨在对新的分布式自治和弹性应急管理系统进行先进的研究，称为 DARE。DARE 架构将支持 EMS 的所有阶段，并将建立在三个主要的通信平台上，即无线传感器网络，Ad-hoc 网络和未来蜂窝网络（5G 及更高版本）。本研究将纳入一个自主的（即自治的）、自我修复的灾难/网络故障检测机制，以降低与需要频繁网络探测和网络报警的传统灾难/网络故障检测机制相关联的控制信令流量的成本
	嵌入式集成智能系统制造	2017～2022 年	1 608 257	本研究涵盖了基于智能感知的设计和开发产品的各个方面，可以展示在各个组件的粒度上基于智能感知和驱动的适应和学习（即在自组织、适应、配置、优化、保护和愈合方面）。在恶劣的工业环境中成功部署和采用需要在若干领域取得进步，包括：①材料、天线设计、嵌入式电源、能量采集、实时软件架构、嵌入式处理和可靠性设备级的无线通信协议。②系统科学的优化，可视化，分析，机器学习和数字制造

1.2.4 日本的科学计算路线图

日本依靠超级计算机获得一系列的研究成果，出现了很多新的研究方法，同时使得科学技术更加先进，企业利用超级计算机振兴了产业的发展。在医疗领域和天气预报领域，超级计算机使技术的准度和精度大幅提升。超级计算机培育技术与普遍应用，反映出未来科学计算的重要性，科学计算方法使大规模数据处理和大规模数值模拟在社会中发挥越来越大的作用，为社会带来巨大的利益。

由于超级计算机对社会的贡献越来越大，2011 年，日本将高性能计算基础设施（high performance computing infrastructure，HPCI）计划作为国家推进的重要计划，日本文部科学省下属的科学技术振兴机构专门成立了“HPCI 计划推进委员会”，并设置“未来 HPC 技术研究开发方案工作组”。工作组提议建立“应用小组”和“计算机体系・架构・系统软件的小组”，这两个小组合作完成《科学计算路线图白皮书》。2012 年，该白皮书对外发布。为了审议工作组的理论，2012 年 7 月，文部科学省委托研究“HPCI 系统（应用领域）未来研究”的调查项目开始，目的是进一步审议工作讨论结果。同时从中抽取科学计算促进社会问题的解决及科学突破方面的作用作为单独课题，并编制一个新的“科学计算路线图”。路线图的制定过程中不仅涉及了科学技术领域的专家，而且还汇集了活跃在学术界前沿、研究机构和企业的 100 多名研究人员，共同讨论不仅仅局限在计算性能方面，而且要面向解决社会问题，以及预期科学突破所必需的计算系统。

2014 年，日本文部科学省发布了《科学计算路线图》，主要面向未来 5～10 年科学计算对解决社会问题的贡献，以及科学计算与研究领域融合实现新的科学发现。

1.2.4.1 科学计算的背景

为了解决各种社会问题，通过为各个领域的研究人员和工程师提供世界上最高水平的计算环境，加速工业化的成果。日本理化学研究所的“京”和全国九所大学的信息基础设施中心作为日本 HPCI 的核心设施正在建设中。

“京”是 HPCI 核心的超级计算机。为了最大限度地利用“京”创造世界一流的研究成果，支持在该领域建立计算科技推广体系。2009 年，日本理化学研究所设置了 5 个战略研究领域，集中力量开始相关研究，主要解决之前的计算能力无法实现模型计算的问题。

战略研究领域 1：预测生命科学、医疗药物发现平台，了解生命本质的基础研究，准确了解细胞水平的生命现象，显著加速药物开发，获得实现医疗等社会问题的基础知识。

战略研究领域 2：新材料、能源的创造，基于基础理论的解析与预测，研究物质、纳米器件的材料功能和电子功能。其有望成为探索高温超导材料、高效热电转换元件、燃料电池用催化剂的重要技术。

战略研究领域 3：防灾、预测，监测灾害的全球变化，研究更精确的全球环境变化模拟技术，并预测暴雨。研究地震和海啸等灾害预测。

战略研究领域 4：下一代制造，设计先进的流体设备和纳米碳装置。先进的制造水平（如模拟技术）大大加快开发过程，降低成本，以及整个反应堆厂房的抗震仿真研究。

战略研究领域 5：物质的起源、物质的结构、宇宙的起源与宇宙的结构，通过观察天体物理现象（如基本粒子加速器实验和黑洞、超新星爆炸等），基于科学计算和模拟研究，探索宇宙的起源、物质的起源及其规律。

日本新一代 HPCI 将聚焦科学计算的社会贡献。通过充分利用 HPCI 来解决社会问题，不仅表现出最高的计算能力，而且还要通过科学计算实现新的科学发现与科学突破。作为需要 HPCI 技术的应用程序，不限于大规模的数值模拟，还能有效地分析每个领域的大规模实验中获取的大数据。

1.2.4.2 科学计算要解决的社会问题

大规模的数值计算对支持现在社会生活的行业和经济活动做出了重要贡献，而从超级计算机性能的未来改进获得的成果是目前我们可以为解决社会各种问题做出的贡献。科学计算路线图将针对“药物发现与医疗保健”“综合灾害预防”“能源环境问题”“社会经济预

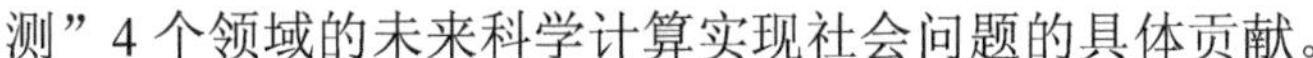

测”4个领域的未来科学计算实现社会问题的具体贡献。

（1）药物发现与医疗保健领域

日本正进入快速老龄化的社会，促进公共卫生将是一项非常重要的国家任务。促进健康的创新药物和医疗技术的发现，以及了解人体内的生命现象等是不可或缺的。然而，生命现象由许多因素相互交织并且非常复杂（包括分析遗传信息等大规模数据），生命科学与材料科学联合的模拟，从分子到细胞、内脏器官、大脑和全身的多尺度模拟及医疗应用是不可或缺的。通过使用下一代脱氧核糖核酸（DNA）测序仪以非常高的速度读取基因组信息获得巨大个体基因组信息，分析多个基因相互配合的遗传网络等，目标是实现定制药物，探明复杂因素引起疾病的原因，并根据个体遗传信息为个体患者提供最佳治疗。通过使用物质科学领域等高度可靠的模拟方法进行蛋白质、药物键的预测，并在全细胞和病毒的环境下进行模拟，缩短新药开发期限及所需的成本。这些模拟也针对使用生物分子开发具有新功能的纳米分子材料。从分子到细胞、内脏器官、大脑和全身的多尺度模拟有助于了解复杂的疾病机制（如了解血液中的血栓形成、心肌梗死、脑梗死），通过微创治疗，减轻医疗机构负担，开发必要的医疗设备，进一步提高患者生活质量和社会振兴的有效性，以及减少医疗费用等。

超级计算机带来的巨大计算能力将在神经系统和细胞的模拟，广泛时间和空间的模拟，以及与实时相似的数据同化等方面对生命领域的发展做出巨大贡献。科学计算可以成为创新药物发现和医疗技术创造的重要科学基础。

（2）综合灾害预防领域

1）地震和海啸灾害预防。自2011年日本本州岛海域地震以来，防灾减灾是日本迫切需要解决的问题。为了预防灾害，需要进行科学的地震、海啸灾害预测，大规模数值计算的地震、海啸和伴随的灾难模拟是最需要解决的核心问题。

目前，很难直接预测地震、海啸，但通过使用科学计算的大规模数值计算，可以从地震和海啸等灾害情况估计各种损害。有可能预测外部的灾害因素引起的“复杂灾难”。这些对提高发生灾害后撤离指导的效率有直接作用，并在地震发生后立即做出适当的应急措施。通过预测灾害造成的破坏，提前坚固建筑设施和沿海防波堤等，尽可能避免建筑物倒塌。可以根据最先进的计算机和计算科学技术，计算出1000多种不同的灾害发生情况和损害估计，可以开发一种能够立即使用数据库的系统，用于解决这一问题。考虑未来的地震灾害可归因于直接破坏建筑物，而对城市及城市的经济活动会造成间接损害。

2）气象灾害。日本经常发生各种气象灾害，如台风、集中暴雨、龙卷风、积雪和干旱。为了减轻这些气象灾害造成的经济损失，科学计算从几十分钟到几个月前的时间尺度进行模拟预测，是必不可少的。全球气候变暖导致的气候变化和气候变化现象将成为日本未来预防灾害的紧迫任务。为了解决 $PM_{2.5}$ 等空气污染问题，需要通过使用最高性能的计算机来推动日本的气象灾害模拟预测，以减少未来的灾难。

降低气象灾害灾难的下一代超级计算机研究，重点聚焦基于更复杂的初始值创建方法，利用高分辨率云计算，通过图像信息预测气候变化，精确研究云物理过程和湍流过程。

（3）能源环境问题领域

从能源创造的角度来看，可再生能源的更有效利用是主要课题，对太阳能发电、风力发电和生物质利用等的期望很大。例如，太阳能电池是太阳能发电技术的关键。为了提高光合成元件的能量转换效率，将热量转换为电力的热电转换元件等，需要解析阐明构成整个元件的复合材料的亚微米级结构与能量转换效率之间的相关性，预测材料性能的优化机理。为此，计算科学方法，如基于量子力学的有机材料和无机材料的大规模电子状态计算是不可或缺的。太阳能发电与风力发电，需要评估和预测当前区域的气候模型、高精度和高分辨率天气模型，需要天气预报模型。此外，为了科学遴选核聚变反应堆，阐明影响燃料等离子体的限制性能的等离子体湍流现象，科学计算是不可或缺的。

从能量转换、存储、传输的角度来看，开发一种有效存储和恢复功率的技术（如二次电池和燃料电池）是不可或缺的，以解析电化学过程并研究稀有元素的影响，在寻找替代品时通过大规模仿真的材料设计正在成为主流。

从能量使用的观点出发，如何降低移动“信息=软件”的半导体等电子设备的能量消耗及移动“对象=硬件”的汽车和飞机等运输设备的能量消耗很重要。为此，有必要从传统理论、实验开发，向基于科学计算创新（如数值模拟和创新）发展转化。通过将科学计算应用到开发，了解未知的复杂物理现象，了解物理机制，开发产品，并尝试基于试错法设计最优的技术参数。

（4）社会经济预测领域

在社会经济预测中，要探索现实现象，探索与实际现象多样性相媲美的客观模拟模型。因此，要调整预测模型，同时不断地观察自然现象，大规模进行数据收集、数据分析。

理解为什么会出现经济波动，利用模拟经济活动的个体行为者的理论研究正在进行中。通过数据挖掘发现各种现象，通过将各种数据灵活地融入实际现象的模型参数中，实现社会经济预测的模拟模型。

1.2.4.3 科学计算与其他领域融合促进新的科学发现

（1）科学计算与物理学的融合

探索自然界元素的起源，特别是重元素的起源。在宇宙创造之后，重元素如何产生（大爆炸核合成）在理论上和定量上都有所了解。探索比氦更重的元素可以通过恒星内的热核聚变反应来合成。尽管原子序数大于铁（原子数为 26）的重元素作为贵金属和稀土存在，但自然界合成的定量过程研究尚未阐明。

为了合成重元素，必须发生产生巨大能量的某种“现象”。目前最有希望的是这种“现象”是爆炸性的天体现象，如超新星爆炸。由于不可能通过实验重现这种爆炸现象，只有通过计算机模拟获取理论的真实性。例如，本研究以高精度模拟爆炸时产生的每个元素的速率。如果这个比率与观测值相符，则证明重元素合成。

超新星爆炸过程是复杂的，与许多物理过程相互交织在一起。因而，基本粒子通过空间天体物理学（建立方程式）和使用科学计算进行数值分析来解决问题是非常重要的。相关领域的范围从广义相对论，磁流体动力学，热辐射传输，核反应，核力量、核材料状态方程到中微子辐射传输等。本研究通过基于描述夸克和胶子运动的 QCD 的数值模拟，并通过使用其核电来得出核能，通过系统计算，用其进行积分仿真，计算了超新星爆炸时星形和元素合成中心的高温高密度核材料的性质，最终与天文观测数据进行定量比较。

为了阐明这些“未知”的奥秘，着力开展以下前沿研究。

1）能源前沿。我们将从高能加速器实验和高能天体物理现象研究材料的微观结构，旨在了解材料的起源和发现新的物理规律。

2）鲁米诺（力量）前沿。为了捕获非常罕见的事件和不稳定现象，本研究将通过高强度光束的加速器实验和大规模观测实验获取大量的观测数据。高能量、低能耗，精确实验，全面了解材料的起源，发现新的物理规律。

3）宇宙前沿。本研究的目标是了解宇宙起源、物质起源。

（2）科学计算与基于空间科学、地球科学联合的行星科学融合

对地球表层环境的影响的理解，已经成为社会的重大需求。目前的行星科学也正在解决这些问题，但仍然难以对精确的社会需要做出回答。科学计算与行星科学融合致力于通过大规模数值模拟研究行星科学。根据物理结构和相应的理论及计算方法，对 4 类问题进行研究，即行星系统的起源与演化、个别行星、行星的表面环境和生命的起源。

近年来太阳能系统勘探和天文观测的发展，使这些模拟任务已经成为实际任务。模拟预测还鼓励制定新的勘探计划和观测计划。本项目重点开展：

1）基本过程计算。虽然作为物理化学模型比较简单，但软件有必要以较大的自由度进行计算。

2）系统计算、系统集成计算。行星系、行星、行星表面环境原本是由各种基本过程组成的复杂系统，跟踪演化所需的计算资源是大规模的，软件本身也变得复杂、大规模。为了考虑行星系统的起源和演化等物体的耦合、个体行星的个性、行星的表面环境、生命的起源，设计了结合多个系统软件的综合系统模型。

3）组合计算：即使在基本过程计算和系统计算中，也需要进行许多数值实验，以掌握系统的非线性和参数依赖性。

（3）科学计算与生命科学、材料科学和制造的跨领域合作

1）计算制药。该方向的重要课题主要包括以下 3 个方面。

课题 1：扩大种子化合物的搜索范围（化合物作为药物设计的基础）。

目前，在复合数据库中搜索数十万种化合物已经进行了虚拟筛选（使用计算机从化合物库中提取候选化合物的技术）。通过使用 petaflops 类计算机，可以对 1000 万个化合物进行活性化合物的检索，并且发现具有与常规已知化合物组完全不同的新骨架的药物候选化合物组。可以形成同时计算许多化合物的阵列，并期望实现高效率。

课题 2：蛋白质和化合物复合结构的预测。

为了分析蛋白质和化合物之间的相互作用，准确描绘蛋白质的三维结构是非常重要的。目前，几乎取决于实验结构，但是，在量子化学计算水平下，可以通过结构优化，高精度地弥补实验结构的分辨率不足。

课题 3：阐明蛋白质与化合物之间的分子间相互作用。

蛋白质的特异性分子识别是由多位点同时和分子间相互作用完成的。因此，相互作用位点之间的协同作用知识对分子设计非常有用，通过使用千万亿次计算机来增强蛋白质的特异性，进行整个蛋白质复合物的量子化学计算，同时通过多位点相互作用和蛋白质内部环境对化合物结合的影响，可以了解分子识别机制。我们将这些计算应用于各种化合物，并可以搜索实际的化合物。

2）纳米生物边界制造模拟中的协作。未来，基于原子级或电子状态级的仿真，掌握生物分子与固体表面界面的相互作用是非常重要的。然而，对计算的要求非常高。在基于经典力学的分子动力学计算中，制备包括如金属的异质原子的力场集合是必不可少的，但是，在复杂界面处的电子转移的描述及在宽范围或化学反应中，除了掌握蛋白质的长期动态行为外，还需要适当考虑其他问题。

该方向的研究课题主要集中在以下 3 个方面：①通过密度泛化数值方法计算蛋白质单态。②通过分子轨道法分析表面相互作用。③生物体分子分光。

1.2.5 中国

1.2.5.1 中国科学与工程计算相关战略规划

中国《“十三五”国家科技创新规划》、《国家自然科学基金“十三五”发展规划》和《大数据产业发展规划（2016—2020 年）》对科学与工程计算进行了相关部署（表 1-11）。

表 1-11 中国科学与工程计算相关战略规划

规划	相关内容
《“十三五”国家科技创新规划》	先进计算技术列入重点发展的关键技术行列，重点加强 E 级（百亿亿次级）计算、云计算、量子计算、人本计算、异构计算、智能计算和机器学习等技术研发及应用，促进计算科学向各行业广泛渗透与深度融合
《国家自然科学基金“十三五”发展规划》	将科学计算列入重点发展方向，大力推动高性能科学计算研究、统计学和数据科学基础理论研究；特别重视物质科学、生命科学、信息科学、地球科学、环境科学、材料科学、系统科学和经济金融等应用领域中与数学相关的学科交叉问题研究。开展数据与计算科学的前沿研究，以响应国家大数据战略需求、产业需求和数据科学理论探索需求。重点开发新型高性能计算系统理论与技术；可扩展高性能计算机系统结构及大规模并行编程模型；大规模并行应用算法、软件与协同优化；基于新材料和新结构的量子器件；新型量子计算模型和量子计算机体系结构
《大数据产业发展规划（2016—2020 年）》	围绕数据科学理论体系、大数据计算系统与分析和大数据应用模型等领域进行前瞻布局，加强大数据基础研究。面向多任务的通用计算框架技术，以及流计算和图计算等计算引擎技术。支持深度学习、类脑计算、认知计算、区块链及虚拟现实等前沿技术创新，提升数据分析处理和知识发现能力。结合行业应用，研发大数据分析、理解、预测及决策支持与知识服务等智能数据应用技术。突破面向大数据的新型计算、存储、传感、通信等芯片及融合架构、内存计算、亿级并发与绿色计算等技术，推动软硬件协同发展

1.2.5.2 科学技术部国家重点研发计划“高性能计算”重点专项

国家重点研发计划“高性能计算”重点专项按照 E 级高性能计算机系统研制、高性能计算应用软件研发、高性能计算环境研发 3 个创新链（技术方向），共部署 20 个重点研究任务。专项实施周期为 5 年（2016～2020 年）。“高性能计算”重点专项的总体目标是，在 E 级（百亿亿次左右）计算机的体系结构、新型处理器结构、高速互连网络、整机基础架构、软件环境、面向应用的协同设计、大规模系统管控与容错等核心技术方面取得突破，依托自主可控技术，研制适应应用需求的 E 级高性能计算机系统。研发一批重大关键领域/行业的高性能计算应用软件，研究适应不同领域的高性能计算应用软件协同开发与优化技术，构建可持续发展的高性能计算应用生态环境。配合 E 级计算机和应用软件研发，探索新型高性能计算服务的可持续发展机制。

2016 年，“高性能计算”重点专项启动 10 个任务，主要包括新型高性能互连网络、E 级计算机关键技术验证系统、总体技术及评测技术与系统研究、适应于百亿亿次级计算的可计算物理建模与新型计算方法、重大行业应用高性能数值装置原型系统研制及应用示范、重大行业高性能应用软件系统研制及应用示范、科学研究高性能应用软件系统研制及应用示范、E 级高性能应用软件编程框架研制及应用示范、国家高性能环境计算服务化机制与支撑技术体系研究、基于国家高性能计算环境的服务系统研发方面的研究内容。

2017 年，“高性能计算”重点专项启动 5 个任务，拟安排国拨经费总概算为 2.4 亿元，主要包括 E 级高性能计算机系统研制、高性能计算并行算法及软件开发工具研究、重大行业应用高性能数值装置原型系统研制及应用示范、面向特定领域的并行应用软件研制、基于国家高性能计算环境的服务系统研发。

1.2.5.3 国家自然科学基金委员会“高性能科学计算的基础算法与可计算建模”重大研究计划

2011 年，国家自然科学基金委员会启动了“高性能科学计算的基础算法与可计算建模”重大研究计划，科学目标是，围绕基础算法与可计算建模这一主线，开展科学计算的共性高效算法、基于机理与数据的可计算建模和问题驱动的高性能计算与算法评价研究，推动我国高性能科学计算的发展，为解决科学前沿和国家需求中的瓶颈问题提供关键的数值模拟技术和方法支撑。该重大研究计划 2012～2017 年共资助项目 31 项，资助总经费为 1826 万元，包括分数阶偏微分方程有限元/有限体积法快速算法及可计算建模，植物分子设计中高维数据的低维稀疏逼近方法，大规模离散系统并行多层迭代法及其软件研制，高通量测序技术的可计算建模与碱基辨识的算法和评估，激光惯性约束聚变的可计算建模与算法研究，随机微分方程高性能数值算法理论与应用，随机动力系统的多尺度理论、算法及应用，复杂介质中波传播反问题的理论分析、计算方法及应用，植被生态系统群体结构的统计动力学模型的建模与计算方法研究，生物分子模拟中的偏微分方程模型与高效计算，复杂结构及其相变的多尺度模型与算法，离子通道运输的原子到连续尺度计算方法，非线性特征值问题的计算方法，神经图像处理与分析多尺度和结构化稀疏编码方法，阿尔茨海默病前期异常检查与预测中的应用，经脑间质途径药物分子扩散的数学建模与算法研究，致密油气藏地震资料反演的混合建模与基础算法，超大规模集成电路仿真验证中的模型降阶及稀疏表示，实际复杂系统不确定量化中的降阶建模理论，高超声速飞行器多尺度多物理输运问题的计算方法，基于不完备数据的声波和电磁波反散射问题的理论和数值算法，面向 100PF 级计算机的三类共性算法研究及高效实现，相场数学模型及相关数学问题高精度数值方法，偏微分方程特征值问题的数值方法与理论，磁流体波传播问题的建模与计算，相场模型的高精度算法设计及应用，波传播反问题的数学分析、计算方法及应用，3D 离子通道的有限元模拟，高通量测序的可计算建模与应用基础算法，随机偏微分方程多辛几何算法及不确定性量化，科学前沿中若干具有挑战性的稀有事件研究。

1.2.5.4 科学与工程计算国家重点实验室

科学与工程计算国家重点实验室成立于 1990 年。实验室主要开展科学与工程计算中具有重要意义的基础理论研究，解决科学与工程领域中的重大计算问题，着重研究计算方法的构造、理论分析及实现。主要研究方向包括有限元方法、最优化与数值代数、复杂系统的电磁和流动问题的计算、动力系统保结构算法、材料物性的多物理多尺度计算、计算几何与图像处理、生物分子模拟与计算，以及高性能科学计算软件平台等。其中，冯康等关于哈密尔顿系统辛几何算法的研究成果曾荣获国家自然科学奖一等奖。

1.3 文献计量分析

1.3.1 数据来源和分析工具

本节对科学与工程计算领域发表的科学引文索引（science citation index，SCI）论文进行定量分析，挖掘该领域的研究发展态势。本研究以 Clarivate Analytics 公司的 Web of Science 平台中的科学引文索引扩展版（science citation index expanded，SCIE）数据库为数据源，构建科学与工程计算领域的关键词检索式，检索了数据库中所有相关的 SCI 论文①。其中，文献类型包括研究论文（article，letter）、研究综述（review）和学术会议论文（proceeding paper），数据采集时间为 2017 年 7 月 18 日。然后，利用德温特分析（Thomson Derwent analytics，TDA）工具对相关数据进行清洗和分析，利用 Gephi 工具分析国际合作关系。

1.3.2 结果与分析

1.3.2.1 发文量年度变化趋势

2007～2016 年，科学与工程计算相关研究共发表了 26 143 篇 SCI 论文，这十年间发文

① 检索式为：TS=(“computational science” or “computational science and engineering” or “high performance computing” or “scientific computing” or “exascale computing” or “parallel computing” or “parallel algorithm*” or “extreme-scale computing” or “extreme-scale parallel computing” or “error estimation and adaptivity” or “numerical optimization” or “graph algorithm*” or “discrete algorithm*” or “combinatorial algorithm*” or “high end computing” or “large-scale simulation model*”) and PY=（2007-2016）。

量呈稳定增长态势，2016 年的发文量是 2007 年的 2.3 倍。总体来看，当前的科学与工程计算研究是一个非常活跃的研究领域，研究成果的产出稳定增长。需要指出的是，这一趋势只是研究论文的发表情况，与研究活动的发展存在一定的时滞性，研究活动的趋势稍微早于研究论文的发表情况（图 1-1）。

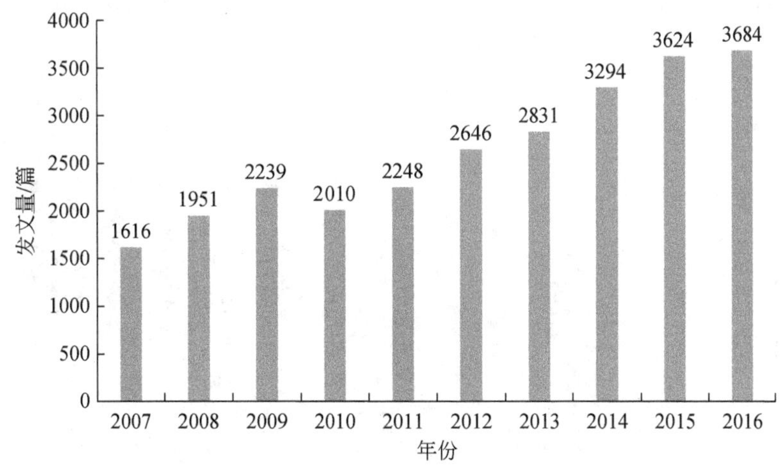

图 1-1　2007～2016 年科学与工程计算研究发文量年度变化趋势

1.3.2.2　主要国家

2007～2016 年，科学与工程计算领域研究发文量排名前 10 位的国家的发文情况如图 1-2 所示，主要包括美国、中国、德国、法国、英国、西班牙、日本、意大利、印度、加拿大。排名前 10 位的国家共发表论文 19 985 篇，占科学与工程计算总发文量的 76.4%，而其他国家的发文量只占总发文量的 23.6%。其中，美国居首位，其发文量占绝对优势，共发表论文 7868 篇，占世界科学与工程计算领域总发文量的 30.1%，表明其在科学与工程计算领域的科研活动相当活跃，且具有强大的科研实力。中国的发文量位居第 2 位，发表论文 4878 篇，占总发文

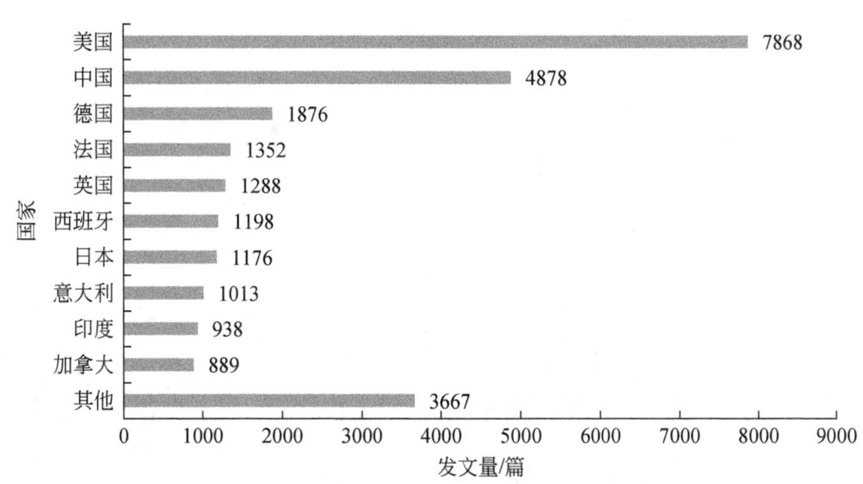

图 1-2　科学与工程计算研究主要国家发文量对比

量的 18.7%。德国的发文量位居第 3 位，发表论文 1876 篇，占总发文量的 7.2%。法国和英国的发文量相差不大，分别位居第 4 位和第 5 位，其发文量分别占总发文量的 5.2%和 4.9%。

从国家发文量年度变化来看，美国在各年都保持领先地位。中国在各年都保持第 2 位，中国各年仅次于美国，明显领先其余国家。主要国家论文年度变化趋势与整个论文的年度变化趋势（图 1-1）大致相符，整体呈稳定增长态势，2009～2010 年发文量有所回落（图 1-3）。

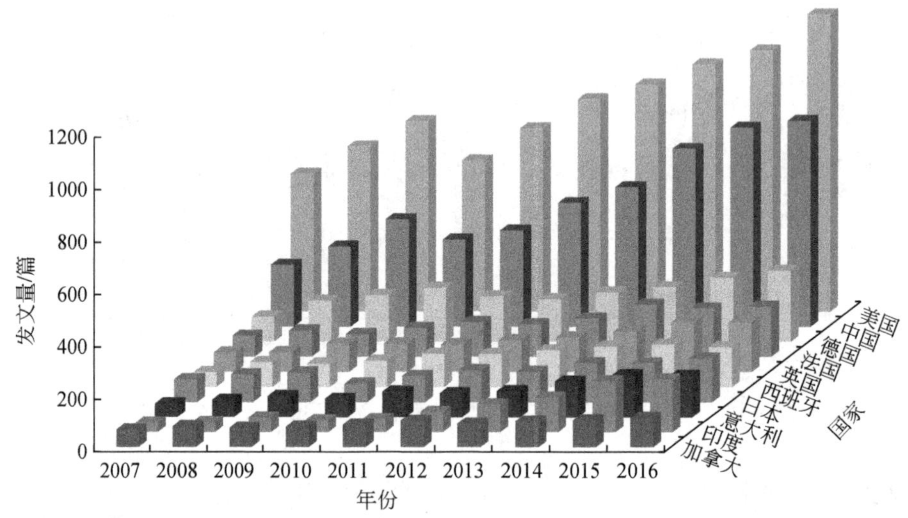

图 1-3　2007～2016 年排名前 10 位的国家科学与计算工程研究发文量年度变化趋势

科学与工程计算研究的重要国家的 SCI 发文量和篇均被引次数相对位置分布如图 1-4 所示，可以看出重要国家在科学与工程计算研究领域的相对影响力。在科学与工程计算研究中，美国处于篇均被引次数和发文量均高于平均值的第一象限，属于双高（高篇均被引次数、高发文量）国家；中国处于发文量高于平均值，篇均被引次数低于平均值的第二象限，属于相对高发文量、低篇均被引次数的国家；法国、加拿大、英国、德国及西班牙处于发文

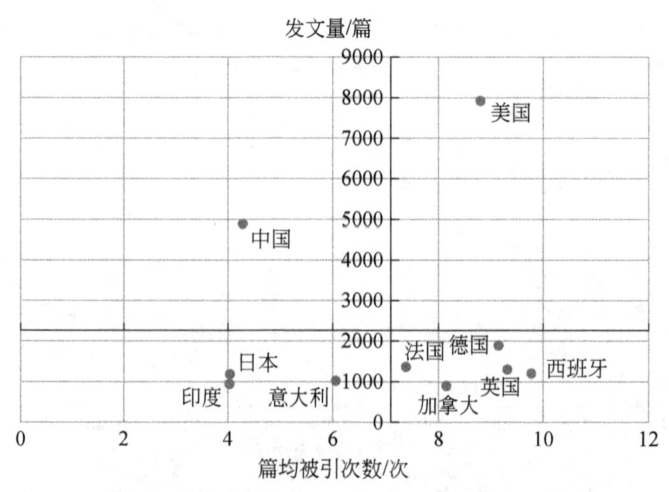

图 1-4　科学与工程计算研究的重要国家的 SCI 发文量和篇均被引次数相对位置分布图

量低于平均值、篇均被引次数高于平均值的第四象限，这些国家虽然发文量有限，但是其论文影响力较高；日本、印度和意大利处于发文量和篇均被引次数都低于平均值的第三象限，属于相对双低（低篇均被引次数、低发文量）国家，说明其科学与工程计算研究的影响力相对较低。

1.3.2.3 主要研究机构

2007～2016 年，科学与工程计算研究发文量排名前 10 位的研究机构见表 1-12。中国科学院是科学计算研究发文量最多的研究机构，其次是橡树岭国家实验室和伊利诺伊大学。在发文量排名前 10 位的研究机构中，美国研究机构有 6 个，分别是橡树岭国家实验室、伊利诺伊大学、阿贡国家实验室、桑迪亚国家实验室、加利福尼亚大学伯克利分校和麻省理工学院；中国研究机构有 3 个，分别是中国科学院、国防科技大学和清华大学；法国机构有 1 个，为法国国家科学研究中心。

表 1-12 科学与工程计算研究发文量排名前 10 位的研究机构

主要研究机构	国家	发文量/篇
中国科学院	中国	508
橡树岭国家实验室	美国	300
伊利诺伊大学	美国	283
阿贡国家实验室	美国	264
国防科技大学	中国	258
桑迪亚国家实验室	美国	242
加利福尼亚大学伯克利分校	美国	226
清华大学	中国	218
麻省理工学院	美国	212
法国国家科学研究中心	法国	207

表 1-13 为中国科学与工程计算研究发文量排名前 10 位的研究机构，中国科学院居首位，其发文量是排在第 2 位的国防科技大学的 2 倍。2007～2016 年，中国科学院的科学与工程计算研究发文量占中国科学与工程计算研究总发文量的 10.4%。国防科技大学、清华大学、电子科技大学和华中科技大学分别位居第 2 位、第 3 位、第 4 位和第 5 位。

表 1-13 中国科学与工程计算研究发文量排名前 10 位的研究机构

主要研究机构	发文量/篇
中国科学院	508
国防科技大学	258
清华大学	218
电子科技大学	191
华中科技大学	167

续表

主要研究机构	发文量/篇
浙江大学	128
西安电子科技大学	121
北京理工大学	121
上海交通大学	111
北京航空航天大学	106

科学与工程计算研究的重要机构的 SCI 发文量和篇均被引次数相对位置分布如图 1-5 所示，橡树岭国家实验室和伊利诺伊大学处于高篇均被引次数、高发文量的第一象限，其研究规模和影响力处于非常高的水平。中国科学院处于高发文量，低篇均被引次数的第二象限，虽然发文量较高，但是其论文影响力相对较低。阿贡国家实验室、麻省理工学院和加利福尼亚大学伯克利分校处于高篇均被引次数、低发文量的第四象限，虽然发文量较低，但是其篇均被引次数相对较高。国防科技大学、清华大学及法国国家科学研究中心均处于相对双低（低篇均被引次数、低发文量）的第三象限，研究规模和影响力相对较弱。

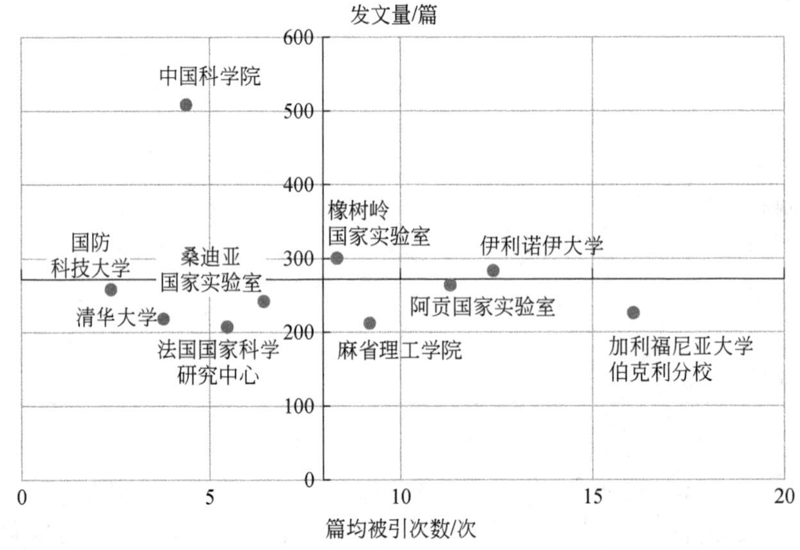

图 1-5 科学与工程计算研究的重要机构的 SCI 发文量和篇均被引次数相对位置分布图

1.3.2.4 研究论文的合作

（1）主要国家的合作网络

利用 Gephi 工具分析科学与工程计算研究 SCI 发文量排名前 10 位的国家的合作情况如图 1-6 所示，其中，节点的大小表示国家发文量的多少，边的粗细代表国家之间的合作强度。可以看出，美国是开展合作最多的国家，与美国合作最多的国家是中国，其次为德国和英国。中国的主要合作国家为美国，而与其他国家合作相对较少；印度与其他国家合作较少。

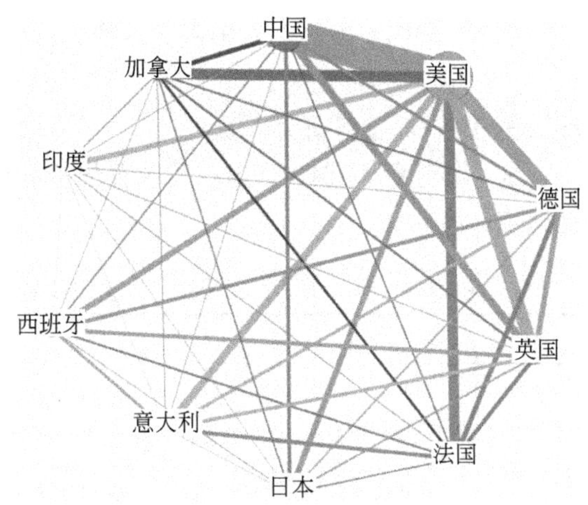

图 1-6 科学与工程计算研究 SCI 发文量排名前 10 位的国家的合作情况

（2）主要研究机构的合作网络

科学与工程计算研究发文量排名前 10 位的研究机构的合作情况如图 1-7 所示。科学与工程计算研究合作的地域性特征非常明显，位置较为接近的研究机构的合作研究活动更加频繁。从图 1-7 可以看出，美国的研究机构之间的合作相对活跃，以橡树岭国家实验室和阿贡国家实验室为合作的核心形成了一个非常紧密的合作网络，其中，橡树岭国家实验室与阿贡国家实验室、桑迪亚国家实验室分别合作 25 次、24 次。阿贡国家实验室与桑迪亚国家实验室合作 18 次，伊利诺伊大学与阿贡国家实验室合作 19 次。中国的研究机构也形成了一个合作网络，机构之间紧密合作，但和其他国家的研究机构的合作相对较少，其中，中国科学院、清华大学及国防科技大学相互合作密切。

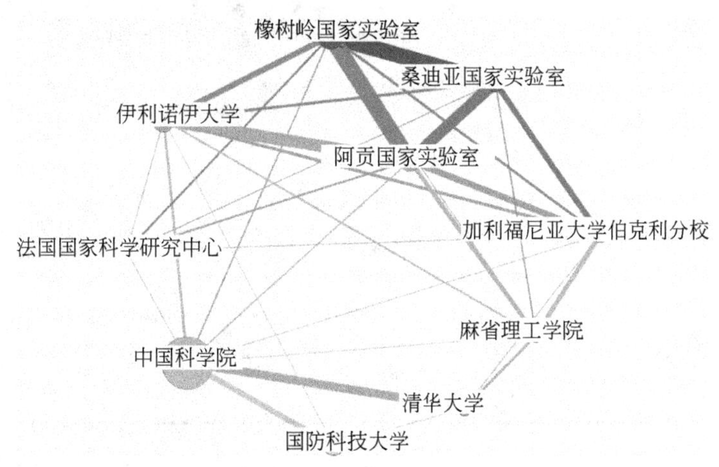

图 1-7 科学与工程计算研究发文量排名前 10 位的研究机构的合作情况

1.3.2.5 研究主题

对科学与工程计算研究论文的主题词进行分析，可以大致把握领域的总体特征、发展趋势、研究热点和重点方向。2007～2016 年科学与工程计算研究最受关注的主题词和新出现的主题词见表 1-14。自 2007 年起，并行计算、并行算法、图算法、高性能计算及 GPU 出现频次较高，说明这些相关主题一直备受研究人员关注。另外，每年都有新出现的主题词，如 2008 年出现的多重处理、图着色，2010 年出现的计算思维和图形处理单元（GPU）等，说明该领域的研究还在不断发展中。

表 1-14　2007～2016 年科学与工程计算研究最受关注的主题词和新出现的主题词

年份	最受关注的主题词	新出现的主题词
2007	并行计算、并行算法、图算法	
2008	并行计算、并行算法、图算法	多重处理、图着色、Cell 宽带引擎、互连网络、自适应网格加密、基准、多核处理器、最短路径、整数规划、离散优化、三角算法、分布式并行算法、群智能、多核处理器、蚁群优化算法、生物学和遗传学、电子断层、有序二元决策图、检查站
2009	并行计算、高性能计算、并行算法	云计算、百亿亿次级、自主计算、网络服务、动力学、编程模型、嵌入式系统、多核处理器、计算机集群、对流扩散方程、无线带宽、作业调度、百亿亿次计算、离散元法、拓扑、卡尔曼滤波器、操作系统、多目标、参数提取、图形处理器
2010	并行计算、并行算法、高性能计算	计算思维、图形处理单元（GPU）、自动并行化、逆向工程、非负矩阵分解、粒子方法、主动学习、多发性硬化症、概率分布、面向目标的误差估计、并行计算、光谱分离、连续优化、贪心算法、图像增强、任务分配、增广拉格朗日乘子法、水平集方法、代理
2011	并行计算、高性能计算、GPU	数据密集型计算、智能电网、动力效应模型、降维、工作窃取、低密度奇偶校验码、卷积、在线算法、时序逻辑、分布式数据库、高性能计算集群、多 GPU、等几何分析、数值模拟、异构、和声搜索、实时处理、任务并行
2012	并行计算、高性能计算、GPU	多核计算、阿姆达尔定律、聚类算法、拥塞控制、古斯塔夫森定律、多重散射、多速率滤波器、双层微通道散热片、回旋管、马尔可夫模型、GPU 加速、图形处理、异构体系结构、内存机器模型、协同过滤、基因组学、全基因组关联研究
2013	并行计算、GPU、高性能计算	至强融核、英特尔至强融核处理器、移动计算、并行执行、中子灵敏度、能源管理、多面体模型、有限差分、独立生成树、元启发式算法、混合整数规划、消息传递接口、随机存储器、脉动阵列、全局优化问题、超级计算、分布式文件系统、基于代理模型、基于密度的聚类、深度图
2014	并行计算、高性能计算、GPU	网络的拓扑结构、星形胶质细胞、粒子物理学、海量数据、ARM、分布式发电、基于 Agent 的仿真模型、排列图、现场可编程门阵列、高性能计算集群、线性代数操作、结构比对、回溯搜索算法、反向学习、推断执行、分组密码、射电天文学、强大缩放
2015	并行计算、高性能计算、GPU	英特尔至强融核协处理器、数据挖掘算法、混合并行、差分干涉测量、多集成核心体系结构、变异策略、路宽、算法交易、计算机辅助工程、故障恢复、表面纹理、人工蜂群算法、空化、电芬顿法、英特尔集成核心架构、开放式多处理、相位展开、交通流量
2016	并行计算、高性能计算、GPU	小型天线、超宽带天线、增材制造、动态特性、矩阵、模块化、自动机处理器、阻塞与交换、CPU-GPU、文化算法、平衡问题、精确的指数算法、极端学习机、信息图、车间作业、马尔可夫决策过程、加速显式方法、自适应电源管理、气动性能

1.4　科学与工程计算重要的国际国内会议

国际专业学术会议通常是科学家对其最新科研成果进行交流的场所，国际会议主题通常比期刊信息能更快地反映科学共同体和决策层的所想和所为，在一定程度上能反映国际关注的研究前沿与发展方向。

1.4.1 美国工业和应用数学学会计算科学与工程会议

美国工业和应用数学学会（Society for Industrial and Applied Mathematics，SIAM）计算科学与工程会议是世界著名的计算科学与工程会议，每两年举办一次，会议的主题都根据召开时计算科学与工程中的热点问题的变化而进行调整。2007 年的会议主题为：先进的离散化方法，分析确认与验证，计算生物学与生物信息学，计算化学与化学工程，计算动力系统，计算地球与大气科学，计算电磁学，计算金融，计算流体动力学，计算医学与生物工程，计算纳米科学，计算物理学与天体物理学，计算固体力学与材料，计算科学与工程教育，以数据为中心的计算，科学与工程的离散与组合算法。2009 年的会议主题为：生物与医学模拟，计算科学与工程教育，离散模拟，工业应用，多物理场与多尺度计算，千兆级应用，科学数据挖掘，基于仿真的工程科学，多核体系结构模拟、验证与确认。2011 年的会议主题为：多物理与多尺度问题，动力学方法，无网格方法，以分子与粒子为基础的方法、离散事件驱动模型，混合模型，验证与确认、不确定性量化、计算科学与工程的数值与组合算法，数据分析与数据挖掘，可视化与转向计算，问题求解环境，硬件识别算法与程序优化，多核框架与硬件加速器，百亿亿次计算。2013 年的会议主题为：多物理场与多尺度计算，代理与降阶建模，验证与确认、不确定性量化，离散模拟，科学数据挖掘，大数据的可扩展算法，新兴体系结构模拟，百亿亿次的计算，科学软件与高性能计算，在科学、工程与工业中的应用，地球的计算数学，计算科学与工程教育。2015 年的会议主题为：计算科学与工程软件，大数据分析，物理兼容的数值方法，高精度的数值方法，压缩传感与稀疏表示，多物理场、多尺度与多层次方法，降阶建模，数据可视化分析，多模态的方法与数据融合，生物医学计算，计算神经科学，验证与确认与不确定性量化，超规模与硬件识别算法，计算复杂流的建模与计算，统计计算，计算科学与工程教育。2017 年的会议主题为：在科学、工程与工业中的应用，计算科学与工程教育，数据分析与可视化，数据驱动建模与预测，识别、设计与控制，多物理场与多尺度计算，新型离散化与快速求解，数值线性/多重线性代数，科学软件与高性能计算，新兴体系结构模拟，代理和降阶建模，验证与确认、不确定性量化。

1.4.2 中国科学与工程计算相关高级研讨会

1.4.2.1 香山会议

2017 年，召开了“类脑智能机器人的未来：神经科学与机器人深度融合的关键科学问题探讨”香山会议。2014 年，召开了“科学大数据的前沿问题”香山会议，会议主题为面向科学大数据研究基础设施、大数据时代科技创新的新模式、科学数据共享新机制和新趋势及科学大数据学科发展与人才培养等。2011 年，召开了“材料科学系统工程”香山会议，会议主题为材料基因组数据库、计算方法发展及计算模拟软件的自主开发与整合、材料基因组快速测试平台和重点材料的选取与示范性突破研究等。

1.4.2.2 数值代数与科学计算国际会议

数值代数与科学计算国际会议自 2006 年开始，每两年举办一次，目前已经举办了五届（表 1-15）。会议的目的是聚集数值代数与科学计算领域的国内外专家学者，就这些密切相关领域的未来发展趋势和主流进行学术交流与探讨。

表 1-15 数值代数与科学计算国际会议

会议名称	会议议题	时间
第一届数值代数与科学计算国际会议	数值代数和科学计算的各个方面	2016 年 10 月
第二届数值代数与科学计算国际会议	数值代数和科学计算的各个方面	2008 年 11 月
第三届数值代数与科学计算国际会议	数值代数和科学计算的各个方面	2010 年 10 月
第四届数值代数与科学计算国际会议	主要研讨线性与非线性数值代数在理论、计算和应用等方面的最新进展	2012 年 10 月
第五届数值代数与科学计算国际会议	线性与非线性方程组和最小二乘问题的计算方法，特征值问题计算，张量的分解与计算，并行计算，预处理子的构造与分析，结构矩阵的算法和理论，以及有关数值代数技术与算法的应用等	2014 年 10 月

1.4.2.3 科学与工程计算论坛

科学与工程计算论坛由中国科学院科学与工程计算国家重点实验室主办，自 2011 年开始设立，论坛邀请国内外各大高校、科研院所的专家做专题报告，来自国内外各大高校、科研院所的专家、学者和研究生参加。科学与工程计算论坛为不同领域的专家提供交流平台，推动计算数学和其他领域能更好地交叉结合（表 1-16）。

表 1-16 2015～2017 年科学与工程计算论坛的议题

年份	会议议题	大会报告主题
2015	计算生物	基于高维短程数据的因果关系检测与动力学预测及其在生物学及医药科学中的应用，分子和纳米尺度下带电系统的连续模型模拟方法，从小模型到大数据，对分子细胞的模拟与互动，核糖核酸（Ribonucleic Acid，RNA）三级结构的计算预测，以 microRNA 为介导调控 CeRNA 的定量建模等
2016	材料科学	非化学计量比的无序平衡结构物性计算，新型太阳能材料的逆向设计计算，电子结构计算的数值方法最新进展，计算材料设计：从简单化学思想到三维拓扑材料，电子结构计算的并行轨道更新方法，过渡态计算的有效算法，随机势能面行走方法在结构确定和路径搜索方面的应用等
2017	保结构算法	指数扰动展开与几何数值积分，伊藤型随机薛定谔方程的指数积分子及 Vlasov 方程新数值方法等

1.4.2.4 科学计算国际暑期学校

科学计算国际暑期学校自 2011 年开始由科学与工程计算国家重点实验室主办。科学计算国际暑期学校的课程突出计算数学领域高水平的基础性研究与应用相结合的特点，促进研究生教育与青年科研人员的学术交流与合作。暑期学校是一种新型的人才培养途径与模式，对提升我国科学计算领域培养优秀人才产生积极影响。2017 年，科学计算国际暑期学校历时两周，邀请加利福尼亚大学的 Bai Zhaojun 教授与 N. Sukumar 教授开设了“非线性特征值问题的计算方法”课程。

1.5 科学与工程计算的国际前沿与发展趋势

1.5.1 计算方法和算法是科学与工程计算的核心

计算方法和算法是科学与工程计算的核心。构造好的计算方法与研制高性能计算机及高效率软件同等重要。开发高效的新算法对利用先进的计算能力来解决人类紧迫的问题至关重要。今天，有效地求解高维数、非线性、多尺度、长时间、多因素的复杂问题，是科学与工程计算面临的挑战，这对充分发挥计算机的巨大能力，解决实际问题的高效计算方法提出了越来越迫切的需求。不同的计算方法适用于求解不同类型的科学问题。针对科学研究和工程技术不断提出的新问题，需要设计新的高性能算法、并行算法。

1）数值代数。数值代数是主要研究代数方程组、代数特征值问题和最小二乘问题的数值求解方法，数值代数的算法在科学与工程计算中具有基础作用。研究大型稀疏代数方程组快速算法、离散偏微分方程的可扩展算法、如何降低多界面方法对三维离散偏微分方程的计算复杂性是科学与工程计算的重要研究方向。关于特征向量的非线性特征值问题，尤其是对电子结构计算中的非线性特征值问题，现有的算法从收敛性、收敛速度和计算指定的特征值等方面均不能满足要求。

2）数值逼近。对数据、图像和函数等对象的逼近是计算方法中最基本的手段之一。随着复杂数据处理的需要，新问题不断涌现，数值逼近已经成为计算方法中最为活跃的研究方向。小波理论和压缩感知的快速发展为非线性稀疏逼近提供了重要的理论基础和计算方法，它们突破了经典理论方法的局限，成为图像科学、计算机图形学、数据挖掘、机器学习理论的重要工具。

3）最优化计算方法。过去几十年来，用于优化大型科学与工程计算模型的系统理论和方法取得了飞速发展。最优化问题在国防、工程和经济等许多重要领域应用，在化学反应设计、石油开采与电力分配等方面有应用。最优化计算方法与变分原理、数值逼近、微分方程反演及非线性代数方程组等有交叉。核磁共振、压缩感知、数据挖掘、图像处理、矩阵方程中优化问题的规模很大，对最优化计算方法是挑战，也是机遇。这些问题通常采取最佳控制、最佳设计或逆问题的形式。最优化计算方法有 5 个方向需要进行研究：①最优化计算方法的成功应用必须扩展到更复杂的（多尺度/多物理场）状态方程。②开发新方法，能解决与离散决策变量相关的难题。③解决非平滑目标或约束目标的挑战对许多应用至关重要。④随机常微方程、随机偏微分方程控制系统的优化已经成为研究热点，开发新的随机优化方法，能处理高维度约束和随机变量问题。⑤开发新的随机优化方法，将大量最优化的减少模型代替常微方程或偏微分方程模型。

4）微分方程计算方法。哈密尔顿系统辛几何算法的长时间计算的优越性使天体物理学、量子物理学、纳米材料和分子生物学等领域见证了科学与工程计算的重要作用。偏微分方程描述许多构成实际物理过程的各个不同阶段的物理模型，其计算方法包括如何针对不同偏微分方程设计合适的网格和离散格式，如何设计可扩展的并行算法，在离散网格上给出方程的近似解。

5）随机算法。可扩展随机算法的设计和分析研究正在快速成长。在科学和工程问题中，随机算法用在 PDE 数值解、模型降阶、优化、逆问题、不确定性量化问题和机器学习等方面。随机算法的挑战如下：非线性运算符和张量的扩展、大规模问题的算法、并行计算可扩展性、用于高性能计算系统的软件库的发展。

1.5.2 科学与工程计算和高性能计算之间是共生关系

科学与工程计算和高性能计算的发展密切相关，以共生关系相互交织：高性能计算促进科学与工程计算研究的突破，使其能在更多的学科中进行更复杂的模拟，而科学与工程计算的前沿应用是高性能计算研究的主要驱动力。高性能计算提供足够的计算能力来创建有效的计算模型，科学与工程计算已经成为科学发现的支柱。算法的巨大进步，使计算模型提供预测能力，并作为重要决策的基础。

并行计算是科学与工程计算的核心和关键问题，通过同时对多个任务、多条指令、多个数据项进行处理进一步提高计算能力。所有现代计算机体系结构都是并行的。

通过高性能计算技术扩展科学与工程计算的应用范围。一个重要的机会是实时或嵌入式超级计算。图 1-8 展示出一些基于科学与工程计算应用的实时或嵌入式高性能计算方法的新兴研究主题和可能的未来发展路径，其中，许多发展路径涉及高级交互式计算转向或实时模拟。快速嵌入式科学与工程计算系统的进一步使用包括开发用于预测控制系统建模和用于患者特异性生物医学诊断的模拟器。科学与工程计算的新兴应用，其发展机会是并行计算和极端计算，为此要设计新的模拟方法、发明新的算法、建立新的物理模型、开发新的验证技术。未来重点发展方向包括：①算法和软件的定量性能分析。②性能工程与协同设计。在科学软件工程中，对性能目标进行先验处理，用先验分析来确定执行特定算法所需的计算资源，已经成为下一代算法和应用软件系统开发的新趋势。③超可伸缩性和异步算法。④耗能限制。⑤容错和弹性。

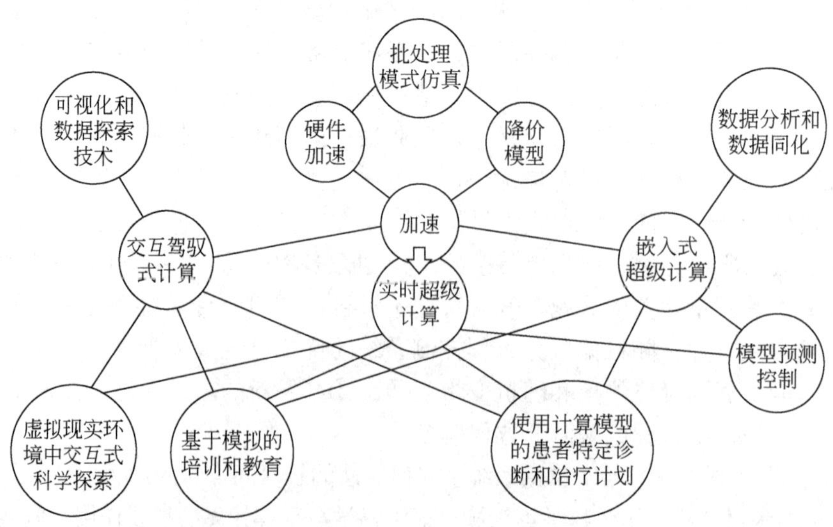

图 1-8　一些基于科学与工程计算应用的实时或嵌入式高性能计算方法的新兴研究主题和可能的未来发展途径

1.5.3 科学计算与数据科学协同发展

大数据正在加速科学研究模式的变革。科学研究将从假设驱动型向数据驱动型转化。通过对大数据的挖掘与分析，人们可以发现新的自然现象和自然规律。例如，Sloan Digital Sky Survey 数据库已经成为天文学研究的核心资源，科学家已经从该数据库发现大量天文学现象和规律。目前基于大数据的科学与工程计算已经应用在相当广泛的领域，如生物学、医学、地球科学、化学、材料科学及物理学等。

大数据是国家的战略资源，为了实现大数据的重大价值，人们需要解决大量的科学技术问题。大数据获取、大数据传输、大数据存储、基于大数据的问题求解（包括大数据的查询、分析和挖掘）是大数据研究的 4 个重要方面，这 4 个重要方面的所有计算问题统称为大数据计算问题，求解大数据计算问题的过程称为大数据计算。最近几年，大数据计算的研究发展迅速。和科学与工程计算类似，大数据计算通常基于数学、统计学、机器学习方法、计算机科学和专业知识，因此，数据科学和科学与工程计算具有重要的协同作用。

用于解决大数据计算问题的科学与工程计算包括大规模优化、线性和非线性求解器、逆问题、随机方法、科学可视化及高性能并行计算。科学与工程计算和高性能计算的核心可扩展算法与大数据计算、数据科学的新兴趋势相关。大数据计算向着更复杂的数学分析算法和并行计算的方向发展。科学与工程计算将在开发下一代高性能并行计算方法中发挥重要作用。大数据的出现引领了新的大规模分布式计算技术和并行编程模型，如 MapReduce、Hadoop、Spark 和 Pregel，它们提供可扩展高吞吐量计算的创新方法，重点关注数据本地化和容错。这些框架可以协助解决科学与工程计算问题。

1.5.4 科学与工程计算软件

高性能科学计算软件是数学、物理和力学等基础科学和相应应用学科及计算机软件技术相结合而形成，软件是以算法为核心、以计算机系统为支撑的知识密集型集成化信息产品。当复杂的现实模型被演变成算法时，软件是科学与工程计算研究的重要产物。开发高效、可靠、可持续的软件是科学与工程计算的核心。

由于计算架构的突破性变化和更复杂的模拟需求，科学与工程计算软件设计、开发和可持续发展面临越来越大的挑战。新计算架构需要对基本算法和软件重构，同时实现新范围的建模、仿真和分析。科学与工程计算软件新的科学前沿方向包括：①异构架构的可编程性。②软件的可组合性、互操作性、可扩展性、可移植性。

1.6 总结与建议

1.6.1 加强科学与工程计算的算法研究

当前科学与工程计算所要解决的数值模拟问题非常复杂，如高维数据、计算规模大、多时空尺度、强非线性、长时间、奇异性、几何复杂、高度病态和精度要求高等，给数值方法研究带来了巨大的挑战。数值模拟的困难在于规模太大导致难以承受或失去时效；算法不收敛或误差积累使结果面目全非；花费大量计算机时却得不到结果或只得到错误结果；问题的奇异性使计算非正常中止；问题太复杂使算法难以实现等。这些难点问题近年来受到广泛关注，已经成为科学与工程计算的研究热点。

1.6.2 加强科学与工程计算软件研制

科学与工程计算软件的特点是多学科交叉，领域专业性非常强，需要建立多学科交叉研究队伍，研制针对实际科学问题的科学与工程计算软件。在国家重大科技项目中重视科学软件的研制，重点研究科学计算中的瓶颈问题，如材料计算、流体计算、电磁场计算、辐射流体力学计算、纳米计算和生物计算中的算法研究、多尺度模型的分析与计算和非平衡态的计算等。

1.6.3 加强面向国家重要需求的应用领域研究

加强致力于解决国家重大需求的应用领域研究，推进科学与工程计算在生物科学、医学、工程、制造、核武器、能源、航空航天、气候模拟、天体物理、纳米科学技术、物理科学和社会科学中的应用。

1.6.4 培养多学科交叉型人才

科学与工程计算的发展和计算机科学、数学、力学、物理学及其他科学和工程技术的发展紧密相关，今后的科学与工程计算研究人员应尽可能兼备计算机科学、数学、物理科学、力学和工程学等多方面的知识。要培养应用计算机进行数值试验和数值分析的人才，大力提供跨部门、跨行业、跨学科的国内外学术交流与合作，跨学科联合或交叉培养博士生与博士后研究人员，加速推动科学与工程计算的发展，促进其新的研究成果在其他科学领域和工程中的应用。

致谢 中国科学院数学与系统研究院副院长高小山研究员、中国科学院计算数学与科学工程计算研究所副所长周爱辉研究员、科学与工程计算国家重点实验室主任张林波研究员等对本报告的初稿进行了审阅并提出了宝贵的修改意见，特致感谢!

参 考 文 献

陈志明. 2012. 科学计算：科技创新的第三种方法. 中国科学院院刊，27（2）：161-166.

葛蔚，郭力，李静海，等. 2016. 关于超级计算发展战略方向的思考. 中国科学院院刊，31（6）：614-623.

石钟慈，桂文庄. 1990. 科学与工程计算. 中国科学院院刊，（4）：292-298.

周宏仁. 2016. 信息化：从计算机科学到计算科学. 中国科学院院刊，31（6）：591-598.

ARL. 2015. Technical implementation plan for 2015-2019. http://www.arl.army.mil/www/pages/172/docs/ARL_Technical_Implementation_Plan.pdf［2017-10-12］.

Ashby S，Beckman P，Chen J，et al. 2010. The opportunities and challenges of exascale computing. The ASCAC

Subcommittee on Exascale Computing，USA.

Brookhaven National Laboratory. 2014. Computational science initiative. https://www.bnl.gov/compsci [2017-10-12].

DARPA. 2013. DARPA envisions the future of machine learning. https://www.darpa.mil/News-Events/2013-03-19a [2017-10-12].

DARPA. 2013. Probabilistic programming for advancing machine learning（PPAML）. https://www.darpa.mil/program/probabilistic-programming-for-advancing-machine-Learning [2017-10-12].

DARPA. 2014. Advanced CLARITY method offers faster，better views of entire brain. https://www.darpa.mil/news-events/2014-06-19 [2017-10-12].

DARPA. 2014. New mathematical tools seen as key to maximizing value of scientific data and accelerating discovery. https://www.darpa.mil/news-events/2014-09-11 [2017-10-12].

DARPA. 2014. Simplifying complexity in scientific discovery（SIMPLEX）. https://www.darpa.mil/program/simplifying-complexity-in-scientific-discovery [2017-10-12].

DARPA. 2015. Advancing the design and modeling of complex systems. https://www.darpa.mil/news-events/2015-11-20 [2017-10-12].

DARPA. 2015. Enabling quantification of uncertainty in physical systems（EQUiPS）. https://www.darpa.mil/program/equips [2017-10-12].

DARPA. 2015. Minimizing uncertainty in designing complex military systems. https://www.darpa.mil/news-events/2015-01-08 [2017-10-12].

DARPA. 2015. New DARPA programs simultaneously test limits of technology，credulity. https://www.darpa.mil/news-events/2015-04-01?ppl=collapse [2017-10-13].

DARPA. 2016. Fun LoL to teach machines how to learn more efficiently. https://www.darpa.mil/news-events/2016-05-26 [2017-10-13].

DARPA. 2016. Transformative design（TRADES）. https://www.darpa.mil/program/transformative-design [2017-10-11].

DARPA. 2017. Putting social science modeling through its paces. https://www.darpa.mil/news-events/2017-04-07 [2017-10-13].

DOE. 2014. Applied mathematics research for exascale computing. https://insidehpc.com/2014/03/report-applied-mathematics-research-exascale-computing [2017-10-11].

DOE. 2014. ASCAC Subcommittee Report. Top Ten Exascale Research Challenges. https://science.energy.gov/～/media/ascr/ascac/pdf/meetings/20140210/Top10reportFEB14. pdf [2017-10-06].

DOE. 2016. Closed funding opportunity announcements（FOAs）computational materials sciences awards. https://science.energy.gov/bes/funding-opportunities/closed-foas/computational-materials-sciences-awards-2016-foa [2017-10-10].

DOE. 2017. Basic energy sciences exascale requirements review. https://science.energy.gov/～/media/bes/pdf/reports/2017/BES-EXA_rpt. pdf [2017-10-11].

Energy Department. 2016. Announces ten new projects to apply high-performance computing to manufacturing challenges. http://energy.gov/eere/articles/energy-department-announces-ten-new-projects-apply-high-performance-computing [2017-10-18].

EPSRC. 2017. Six high performance computing centres to be officially launched. https://www.epsrc.ac.uk/newsevents/news/sixhpccentresofficiallylaunch [2017-10-18].

European Commission. 2012. High-performance computing. https://ec.europa.eu/digital-single-market/en/high-performance-computing [2017-10-18].

European Commission. 2016. The European cloud initiative. https://ec.europa.eu/digital-single-market/en/%20european-cloud-initiative [2017-10-18].

National Science Foundation. 2017. The molecular sciences software institute. https://www.nsf.gov/awardsearch/showAward?AWD_ID=1547580&HistoricalAwards=false [2017-10-18].

National Science Foundation. 2017. The national strategic computing initiative. https://www.nsf.gov/cise/nsci [2017-10-18].

National Science Foundation. 2017. The science gateways community institute（SGCI） for the democratization and acceleration of science. https://www. nsf. gov/awardsearch/showAward?AWD_ID=1547611&Historical Awards=false [2017-10-18].

NIH，National Cancer Institute. 2016. Joint design of advanced computing solutions for cancer，JDACS4C. https://cbiit. cancer.gov/ncip/hpc/jdacs4c [2017-10-10].

NNSA. 2016. Advanced simulation and computing. https://nnsa.energy.gov/aboutus/ourprograms/defenseprograms/futurescienceandtechnologyprograms/asc/accomplishments [2017-10-10].

President's Information Technology Advisory Committee（PITAC）. 2005. Report to the president on computational science：Ensuring America's competitiveness，2005. https://www.nitrd.gov/pitac/reports/20050609_computational/computational. pdf [2017-09-15].

SIAM. 2016. Research and education in computational science and engineering. https://arxiv.org/pdf/1610.02608.pdf [2017-10-06].

U. S. Department of Energy. 2016. Advanced scientific computing research. http://science.energy.gov/~/media/budget/pdf/sc-budget-request-to-congress/fy-2016/FY_2016_Office_of_Science-ASCR. pdf [2017-10-10].

U. S. Department of Energy. 2016. Energy department announces ten new projects to apply high-performance computing to manufacturing challenges. http://energy.gov/eere/articles/energy-department-announces-ten-new-projects-apply-high-performance-computing [2017-10-10].

U. S. Department of Energy. 2017. Advanced scientific computing research（ASCR）. https://science.energy.gov/ascr [2017-10-10].

2　引力波研究国际发展态势分析

魏　韧　郭世杰　董　璐　李宜展　李泽霞

（中国科学院文献情报中心）

摘　要　引力波是当前重要的科学研究前沿之一，以引力波探测为基础的引力波天文学是一门正在崛起的新兴交叉学科。引力波的发现开启了探索宇宙的新窗口，同时开辟了引力波天文学和多信使天文学两个新的学科方向。作为一种独立的探测方式，引力波能够提供其他天文观测方法不可能获得的信息，加深人们对宇宙中天体结构和宇宙本身的认识。

为把握引力波领域国际发展态势，本报告定性调研了主要国家/地区引力波探测和研究项目，定量分析了本领域的研究热点和前沿，并建议我国应加快自主建设引力波天文台，加强在引力波研究方面的研究部署，为开展引力波研究提供研究基础；充分认识前沿基础研究高风险高回报的特点，建立对重大基础科研问题中长期资助的机制；积极参与国际合作，提升中国在引力波研究方面的科研设施基础条件和研究起点，加强引力波研究人才队伍建设。

关键词　引力波　研究计划　发展态势　重大项目　文献计量

2.1　引言

1915 年，爱因斯坦提出了广义相对论。1916 年，他在广义相对论的基础之上预言了引力波的存在。在广义相对论中，引力已经不再是因为物体的质量而产生，而是因为完全由引力源导致的时空弯曲而产生。时空不再是单纯的物理运动的背景，而是有自身的动力学内涵。运动的大质量天体在时空中碰撞、合并和加速等剧烈扰动时空曲率以横波的形式光速辐射出去，导致时空伸展、压缩，这就是引力波。引力波的本质是时空度规扰动的震荡传播。

引力波是广义相对论最重要的理论预言之一，自 1974 年起，美国天文学家泰勒（Taylor）和休尔斯（Hulse）利用位于波多黎各的阿雷西博（Arecibo）射电望远镜对双中子星 PSR 1913+16 开展了长达 14 年的连续观测，发现了引力波存在的间接证据，并因此获得 1993 年诺贝尔物理学奖。但因为引力波的物理效应太过微弱，在很长一段时间里，人类一直没有找到引力波存在的直接证据。

经过几代人 30 多年的不懈努力和技术及装置上的不断创新，在引力波预言 100 年后的 2016 年 2 月 11 日，美国激光干涉引力波天文台（laser interferometer gravitational wave observatory，LIGO）科学合作组织宣布位于美国华盛顿州汉福德区和路易斯安那州利文斯顿市的两个探测器在 2015 年 9 月 14 日同时探测到了双黑洞并合所产生的引力波信号，以观测日期将此引力波命名为 GW150914，这是人类首次找到引力波存在的直接证据，为爱因斯坦广义相对论的正确性提供了最严格的证明，是人类认知史上具有里程碑意义的科学发现。实际上，其更加深远的意义在于引力波探测为人类开启了宇宙观测的全新窗口。由于引力波几乎不被物质吸收，来自遥远天体的引力波能几乎不损失任何携带信息而到达地球，所以，引力波探测也被认为是研究黑洞和暗物质等大质量、不可见天体性质的有效途径。人类首次直接探测到引力波信号的这一重大发现，也因此获得了 2017 年诺贝尔物理学奖。引力波成为当前重要的科学研究前沿之一。

经过整整 100 年的研究，对引力波的探测不仅仅是对广义相对论正确性的检验，同时也是对广义相对论的基本物理思想“动力学时空”的直接实验检验，并为人类提供了一条探索宇宙早期至今的高能动力学过程的途径。几百年来天文学的发现主要靠电磁波的测量，即采用从射电波段到伽马射线等观测手段来认识宇宙。LIGO 对引力波的首次直接探测预示着人类已经可以开始通过探测引力波来探索致密天体和相随的高能天体物理过程。引力波的科学内容已经从对广义相对论验证变成通过引力波探测来认识天体物理现象，为人类认识宇宙结构演化、研究相对论天体物理中黑洞和其他致密天体的动力学过程及形成演化提供一条不可取代的新途径。2017 年 10 月 16 日，LIGO 和室女座引力波天文台（Virgo）联合宣布探测到双中子星并合所产生的名为 GW170817 引力波信号，并观测到并合产生的伽马射线暴、伽马暴余辉及巨新星现象（即电磁对应体），实现了双中子星并合的“引力波+电磁波”联合观测。人类第一次使用引力波天文台和电磁波望远镜同时观测到同一个天体物理事件，标志着引力波多信使天文学（multi-messenger astronomy）的开启，以多种观测方式为特点的多信使天文学进入了一个新时代。

引力波的理论研究和实验探测的发展催生了一门新兴的交叉学科——引力波天文学，引领人类进入了引力波天文学新时代。引力波提供了全新的手段探寻宇宙中众多的未解之谜，是继传统的电磁辐射（如可见光、红外线、紫外线、X 射线、伽马射线和射电）探测手段之后，人类观测宇宙的又一个新窗口。

2.2 主要国家引力波探测和研究项目

2.2.1 引力波的波源及探测意义

引力波的波源大致可以分为 4 类：①短时间存在并已经知悉的波源，如致密双星的并合系统，包括中子星-中子星、中子星-黑洞和黑洞-黑洞等。②短时间存在但引力波信号特征并不清楚的波源，如非对称的超新星爆发。③长时间存在并知悉的波源，如非对称的自旋中子星。④长时间存在并产生随机引力波的波源，如宇宙早期暴涨时时空的量子涨落产生原初引力波。表 2-1 总结了引力波的主要波源特点及探测意义。

表 2-1 引力波的主要波源特点及探测意义

引力波波源	波源特点及其探测意义
致密双星系统（双白矮星、双中子星系统及恒星级质量双黑洞系统）	数以千万计的银河系内双白矮星波源，构成前景噪声；大量波源信号的提取为研究银河系结构、恒星演化及超新星爆发机制等问题提供重要观测数据
10^2～10^7 倍太阳质量双黑洞并合系统	星系并合导致的星系中心黑洞的并合过程，质量范围跨越从中等质量的种子黑洞到超大质量黑洞；对双黑洞并合的直接观测，可以检验最极端强引力场的相对论动力学；描绘反演星系及其中心黑洞共同成长的历史，区分种子黑洞的形成机制及星系并合过程中黑洞的吸积机制，为理解超大质量黑洞和星系成长过程等天文学重大问题提供重要观测数据
超大质量比双黑洞旋进系统	致密天体被星系中心超大质量黑洞俘获而形成；是星系中心环境的优良探针，为研究星系中心动力学、超大质量黑洞周围近邻区域内的时空结构等电磁波天文学难以解析的重大问题提供了极其宝贵的平台
星团中中等质量比双黑洞系统	星团中心致密小天体与中质量黑洞形成的绕转系统；为星团中中等质量黑洞的存在性提供确凿证据；揭示星团动力学和中等质量黑洞形成机制等
原初背景引力波	对宇宙大爆炸后 10^{-20}～10^{-10}s 所产生的引力波给出上限或测量，提供宇宙极早期其他物理手段所不能提供的宝贵信息，为检验暴涨理论及各种量子引力理论提供一条途径
宇宙弦等量子引力来源的瞬时波源	检验标准模型、超弦和其他量子引力理论

2.2.2 引力波的探测

目前，国际上主流的探测方法主要有 4 种。

第一种是地面激光干涉仪引力波探测器，该类探测器主要敏感的是频率比较高（1～10^4 Hz）的引力波。这一类引力波的波源非常多，包括双中子星、恒星级质量双黑洞的并合、超新星爆发和中子星自转等。地面引力波探测干涉仪的主要代表包括美国的 LIGO、意大利与法国合作的 Virgo、德国与英国合作的 GEO600 及日本的 KAGRA 等。

第二种是空间激光干涉仪引力波探测器。20 世纪 90 年代以来，美国国家航空航天局（National Aeronautics and Space Administration，NASA）和欧洲航天局（European Space Agency，ESA）合作的激光干涉仪空间天线（laser interferometer space antenna，LISA）项目是最早开始发展的空间激光干涉引力波探测项目，后由于 NASA 的退出，欧洲提出了缩减预算的 eLISA（evolved-LISA）项目。而在 LIGO 直接探测到引力波之后，NASA 又再一次回归到此项目，而原来的 eLISA 项目也恢复为 LISA。2017 年 6 月 20 日，ESA 确认探测空间引力波的 LISA 任务为 ESA 宇宙憧憬（cosmic vision） 空间科学规划下的第三个大型任务（L3）。LISA 任务预计于 2034 年发射，总预算为 10 亿欧元，计划探测双星系统、超大质量双黑洞和大质量比双黑洞的并合、普通星系核中大质量黑洞捕获恒星质量黑洞、超致密双星及大质量天体的爆炸等的目标引力波源。

第三种是脉冲星计时阵列，通过监测和分析毫秒脉冲星的计时残差来提取引力波信号，这种探测方法主要敏感的是低频段（10^{-9}～10^{-7}）的孤立引力波信号和随机引力波背景，已知的引力波源主要包括三类，分别是宇宙中超大质量双黑洞旋近的引力波辐射、宇宙弦的引力波辐射和原初引力波。目前国际上正在运行的包括澳大利亚的帕克斯脉冲星计时阵列（Parkes Pulsar Timing Array，PPAT），英国、法国、荷兰和意大利合作的欧洲脉冲星计时阵列（European Pulsar Timing Array，EPTA），美国和加拿大合作的北美纳赫兹引力波天文台（North American Nanohertz Observatory for Gravitational Waves，NANOGrav），以及结合三者形成的全球脉冲星计时阵（International Pulsar Timing Array，IPTA）。

第四种是宇宙微波背景辐射，人们可以通过分析宇宙微波背景辐射中的 B 模偏振来提出极低频（10^{-18}～10^{-15}）的引力波信号，主要是宇宙暴涨时期产生的原初引力波。目前国际上正在运行的有 BICEP2、POLARBEAR 和 KECK Array 的宇宙微波背景辐射望远镜（图 2-1）。

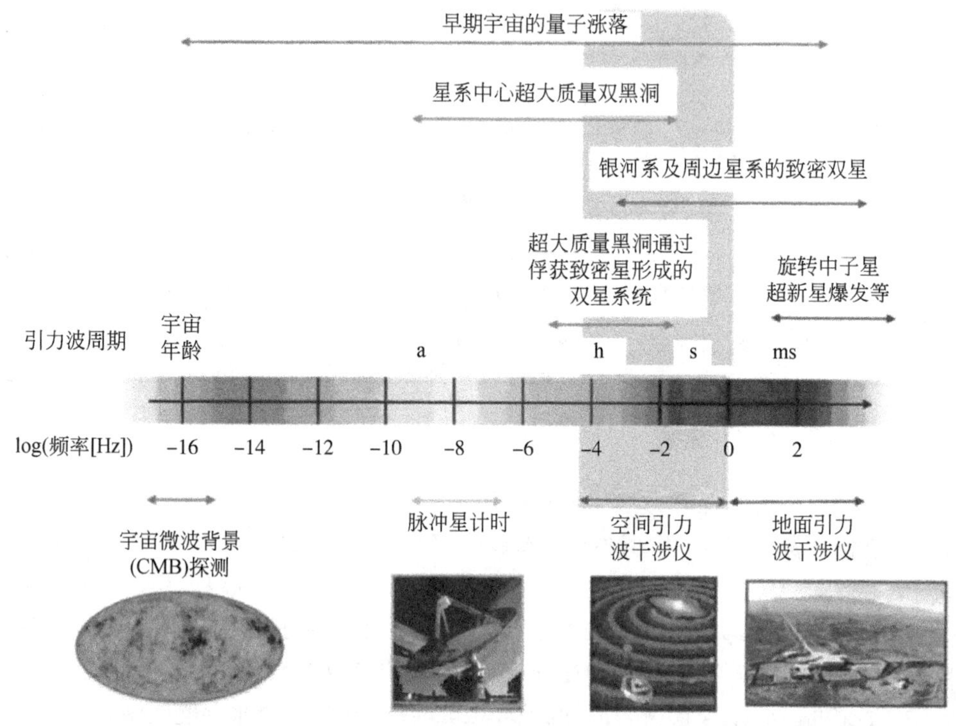

图 2-1　引力波探测器对应的引力波波源及频段（文后附彩图）

2.2.2.1　地基引力波天文台

目前在运行的地基引力波天文台主要有 LIGO 和 Virgo 等基于激光干涉仪的引力波探测装置，表 2-2 列出了目前全世界的地基引力波天文台。

表 2-2　目前全世界的地基引力波天文台

名称	运行状态	所属国家
LIGO Hanford	在运行	美国
LIGO Livingston	在运行	美国
Virgo	在运行	意大利/法国
GEO600	在运行	德国
KAGRA	建设中	日本
IndIGO	计划中	印度

（1）LIGO

LIGO 由两个激光干涉仪组成，每一个都由两个 4km 长的臂组成 L 形，分别位于相距 3000km 的美国南海岸利文斯顿和美国西北海岸汉福德。LIGO 的概念设计始于 19 世纪 60 年代初，经过近 10 年的研究，于 60 年代末建成了引力波探测器的原型系统。在 20 世纪 70 年代，美国国家科学基金会（National Science Foundation，NSF）基于前期的研究基础资助了加州理工学院和麻省理工学院研发激光干涉仪相关技术。1994～1995 年，LIGO 开始动工建设位于汉福德和利文斯顿的两个天文台，1999 年开始运行，2002 年开始和 GEO600 联合观测。2004 年，NSF 批准升级 LIGO（advanced LIGO），并于 2015 年安装测试完成。随着 advanced LIGO 调试成功，此后观测到了多个引力波的信号，从而开启了引力波天文学研究的大门。

（2）Virgo

Virgo 位于意大利比萨市附近的卡希纳，激光干涉仪两垂直臂长分别为 3km。法国国家科学研究院（Center National de la Recherche Scientifique，CNRS）和意大利国家核物理研究院（Instituto Nazionale di Fisica Nuclear，INFN）分别于 1993 年和 1994 年通过了这一项目，并于 1996 年开始在卡希纳进行搭建工作。2000 年 12 月，CNRS 和 INFN 创建了欧洲万有引力天文台（European Gravitional Observatory，EGO），之后 Virgo 的修建、维护、运转及升级工作都由 EGO 负责。2011 年，Virgo 开始进行仪器升级，2017 年 8 月开始运行，并于 2017 年 8 月 14 日首次探测到双黑洞的引力波信号。

（3）GEO600

GEO600 位于德国汉诺威南部的扎尔施泰特镇，激光干涉仪臂长为 600m。GEO600 是德国与英国合作项目，由德国马普学会和英国科学与技术设施委员会支持，于 1995 年开始建造。GEO600 可以监测频率在 50～1500Hz 频段上的引力波信号，于 2006 年实现最初设计灵敏度目标。2015 年 9 月 18 日，GEO600 与新一代 LIGO 探测器开展了首次正式观测运行，同步采集数据，未来 GEO600 将进一步降低噪声，提高灵敏度，继续承担观测任务。

（4）KAGRA

KAGRA 位于日本神冈市岐阜县的一个矿山地下，由日本高能加速器研究机构和东京大学宇宙射线研究所等设计建造，于 2010 年正式启动，计划 2020 年开始运行。KAGRA 有两个相互垂直的激光干涉臂，单个臂长为 3000m。KAGRA 配备了高性能蓝宝石镜面，具有振动小和低温冷却等特征。为了最大限度地排除地面振动的干扰，望远镜选址在矿山地下，镜面能被冷却到-250℃以减小反射镜的晃动。

（5）IndIGO

IndIGO 是印度和美国 LIGO 的合作项目，激光干涉仪臂长为 4km。印度政府在 2016 年计划将在 15 年内为 IndIGO 提供 2.01 亿美元的资助，由来自印度理工学院和德里大学等十几个科研机构的科学家组成“印度引力波天文台联盟”将负责该设施的运行。印度的引力波天文台一旦建立，将加入全球引力波的观测网络中，随着引力波天文台数量的增加，研究人员可以获得更多的数据，显著改善引力波的源头定位精度（可提高 5～10 倍），进一步推动引力波的相关研究。

2.2.2.2 空间激光干涉引力波探测

由于受地表震动和引力梯度噪声的影响及激光干涉臂长的限制，地面引力波探测的频段无法覆盖天体事件所产生的引力波中低频范围，需要发展空间百万千米级的空间激光干涉引力波探测，表 2-3 列出了目前的空间激光干涉引力波探测计划。

表 2-3 空间激光干涉引力波探测计划

计划名称	国家	臂长/km	频率范围/ Hz	测距精度/（pm・$Hz^{-1/2}$）
LISA	欧盟/美国	5.0×10^6	10^{-4}～1	20
BBO	欧盟	5.0×10^4	0.1～10	10^{-5}
DECIGO	日本	1.0×10^3	0.1～10	10^{-5}
太极计划	中国	3.0×10^6	10^{-2}～10	5～10
天琴计划	中国	1.0×10^5	10^{-4} ～10^{-1}	1

（1）LISA

LISA 是由 ESA 发起的空间引力波探测计划，2015 年，LISA Pathfinder 先期升空完成引力波探测的前期技术验证，随后于 2017 年 6 月 LISA 获得欧盟批准，计划于 2034 年发射。LISA 由 3 颗相同的带有激光干涉仪的卫星组成，卫星之间组成 3 个非独立的夹角为 60°的迈克尔逊干涉仪，组成边长为 5.0×10^6km 的等边三角形，在地球公转轨道上围绕太阳运转，探测频段为 10^{-4}～1Hz，用来测量航天器之间由引力波引起的距离变化。

（2）BBO

BBO（Big Bang Observer）是由 ESA 发起的继 LISA 之后的引力波探测计划，科学目标主要是用来探测宇宙大爆炸后残留下的原初引力波，同时也可以用来探测双星系统产生的引力波。目前 BBO 计划还处于前期论证阶段，没有获得相关的项目支持。

（3）DECIGO

DECIGO（Deci-Hertz Interferometer Gravitational wave Observatory）计划由日本提出，该计划由 3 颗无拖曳卫星构成，各相距 1000km，计划于 2027 年发射。

（4）Gravitational Wave Surveyor

2013 年，NASA 发布了《天体物理学三十年发展路线图》（*Enduring Quests Daring Vision: NASA Astrophysics in the Next three Decades*），报告提到，美国将在中长期阶段发射引力波

探测卫星（Gravitational Wave Surveyor），在憧憬阶段发射引力波测绘卫星（Gravitational Wave Mapper），但目前都还处于概念阶段，没有明确的任务部署（图 2-2）。

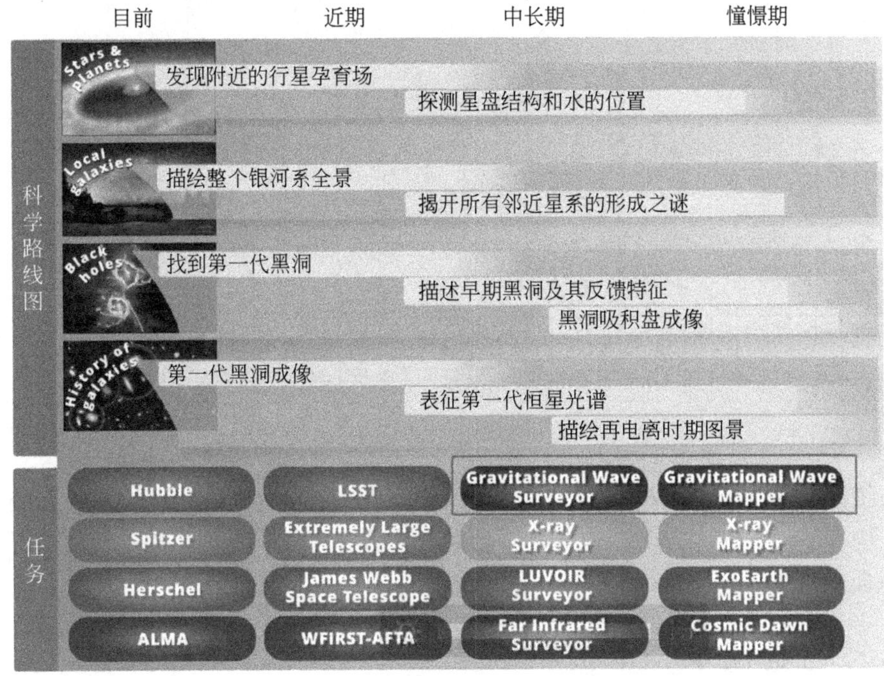

图 2-2 NASA 发布的《天体物理学三十年发展路线图》（文后附彩图）

中国科学家也提出了两项在空间探测引力波的计划，分别为中国科学院提出的将以中欧合作形式开展的太极计划及中山大学发起的天琴计划。2008 年，由中国科学院力学研究所牵头发起成立了中国科学院空间引力波探测论证组，科学目标锁定在探测第一代恒星塌缩成的黑洞并合，理解星系中心超大质量黑洞的成长过程和星系与黑洞共同演化等 21 世纪天文重大问题。中山大学提出的天琴计划的科学目标是验证中低频引力波的存在。此外，还有中国科学院高能物理研究所主导的阿里计划，该计划准备进一步在西藏阿里地区建设天文台，使之能够用来探测原初引力波。

2.2.3 主要国家的引力波研究项目

2.2.3.1 NSF 资助的引力波研究

NSF 于 1978～2016 年资助引力波研究相关项目 744 项，资助总金额为 16.78 亿美元。其中，1992 年资助加州理工学院引力波探测器 LIGO 干涉仪项目，金额高达 3.607 亿美元（资助项目号：9210038），2001 年资助 2.05 亿美元（资助项目号：0107417），2008 年合计资助 5.06 亿美元用于 LIGO 干涉仪建设和运营维护（资助项目号：0823459 和 0757058）。从图 2-3 可以看出，NSF 2017 年在该领域资助 63 个项目，为历年最多。

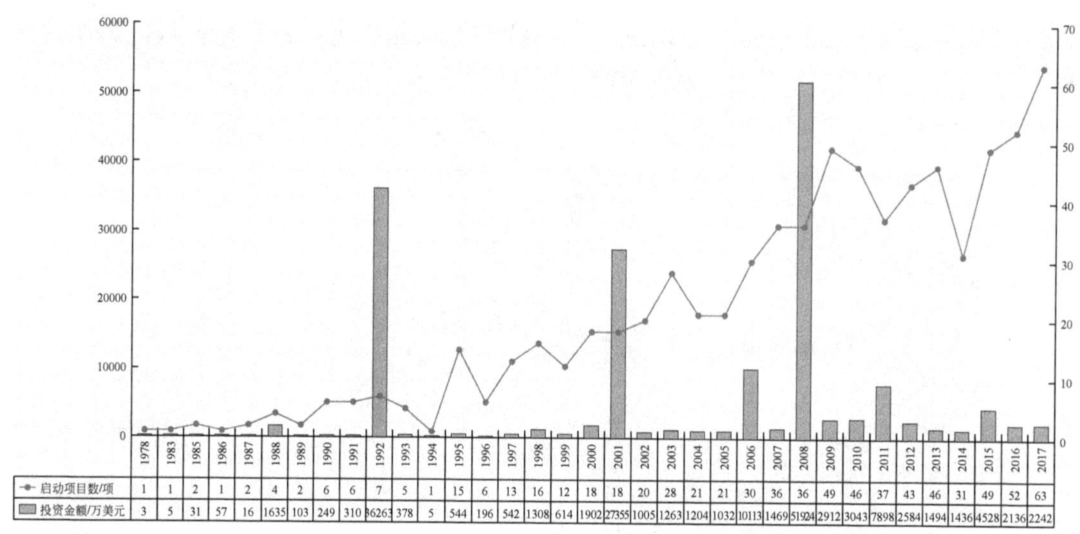

图 2-3　NSF 资助引力波研究项目详情

根据统计，有 131 个机构获得了 NSF 关于引力波研究的资助，获得 1000 万美元以上的资助机构有 14 个（表 2-4），此外需要说明，麻省理工学院是加州理工学院在 LIGO 项目的重要合作机构，也是 LIGO 项目的重要资助对象。

表 2-4　NSF 引力波研究领域获资助经费排名前 14 位的研究机构

序号	研究机构	资助项目数/个	资助经费/万美元
1	加州理工学院	70	114 692.08
2	得克萨斯大学奥斯汀分校	8	6 826.92
3	SRI 国际公司	2	5 190.53
4	威斯康星大学密尔沃基分校	31	4 885.49
5	佛罗里达大学	35	4 744.00
6	密歇根大学安娜堡分校	11	3 169.45
7	斯坦福大学	21	2 872.10
8	威斯康星大学麦迪逊分校	3	1 686.35
9	宾夕法尼亚州立大学大学公园	33	1 679.68
10	路易斯安那州立大学农业与机械学院	29	1 610.31
11	锡拉丘兹大学	23	1 266.90
12	西弗吉尼亚州高等教育政策委员会	1	1 200.00
13	得克萨斯大学布朗斯维尔分校	15	1 129.39
14	西北大学	19	1 006.14

从 NSF 资助引力波研究项目主题分布（图 2-4）可以看出，NSF 关于引力波研究的资助项目主要集中在引力波探测器、LIGO 干涉仪、黑洞、中子星与广义相对论等。

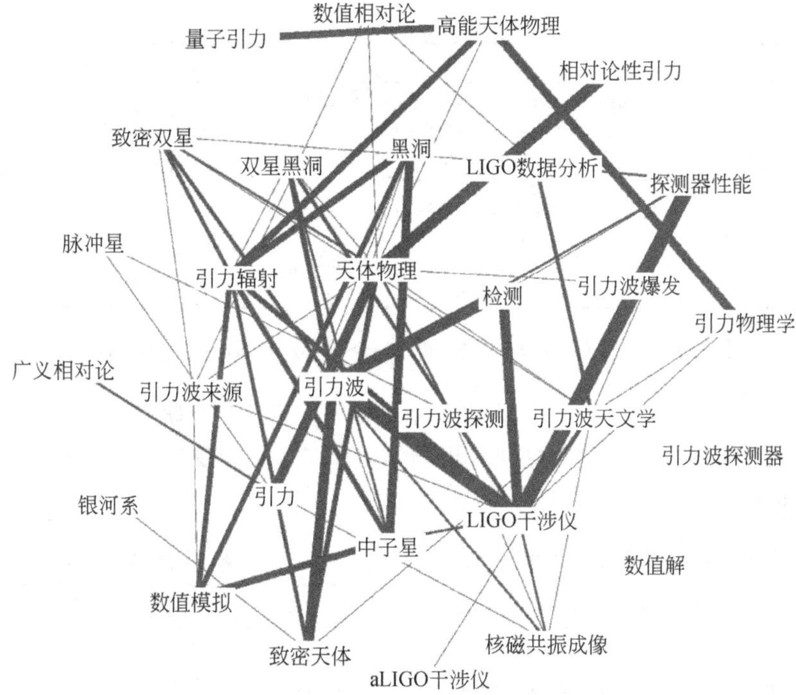

图 2-4　NSF 资助引力波研究项目主题分布

主题之间线的粗细代表主题之间关系的紧密程度

2.2.3.2　欧盟“地平线 2020 计划”资助的引力波研究项目

2014 年开始，欧盟“地平线 2020 计划”（Horizon 2020，H2020）取代欧盟第七框架计划（7th Framework Programme，FP7），并由欧盟和 28 个欧盟成员国提供资金支持，将在 2014～2020 年通过高达约 800 亿欧元的资金投入来增强欧洲的竞争力。表 2-5 列出了 H2020 资助的引力波研究在研项目情况。

表 2-5　H2020 资助的引力波研究在研项目

资助机构	项目名称	资助经费/欧元	时段
Observatoire De Paris	High sensitivity matter-wave gravitation sensors	185 076	2016～2018 年
Istituto Nazionale Di Fisica Nucleare	New windows on the universe and technological advancements from trilateral EU-US-Japan collaboration	1 566 000	2017～2021 年
Istituto Nazionale Di Fisica Nucleare	Modeling the gravitational spectrum of neutron star binaries	1 432 301	2017～2022 年
University of Cambridge	Acoustical and canonical fluid dynamics in numerical general relativity	251 857	2017～2020 年
University of Cambridge	Strong gravity and high-energy physics	288 000	2016～2019 年
Centre National de la Recherche Scientifique	Squeezed light enhancement of optomechanical systems	173 076	2015～2017 年
University of Glasgow	Advanced quadrature sensitive interferometer readout for gravitational wave detectors	195 454	2015～2017 年
Instituto Superior Tecnico	Matter and strong-field gravity：New frontiers in Einstein’s theory	1 588 817	2015～2020 年

续表

资助机构	项目名称	资助经费/欧元	时段
University of Glasgow	Gravitational waves from neutron stars: Investigating transient emission	195 454	2016～2018 年
The University of Birmingham	Interferometric inertial sensors for gravitational-wave detectors	183 454	2016～2018 年
Stiftung Deutsches Elektronen-Synchr Otron Desy	Inflation in string theory-connecting quantum gravity with observations	1 854 750	2015～2020 年
Cardiff University	Mapping gravitational waves from collisions of black holes	1 998 009	2015～2020 年

2.2.3.3 英国工程与自然科学研究理事会资助的引力波研究项目

英国工程与自然科学研究理事会是英国研究理事会下的 7 个研究理事会之一，主要负责英国政府公共资金资助大学与公共研究机构的科研工作，表 2-6 列出了其资助的引力波研究在研项目情况。

表 2-6 英国工程与自然科学研究理事会资助的引力波研究在研项目

资助机构	项目名称	资助经费/英镑	时段
University of Glasgow	Investigations in gravitational radiation	4 776 796	2016～2020 年
Cardiff University	Investigations in gravitational radiation	1 272 637	2016～2020 年
University of Cambridge	Revealing the structure of the universe: From extreme gravity to exoplanets	1 079 282	2017～2020 年
Cardiff University	Proposal for UK involvement in the operation of advanced LIGO	829 829	2016～2019 年
University of Surrey	Galactic nuclei as nurseries for gravitational wave sources	504 120	2017～2022 年
University of Birmingham	Exploring quantum aspects of gravitational-wave detectors	491 913	2016～2021 年
University of Southampton	Dense matter in compact stars	391 173	2015～2020 年
University of Sheffield	Investigations in gravitational radiation	287 409	2016～2020 年
University of Glasgow	Surveying black holes and neutron stars with gravitational waves	158 580	2017～2019 年
University of Sheffield	New invariants for the gravitational two-body problem	90 245	2015～2017 年
University of Glasgow	Constraining compact binary formation with gravitational wave observations	88 153	2017～2019 年
Cardiff University	The dawn of gravitational wave astronomy	71 988	2016～2019 年
University of Sheffield	Proposal for UK involvement in the operation of advanced LIGO	42 205	2016～2019 年
University of Strathclyde	Investigations in gravitational radiation	12 037	2016～2020 年

2.3 从论文看引力波研究的现状和趋势

2.3.1 论文数据来源

为检索出与“引力波研究”相关的研究与综述论文，利用领域相关检索词构建检索策略（附表 1），在科学引文索引扩展版（science citation index expanded，SCIE）数据库中检索并依据学科研究方向对结果进行精炼，共检索到 11 241 篇论文（检索时间为 2017 年 11 月 30 日），并对检索出的数据采用 TDA 和 Excel 等工具进行分析。

2.3.2 发文量年度变化趋势

从 SCI 检索结果看，1916 年，爱因斯坦在《普鲁士科学院会刊》（物理数学卷）上发表论文《引力场方程组的近似积分》，他根据广义相对论预言了引力波的存在，并且给出了 3 种不同的引力波（“纵纵波”“纵横波”“横横波”）。1918 年，爱因斯坦在同一期刊发表了第 2 篇关于引力波的文章，详细探讨了这种奇特的弯曲时空中的涟漪。1936 年，爱因斯坦和纳森 • 罗森（Nathan Rosen）合作发表论文论证引力波并不存在。从图 2-5 中可以看出，1916～1991 年发文量较少，年发文量少于 100 篇，研究进展缓慢。该阶段的研究主要集中在从理论上论证引力波的存在。1992 年，随着各国对基础研究投入的增加和技术的发展，发文量增长趋势逐渐明显，呈现快速增长态势。2016 年，首次直接探测到引力波，当年发文量高达 842 篇，掀起新一轮的引力波研究热潮。

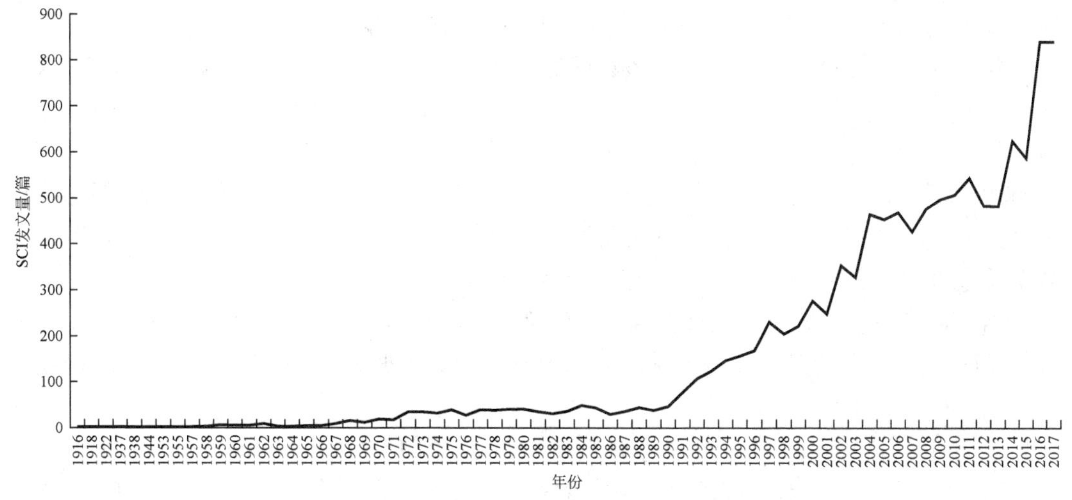

图 2-5　引力波研究领域基础研究发文量年度变化趋势

2.3.3 发文量的国家（地区）分布

全球共有 80 余个国家（地区）开展了引力波研究领域基础研究，其中，排名前 10 位的国家（表 2-7）依次是美国、英国、德国、意大利、日本、法国、澳大利亚、俄罗斯、中国和西班牙，上述 10 个国家在引力波研究领域基础研究发文量占总发文量的 77.01%。其中，美国在该领域的研究中占有明显优势，其发文量占总发文量的 36.74%；中国发文量为 659 篇，占总发文量的 5.86%。

表 2-7 引力波研究领域基础研究发文量排名前 10 位的国家

序号	国家	发文量/篇	百分比/%
1	美国	4130	36.74
2	英国	1667	14.83
3	德国	1633	14.53
4	意大利	1538	13.68
5	日本	1114	9.91
6	法国	1020	9.07
7	澳大利亚	677	6.02
8	俄罗斯	663	5.90
9	中国	659	5.86
10	西班牙	583	5.19

从 SCI 数据库检索结果来看，美国加州理工学院、贝尔实验室和加利福尼亚大学等开展了关于引力波探测及相关装置的研究，并在该领域展开了持续研究，发文量呈现平缓增长趋势。1974 年，美国麻省理工学院的拉塞尔 • 赫尔斯和约瑟夫 • 泰勒发现了赫尔斯-泰勒脉冲双星（PSR 1913+16），其轨道的演化遵守引力波理论的预测，两人因此荣获 1993 年诺贝尔物理学奖。2002 年，美国在该领域的 SCI 发文量突破 100 篇，此后发展速度相对较快。1999 年，美国 LIGO 探测器建成启用，于 2002 年开始正式探测，2002～2010 年，LIGO 进行了多次探测实验，搜集到大量数据，但并未探测到引力波。2011 年开始升级，在 2015 年 9 月升级测试完成开始运行。2016 年 2 月 11 日，LIGO 科学协作和 Virgo 协作共同发表论文表示，在 2015 年 9 月 14 日探测到引力波信号，其源自距离地球约 13 亿光年①处的两个质量分别为 36 太阳质量与 29 太阳质量的黑洞并合。

英国和德国在引力波研究领域基础研究发文量非常接近，均在 20 世纪 20 年代起步，研究时断时续的情况延续至 80 年代末期，随后发文量呈现平缓增长趋势，但年发文量少于美国（图 2-6）。

早在 20 世纪 70 年代，中国科学家就开始了引力波研究，由于多种原因停滞了十几年。1990 年，中国科学院数学与系统科学研究院应用数学研究所在《广义相对论和引力》（*General Relativity and Gravitation*）发表了引力波天线的相关研究。自 1998 年起，中国在引力波研究领域开展了持续相关研究，但较之于欧美国家发展缓慢，自 2012 年以来发展速度相对加快，2016 年发文量突破 100 篇。

随着科学研究涉及的领域及其分工越来越精细，科学实验的操作、科学数据的处理越来越需要科学共同体合作完成，国际合作日趋紧密。文献计量方法中，可以通过对自主研究（论文作者全部来自同一国家）和国际合作研究（论文作者来自不同国家）的统计分析来揭示一个国家科学合作战略及发展现状。从引力波研究领域主要国家的自主研究与国际合作研究发文量数据中（表 2-8）可以看出，引力波国际合作研究为研究主要形式，各国国际合作研究发文量占比均超过 50%，尤其是英国、德国、意大利和西班牙 4 个欧洲国家国

① 光年表示光在真空中传播一年经过的距离，是长度单位。

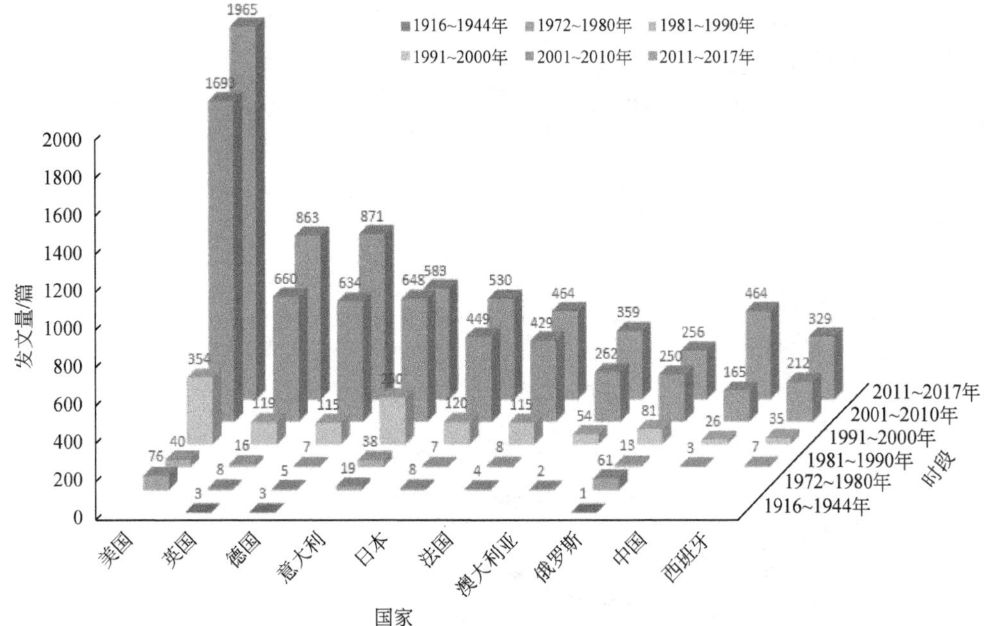

图 2-6 引力波研究领域基础研究发文量排名前 10 位的国家发文量趋势（文后附彩图）

际合作研究论文所占份额相对较高。从表 2-8 列出的篇均被引次数指标可以看出，各国自主研究成果的学术影响力均低于同期国际合作成果，说明国际合作可有效提升学术研究成果的显示度。需要注意的是，虽然中国在该领域的发文量位居世界第 9 位，但其篇均被引次数相对较高，说明中国在该领域的国际影响力正在逐渐加强。

表 2-8 引力波研究领域主要国家的自主研究与国际合作研究发文量

国家	发文总量/篇	自主研究			国际合作		
		发文量/篇	份额/%	篇均被引次数/次	发文量/篇	份额/%	篇均被引次数/次
美国	4130	1943	47.05	43.71	2187	52.95	54.93
英国	1667	399	23.94	41.77	1268	76.06	54.41
德国	1633	348	21.31	38.48	1285	78.69	54.78
意大利	1538	575	37.39	27.67	963	62.61	49.71
日本	1114	536	48.11	37.38	578	51.89	57.90
法国	1020	256	25.10	35.17	764	74.90	53.14
澳大利亚	677	214	31.61	35.00	463	68.39	51.30
俄罗斯	663	316	47.66	29.91	347	52.34	52.62
中国	659	290	44.01	43.35	369	55.99	62.37
西班牙	583	83	14.24	40.33	500	85.76	57.83

从引力波研究领域基础研究发文量排名前 10 位的国家的合作关系图中（图 2-7）可以看出，该领域发文量排名前 10 位的国家均与其他 9 个国家在该领域开展了相关合作，其中，美国与英国、德国的合作强度相对较高。从合作的研究方向来看，美国与英国、德国的合作研究方向主要集中在对 LIGO 科学数据分析、引力波及高能中微子探测、脉冲星和黑洞

等。2005 年，北京大学与美国得克萨斯大学、澳大利亚联邦科学与工业研究组织合作发表了用脉冲星定时检测引力波的随机背景的研究论文。中国与美国合作研究主要集中在近 5 年，研究方向涉及引力波探测及伽马射线暴等。

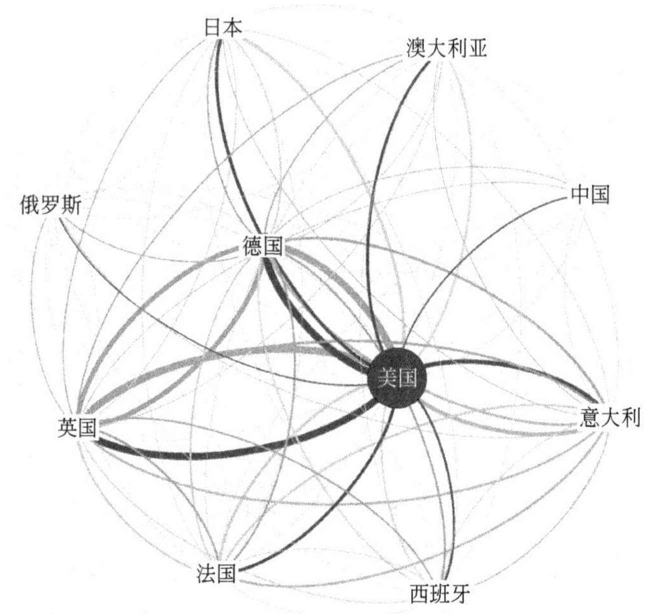

图 2-7　引力波研究领域基础研究发文量排名前 10 位的国家的合作关系图

2.3.4　发文量的研究机构分布

全球共有 3100 余家研究机构在引力波研究领域发表了相关文章，发文量超过 50 篇的研究机构共有 193 个，发文量为 5～50 篇的研究机构有 702 个，发文量为 5 篇以下的研究机构为 2216 个，占到研究机构总数的 71.23%，说明在引力波研究领域开展相关研究需要有大量的科研力量投入与经费支持，成果的产生需要一定的时间周期。

引力波研究领域基础研究发文量排名前 21 位的研究机构中（表 2-9），美国有 9 家机构，英国有 4 家，德国、意大利和日本各有 2 家，法国和澳大利亚各有 1 家，说明美国在该领域研究投入较多，拥有较明显的优势。发文量排名前 5 位的研究机构分别是美国加州理工学院、德国马克斯·普朗克引力物理研究所、意大利国家核物理研究院、日本东京大学和英国格拉斯哥大学，其中，美国加州理工学院发文量高达 1190 篇。麻省理工学院发文量为 440 篇，位居世界第 6 位。这与加州理工学院和麻省理工学院共同管理及营运 LIGO 的日常操作密不可分，侧面反映出重大科技基础设施建设的重要性。

表 2-9　引力波研究领域基础研究发文量的研究机构分布情况

序号	研究机构	国家（地区）	发文量/篇	篇均被引次数/次
1	加州理工学院	美国	1190	50.66
2	马克斯·普朗克引力物理研究所	德国	922	48.95

续表

序号	研究机构	国家（地区）	发文量/篇	篇均被引次数/次
3	意大利国家核物理研究院	意大利	799	38.19
4	东京大学	日本	483	47.51
5	格拉斯哥大学	英国	459	44.14
6	麻省理工学院	美国	440	48.69
7	宾夕法尼亚州立大学	美国	415	56.36
8	伯明翰大学	英国	403	52.81
9	汉诺威莱布尼茨大学	德国	392	45.07
10	法国国家科学研究院	法国	375	49.82
11	卡迪夫大学	英国	372	62.11
12	马里兰大学	美国	364	67.03
13	NASA	美国	360	58.77
14	威斯康星大学	美国	354	57.89
15	罗马大学	意大利	345	49.87
16	西澳大学	澳大利亚	343	46.00
17	斯坦福大学	美国	337	50.61
18	哥伦比亚大学	美国	329	63.35
19	剑桥大学	英国	322	72.31
20	京都大学	日本	321	50.95
21	路易斯安那州立大学	美国	321	57.10
…	…	…	…	…
31	中国科学院	中国	240	52.96
85	清华大学	中国	117	70.61
92	台湾清华大学	中国台湾	103	72.58

该领域发文量排名前 100 位的研究机构中来自中国的研究机构有 3 家，分别是中国科学院、清华大学及台湾清华大学。其中，中国科学院理论物理研究所、中国科学院国家天文台、中国科学院紫金山天文台、中国科学院高能物理研究所与中国科学院大学等研究机构均在该领域展开了相关研究。

引力波研究领域基础研究发文量排名前 21 位的研究机构存在非常紧密的合作关系（图 2-8），各个研究机构均与多个研究机构在该领域合作发文。其中，德国马克斯・普朗克引力物理研究所的合作强度最高，与其余 20 个研究机构合作发文 679 篇，占其总发文量的 73.64%。其与德国汉诺威莱布尼茨大学、美国加州理工学院合作关系较为紧密。发文量排名第 1 位的美国加州理工学院合作发文占其总发文量的 57.56%，低于德国马克斯・普朗克引力物理研究所。中国科学院与前 21 位研究机构合作发文量相对较少，仅有 54 篇，占其总发文量的 22.25%，与德国马克斯・普朗克引力物理研究所合作发文 23 篇。

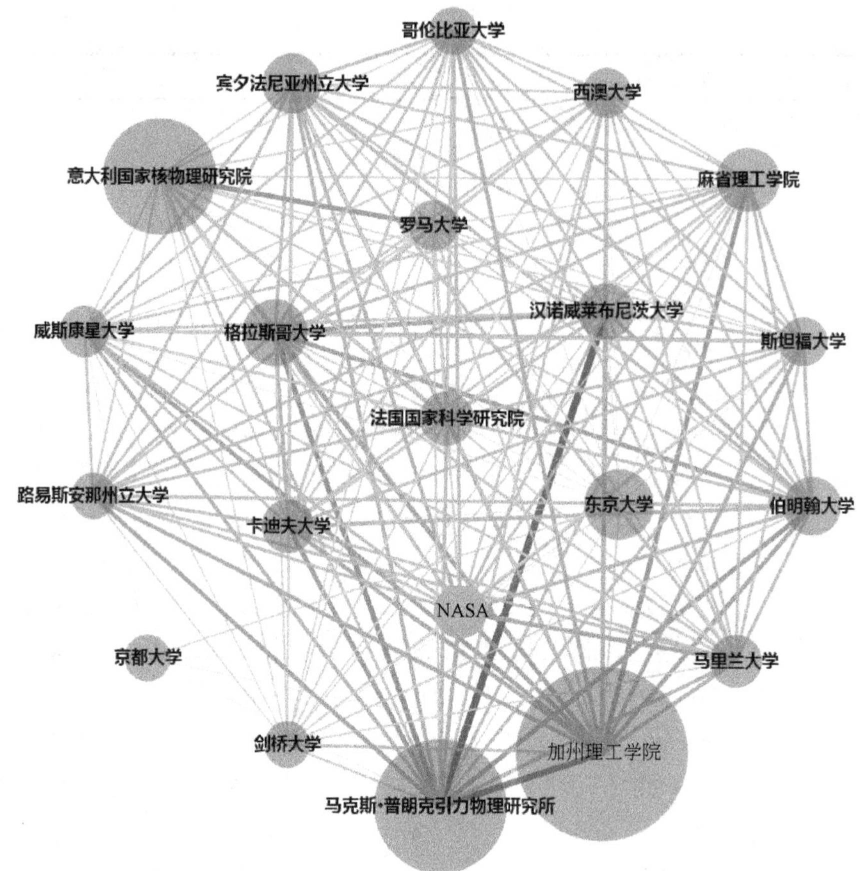

图 2-8　引力波研究领域基础研究发文量排名前 21 位的研究机构合作关系图

2.3.5　发文作者分布

全球共有 17 000 余名研究学者在引力波研究领域发表了相关文章，该领域基础研究发文量排名前 10 位的发文作者（表 2-10）主要分布在英国格拉斯哥大学、英国伯明翰大学和德国马克斯・普朗克引力物理研究所。值得注意的是，上述 10 位科学家均与多个研究机构研究人员合作发文。

表 2-10　引力波研究领域基础研究发文量排名前 10 位的发文作者分布

序号	作者	所属研究机构	国家	发文量/篇
1	Danzmann，Karsten	马克斯・普朗克引力物理研究所	德国	330
2	Hough，Jim	格拉斯哥大学	英国	299
3	Rowan，Sheila	格拉斯哥大学	英国	256
4	Vecchio，Alberto	伯明翰大学	英国	252
5	Freise，Andreas	伯明翰大学	英国	240
6	Schnabel，Roman	汉堡大学	德国	238

续表

序号	作者	所属研究机构	国家	发文量/篇
7	Buonanno，Alessandra	加州理工学院	美国	232
8	Coccia E	马克斯·普朗克引力物理研究所	德国	230
9	Christensen，Nelson	卡尔顿学院	美国	227
10	Hild，Stefan	格拉斯哥大学	英国	227

2.3.6 高频关键词分析

根据检索出的引力波研究论文数据，采用汤森路透集团的 Thomson data analyzer（TDA）软件，提取出所有论文的关键词（key words）字段，并对高频关键词进行统计后，得到引力波研究领域高频关键词分布如图 2-9 所示。其中，圆圈的大小代表关键词出现的频率高低。

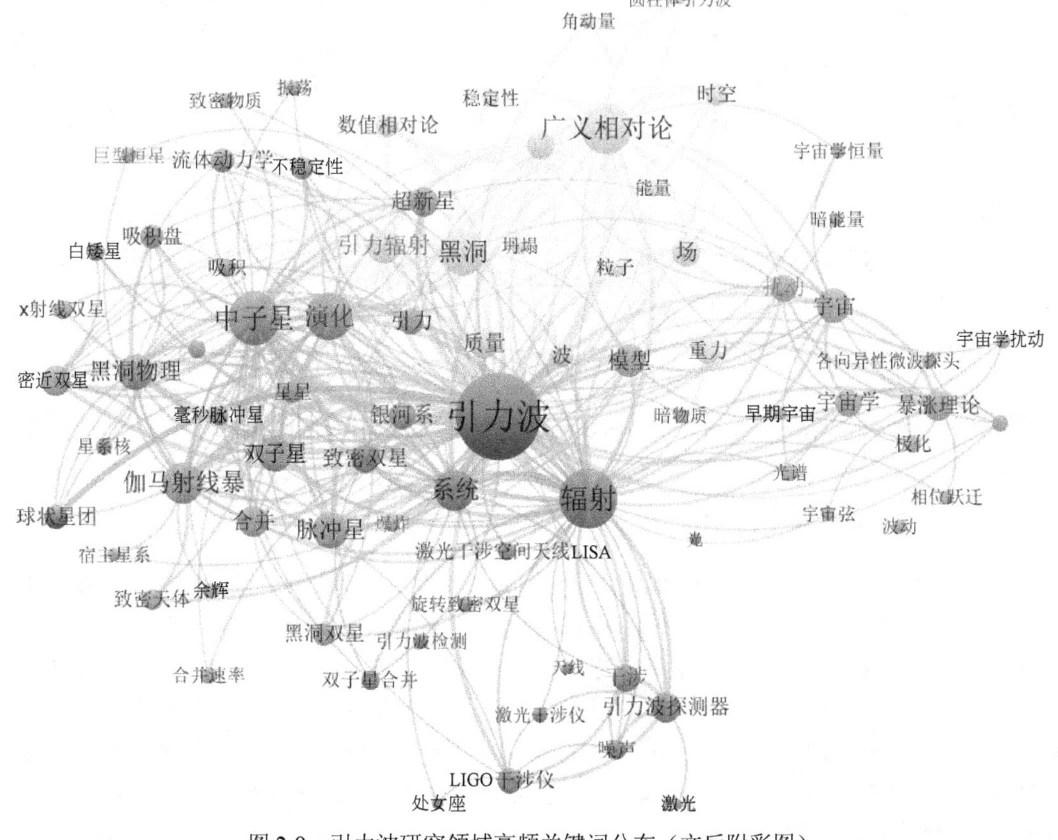

图 2-9 引力波研究领域高频关键词分布（文后附彩图）

从图 2-9 中可以看出，引力波研究领域论文大体可以分为 4 个领域：①引力波源双中子星并合产生的伽马射线暴、双星合并相关研究（红色）。②引力波探测相关研究（蓝色），涉及 LIGO 干涉仪和 Virgo 干涉仪等。③相对论相关研究（黄色）。④宇宙学相关研究（绿色）。其中，“引力波”“引力波探测器”“辐射”“伽马射线暴”“广义相对论”“黑洞”是出现较多、与其他关键词联系最为密切的几个热点词汇。从2016～2017年发文高频关键词分布（图 2-10）可以看出，“引力波”却与“伽马射线暴”、“中子星”和“LIGO 干涉仪”等联系更为密切。GW150914 为 2016 年以来研究最多的一次引力波发现事件。

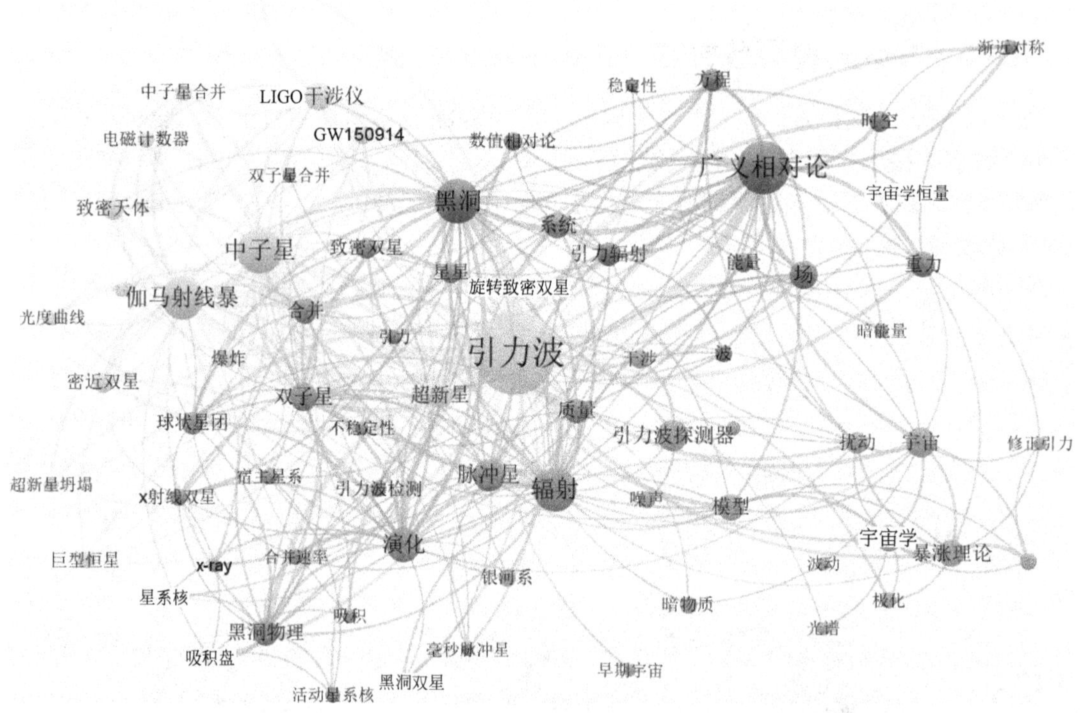

图 2-10　2016～2017 年引力波研究领域高频关键词分布（文后附彩图）

2.3.7　高被引论文分析

ESI 高被引论文（highly cited papers）是 ESI 数据库的 22 个学科里 2009～2016 年被引次数最高的文献，排序列表基于按照年代该论文被引次数的高低排在前 1%的论文而给出。引力波研究领域基础研究检索结果中有 173 篇 ESI 高被引论文，其中，LIGO 团队与 Virgo 团队于 2016 年合作发表的首次直接探测到引力波事件 GW150914 被引次数高达 1467 次（表 2-11）。LIGO 团队由 1000 多位科学家组成，3 位创始人分别为罗纳德·德雷弗（Ronald W. P. Drever）、基普·索恩（Kip S. Thorne）和雷纳·韦斯（Rainer Weiss），当中也包括地球观测组织（Group on Earth Observations，GEO）合作组的成员。Virgo 团队由 280 余名来自 20 个不同的欧洲研究团队的物理学家及工程师组成，包括 CNRS、INFN、荷兰的 Nikhef、匈牙利的 MTA Wigner RCP、波兰的 POLGRAW 小组、西班牙的瓦伦西亚大学（University of Valencia）及邻近意大利比萨的 EGO。

表 2-11 引力波研究领域基础研究排名前 10 位的 ESI 高被引论文

发表年份	机构/团队	通讯作者	论文题目	被引次数/次
2016	LIGO 团队；Virgo 团队	Abbott B P	Observation of gravitational waves from a binary black hole merger	1467
2008	瑞士联邦理工学院	Kippenberg T J	Cavity optomechanics：Back-action at the mesoscale	972
2014	BICEP2 团队	Ade P A R	Detection of B-Mode polarization at degree angular scales by BICEP2	848
2011	那不勒斯腓特烈二世大学	Capozziello S	Extended theories of gravity	727
2010	LIGO 团队	Abbott B P	Advanced LIGO：The next generation of gravitational wave detectors	720
2007	美国石溪大学	Lattimer J M	Neutron star observations：Prognosis for equation of state constraints	701
2009	LIGO 团队	Abbott B P	LIGO：The laser interferometer gravitational-wave observatory	675
2010	LIGO 团队；Virgo 团队	Abbott B P	Predictions for the rates of compact binary coalescences observable by ground-based gravitational-wave detectors	674
2013	德国马克斯·普朗克引力物理研究所	Antoniadis J	A massive pulsar in a compact relativistic binary	656
2009	美国密西西比大学	Berti E	Quasinormal modes of black holes and black branes	496

ESI 热点论文（hot papers）是 ESI 数据库 22 个学科里 2015～2016 年发表且在近 2 个月内被引次数排在相应学科领域全球前 0.1%以内的论文（表 2-12）。引力波研究领域基础研究检索结果中有 12 篇 ESI 热点论文，同时也是 ESI 高被引论文，发文时间主要集中在 2016 年。其中，有 9 篇论文为 LIGO 团队与 Virgo 团队合作发表，涉及 GW150914（首次直接探测引力波事件）、GW151226（第二次直接探测到的引力波）、GW170104（第三次直接探测到的引力波）。

表 2-12 引力波研究领域基础研究排名前 10 位的 ESI 热点论文

发表年份	机构/团队	通讯作者	论文题目	被引次数/次
2016	LIGO 团队；Virgo 团队	Abbott B P	Observation of gravitational waves from a binary black hole merger	1467
2016	LIGO 团队；Virgo 团队	Abbott B P	GW151226：Observation of gravitational waves from a 22-solar-mass binary black hole coalescence	485
2016	LIGO 团队；Virgo 团队	Abbott B P	Astrophysical implications of the binary black hole merger GW150914	187
2016	LIGO 团队；Virgo 团队	Abbott B P	Binary black hole mergers in the first advanced LIGO observing run	180
2016	LIGO 团队；Virgo 团队	Abbott B P	Tests of general relativity with GW150914	169
2016	LIGO 团队；Virgo 团队	Abbott B P	Properties of the binary black hole merger GW150914	167
2015	密西西比大学	Berti E	Testing general relativity with present and future astrophysical observations	159

续表

发表年份	机构/团队	通讯作者	论文题目	被引次数/次
2017	LIGO 团队	Abbott B P	GW170104：Observation of a 50-Solar-Mass Binary Black Hole Coalescence at Redshift 0.2	111
2016	华沙大学	Belczynski K	The first gravitational-wave source from the isolated evolution of two stars in the 40-100 solar mass range	109
2016	LIGO 团队；Virgo 团队	Abbott B P	GW150914：The advanced LIGO detectors in the era of first discoveries	92
2016	LIGO 团队；Virgo 团队	Willis J L	GW150914：Implications for the stochastic gravitational-wave background from binary black holes	74
2017	LIGO 团队；Virgo 团队	Abbott B P	Effects of waveform model systematics on the interpretation of GW150914	11

2.3.8 期刊分析

该主题发表论文涉及期刊 500 余种，发文量不少于 80 篇的期刊有 15 种（表 2-13）。其中，发文量最多的前 3 种期刊分别是 *Physical Review D*（2936 篇）、*Classical and Quantum Gravity*（1576 篇）和 *Astrophysical Journal*（639 篇）。影响因子大于 5 的期刊有 5 种，分别是 *Astrophysical Journal*、*Physical Review Letters*、*Astronomy and Astrophysics*、*Astrophysical Journal Letters* 和 *Journal of High Energy Physics*。

表 2-13 引力波研究领域基础研究排名前 15 位的期刊

序号	期刊名称	ISSN	影响因子	发文量/篇
1	*Physical Review D*	2470-0010	4.557	2936
2	*Classical and Quantum Gravity*	0264-9381	3.119	1576
3	*Astrophysical Journal*	0004-637X	5.533	639
4	*Monthly Notices of the Royal Astronomical Society*	0035-8711	4.961	528
5	*Physical Review Letters*	0031-9007	8.462	377
6	*Journal of Cosmology and Astroparticle Physics*	1475-7516	4.734	292
7	*Physics Letters A*	0375-9601	1.772	250
8	*General Relativity and Gravitation*	0001-7701	1.618	243
9	*International Journal of Modern Physics D*	0218-2718	2.476	227
10	*Astronomy and Astrophysics*	0004-6361	5.014	168
11	*The Astrophysical Journal Letters*	2041-8205	5.522	168
12	*Review of Scientific Instruments*	0034-6748	1.515	158
13	*Journal of High Energy Physics*	1029-8479	6.063	134
14	*Physics Letters B*	0370-2693	4.807	133
15	*Applied Optics*	0003-6935	1.650	85

2.4 引力波研究发展趋势

2.4.1 第三代激光干涉仪引力波探测器

引力波探测经历了艰苦而曲折的过程，激光干涉仪引力波探测器的出现开辟了引力波探测的新时代。它的探测灵敏度高，探测频带宽，升级潜力大，很快就在世界各地蓬勃发展起来，成为引力波探测的主流设备。激光干涉仪引力波探测器由光学部分、机械部分和电子学部分等组成。激光干涉仪引力波探测器光学部分的主体结构由激光器、清模器、法布里-珀罗腔和光循环镜等组成。

经过 40 多年的潜心研究，从小型样机到臂长几千米的第一代、第二代，与第一代探测器相比，第二代探测器主要对信号循环系统、大功率激光器、熔硅悬挂丝、隔震系统进行了升级。激光干涉仪引力波探测器的灵敏度提高了 5 个数量级，达到 10^{-23}，利用 LIGO 第二代激光干涉仪，人类首次直接探测到引力波信号。

当前，第三代激光干涉仪引力波探测器的预制研究在世界各地迅速发展起来，各种设计方案也在讨论之中。第三代激光干涉仪引力波探测器的关键要素是灵敏度，比第二代激光干涉仪引力波探测器提高了 1 个数量级，在低频区域（1～10Hz）甚至更高，灵敏度达到 10^{-24}，探测频带为 1～10kHz，目标是建立真正意义上的引力波天文台，开展天体物理、宇宙学和广义相对论等常态化的引力波天文学研究。在此条件下，有可能对单源系统（如黑洞和中子星核） 等强引力场系统进行详细研究。

第三代激光干涉仪引力波探测器中需要解决的一个重要问题是参量不稳定性。参量不稳定性是由共振腔的光学模式与腔镜材质的声学模式之间的耦合所产生的联合共振引起的。在第一代激光干涉仪探测到引力波探测器使用的激光功率仅为 10W 量级，参量不稳定性问题并未显现出来。第二代激光干涉仪引力波探测器（如 LIGO 和 Virgo）拟使用的功率均为 200W，法布里-珀罗腔内激光功率可达 800 kW，参量不稳定性问题需要加以考虑，第三代激光干涉仪引力波探测器灵敏度直指 10^{-24}，计划使用的激光功率均为 500W 以上，参量不稳定性是必须解决的问题，它的研究与控制已经成为新三代激光干涉仪引力波探测器预制研究的重要课题之一。

第三代激光干涉仪引力波探测器的建造是一件非常困难而艰巨的任务：为了降低引力梯度噪声的影响，干涉仪要建在远离局部质量密度涨落大的区域，最好是把探测器建在地下，做成地下干涉仪；为了降低热噪声，让测试质量工作在低温环境中开展，低温干涉仪是第三代激光干涉仪引力波探测器预制研究过程中一个重要的课题；选用的悬挂丝材料在工作温度下必须有非常好的热传导性，当前正在研发的悬挂丝材料有硅丝和蓝宝石丝等；为了降低霰弹噪声，第三代激光干涉仪引力波探测器要采用 500W 的高功率激光器。

2.4.2 引力波科学对其他领域的影响

引力波将演变成天文观测的新领域，为天体物理学、宇宙学和基础物理学提供强有力的探测工具。引力波探测技术的发展对其他科学研究领域已经产生了重要影响，如经典和量子测量科学与高精度时空计量、光学、量子光学和激光系统、空间科学与技术、地质与大地测量、材料科学与技术、低温与低温电子学、计算方法、理论物理方法。

（1）测量科学

从一开始，引力波研究就需要了解基本空间的时间测量含义，如在亚毫微米量表上测量宏观物体的相对位置。引力波研究已经产生了很多相关的结果，如量子非退化、标准量子极限和反向回避的基本概念，分析普通光机械系统的方法（如双光子方法）和形式量子测量理论。反向回避的普遍方法已经被各种量子光学实验采用。在涉及机械振荡器的实验中已经广泛地使用了光学刚度和阻尼/抗阻尼，目的是达到海森堡极限（Heisenberg-Limited）机械量子态。

除了精密测量方案的研究之外，引力波研究还产生了一系列直接应用于计量学的装置和仪器。因为长度测量和频率测量之间有一个基本的关系（$\mathrm{d}f / f = \mathrm{d}L / L$），引力波探测需要发展超稳定振荡器。因此，蓝宝石微波振荡器被开发成稳定频率源，特别是谐振质量检测器，通过比较不同类型的时钟来测量基本常数的时间依赖性。基于 ULE 的低温蓝宝石光学腔和室温稳定腔已经被发现在计量学和光学时钟的发展中起到了重要的作用。

（2）光学

引力波探测极大地驱动了大功率单频 1.06μm 激光器的发展，促进了新的自由空间通信激光器的发展。这种类型的激光器正在 TerraSAR 航天器上运行，用于测试光通信中长距离激光链路的建立。天基和地面项目都促进了基于光纤的激光系统的发展，这一发展最终将有利于光纤激光技术在遥感和相干激光雷达的应用。

在空间引力测量中，通过对可见光和红外波长下低吸光度的研究，促使了羟基催化键合（hydroxy-catalysis bonding）技术的发展，并转移到美国的工业中，用于制造高功率、单模、光纤放大的系统。LISA 和 LISA Pathfinder 的星载干涉测量技术开创一系列新技术，在 mHz 范围内工作的完全单片型、高稳定性的光学平台被应用在一系列其他太空任务中，扩展到了具有皮米稳定性的可转向镜和望远镜。

（3）空间科学和技术

LISA 对新技术的需求程度很高，使 ESA 在 LISA Pathfinder 任务中需要测试其中的许多新技术：局部和大型的自由落体基线干涉测量、使用惯性传感器和微型推进器的无拖动导航、航天器机械的高稳定性和自重控制的高精度。在 LISA Pathfinder 任务的开发阶段证明，在 mHz 范围内以 10pm 跟踪质量测试运动的单片光学组件是可行的。

无拖动导航是通过使用微型推进器的非接触式航天器实现追踪测试质量。LISA Pathfinder 任务推动了开发新的惯性传感器和微型牛顿推进器，引力平衡已经达到几十皮克（pg，10^{-12}g）的精度。具有皮米稳定性的大尺寸光学器件与其他天文学任务（如 Gaia）共享。

（4）大地测量与地球物理学

大地测量与地球物理学研究重力、空间测量及质量分布，是一个与引力波的发展有许多共同之处的相邻领域，两个领域之间的许多技术已经进行了共享。引力波探测的许多方面在世界各地的数个重力梯度仪项目中都得到了应用。此外，高稳定性的硬岩环境中地下实验场地开发为地球物理测量提供了一个很好的机会。地球物理学界没有强烈的动力来建设千米级的隧道，但当前 100m 的基线能够满足地球物理学研究的需求。

（5）材料科学与技术

越来越多的引力波发展是以特殊材料与材料技术的发展为前提条件的。羟基催化键合技术最初是在斯坦福大学为引力探针 B 实验而开发，并应用在 LIGO 上。键合技术正在应用于天体光谱学的玻璃切片积分场单元（integral field units，IFU）的开发，并将用于开发欧洲极大望远镜（European Extremely Large Telescope，ELT）中的镜面致动器原型。连接碳化硅键合技术的延伸已经成功申请专利用于空间限定稳定光学系统。

（6）低温物理学与低温电子学

自 20 世纪 80 年代起，低温技术一直是谐振探测器运行的基础。采用柔性热链路来实现静音制冷的需求是一个比较有挑战的领域，低温引力波探测器的研究组人员在该领域已经提交了多项专利。

（7）计算方法

引力波研究需要密集的计算机数据分析，随着引力波数据分析的成熟，科学家需要再分析 TB 级和 PB 级的数据。这种需求将在多个方面推动网格计算和分布式计算的发展。

（8）理论物理方法

对引力波的研究极大地影响了理论物理方法的研究。例如，对引力波的研究推动了双星系统的爱因斯坦方程高精确后牛顿解的理论物理方法研究等。

2.5 总结与建议

自 2016 年 2 月美国 LIGO 探测到了双黑洞并合所产生的 GW150914 引力波信号起，国内外引力波科学研究和观测工作开展得如火如荼。

在国际上，美国于 2016 年重新与 ESA 合作开展 LISA 天基引力波观测计划，印度也在 2016 年决定投入 2.01 亿美元与美国 LIGO 合作开展 IndIGO 地基引力波探测计划，ESA 于 2017 年 6 月正式批准预算上限为 10 亿欧元的 LISA 天基引力波观测计划。

在国内，两项分别由中国科学院提出的太极计划和中山大学提出的天琴计划的天基引力波观测项目受到国内学界的广泛关注，我国国家自然科学基金委员会也启动了额度为 1500 万的“引力波相关物理问题研究”重大项目。

关于引力波研究，对国内天文学界和科研管理者，本研究有以下启示与建议：

1）从美国最初与 ESA 合作开展 LISA 项目，到 2011 年美国 NASA 退出该项目，再到

2016 年重新加入 LISA 项目，可以看到，引力波观测需要雄厚的技术储备和大量的经费支持，我们应以开放合作的心态参与国际合作，提升中国在引力波研究方面的科研设施基础条件和研究起点。

2）美国自然科学基金对 LIGO 引力波地基观测项目进行了长达近 40 年的持续投入，最终成功探测到引力波信号。这给我国科研管理工作者的启发是，需要充分认识到基础研究的艰辛与曲折，应建立对引力波等重大基础科研问题的中长期资助项目。

3）目前我国在引力波观测方面尚没有自主建设的引力波天文台，随着国际上引力波直接观测的成功和引力波天文学时代的开启，中国亟须自主建设引力波天文台。

4）我国在引力波基础研究方面还相对薄弱，一方面，应建立和培养在引力波研究方面的研究团队，另一方面，应继续加大对引力波研究的项目经费支持力度。

以引力波探测为基础的引力波天文学是一门正在崛起的新兴交叉学科。引力辐射独特的物理机制和特性，使得引力波天文学研究的范围更广泛、更全面，物理分析更精确、更深刻。它能提供其他天文观测方法不可能获得的信息，加深人们对宇宙中天体结构的认识。随着引力波研究的发展，人类必将迎来引力波天文学蓬勃发展的新时代。

致谢 中国科学院国家天文台苟利军研究员和陆由俊研究员审核了本报告的数据采集策略并审阅全文，提出了宝贵的修改意见和建议，谨致谢忱！

附表 1

检索策略

序号	子检索目标	子检索策略	检索结果/篇
1	检索标题中包含引力波的论文	TI=（"gravitational wave*"）	5 697
2	检索主题（含标题、摘要和关键词）中同时包含引力波与引力辐射或引力子、广义相对论、多信使天文学、时空的论文	TS=（（"gravitational radiation" or（gravitons or graviton）or “general relativity” or multi-messenger astronomy or space-time* or spacetime*）"gravitational wave*"）	4 077
3	检索主题（含标题、摘要和关键词）中同时包含引力波与黑洞并合或双黑洞、双中子星、激光干涉仪、CMB B-mode、脉冲星时序阵列、双脉冲星的论文	TS=（（（"black hole*" NEAR/5 mearg*）or “binary black hole*” or “binary neutron star*” OR"Laser interferometer*"OR（CMB NEAR/5 B-mode*）or"Pulsar timing array*"or"Binary pulsar"）"gravitational wave*"）	2 383
4	检索主题（含标题、摘要和关键词）中同时包含原初引力波或平面引力波、引力波形的论文	TS=（"primordial gravitational wave*"or"plane gravitational wave*" or "gravitational waveform"）	697
5	检索主题（含标题、摘要和关键词）中同时包含引力波与 LISA 或 Virgo、LIGO、AIGO 和 GEO600 等引力波观测设施的论文	TS=（（LISA or "Laser Interferometer Space Antenna" or VIRGO or LIGO or AIGO or GEO600 or CLIO or MiniGrail or "Mario Schenberg" or AURIGA or INDIGO or IndIGO or KAGRA or "Large Scale Cryogenic Gravitational Wave Telescope" or LCGT or "Weber bar" or "TAMA 300" OR ALLEGRO OR "Big Bang Observer" OR DECIGO OR BBO OR "Einstein Telescope" OR tianqin or "Torsion-bar antenna" or toba） "gravitational wave*"）	3 224

续表

序号	子检索目标	子检索策略	检索结果/篇
6	检索主题（含标题、摘要和关键词）中同时包含引力波与测量或观测、探测（且字符间隔不超过 5 个单词）的论文	TS=（（"gravitational wave*" near/5（MEASUREMENT* or measure or observator* or detector* or detection or search or searching）））	4 704
7	检索主题中包含 LISA 激光干涉仪空间天线或 LIGO 激光干涉引力波天文台、Virgo 处女座干涉仪的论文	TS=（"Laser Interferometer Space Antenna" or "Laser Interferometer Gravitational-Wave Observatory" or "Virgo interferometer"）	799
8	考虑到少部分学者将引力波（gravitational wave）误写为重力波（gravity wave）的情况（其中包含部分较高引用的论文），检索主题中包含重力波，且考虑到 2～7 的子检索目标，并去掉在流体力学中与重力波常出现的相关关键词，并排除了大气科学和地球科学等学科的论文	（TS=（（"gravitational radiation" or（gravitons or graviton） or "general relativity" or multi-messenger astronomy） "gravity wave*"） OR TS=（（（"black hole*" NEAR/5 mearg*） or "binary black hole*" or "binary neutron star*" OR "Laser interferometer*" OR（CMB NEAR/5 B-mode*） or "Pulsar timing array*" or "Binary pulsar"） "gravity wave*"） OR TS=（"primordial gravity wave*"） OR TS=（（LISA or "Laser Interferometer Space Antenna" or VIRGO or LIGO or AIGO or GEO600 or CLIO or MiniGrail or "Mario Schenberg" or AURIGA or INDIGO or IndIGO or KAGRA or "Large Scale Cryogenic Gravitational Wave Telescope" or LCGT or "Weber bar" or "TAMA 300" OR ALLEGRO OR "Big Bang Observer" OR DECIGO OR BBO OR "Einstein Telescope" OR tianqin or "Torsion-bar antenna" or toba） "gravity wave*"） or TS=（（"gravity wave*" near/5（MEASUREMENT* or measure or observator* or detector* or detection or search or searching）））） Not TS=（"internal gravity wave*" or "acoustic-gravity wave*" or "acoustic gravity wave*" or "atmospheric gravity wave*" OR "ATMOSPHERIC GRAVITY-WAVE*" or "surface gravity wave*" or "SURFACE GRAVITY-WAVE*" or "capillary-gravity wave*" or "momentum flux" or "mesosphere" or "acoustic-gravity" or "acoustic gravity" or "inertia-gravity" or "induced gravity wave*" or "meteorology and atmospheric dynamics" or "gravity-wave drag " or "gravity wave drag" or "lower stratospher*" or "tropospher*" or "ionospher*" or "middle atmospher*" or *atmospher* or ocean* or sea or cloud* or wind* or mountain* or water or mesopaus* or "surface flux" or hydrostat* or mesospher* or airglow or nightglow or acoustic* or eclips* or infra-sonic or airborne or "lidar measurement*"） not（wc=（meteorology atmospheric sciences or engineering aerospace or geosciences multidisciplinary or oceanography or history philosophy of science or chemistry inorganic nuclear or engineering manufacturing or acoustics））	366
检索结果总计			11 241

参考文献

Aguiar O D. 2011. Past，present and future of the Resonant-Mass gravitational wave detectors. Research in Astronomy and Astrophysics，11（1）：1-42.

Benhar O. 2005. Neutron star matter equation of state and gravitational wave emission. Modern Physics Letters A，20（31）：2335-2349.

Braginskii V B. 2000. Gravitational-wave astronomy：New methods of measurement，Uspekhi Fizicheskikh Nauk，170：743-752.

David B，Li J，Zhao C N，et al. 2015. Gravitational wave astronomy：The current status. Science China（Physics Mechanics & Astronomy），58（12）：120402.

David B，Li J，Zhao C N，et al. 2015. The next detectors for gravitational wave astronomy. Science China（Physics Mechanics & Astronomy），58（12）：120405.

Einstein A . 1916. Approximate integration of field equations of gravitation. Sitzungsberichte Der Koniglich Preussischen Akademie Der Wissenschaften，1：688-696.

Einstein A，Rosen N. 1937. On gravitational waves. Journal of the Franklin Institute，223（1）：43-54.

Einstein A. 1918. Concerning gravitational waves. Sitzungsberichte Der Koniglich Preussischen Akademie Der Wissenschaften，1：154-167.

Fairhurst S，Guidi G M，Hello P，et al. 2011. Current status of gravitational wave observations，General Relativity and Gravitation，43（2）：387-407.

Grishchuk L P，Lipunov V M，Postnov K A，et al. 2001. Gravitational wave astronomy：In anticipation of first sources to be detected. Uspekhi Fizicheskikh Nauk，171（1）：3-59.

Hellings R W. 1996. Gravitational wave detectors in space. Contemporary Physics，37（6）：457-469.

Hughes S A. 2003. Listening to the universe with gravitational-wave astronomy. Annals of Physics，303（1）：142-178.

Kuroda K. 2015. Ground-based gravitational-wave detectors. International Journal of Modern Physics D，24（14）：1530032.

Ligo Sci Collaboration，Ligo Sci Collaboration，Collaboration Virgo. 2016. Prospects for observing and localizing gravitational-wave transients with advanced LIGO and advanced Virgo. Living Reviews in Relativity，19（1）：1.

Pitkin M，Reid S，Rowan S，et al. 2011. Gravitational wave detection by interferometry（ground and space）. Living Reviews in Relativity，14（5）：1-75.

Punturo M，Somiya K. 2013. Underground gravitational wave observatories：KAGRA and ET. International Journal of Modern Physics D，22（5）：13300103.

Ricci F，Brillet A. 1997. A review of gravitational wave detectors. Annual Review of Nuclear and Particle Science，47（47）：111-156.

Robertson N A. 2000. Laser interferometric gravitational wave detectors. Classical and Quantum Gravity，17（15）：R19-R40.

Watts A L，Krishnan B，Bildsten L，et al. 2008. Detecting gravitational wave emission from the known accreting neutron stars. Monthly Notices of the Royal Astronomical Society，389（2）：839-868.

3　虚拟现实研究国际发展态势分析

王立娜　房俊民　徐　婧　田倩飞　唐　川　张　娟

（中国科学院成都文献情报中心）

摘　要　作为一项潜在的颠覆性技术，虚拟现实为人类认识世界、改造世界提供了一种易于使用、易于感知的全新方式和手段。虚拟现实不仅带来显示方式的进步和视觉体验的提升，还将通过与互联网、物联网的结合，打破时空局限，拓展人们的多种能力，改变人们的生产与生活方式。为把握虚拟现实研究的国际发展态势，本报告定性调研了相关机构的研发动态、虚拟现实关键技术的发展现状与趋势，定量分析了重点研发领域及热点，并提出了发展建议。

近年来美国与欧盟制定了一系列的虚拟现实研发计划和发展策略，对虚拟现实投入了大量研发资源。美国国家科学基金会（NSF）、国家航空航天局（NASA）、国防部（DOD）和能源部（DOE）等部门均部署了一系列虚拟现实研发计划。欧盟“地平线2020 计划”、欧盟第七框架计划均资助了一系列的虚拟现实研究项目，欧盟委员会通信网络内容和技术总司及欧洲虚拟现实和增强现实联盟共同探讨欧盟的发展路径。英国工程与自然科学研究理事会和“创新英国”也资助了一系列的虚拟现实研发项目。

虚拟现实系统主要由信息输入、信息输出、信息处理三大部分组成，构建虚拟现实系统需要信息获取、分析建模、呈现、传感交互四方面的技术。总体来看，虚拟现实是一项涉及计算机图形学、仿真技术、人机交互技术、传感技术、人工智能、显示技术和网络并行处理等领域的综合集成技术。虚拟现实的最大特点在于沉浸感，主要依赖于清晰度、流畅度、视场角和交互方式等因素，相应的关键影响指标包括显示屏的分辨率与刷新率、传感交互设备的交互自然性、计算设备的运算能力。因此，虚拟现实的关键技术包括实时3D 图形生成技术、广角（宽视野）立体显示技术、行为检测与反馈技术、动态环境建模技术、系统环境集成技术、应用系统开发工具。

从 2010～2016 年的发文量角度来看，美国是虚拟现实发文量最多的国家，以 20.8%的份额处于遥遥领先的地位，且美国的发文量在各年都保持绝对领先地位，在全球虚拟现实研究论文的合作网络中也处于核心位置，表明美国是虚拟现实研究领域中最活跃的国家。英国帝国理工学院是全球虚拟现实研究发文量最多的机构，加拿大多伦多大学的发文量紧随其后，而研究论文篇均被引次数最高的机构依次为美国南加利福尼亚大学、英国伦敦大学学院和加拿大多伦多大学等，在全球虚拟现实研究机构合作网络中处于核心位置的研究机构包括英国伦敦大学学院、英国帝国理工学院、加拿大多伦多大学与美国哈佛大学等。然而，中国的研究机构未进入虚拟现实发文量排名前10位的研究机构行列中。关注最高的热点研究主题包括计算机模拟、教育与培训、手术模拟、康复、触觉、中风、神经科学、腹腔镜检查、虚拟环境及人机交互等，其中，计算机模拟是虚拟现实的关键基础性技术，在虚拟现实教育与培训及医疗中具有广泛的应用。

基于以上发展态势及我国情况，本报告建议：①制定系统性发展战略布局，明确虚拟现实技术发展规划。②大力推动虚拟现实关键技术研究，抢占战略制高点。③积极开展产学研合作，加快虚拟现实技术在各行业中的应用。

关键词　虚拟现实　研发计划　发展策略　研发重点与热点

3.1　引言

虚拟现实（virtual reality，VR）技术是创建和体验虚拟世界的计算机仿真系统技术。通常指利用计算机和传感器技术，生成各种与真实环境高度相仿的感知（视觉、听觉、嗅觉、味觉、触觉、力觉和运动感知等）模拟环境，使用户可借助装备与虚拟环境交互，身临其境地感知、体验、操作和控制虚拟环境，达到探索和认知客观事物的目的。从广义的产业界角度来说，目前主要有虚拟现实、增强现实（augmented reality，AR）和混合现实（mixed reality，MR）三类技术应用方式。作为一项潜在的颠覆性技术，虚拟现实为人类认识世界、改造世界提供了一种易于使用、易于感知的全新方式和手段。首先，虚拟现实可以拓展人类观察事物的视野范围，突破屏幕空间物理尺寸的局限，把当前常规的2D显示扩展为3D显示，实现全景式观察、增强式观察和自然运动观察等观察视角的自主选择；其次，虚拟现实可以实现交互方式的自然化，使传统的键盘和鼠标等输入输出方式向手眼协调及实体行为动作等自然的人机交互方式转变；再次，虚拟现实可使人类打破时空界限，体验已经发生或尚未发生的事件，突破生理上的限制，探索宏观或微观世界，通过虚拟环境与位于世界各地的朋友交流等；最后，虚拟现实可以将抽象事务具体化，通过计算机进行多源融合的复杂数据的可视化建模、操作、交互，模拟因客观条件限制等因素难以实现的事情。虚拟现实不仅带来显示方式的进步和视觉体验的提升，还将通过与互联网、物联网的结合，打破时空局限，拓展人们的多种能力，改变人们的生产与生活方式。随着硬件性能的提升和成本的大幅降低，近年来虚拟现实产品在军事、工业、医疗、教育、文化、娱乐和服务等应用领域获得了广泛发展，成为提升消费类电子产品有效供给能力、推动信息产业发展的重要手段。美国知名市场研究机构 MarketsandMarkets（M&M）于 2016 年7月发布的全球虚拟现实市场预测报告显示，预计虚拟现实市场价值将从2015年的13.7亿美元增长至 2022 年的 339 亿美元，2016～2022 年的年复合增长率为 57.8%（MarketsandMarkets，2016）。

在这种巨大市场前景的驱动下，虚拟现实引起了国际政府部门、科技界和产业界的高度关注。美国政府一直非常重视虚拟现实技术的研发与应用，NSF、NASA、DOD、DOE等均部署了一系列虚拟现实研发计划。欧盟“地平线2020计划”（Horizon 2020，H2020）、欧盟第七框架计划（7th Framework Programme，FP7）也开展了多项虚拟现实研究，欧盟委员会通信网络内容和技术总司及欧洲虚拟现实和增强现实联盟（EuroVR Association）共同探讨欧盟的发展路径。英国工程与自然科学研究理事会和“创新英国”也资助了一系列的虚拟现实研发项目。此外，当前全球IT巨头正瞄准虚拟现实积极布局。随着Facebook、Google、苹果、三星、微软和腾讯等互联网、软件、硬件与内容制作/游戏等公司及大量风险投资的加入，虚拟现实产业发展步入快车道。自2014年3月，美国Facebook公司以20亿美元收购了被誉为“虚拟现实行业的苹果公司”的Oculus公司后，此领域的直接投资快速攀升，虚拟现实初创公司如雨后春笋般涌现，大批风险投资也不断涌入，全球化的虚拟现实投资热潮正在袭来。

我国高度重视虚拟现实产业发展。2012年7月，国务院发布《“十二五”国家战略性新兴产业发展规划》，把虚拟现实纳入高端软件和新兴信息服务产业发展路线。2016年4月，国务院发布《关于深入实施“互联网+流通”行动计划的意见》，指出拓展智能消费领域，积极开发虚拟现实和现实增强等新技术新服务，大力推广可穿戴及生活服务机器人等智能化产品，提高智能化产品和服务的供给能力与水平。同月，工业和信息化部电子工业标准化研究院发布《虚拟现实产业发展白皮书5.0》，阐述了当前中国虚拟现实产业的发展状况，并提出了相关政策建议。

为了把握虚拟现实领域的国际发展态势、了解相关机构的研发动态、明确其关键技术与挑战，中国科学院成都文献情报中心信息科技战略情报研究团队拟通过定性定量的情报研究方法，完成《虚拟现实领域国际发展态势分析》报告，为我国在相关领域的工作提供有益参考。

3.2 研发计划与发展策略

3.2.1 美国

美国政府一直非常重视虚拟现实技术的研发与应用，NSF、NASA、DOD、DOE等部门均大力支持虚拟现实技术的发展（王健美等，2010）。其中，NSF开展的虚拟现实技术主要相关研究计划包括人机互动（human computer interaction，HCI）计划和以人为中心的计算（human-centered computing，HCC）计划，前者开展对人机互动系统的设计和评估研究，后者的研究对象覆盖各种计算平台，设备规模从单用户设备到大型异构系统。NASA的虚拟现实技术研究工作主要由艾姆斯研究中心（Ames Research Center，ARC）承担，该中心下设的人机综合处（Human Systems Integration Division，HSID）重点开展虚拟航空建模仿真、平视显示器和虚拟环境界面等研究工作，开展了虚拟行星探索、利用虚拟现实技术评估未来飞行跑道安全等一系列的虚拟现实项目，目前已经建立了航空与卫星维护虚拟现实训练系统、空间站虚拟现实训练系统、虚拟现实教育系统。DOD也非常重视虚拟现实技术在武器系统性能评价、武器操纵训练和大规模军事演习等方面的重要作用，下属的国防部高级研究计划局已经陆续开展了战争综合演练场（Synthetic Theatre of War，STOW）、加速新一代训练系统的研发和部署的 DARWARS 项目研究，美国空军研究实验室、海军研究实验室、陆军研究实验室也开展了一系列的虚拟现实技术在军事国防中的应用研究。DOE 启动了“高级仿真和计算计划”，以利用虚拟现实技术改善技术研发模式、节省研发经费、缩短研发周期。美国国立卫生研究院开展虚拟现实技术在创伤后应激综合征等疾病治疗中的应用研究。教育部资助了一些如培训系统开发等虚拟现实研究项目。

3.2.1.1 NSF

2013 年以来，NSF 资助了名称中含有“virtual reality”或“augmented reality”或“mixed reality”关键词的虚拟现实项目共计 80 项（检索日期为 2017 年 12 月 5 日），资助总额度高达约 2430 万美元，资助的虚拟现实项目数量与资助额度年度变化趋势如图 3-1 所示。可见，2013～2017 年，NSF 资助的虚拟现实项目数量和资助额度整体上呈上升趋势，资助的虚拟现实项目数量从 2013 年的 10 项增加至 2017 年的 31 项，整体上增长了 2.1 倍；项目资助额度从 2013 年的 350.27 万美元增加至 2017 年的 990.33 万美元，整体上增长了约 1.83 倍；2017 年的增长幅度最大，资助的虚拟现实项目数量和资助额度相比上一年度分别增长了约 1.72 倍和 1.96 倍。这些项目主要通过 NSF 学部下的信息与智能系统（Information and Intelligent Systems，IIS）、本科教育（Division of Undergraduate Education，DUE）、产业创新与合作伙伴关系（Industrial Innovation and Partnerships，IIP）、计算机网络系统（Computer and Network Systems，CNS）、研究生教育（Division of Graduate Education，DGE）、土木、机械和制造业创新（Division of Civil，Mechanical and Manufacturing Innovation，CMMI）、化学与生物工程及环境和运输系统（Chemical，Bioengineering，Environmental and Transport Systems，CBET）等机构来资助。

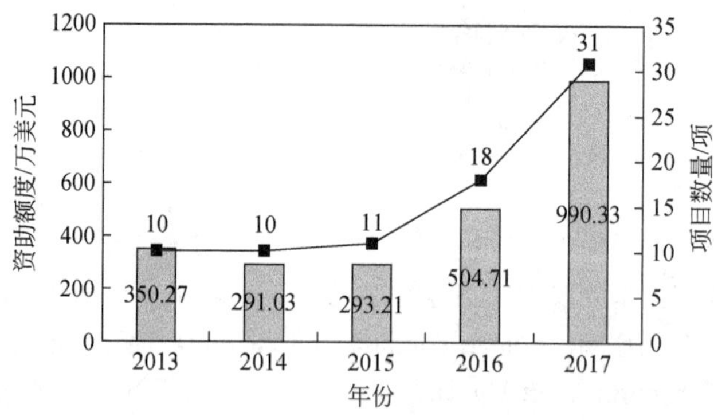

图 3-1　2013～2017 年 NSF 资助的虚拟现实项目数量与资助额度年度变化趋势

从资助项目的获资研究机构分布来看，NSF 在 2013～2017 年共资助 57 家研究机构开展虚拟现实项目研究，这 57 家研究机构由 50 家高校和 7 家企业组成，其中，获资项目数量为 1 项的研究机构为 41 家，获资项目数量为 2 项以上的研究机构共 16 家。表 3-1 给出了 2013～2017 年 NSF 资助的虚拟现实项目主要承担机构及其获资项目数量与获资项目额度。在获资项目数量方面，克莱姆森大学和北卡罗来纳大学教堂山分校获资项目数量最多，为 4 项；其次为爱荷华州立大学、Tactical Haptics 公司、伊利诺伊大学厄巴纳-香槟分校，获资项目数量为 3 项。在获资项目额度方面，伊利诺伊大学厄巴纳-香槟分校获得的项目资助额度最高，为 156.40 万美元，其他获资项目额度超过 100 万美元的研究机构依次为克莱姆森大学、北卡罗来纳大学教堂山分校、哥伦比亚大学、马里兰大学帕克分校和华盛顿大学，其中，马里兰大学帕克分校的表现比较突出，虽然获资项目数量仅为 1 项，但获资项目额度却高达 119.97 万美元。

表 3-1　2013～2017 年 NSF 资助的虚拟现实项目主要承担机构及其获资项目数量与获资项目额度情况

承担机构	获资项目数量/项	获资项目额度/万美元
克莱姆森大学	4	153.70
北卡罗来纳大学教堂山分校	4	128.17
爱荷华州立大学	3	54.22
Tactical Haptics 公司	3	90.33
伊利诺伊大学厄巴纳-香槟分校	3	156.40
贝勒医学院	2	35.00
哥伦比亚大学	2	120.00
德雷塞尔大学	2	42.04
佛罗里达大学	2	44.88
明尼苏达大学双城分校	2	66.65
密苏里大学哥伦比亚分校	2	79.52
得克萨斯大学圣安东尼奥分校	2	69.58
华盛顿大学	2	103.52
亚利桑那州立大学	1	41.06
佛罗里达州立大学	1	50.00
密西西比州立大学	1	49.82
密苏里科技大学	1	50.53
伦斯勒理工学院	1	65.99
罗格斯大学纽瓦克分校	1	59.93
德州农工大学主校区	1	53.79
得克萨斯州立大学圣马科斯分校	1	50.00
加利福尼亚大学洛杉矶分校	1	63.48
马里兰大学帕克分校	1	119.97
北卡罗来纳大学夏洛特分校	1	39.93
匹兹堡大学	1	35.70

续表

承担机构	获资项目数量/项	获资项目额度/万美元
田纳西大学诺克斯维尔分校	1	35.07
得克萨斯大学奥斯汀分校	1	38.86
犹他谷大学	1	70.39
弗吉尼亚理工大学	1	54.90

为进一步阐释 NSF 资助的虚拟现实项目的相关研究主题，下面将重点介绍一些高资助额度项目的获资时间、获资经费额度、主要承担机构和主要研究内容等信息。

（1）面向虚拟现实应用的可视化云

2017 年 8 月，NSF 宣布为华盛顿大学投资 91.6 万美元，旨在创建一个可视化云，通过硬件加速和边缘计算来提供新型数据管理系统的无缝访问，实现海量成像数据和虚拟现实应用的高效、实时管理（NSF1，2017）。该项目将开发一个在公众云中执行虚拟现实数据处理的硬件和软件堆栈，其包括一个与现有系统相比可显著提高多维数组数据的输入和检索吞吐量的新型存储管理器。这个存储管理器将利用被称为非易失性存储器的新型硬件技术，提供新的近似和多分辨率数据存储能力。此外，该项目还将开发一种新的高通量和大规模阵列处理运行系统，以及能够实现实时虚拟现实应用的新技术，包括用于实时虚拟现实视频处理的现场可编程门阵列（field-programmable gate array，FPGA）加速平台、用于预取和缓存虚拟现实数据的算法和软件组件。

（2）面向利用虚拟现实和增强现实的教育技术创新来增强个性化学习的可持续协调网络

2017 年 7 月，NSF 宣布为克莱姆森大学投资约 79.3 万美元，旨在通过使用虚拟现实和增强现实技术，提高美国先进汽车和航空制造业竞争力所需的技术人员队伍能力（NSF2，2017）。该项目将创造新的虚拟教学空间，提供高可用性和个性化的学习环境。这将为国家创建一个可持续协调网络，并将基于虚拟现实和增强现实的学习技术应用于两年制大学。

（3）面向虚拟现实和人机界面的直观触觉反馈技术

2016 年 8 月，NSF 宣布为 Tactical Haptics 公司投资约 74.9 万美元，旨在开发在新兴虚拟现实消费领域中满足市场需求的直观、身临其境、廉价的触觉反馈技术，利用可能的计算机辅助设计应用来变革人机界面，军事、维护与飞行员培训界面，工业与建筑业操作界面，机器人和腹腔镜手术，物理治疗、康复和摆动训练，教育，汽车导航和安全系统，以及视频游戏等（NSF3，2016）。该项目将增强对虚拟环境中人的触觉和多模态交互的科学理解，创建可应用到相关领域的技术模型。

（4）用于虚拟现实和增强现实多焦点显示器的纳米光子学相控阵列

2016 年 7 月，NSF 宣布为马里兰大学帕克分校投资约 119.97 万美元，旨在利用先进硅基光子学技术开发自然感官虚拟现实和增强现实多焦点显示器原型，以及面向多焦点和多视点显示的虚拟计算算法，进而解决引起眩晕、恶心和视力模糊等不良虚拟现实体验感的显示器实际焦平面与虚拟焦点之间的不匹配问题（NSF4，2016）。该项目还将设计和开展用户调研，验证所开发的新型显示和算法技术的可靠性。项目产出将不仅直接影响计算机图形学和可视化领域，还将带动其他相关领域的发展，如科学与工程学领域和教育领域，充分释放虚拟现实和增强现实的潜力，为年轻学生提供传统课堂无法实现的学习参与度、广度和深度。

该项目的核心在于大型相控阵列任意辐射模式的新型纳米光子学相控阵芯片的设计与实现，将相控阵的功能延伸到传统的光束聚焦与转向、通信和雷达之外，开辟在图像处理、3D 交互式全息显示和虚拟现实中的新机遇。此项目将聚集三维计算机图形学与科学可视化、用于亚波长光波约束和转向的纳米光子学和等离子体学、微电子学、集成电路、微结构科学与技术方面的专家来共同开展研究，研究重点包括 3 方面，即显著降低纳米光子学芯片尺寸和功耗的慢光技术，分离芯片的电光子组件以更好地优化这些组件，开发高效算法来渲染和验证多焦点 3D 图形。

（5）利用虚拟现实实现人类视觉感知的动态实时优化

2015 年 12 月，NSF 宣布为罗格斯大学纽瓦克分校投资约 59.9 万美元，旨在结合计算技术和沉浸式增强现实来探索视觉感知如何动态适应环境，研究定位感知技术（NSF5，2015）。该项目的研究内容主要包括 3 个方面：首先，开发一套软件工具来近乎实时地处理视觉环境，使用这些工具来系统地研究人类视觉感知的变化；其次，测量人类在各种现实任务中的感知性能的变化，以响应不确定环境下的沉浸式体验；最后，开发和测试人类感知学习的模型。

（6）面向多个人、视角、平台、任务的增强现实

2015 年 9 月，NSF 宣布为哥伦比亚大学投资约 80.2 万美元，旨在理解和改进增强现实如何通过加入用户的视觉信息来提高任务的执行效率，帮助识别对象、特征、直接行动，提供时间和空间视角（NSF6，2015）。这个项目将开发和测试最好的方法，提高多个人、视角、平台、任务的执行效率，提供行动的内容、地点、时间和方式。项目所开发的软件预期将极大地提高居民、游客、团体学习、访问、探索的能力，如个人和职业生活中的导航、维护和装配等大量复杂的任务。

3.2.1.2 DOD

（1）利用增强现实技术实现精确的态势感知

2016 年 4 月，DOD 宣布资助开展“利用增强现实技术实现精确的态势感知”项目研究工作（DOD，2016），旨在利用虚拟现实、增强现实、增强虚拟技术向士兵提供一种增强的真实世界体验和原型能力，使其可以以一种新的方式来学习传感器、地理定位信息、情景意识、指挥和控制信息的使用。

城市作战需要全面的情景理解和准确的信息，以便迅速、果断地采取相应的行动。当前的解决方案还存在很多不足之处，故将通过在目标获取实验中提供虚拟现实原型来解决这一问题，通过增强的情景意识来提高作战人员的能力。实验将包括可集成到防护眼镜或头盔显示器中的轻量级、灵活显示器或光学系统、移动电子、游戏系统、智能教学、面向目标获取实验的地形数据库和模型的有效使用等。

在第一阶段，该项目将调研现有能力，提出相应的解决方案，选取有限数量的挑战领域开展研究，为目标获取实验创建实验设计方案和方法；在第二阶段，将实现 1～2 个战术正确的原型能力验证，通过使用虚拟现实、增强现实、视景战术可视化、触摸屏、运动追踪、软件算法和模型、游戏技术来演示虚拟车辆模拟；在第三阶段，将利用现有的资金来源将研究成果转化为美国陆军或国防部模拟系统中的实际应用，同时向国家/地方政府和商业等更广泛的领域拓展应用渠道。

（2）人信息交互技术研究

2016 年 9 月，美国陆军研究实验室（Arm Research Laboratory，ARL）宣布资助开展人信息交互（human information interaction，HII）、网络安全、电磁频谱技术研究，提高技术创新能力，维护全球竞争力（ARL，2016）。人信息交互技术也被称为人机器交互和人计算机交互，重点研究面向决策制定的人与信息（机器/代理）之间的交互。本项目的研究目标是综合运用跨领域人信息交互的基本原则，包括复杂信息系统、网络安全、通信、社会网络；其中，与虚拟现实技术相关的主要研究内容包括通过使用人与人和人与代理之间的通信与决策方法来开发自然和混合现实的与人交互界面。

3.2.1.3 其他部门

（1）基于混合现实、增强现实、虚拟现实的空间中操作、培训、工程设计/分析、人类健康

2017 年 10 月，NASA 约翰逊空间中心发布公告，旨在改进混合现实系统、增强现实系统和虚拟现实系统等数字化沉浸式系统（digitally based immersive systems，DBIS），支持与空间中操作、培训、工程设计/分析、人类健康相关的载人航天活动，为宇航员、地面支援人员、工程师和科学家提供节约时间、降低风险和成本所需的数字化工具（NASA，2017）。此外，DBIS 还可结合声音、触觉和其他感官信息来进一步增强沉浸式体验。

该公告所需研发的主要技术包括：①与电子程序和空间追踪相结合的 DBIS 技术。②用于培训支持的电子程序编写工具。③利用 DBIS 和程序助手进行空间中操作、培训、工程设计/分析、人类健康活动。④面向分布式计算范式的 DBIS 架构开发。⑤用于对象/人员跟踪和登记的机器视觉等跟踪技术。⑥射频识别定位。⑦用于自动化和机器人的可穿戴计算及传感器融合技术。⑧利用手势、声音、触觉和其他方法实现虚拟和真实对象的 DBIS 交互式控制。⑨使用生物特征数据支持 DBIS 和电子程序的测试数据分析。

（2）利用增强现实进行公路建设

2017 年 9 月，美国交通部（US Department of Transportation，DOT）宣布拟资助开展“利用增强现实进行公路建设”项目研究工作，通过现实世界环境中的真实信息识别，使用增强现实进行施工检查和审查、培训、改进项目管理的可用性与可访问性和可靠性（DOT，2017）。增强现实有潜力降低施工成本、缩短交付时间、协助施工项目的全面管理。美国联邦公路管理局（The Federal Highway Administration，FHWA）将开展一项全面的研究，以调查现有的增强现实技术及其可靠性和实际应用，以及如何将这项技术应用于施工管理。

（3）培训、模拟和检疫服务

2016 年 10 月，美国卫生与公共服务部（United States Department of Health and Human Services，HHS）、应急管理办公室、国家卫生防疫计划部（Division of National Healthcare Preparedness Programs，HPP）宣布拟开展培训和检疫服务研究（HHS，2016），为相关人员提供培训，以应对另一次埃博拉病毒或其他高致病性疾病的爆发。该项目的主要研究内容包括为埃博拉病毒或其他高致病性疾病的治疗人员提供模拟和虚拟现实临床培训等。

3.2.2 欧洲

欧洲也一直非常重视虚拟现实技术的发展，H2020、FP7 均资助了一系列的虚拟现实研究项目，欧盟委员会通信网络、内容和技术总司（Directorate General for Communications Networks，Content and Technology，DG CONNECT）与欧洲虚拟现实和增强现实联盟（EuroVR）共同探讨欧盟的发展路径。英国工程与自然科学研究理事会和“创新英国”（Innovate UK）也资助了一系列的虚拟现实研发项目。英国在虚拟现实开发的某些方面，特别是在分布并行处理、辅助设备（包括触觉反馈）设计和应用研究方面，在欧洲来说是领先的。荷兰、德国和瑞典等欧洲其他一些较发达的国家也积极进行了虚拟现实的研究与应用。

3.2.2.1 H2020

H2020 资助了一系列的虚拟现实研究项目，主要研究方向涵盖虚拟现实硬件技术、虚拟现实软件技术和虚拟现实行业应用等，具体行业应用领域包括军事、国防、医疗、教育、房地产、体育及文化遗产等。下面将主要介绍一些 H2020 资助的虚拟现实重点项目的相关情况（表 3-2）。

表 3-2 H2020 资助的虚拟现实重点项目

项目名称	时段	资助经费/欧元	承担国家	主要研究内容
用于产生和提供逼真的社交沉浸式虚拟现实体验的端到端系统（VRTogether）	2017～2020 年	3 929 937	西班牙、希腊、荷兰、法国、瑞士	开发一个集成最新技术和现成组件的端到端系统，通过创新的采集、编码、传输和渲染技术来制作和提供沉浸式媒体，以具有成本效益的方式创造身临其境的社交虚拟现实体验（European Commission1，2017）

续表

项目名称	时段	资助经费/欧元	承担国家	主要研究内容
基于虚拟现实的心理障碍评估（VRMIND）	2017～2018 年	1 407 737	西班牙	利用虚拟现实环境开发一种评估一系列心理障碍的新型信息和通信技术系统，进行当前无法完成的创新诊断程序的开发和临床验证与执行，通过将佩戴虚拟现实眼镜和头盔的患者带入专门设计的虚拟环境来实现心理障碍的诊断（European Commission2，2017）
使用基于增强现实的直观自我检查技术实现对预制部件节能建筑的建造、翻新和维护（INSITER）	2014～2018 年	5 999 885	荷兰、意大利、德国、保加利亚、西班牙、比利时	利用一套硬件和软件工具开发一种新方法，实现施工人员、分包商、部件供应商和其他利益相关者在现场工作流程期间的自我指导和自我检查，通过直观且高效的虚拟现实技术实现虚拟模型和实体建筑的实时连接，旨在消除基于预制部件的节能建筑的设计和实现之间的质量和能源性能方面的差距（European Commission3，2014）
训练虚拟现实通用环境工具包（TARGET）	2015～2018 年	5 992 359	法国、英国、斯洛伐克、德国、荷兰、奥地利、挪威、卢森堡、爱沙尼亚、西班牙	部署一个可提供新工具、技术和内容的泛欧游戏平台，实现反恐部队、边防战士、警察和消防员等急救员的技能和能力的培训与评估（European Commission4，2015）。这种混合现实体验将使学员沉浸在任务、战术和战略指挥层面，并与战术枪械事件、资产保护、大规模示威和网络攻击等场景相结合。学员将可使用真实/训练武器、无线电设备、指挥与控制软件、决策支持工具、真正的指挥中心、车辆，不可用的真实来源信息将用虚拟/增强现实来取代
作为提高欧洲水下文化遗产认识和获取工具的先进虚拟现实、沉浸式游戏、增强现实（iMARECULTURE）	2016～2019 年	2 370 275	塞浦路斯、捷克、加拿大、法国、意大利、葡萄牙和匈牙利等	利用虚拟访问和沉浸式技术向公众展示固有的、无法触及的水下文化遗产。除了重新使用水下沉船和现场的 3D 数据外，还将使用道德、权利和许可方面的信息来为博物馆游客或增强现实潜水员提供个性化的干式访问。前者是利用地理空间技术开发一种在古代地中海航行的游戏，后者是一种水下沉船挖掘游戏（European Commission5，2016）
视频光学透视增强现实手术系统（VOSTARS）	2016～2019 年	3 816 440	意大利、德国、法国、英国	采用混合视频透视和光学透视的增强现实头盔显示器，开发首个混合透视头盔手术导航仪，将外科医生的视觉效果和增强现实的可视化模式相结合，推动影像引导手术的发展（European Commission6，2016）
作为共同创造核心的空间增强现实（SPARK）	2016～2018 年	3 180 242	意大利、法国、英国、西班牙、比利时	利用空间增强现实的潜力构建一个直观的 ICT 平台，在集思广益的过程中以混合原型（部分虚拟和部分物理）的形式向设计者和客户展示真实的解决方案（European Commission7，2016）。该平台借助于适当的内容管理和与混合原型真实互动的手段，通过集思广益和在协同设计环境中对设计解决方案进行早期评估来提高创意产业的创新能力
面向虚拟和增强现实眼镜的变革性投影仪平台（REALITY）	2017～2018 年	2 236 500	芬兰	创造变革性的激光光源，实现可在虚拟和增强现实眼镜中提供最佳图像质量的超小型投影仪引擎的批量生产，与大型消费电子制造商合作在虚拟现实和增强现实应用中示范投影仪引擎，并向潜在客户推广这项技术（European Commission8，2017）

续表

项目名称	时段	资助经费/欧元	承担国家	主要研究内容
面向更安全、高效航空的增强现实航空导航（AEROGLASS）	2015～2017 年	1 100 750	匈牙利	开发增强现实软件，利用头戴式显示器为飞行员提供一个无与伦比的 3D、360 度驾驶体验，增强软件框架当前有限的特性，基于用户反馈改进关键技术参数，示范此技术对广大航空部门的影响（European Commission9，2015）
通过新型工业相机设计加速增强现实广播应用创新（DBRLive）	2015～2018 年	1 207 500	芬兰	开发一个将近红外物理、先进的照相机光学和集成技术与电视广播结合在一起的软硬件平台，实现同时面向多个受众的虚拟内容能够实时替换体育广播中的物理广告标牌（European Commission10，2015）。该项目将为支持增强现实应用的多功能相机奠定基础，这种相机也将推动一系列体育和其他类型广播中的新型增强现实应用的开发
用于混合现实训练的自动游戏场景生成器（AUGGMED）	2015～2018 年	5 535 673	英国、希腊、西班牙、德国、以色列、比利时	开发一个游戏平台，使来自不同组织、不同专业水平的用户能够进行个体和团队培训，以应对恐怖和有组织犯罪威胁（European Commission11，2015）。该平台将自动生成适合每个学员需要的非线性场景，以提高学习者的情绪管理、分析思维、解决问题和决策的能力。游戏场景将包括操作环境、代理、通信和威胁的高级模拟，并将通过具有多模态接口的虚拟现实和增强现实环境来交付。此外，此平台将包括培训工具，使学员能够设定学习目标、定义情景、监控培训课程、修改情景和提供实时反馈，以及评估受训人员的表现，并在培训后为个别人员设置培训课程

3.2.2.2 英国工程与自然科学研究理事会和"创新英国"

英国工程与自然科学研究理事会（EPSRC）、"创新英国"（Innovate UK）、医学研究理事会（MRC）资助的虚拟现实重点项目见表 3-3。

表 3-3 英国 EPSRC、Innovate UK、MRC 资助的虚拟现实重点项目

资助机构	项目名称	承担机构	时段	资助额度/英镑
EPSRC	虚拟现实——身临其境的纪录片体验	布里斯托大学、麻省理工学院、英国《卫报》和英国广播公司等	2017～2019 年	1 051 606
	游戏档案：记忆、社会和增强现实游戏	伦敦大学学院	2017～2019 年	773 695
	面向共同创造节能零售空间的混合现实开发平台	拉夫堡大学、AHR Architects 有限公司、Fielden Clegg Bradley 有限公司、Tesco 有限公司、Child Graddon Lewis 有限公司	2017～2019 年	197 901
	利用增强现实解放足不出户的肥胖者	伦敦帝国学院和 MoreLife 有限公司等	2013～2014 年	244 664
Innovate UK	一种手术室增强现实系统	Cosmonio 有限公司、Cadscan 有限公司	2016～2017 年	104 936
	面向增强现实行为捕捉的 HMC（HARPC）	Imaginarium Studios 有限公司、巴斯大学	2016～2018 年	398 038

续表

资助机构	项目名称	承担机构	时段	资助额度/英镑
Innovate UK	面向专业增强现实的实时计算机图形学（NREAL）	Ncam Technologies 有限公司、Epic Games 有限公司、Double Negative 有限公司	2016～2017 年	431 051
	面向沉浸式虚拟现实体验的真人视频（ALIVE）	Foundry Visionmongers 有限公司、萨里大学、Epic Games 有限公司	2016～2017 年	560 225
	增强与混合现实电影体验（FAME）	Foundry Visionmongers 有限公司、Industrial Light & Magic 有限公司	2016～2018 年	404 937
	沉浸式跨平台增强和虚拟现实建筑设计体验	Andrew Lucas 有限公司、Charlton Brown Partnership 公司	2017～2018 年	271 044
	利用虚拟现实进行沉浸式牙科培训的新型医疗电子学习平台	Healthcare Learning 有限公司	2017～2018 年	266 814
	现场增强现实训练环境（LARTE）	捷豹路虎有限公司、诺丁汉大学、Holovis 国际有限公司	2014～2015 年	308 443
	通过使用虚拟、增强现实和模拟来提高学习效率	GSE Systems 有限公司、谢菲尔德大学、Edf Energy Plc 公司	2014～2015 年	111 751
MRC	面向被害妄想症的虚拟现实认知治疗（VRCT）	牛津大学	2017～2020 年	767 454

3.2.3 中国

我国高度重视虚拟现实产业的发展，现已经出台了一系列相关政策，试图为未来虚拟现实产业的发展提供良好环境。早在 2006 年，《国家中长期科学和技术发展规划纲要（2006—2020 年）》就将虚拟现实作为前沿技术中信息技术部分三大技术之一。2012 年 7 月，国务院发布《"十二五"国家战略性新兴产业发展规划》，把虚拟现实纳入高端软件和新兴信息服务产业发展路线。2016 年 4 月，国务院发布《关于深入实施"互联网+流通"行动计划的意见》，指出拓展智能消费领域，积极开发虚拟现实和增强现实等新技术新服务，大力推广可穿戴与生活服务机器人等智能化产品，提高智能化产品和服务的供给能力与水平。同月，工业和信息化部电子工业标准化研究院发布《虚拟现实产业发展白皮书 5.0》，阐述了当前中国虚拟现实产业的发展状况，并提出了相关政策建议。2016 年 8 月，《国家发展改革委办公厅关于请组织申报"互联网+"领域创新能力建设专项的通知》，提出搭建虚拟现实/增强现实技术及应用国家工程实验室。国家自然科学基金、973 计划和 863 计划等都将虚拟现实相关内容作为重要支持方向。除国家层面外，各地政府纷纷开始制定虚拟现实产业发展规划，建立虚拟现实产业园、小镇、产业基地和孵化器等。例如，2016 年 9 月，北京市成立了由国内外虚拟现实领域主要企业、研究机构和产业园区等组成的虚拟现实产业联盟。

3.3 关键技术发展现状与趋势

虚拟现实系统主要由信息输入、信息输出、信息处理三大部分组成，因此，构建虚拟现实系统需要信息获取、分析建模、呈现、传感交互 4 个方面的技术，分析建模、呈现与传感交互是核心。其中，信息获取技术是对现实环境和自身数据的采集，包括物体位置定位技术和眼部、头部、肢体动作捕捉技术等；分析建模技术是对所采集到的信息进行分析建模，形成数字化的虚拟环境，包括几何建模、物理建模、生理建模和行为智能建模等；呈现技术是以图像的方式将数字化的虚拟环境逼真地呈现于用户眼前，包括 3D 显示（视差、光场、全息）、3D 音效、图像渲染和无缝融合等；传感交互技术是人与虚拟环境中对象的交互操作，包括视觉传感、体感识别、眼球追踪、触觉反馈、语音识别和体感交互技术等。总体来看，虚拟现实是一项涉及计算机图形学、仿真技术、人机交互技术、传感技术、人工智能、显示技术和网络并行处理等领域的综合集成技术。

虚拟现实的最大特点在于沉浸感，主要依赖于清晰度、流畅度、视场角和交互方式等因素，相应的关键影响指标包括显示屏的分辨率与刷新率、传感交互设备的交互自然性、计算设备的运算能力。因此，虚拟现实的关键技术包括实时 3D 图形生成技术、广角（宽视野）立体显示技术、行为检测与反馈技术、动态环境建模技术、系统环境集成技术、应用系统开发工具。

当前，晕眩是虚拟现实设备面临的一项主要难题，这主要是身体运动和头部运动与视觉观测到的运动之间的不匹配造成的，而延时恰恰是导致不匹配的主要原因。延时主要由屏幕显示延时、计算延时、传输延时和传感器延时等组成，其中，屏幕显示延时是最主要的影响因素，也是产生眩晕的最重要因素之一。例如，Oculus Rift 总延时为 19.3ms（1ms=0.001s），其中，屏幕显示延时为 13.3ms，占比达到 69%。

3.3.1 虚拟现实关键技术演进

3.3.1.1 立体显示技术

立体显示技术是虚拟现实的关键技术之一，它使人在虚拟世界里具有更强的沉浸感。在大脑接收的来自外部世界的感知信息中，80%以上是通过视觉系统进行加工处理的（李清勇，2006）。目前，虚拟现实的立体显示技术主要通过佩戴立体眼镜等辅助工具观看立体影像实现，主要的方式有头盔式和眼镜式两种。

目前，借助 VR 头盔和 VR 眼镜等方式实现虚拟现实视觉沉浸的技术路径主要有两条，即视差立体（stereoscopic）显示技术和光场（light field）显示技术。

（1）视差立体显示技术

视差立体显示技术的原理是双目视差。由于人两眼有 4～6cm 的距离，实际上看物体时两只眼睛中的图像是有差别的，两幅不同的图像输送到大脑后，看到的是有景深的图像。依据这一原理，结合不同的技术可产生不同的视差立体显示技术。

视差立体显示技术最大的问题是无法实现主动选择性聚焦，因此，大脑会产生混乱，长时间佩戴会出现晕眩现象。而若采用这种显示方式，实现光导透明全息透镜（即 AR 眼镜）的主要难点在于：第一，受限于制造工艺，提供面积大的镜片成本高、良率低，目前 Hololens 只能提供 40° 视野；第二，镜片很厚，如何让镜片变薄是目前很多机构的研究内容。

基于视差立体显示技术的眼镜早已经商化，如所有 3D 影院里用的眼镜，还有市面上几乎所有 AR 和 VR 眼镜/原型——包括 Microsoft 的 HoloLens、Epson 的 Moverio、Lumus 的 DK-40、Facebook 的 Oculus 和 HTC 的第一代 VIVE 等都采用视差立体显示技术。

（2）光场显示技术

“光场”指空间内所有光线信息的总和，包括颜色、光线亮度、光线的方向和光线距离等。光场显示，一定要显示出光学场景的全部方向的光线，包括各个距离发出的光线。光场显示最大的特点，是可以显示不同深度的图像，因而显示出来的场景，是天然带有景深的，有近景，也有远景，同时当你去观察近景或远景时，都可以看到真实的聚焦和失焦效果。因此，这种真 3D 的方式可以避免视觉系统的失衡，一定程度地降低晕动症产生。

光场成像的原理目前主要有两种技术，即光场立体视镜和微透镜阵列。光场立体视镜技术是将多块屏幕按照一定的距离堆叠在一起，通过不同的屏幕显示不同距离的内容，如近处的内容用离眼睛最近的屏幕显示，最远的内容则用最后一块屏幕显示，当所有屏幕的画面重叠在一起便构成了一副完整的画面，从而产生一定的景深信息，降低晕动症。微透镜阵列技术采用微小的透镜阵列来显示画面，每个小透镜底部都会有一个小小的显示器来显示画面的部分内容。这种技术会将影像分解成为数十组不同的视角阵列，然后再通过微透镜阵列组合重新将画面还原显示。一幅画面中，不同距离的内容会被对应的透镜产生出对应的景深图像，当用户观看画面中不同的“点”时，感受到的“距离”也会不一样，所以产生更接近现实的观看体验。

光场显示技术作为近眼 3D 的另外一大技术路线，其代表者就是 Magic Leap，但目前还处于实验室阶段。Nvidia 公司正在和美国斯坦福大学合作，开发新类型的显示技术。这一被称为“光场立体镜”的技术采用双显示屏，由两个相距 5mm 的液晶显示器（liquid crystal display，LCD）面板组成。美国光场技术公司 Lytro 于 2012 年发布了世界上第一个消费级光场相机。2015 年，Lytro 公司宣布其光场技术已经拓展到摄影、虚拟现实、科学和工业应用领域，未来 Lytro 公司将把光场技术广泛运用于摄影和虚拟现实等领域。

在中国，蚁视科技有限公司采用“复眼光学技术”，其本质上是“四维光场显示技术”。目前，蚁视科技公司已经发布了第二代 VR 头盔。

目前 VR 成像原理中的一个不足之处是，用户戴上 VR 头显后处于一个密封的视觉环境，但二维的显示屏却不能给到真正的三维信息，因此，并没有把用户带到一个真正的虚拟世界。最致命的是，在观看 VR 屏幕画面时，屏幕相对眼球的距离是不变的，也就是焦点会长期保持不变，但不同的图像会带来不同的“景深”信息，然而，此时眼球焦点却没有得到对应的调节，当这种视觉系统的平衡被打破会很容易导致晕眩、恶心和呕吐等不适症状。光场显示技术可以实现真 3D，从而避免视觉系统的失衡，一定限度地降低晕动症产生。但目前，光场显示技术还处于实验室阶段，其两条主要实现路径也还存在许多待解决的问题。光场显示技术目前的主要问题包括：

第一，光场数据量太大，数据存储和传输都将面临问题。未来的增强现实/混合现实必然存在内容的分享，就像手机分享 2D 图片一样，但是，现有的网络带宽还无法实现流畅的光场内容分享。近年，压缩光场技术被提出，利用光场数据的冗余性可大大降低数据存储量。不过，随着5G网络和可见光无线通信技术的发展，这个问题会迎刃而解。

第二，光场计算量大。要实现逼真的光场显示，其计算量是传统2D图像的好几倍，现有的移动端通用处理器难以负担如此大的计算量。微软HoloLens设计了全息处理单元（holographic processing unit，HPU），成功克服了现有的移动端通用处理器性能不足的问题。Magic Leap称研发出光场芯片（light-field chip），该芯片能否实现实时的交互式光场处理还未有定论。现阶段的光场处理仍然依赖电脑。

第三，小型化、便携性。要实现逼真的裸眼（glass-free）光场显示所需要的设备的总体积约占一个房间。当然，Magic Leap通过佩戴眼镜降低了对投影数量和计算量的要求。便携式的高性能光场显示样机在10年内是难以实现的，因此，必须在设备体积和光场显示效果之间寻找平衡点，才能在短时间内实现小型化。

第四，光场显示器件有待革新。光场显示要求每个像素点在不同方向上发出不同的光线，现有显示器件都无法满足。光场显示现在面临的最大困难是显示器件的革新，这需要材料学、光学和半导体等多个基础学科的共同努力。当然，近几年，这方面的研究不断取得突破。

3.3.1.2 实时三维图形生成技术

虚拟现实系统要求随着人的活动（位置、方向的变化）即时生成相应的图形画面。有两种重要的指标衡量用户沉浸于虚拟环境的效果和程度：其一是动态特性，其二是交互延迟特性。自然的动态特性要求每秒生成和显示30帧图形画面，至少不能少于10帧，否则将会产生严重的不连续和跳动感。交互延迟是影响用户感觉的另一个重要指标。对人产生的交互动作，系统图形生成必须能立即做出反应并产生相应的环境和场景。期间的时间延迟不应大于0.1s，最多不能大于0.25s，否则人会产生疲劳、烦躁甚至恶心的感觉。以上两种指标均依赖于系统生成图形的速度。生成图形的速度主要取决于图形处理的软硬件体系结构，特别是硬件加速器的图形处理能力，以及生成图形所采用的各种加速技术。

目前，三维图形的生成技术已经较为成熟，如果有足够准确的模型，又有足够的时间，我们就可以生成不同光照条件下各种物体的精确图像，但是，这里的关键是如何实现“实时”生成。为了达到实时的目的，至少要保证图形的刷新率不低于15帧/s，最好是高于30帧/s。在不降低图形的质量和复杂度的前提下，如何提高刷新频率将是该技术在今后重要的研究内容。

目前市场上的VR头盔和眼镜的刷新率最大的产品为索尼PlayStation VR，可达到90～120Hz。主流厂商产品HTC VIVE、Oculus VR、三星Gear VR、微软HoloLens的刷新率分别为90Hz、90Hz、60Hz、60Hz，距离100～120Hz的刷新率目标还有一定的差距。

在硬件方面，目前Nvidia和AMD雄霸PC端的GPU，移动GPU芯片集中在高通Adreno、ARM的Mali和苹果的Imagination中。不过，移动GPU的性能水平与PC端GPU相比落后十多年。此外，各大芯片厂商都在主推VR设备主控芯片，目前VR设备还可说方兴未艾，这其中包括高通公司、台湾联发科技股份有限公司、三星集团、意法半导体有限公司、瑞芯微电子股份有限公司、珠海全志科技股份有限公司、上海盈方微电子有限公司。国内外VR设备也都采用了这些最新的芯片。在芯片领域中，国外一直存在先发优势，虽然在智能硬件芯片领域有中国厂商的身影，且国产芯片的部分性能指标正在逐步接近国外厂商芯片，但必须看到中国芯片制造仍存在大量短板，具体表现在某些指标还存在差距，关键部件和制造设备及技术严重依赖进口。

在中间件方面，Nvidia 和 AMD 纷纷推出解决图形处理问题的中间件加速器。英伟达公司 2016 年发布了一个新的支持 Gameworks VR 1.1 中间件的驱动，采用多分辨率渲染（multi-resolution shading，MRS）技术，将给 OpenGL 应用程序带来多路 GPU 加速效果。英伟达公司的 Gameworks VR 和 Designworks VR 是针对虚拟现实渲染等 API 接口组件，目前也越来越成熟。AMD 发布了最新的 Radeon 软件套件，名为“Radeon Software Crimson ReLive Edition”。新套件支持 Oculus 新推出的异步空间扭曲功能和针对 VR 的渲染功能“MultiRes”和“MultiView”。该套件是该公司为 Radeon 显卡设计的最新软件套件版本。国内公司，如七鑫易维信息技术有限公司，正与 Nvidia 合作，在 MRS 技术的基础之上，使用眼球追踪技术进一步开发出焦点渲染技术（也称注视点渲染），从而进一步缩小高清渲染画面的区域。其他国内公司也在研发类似的技术。

3.3.1.3 传感交互技术/行为检测与反馈技术

传感交互技术指用户对虚拟环境内物体进行操作并得到反馈的技术，操作和反馈的自然程度直接影响虚拟现实沉浸感的完美程度，主要通过数据手套、数据衣服、眼球追踪器、语音识别设备和位置追踪器等人机交互设备实现人们与虚拟环境之间的手势、体感、眼神及自然语言等自然的交互方式，进而使用户更加直接、自然、有效地与虚拟环境互动，大大增强了用户的沉浸感。由于多自由度实时交互是虚拟现实技术的精髓和最本质特征，也是其与三维动画和多媒体应用等现有技术的最根本区别，因此，传感交互技术是虚拟现实的核心技术。

纵观交互技术的发展历史，从键盘、鼠标、触摸屏到各种体感设备，从 CRT 显示器、LCD 显示器到各种 3D 显示设备，人机交互的模式和效果一直在随着科技的进步逐步提升。当前，各大企业激烈争夺虚拟现实交互设备市场，争相推出多款交互式虚拟现实产品，并向更加灵活、高效和精准的人机交互式体验方面发展。目前，视觉捕捉是各类知觉捕捉技术中的绝对主流，听觉、触觉捕捉尚不成熟，嗅觉味觉捕捉还处于实验室阶段。

在动作捕捉技术方面，全身动作捕捉在很多场合是不必需的，且在没有反馈的情况下用户很难感受到自己操作的有效性。2015 年 1 月，微软公司推出了虚拟现实交互设备全息眼镜 HoloLens，该设备能够捕捉用户的动作，并通过计算机生成效果叠加到虚拟世界，实现用户对虚拟空间的操纵。美国 Virtuix 公司推出了游戏专用虚拟现实交互设备 Virtuix Omni，用户通过脚步控制游戏中的角色移动。其他游戏虚拟现实交互设备还有 Turris、Roto VR 和 VRGO 等，其外形都近似旋转座椅，主要通过内置惯性传感器将用户的身体动作映射到虚拟现实游戏中，从而控制虚拟现实场景中的化身。2015 年 4 月，索尼公司与 NASA 展开合作，共同研发了一款应用于航天领域的虚拟现实交互设备 Mighty Morphenaut，操作员戴上 VR 头盔后可在虚拟的机器人世界中练习对机器人的操作。

在触觉/力觉反馈技术方面，利用电子技术来模拟触摸时的感觉，常通过手柄来实现按钮和震动反馈。目前 Oculus、索尼、HTC Vive 都采用了两手分立的、6 个自由度空间跟踪的（3个转动自由度、3个平移自由度）、带按钮和震动反馈的虚拟现实手柄。英国公司Generic Robots已经开发了SimuTouch，一个用于支持外科医生和牙医的培训平台。Dexta Robotics开发了一种模拟虚拟现实中的运动的无线手套。2016年12月，法国公司Immersion将基于超声波的触觉反馈技术融入微软增强现实产品HoloLens中，使之产生更加逼真的体验。

在手势识别技术方面，大致可分为二维手型识别、二维手势识别、三维手势识别三个级别，主要包括光学跟踪和将传感器戴在手上的数据手套两种。其中，二维手型识别的代表公司是被Google收购的Flutter，二维手势识别的代表公司是来自以色列的PointGrab、EyeSight和ExtremeReality，三维手势识别的代表公司是PrimeSense、SoftKinetic（被索尼收购）、Leap Motion、uSens。光学跟踪的优势在于使用门槛低、场景灵活、用户不需要在手上穿脱设备，缺点在于视场受局限、没有反馈。将传感器戴在手上的数据头套的优势在于没有视场限制，可在设备上集成震动、按钮和触摸等反馈机制，缺点在于使用门槛较高、用户需要穿脱设备、使用场景受局限。随着虚拟现实设备的发展，手势识别技术在识别精度和实时跟踪方面遇到瓶颈。

在眼球追踪技术方面，主要是通过捕捉眼睛的注视点/运动轨迹来充当VR环境中鼠标和输入用户的指令等功能，还可辅助设备选择注视点周围的画面进行渲染强度弱化，降低对GPU的要求。目前，日本FOVE公司开发出第一台使用眼球追踪技术的VR头显，通过在头盔的眼睛位置嵌入了两个红外线摄像头来跟踪用户的瞳孔活动。Tobii公司与Starbreeze公司合作将眼球追踪技术融入了拥有5K画质和210°视场角的StarVR头显。德国眼球跟踪技术公司SMI与索尼Magic Lab合作开发了远程眼球跟踪系统，与三星合作推出在虚拟环境中可定性实时观察和录制视觉行为的应用安装包、可提供注视行为的简单分析软件包。但这些眼球跟踪技术解决方案都还处于较低端的水平，眼球追踪的速度往往跟不上人眼运动的速度，渲染速度也并不理想，导致画面显示总是存在延时，令用户感到不适。此外，所发射的红外线还会使头显设备发热，因而眼球追踪技术还需解决功耗问题。

在位置追踪技术方面，采用实现空间追踪与定位的位置追踪器，一般常需要与VR头盔、VR眼镜和数据手套等其他虚拟现实设备结合使用，且需能使用户灵活、自如、随意地在空间中移动和旋转。当前，位置追踪器主要由惯性位置追踪器、光学位置追踪器、电磁位置追踪器组成，比较常用的是基于光学定位技术的光学位置追踪器。例如，HTC vive所用的Lighthouse技术属于激光扫描定位技术，靠激光和光敏传感器来确定运动物体的位置，具有高定位精度、高反应速度、低成本和可分布式处理等优势，且不怕遮挡，即使手柄放在后背也依然能捕捉到。Oculus Rift采用红外主动式光学定位技术，此设备上隐藏着一些可以向外发射红外光的红外灯（即为标记点），通过将实时拍摄的两台摄像机从不同角度采集到的图像传输到计算单元中，再通过视觉算法过滤掉无用的信息，获得红外灯的位置，具有定位精度高、抗遮挡性强的特点，但是，有限的摄像头视角会在很大程度上限制用户的使用范围。索尼PlayStation VR采用可见光主动式光学定位技术，采用体感摄像头和类似之前PS Move的彩色发光物体追踪来定位位置，可以支持多个目标同时定位并能够以不同的颜色来区分，但抗遮挡性较差。未来，位置追踪技术将朝着高精度、高反应速度、强抗干扰性、强抗遮挡性和多目标同时定位等指标的方向发展。

在语音识别技术方面，可使虚拟现实设备像人一样进行交流，实时地获取信息并反馈，执行用户通过语言发出的指令。目前，以 Siri、Cortana 和 Google Assistant 为代表的智能语音助手已经在 PC 和移动计算平台上广泛应用。2016 年 2 月，百度 Deep Speech 2 的短语识别的词错率降至 3.7%。2016 年 5 月，国际商业机器（International Business Machines，IBM）公司宣布在非常流行的 Switchboard 语音识别评测基准测试中创造了 6.9%的词错率新纪录。2016 年 10 月，微软的对话语音识别技术在 Switchboard 语音识别评测基准测试中实现了词错率低至 5.9%的突破。未来，语音识别技术还需进一步提升在远场识别尤其是声音干扰情况下的识别率。

3.3.1.4 动态环境建模技术

虚拟环境的建立是 VR 技术的核心内容，动态环境建模技术是以真实场景作为依托，获取实际环境的三维立体数据信息，并根据需要建立相应的虚拟环境模型。只有设计出反映研究对象的真实有效的模型，虚拟现实系统才有可信度。

虚拟现实中的动态环境建模主要是三维视觉建模。三维视觉建模可分为几何建模、物理建模和行为建模。

基础建模——几何建模，指物体几何信息的表示，设计表示几何信息的数据结构、相关构造与操纵该数据结构的算法。几何建模主要方法包括人工几何建模方法和自动几何建模方法。人工几何建模方法可利用虚拟现实工具软件编程进行建模（如 OpenGL、Java3D 和 VRML 等）或是利用建模软件进行建模（如 AutoCAD、3Ds MAX 和 Maya 等）；自动几何建模方法是采用三维扫描仪对实际物体进行扫描建模。

较高层次建模——物理建模，指虚拟对象的质量、重量、惯性、表面纹理（光滑或粗糙）、硬度和变形模式（弹性或可塑性）等特征的建模。分形技术和粒子系统是典型的物理建模方法。分形技术指可以描述具有自相似特征的数据集，用于复杂的不规则外形物体的建模。粒子系统是一种典型的物理建模系统，它用简单的体素完成复杂的运动建模。体素的选取决定了建模系统所能构造的对象范围。

实现自主性特性——行为建模，指建立与用户输入无关的对象行为模型。

虚拟现实建模是一个比较繁复的过程，需要大量的时间和精力。这也导致了目前内容制作成本高、周期长，对制作人员的要求也高，限制了 VR 应用的发展。低成本、快速、智能的建模技术是 VR 产业大规模推广的关键。

当前图形渲染技术已经较为逼真，但生成精确三维模型的过程还相对困难，技术有待进一步突破。三维激光扫描技术的发展简化了模型构建过程，但这种自动化模型获取方法并不能满足全部的需求，大部分模型仍需要高水平的专业人士人工绘制。

未来，VR 技术将与智能技术、语音识别技术结合起来解决这个问题，通过语音识别技术把对模型的属性、方法和一般特点的描述转化成建模所需的数据，然后利用计算机的图形处理技术和人工智能技术进行设计、导航及评价，将模型用对象表示出来，并且将各种基本模型静态或动态地连接起来，最终形成系统模型。

3.3.1.5 应用系统开发工具

虚拟现实应用的关键是寻找合适的场合和对象，即如何发挥想象力和创造力。选择适当的应用对象可以大幅提高生产效率、减轻劳动强度、提高产品开发质量。为了达到这一目的，必须研究虚拟现实的开发工具，如虚拟现实系统开发平台和分布式虚拟现实技术等。

虚拟现实系统开发平台负责整个 VR 场景的开发、运算、生成，是整个虚拟现实系统最基本的物理平台，同时连接和协调整个系统中其他各个子系统的工作和运转，与其共同组成一个完整的虚拟现实系统。

虚拟现实软件主要包括操作系统、软件开发工具包（software development kit，SDK）、虚拟现实引擎和应用软件。

（1）VR 操作系统：国外厂商具有发展基础，国内厂商难以突破

VR 操作系统用于管理 VR 的硬件资源和软件程序、支持所有 VR 应用程序。目前，已有的桌面与移动端操作系统 Windows 和 Android 能够较好地支持 VR 软硬件，但苹果的操作系统在 VR 领域暂时没有明显布局。

VR 操作系统的价值在于其将定义行业标准，成为系统环境标准的统一者。现有的 VR 操作系统多由头显厂商自行开发，处于相对封闭和割裂的状态。国外方面，2015 年 1 月，雷蛇公司联合 Sensics 发布开源虚拟现实操作系统 OSVR（open-source virtual reality）；谷歌发布适配于 VR 的 Daydream 平台。国内方面，腾讯 2015 年发布 TencentOS，这是其在放弃 Tita 两年后再次推出的操作系统。还有少数企业在操作系统上进行了布局。2016 年 2 月，上市公司联络互动投资雷蛇公司 7500 万美元。此外，还有少数像睿悦信息等企业在开发（一体机）操作系统 ROM。

操作系统领域垄断性很强，微软、谷歌和苹果等国外巨头在 PC 和智能手机上的优势非常明显，其技术积累丰富，用户量庞大，切换到 VR 领域发展操作系统的机会成本小，因此，国内厂商布局 VR 操作系统方面发展的机会不大。

（2）SDK：国外厂商掌握核心算法，国内企业努力追赶

目前产业链中硬件厂商在提供免费 SDK 以吸引开发者为硬件平台制作内容。SDK 依附不同硬件设备，PC 端头显设备致力于打造深度体验，对算法优化要求最高，国内硬件厂商暂不具备与国外 HTC Vive 和 Oculus 等厂商竞争的实力。

目前国内市场上 VR 硬件主要为移动端和一体机。国外移动端头显人工体验效果最好的是三星 Gear VR。在 Gear VR 推出优化算法后，国内厂商努力在技术研发上追赶，报道称部分厂商，如上海乐相科技有限公司、睿悦信息和焰火工坊等已经具备 Gear VR 的部分核心技术。

（3）VR 引擎：国外引擎技术优势明显，国内技术和环境有待提高

VR 引擎一般在游戏引擎的基础上产生。目前国内外均有企业针对开发者研发 VR 引擎，国外有 Unity、Unreal 和 CryEngine 等著名企业；国内有触控科技的 Cocos 3D、无限时空的“无限 2.0”、C2engine。

国外的三大主流 VR 引擎占据了绝大部分市场份额。其中，Unreal 是目前世界最知名

的授权最广的顶尖游戏引擎，占有全球商用游戏引擎 80%的市场份额。国外 VR 引擎技术优势明显，渲染能力远超过国内技术，此外，国外 VR 引擎开发环境和体验更胜一筹。

VR 引擎领域，国内厂商在核心技术、社区资源建设方面仍与国外厂商有一定差距，国内厂商需要一定时间进行技术沉淀才能与国外 VR 引擎竞争。

3.3.1.6 系统环境集成技术

虚拟现实设备中包含大量不同感知信息和模型系统，这需要将不同的系统有机地组合起来形成所需功能的新型系统。因此，系统环境集成技术将是虚拟现实系统的重中之重，主要包括信息同步技术、模型标定技术、数据转换技术、数据管理模型、识别和合成技术等。

3.3.2 影响虚拟现实产业未来的高端技术

3.3.2.1 立体显示硬件技术——显示屏技术

显示屏技术很大程度上会影响 VR 设备的刷新率和延迟，从而对 VR 目前的体验感有很大的影响。

显示屏技术主要掌握在日本和韩国手中，包括日本的夏普、索尼、日本显示公司，韩国三星电子、LG Display。在中国，京东方科技集团股份有限公司、上海和辉光电有限公司、天马微电子股份有限公司、北京维信诺科技有限公司、深圳市华星光电技术有限公司、昆山国显光电有限公司、信利半导体有限公司和友达光电股份有限公司等在显示屏技术方面也有所积累。

（1）数字光处理

数字光处理（digital light processor，DLP）是基于美国德州仪器公司（TI）开发的数字微镜元件——DMD（Digital Micromirror Device）来完成可视数字信息显示的技术：先将影像信号经过数字处理，然后再把光投影出来。该技术利用 RGB 三原色发光二极管（light emitting diode，LED）作为光源，投射在一个大量微晶片组成的 DMD 芯片上，由每个微晶片控制一个像素。芯片上的微处理单元快速地控制光源和微晶片，将光源及画面颜色投射到荧幕，由人眼进行混色工作。

（2）硅基液晶

硅基液晶（liquid crystal on silicon，LCOS）技术是一种基于反射模式，尺寸非常小的矩阵液晶显示装置。这种矩阵采用互补金属氧化物半导体（complementary metal oxide semiconductor，CMOS）技术在硅芯片上加工制作而成。像素的尺寸大小可达到几微米。该技术成像原理与液晶显示屏（liquid crystal display，LCD）的技术类似，在硅晶圆与集成驱动电路中灌注液晶，并透过芯片施加电压，改变上方的液晶排列方式，以控制色彩变化。与 LCD 的差异是 LCOS 芯片表面上镀上一层铝作为反射层，将色彩与光纤向外投射。

当前 Hololens 采用 LCOS 投射技术（Google Glass 也采用 LCOS），应用 Himax 的投影产品，但此前也有报道称，Hololens 采用 TI DLP Pico 进行显示研发，在投影领域 DLP 已经有较大的市场份额，而近年来，LCOS 技术进一步成熟，产业链也逐步扩大延伸，深圳市长江力伟股份有限公司和中芯国际集成电路制造有限公司等国内厂商未来有很大的发展机会。

（3）有机电致发光显示技术

有机电致发光显示（organic light emitting diode，OLED）技术的发光机理和过程是从阴、阳两极分别注入电子和空穴，被注入的电子和空穴在有机层内传输，并在发光层内复合，从而激发发光层分子产生单态激子，单态激子辐射衰减而发光。

相较于 LCD 屏幕，其可视角度高、响应时间短（小于 3ms）、质量轻薄、可弯曲、对比度高、抗震性好、低温特性好。但目前很难达到高分辨率，功耗大于 LCD。不过，业界普遍认为，OLED 是消除余晖的最佳方案。

微型 OLED（Micro-OLED）技术：是一种微型显示屏，将微型 OLED 制作到硅或其他材质的基板上，与普通 OLED 显示屏比较尺寸更小，像素密度更高，制作方法可能也不同。微型 OLED 足够小巧，它可以借助波导技术嵌入小型头显装置中，本质上是一个显示器，所以自然能产生视频中的重影效果。

有源矩阵有机发光二极管（Active-matrix organic light emitting diode，AMOLED）技术：它是自发光，不像 LCD 显示屏采用了背光源。AMOLED 具有更薄更轻、主动发光、无视角问题、高清晰、高亮度、响应快速、能耗低、使用温度范围广、抗震能力强、成本低和可实现柔性显示等优势。AMOLED 屏幕主要用于部分高端智能手机。相比于智能手机、PC、可穿戴电子设备，VR 硬件产品出货量尚少，远未进入大众应用市场。目前，Oculus Rift 采用两块三星生产的 AMOLED 显示屏，索尼 PlayStation VR 采用单块索尼的 OLED 显示屏，HTC Vive 和 Gear VR 也分别采用了三星公司的 AMOLED 显示屏。此前，韩国拥有 AMOLED 生产的绝对垄断权，2012 年，韩国厂商在 AMOLED 产能的全球占有率为 97.7%。而今，京东方科技集团股份有限公司、上海和辉光电有限公司、天马微电子股份有限公司的 AMOLED 生产线成功量产，深圳市华星光电技术有限公司和昆山国显光电有限公司等厂商也在积极布局 AMOLED 生产线，全球垄断格局得以打破，但国内的产能、技术仍落后于韩国。

（4）LED 技术

LED 是一种能够将电能转化为可见光的固态的半导体器件，它可以直接把电转化为光。LED 的发光颜色和发光效率与制作 LED 的材料和工艺有关，目前广泛使用的有红、绿、蓝三种。由于 LED 工作电压低（仅为 1.5～3V），能主动发光且有一定亮度，亮度又能用电压（或电流）调节，本身又耐冲击、抗振动、寿命长（10 万 h），所以在大型的显示设备中，目前尚无其他的显示方式能与 LED 显示方式匹敌。

（5）LCD 技术

LCD 构造是在两片平行的玻璃当中放置液态的晶体，两片玻璃中间有许多垂直和水平的细小电线，透过通电与否来控制杆状水晶分子改变方向，将光线折射出来产生画面。

3.3.2.2 VR 计算能力——VR 芯片

VR 和 AR 对目前的 PC 和移动端的芯片计算能力提出了全面的挑战，其需求是原本的数倍。由于虚拟现实的视频图像处理是用于近似还原真实的世界，其对视频图像的渲染要求更为严格，因此，对芯片运算能力和图像处理能力的要求更高。当所有的信息以视频化的方式呈现并放大数倍呈现于用户眼前时，数据运算能力与数据传输速度、屏幕刷新率便成为技术实现的重要瓶颈。

目前，VR 头显设备处于发展初期，销量还未达到一定规模，大多设备芯片都是基于 PC 芯片或移动设备芯片开发的，尚未分化出专为 VR 设备设计的芯片。因此，目前除移动 VR 会直接匹配手机外，VR 一体机的处理器也需要使用基于智能手机开发的移动端处理器。与 PC 端处理器不同，移动端处理器通常会集成 CPU、GPU、数字信号处理器（digital signal processor，DSP）、图像信号处理器（image signal processor，ISP）和基带等单元，多数不会分立出独立的 GPU。

出于移动性的需要，移动端处理器更加强调处理能力和功耗控制能力之间的平衡。由于需兼顾功耗和体积，目前移动端 VR/AR 一体机处理器的运算能力远低于 PC 端 VR，体验效果并不理想。

目前，众多厂商已经纷纷开始布局 VR/AR 领域，包括 Nvidia、AMD、高通及 Intel 等芯片巨头，这或将加速 VR/AR 芯片的技术迭代；国内方面，珠海全志科技股份有限公司、瑞芯微电子股份有限公司等厂商也陆续发布 VR 领域的解决方案。

3.3.2.3 VR 数据传输能力——5G

目前，制约 VR 移动性的其中一个技术指标即为数据传输速率。一般意义上的 VR 体验至少需要 5.2Gbps 的带宽需求，仅以 120Hz 刷新率级别的 VR 设备数据传输为例，其带宽需求至少要达到 40G。这一要求远不是现行 4G+技术能够满足的。当前在全球互联网数据传输研究领域中，有一种被绝大多数专家普遍认同的观念，即“相对于 4G，5G 既是一场技术革命，同时也是一种必然演进”。这些专家认为，作为一种呈递进式状态向前发展的技术系统，4G 与 5G 技术虽然在数据参数与性能功用上天差地别，但两者之间存在的内在紧密联系却超乎人们的想象。

在 5G 关键能力方面，已经确定用户体验速率、时延、连接数密度、峰值速率、移动性、流量密度、能效和频谱效率 8 个 5G 关键能力，国际电信联盟（International Telecommunication Union，ITU）也对各关键能力指标的取值给出了初步建议。

目前，全球各国纷纷出台 5G 发展战略，标准化组织也积极投入 5G 标准化进程中，5G 有望在 2020 年达到商用阶段。

中国经历了 3G 追赶、4G 并跑、5G 引领的过程，在 5G 上不断发力。此前在 2G、3G

时代，几乎所有的专利技术被高通公司、爱立信公司垄断。此次以华为为核心代表、由中国主导推动的 Polar Code 码被 3GPP 采纳为 5GeMBB 控制信道标准方案，是中国在 5G 移动通信技术研究和标准化上的重要进展。

3.4 虚拟现实研究文献计量分析

为了剖析虚拟现实技术的研究趋势、国际竞争格局和热点方向等情况，本部分利用 Web of Science 平台的 Web of Science™ 核心合集数据库，对 2010～2016 年发表的相关论文进行检索分析，数据采集时间为 2017 年 11 月 21 日。本书利用科睿唯安公司的 Derwent Data Analyzer（DDA）数据分析工具进行论文数据的清洗和数据挖掘与可视化分析，并使用社会网络分析软件 Gephi 分析了主要国家、研究机构之间的合作网络情况。

3.4.1 发文量年度变化趋势

2010～2016 年，全球共发表虚拟现实相关论文 6389 篇。从图 3-2 来看，2010～2013 年，全球虚拟现实的发文量总体保持增长趋势，到 2014 年发文量略有下降，自 2015 年起又保持增长趋势。

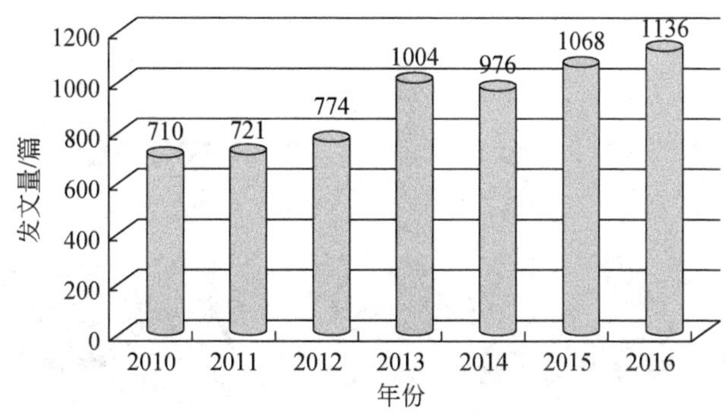

图 3-2 2010～2016 年全球虚拟现实发文量变化趋势

3.4.2 主要国家

由图 3-3 可见，2010～2016 年虚拟现实发文量最多的国家依次是美国、英国、德国、中国、韩国、加拿大、西班牙、意大利、法国、日本。美国以 20.8%的份额处于遥遥领先的地位，其他 9 个国家所占的份额属于同一数量级，其中，美国发文量约是排名第 2 位的英国发文量的 2.69 倍。来自以上国家的发文量共计 4445 篇，占总发文量的 70.0%。

从各国发文量年度变化来看，各国发文量均呈现出波动式增长态势，其中，美国的发文量在各年都保持绝对领先地位，英国的发文量在各年均处于第 2 位，中国和德国的发文量在除 2011 年外，其余各年均较为接近，如图 3-4 所示。

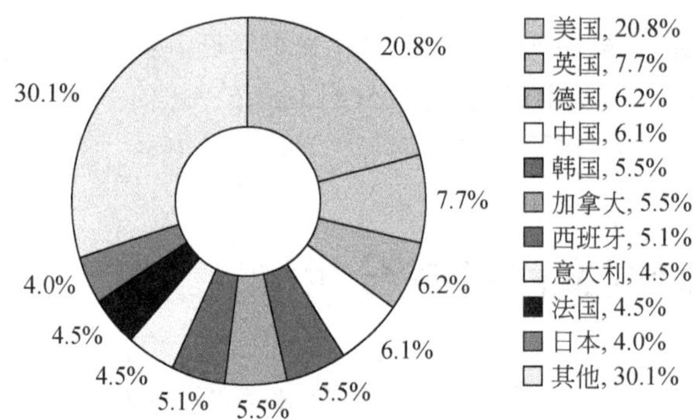

图 3-3　2010～2016 年全球虚拟现实主要发文国家

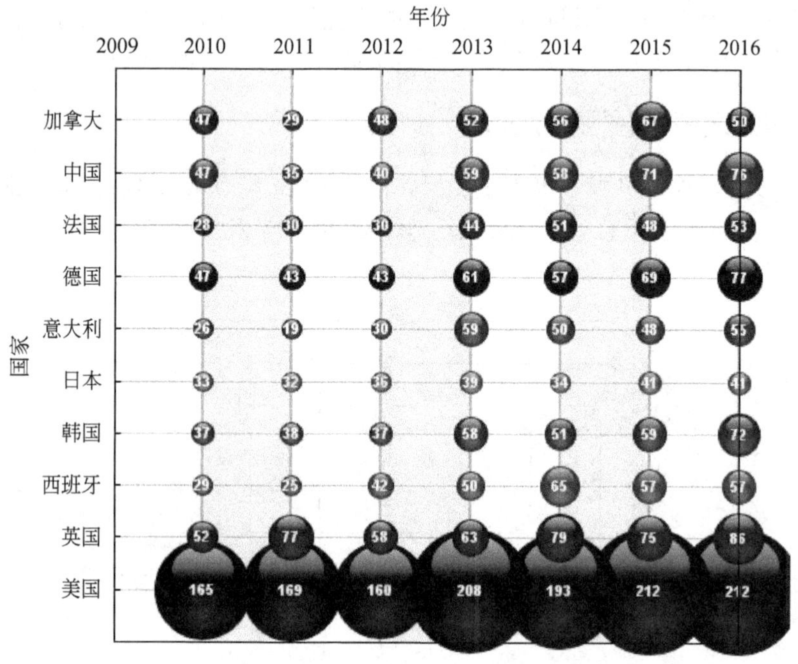

图 3-4　2010～2016 年虚拟现实主要发文国家的年度发文量（文后附彩图）

从发文国家的合作网络来看，美国、英国、西班牙、德国在全球虚拟现实发文的合作网络中处于核心位置，如图 3-5 所示。其中，美国与加拿大的合作强度最强，合作次数为 92 次，与英国、德国、中国、韩国、意大利、法国的合作次数依次为 68 次、63 次、54 次、40 次、38 次、31 次；英国与美国的合作强度最强，其次为西班牙、德国、意大利、荷兰、法国；西班牙与英国的合作强度最强，其次为意大利、美国、德国；德国与美国的合作强度最强，其次为英国、瑞士、荷兰、意大利。相对来说，中国的虚拟现实研究国际合作活跃程度稍逊色一些，除与美国合作 54 次外，与英国、澳大利亚、法国、日本的合作次数分别仅为 19 次、18 次、15 次、13 次。

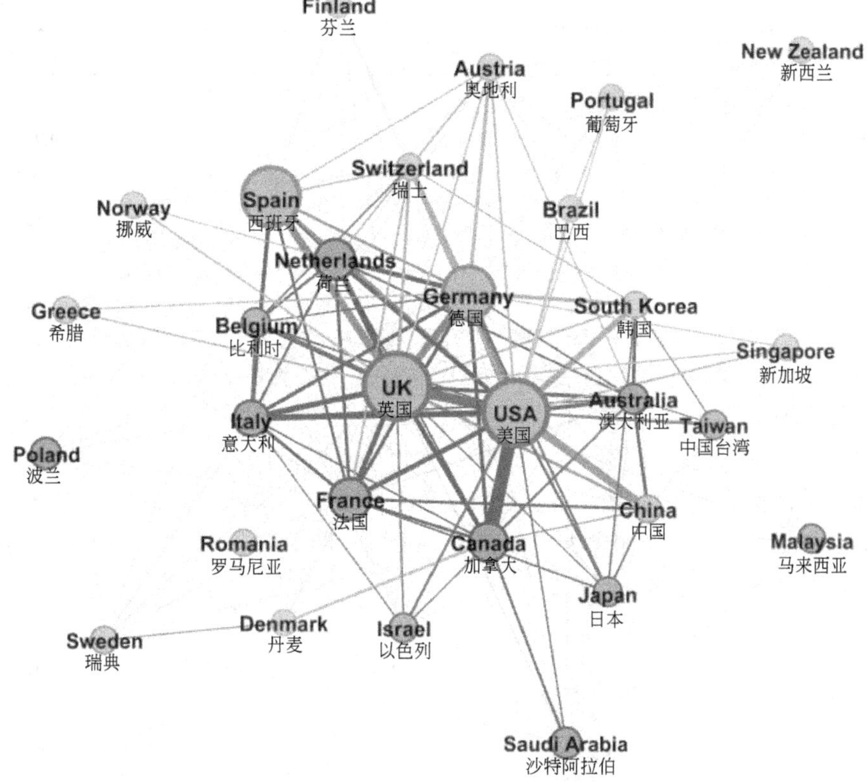

图 3-5　全球虚拟现实发文的国家（地区）合作网络

3.4.3　主要研究机构

从发文量来看（表 3-4），2010～2016 年虚拟现实发文量排名前 10 位的研究机构中来自英国的机构有 3 家，来自美国、加拿大的机构各有 2 家，来自荷兰、德国、西班牙的机构各有 1 家。这些研究机构均为科研院所，其中，英国帝国理工学院的发文量最高，加拿大多伦多大学的发文量紧随其后，荷兰代尔夫特理工大学与加拿大麦吉尔大学的发文量相同。从篇均被引次数看，美国南加利福尼亚大学的篇均被引次数最高，紧随其后的依次为英国伦敦大学学院、加拿大多伦多大学和英国伦敦国王学院等，其中，美国南加利福尼亚大学的篇均被引次数约是发文量排名第 1 位的英国帝国理工学院的 1.53 倍。这 10 家研究机构在 2010～2016 年共发文 784 篇，约占总发文量的 12.3%。

表 3-4　2010～2016 年发文量排名前 10 位的研究机构及其发文量

排名	研究机构	发文量 / 篇	篇均被引次数/（次/篇）
1	英国帝国理工学院	121	16.44
2	加拿大多伦多大学	117	22.60
3	英国伦敦大学学院	90	24.77
4	荷兰代尔夫特理工大学	71	13.77

续表

排名	研究机构	发文量 / 篇	篇均被引次数/（次/篇）
5	加拿大麦吉尔大学	71	12.73
6	美国哈佛大学	67	14.78
7	德国慕尼黑理工大学	66	6.91
8	美国南加利福尼亚大学	62	25.19
9	西班牙巴塞罗那大学	61	18.61
10	英国伦敦国王学院	58	21.55

从 2010～2016 年虚拟现实主要研究机构发文量年度变化趋势来看（图 3-6），各国的年度发文量均处于波动式变化状态，其中，英国帝国理工学院、加拿大多伦多大学、英国伦敦大学学院三家研究机构具有较强的持续发文能力，美国南加利福尼亚大学的发文量处于波动式下降趋势，德国慕尼黑理工大学和西班牙巴塞罗那大学的发文量处于波动式上升趋势，荷兰代尔夫特理工大学和加拿大麦吉尔大学的发文量在 2015 年达到最大值，美国哈佛大学的发文量在 2014 年达到最大值。

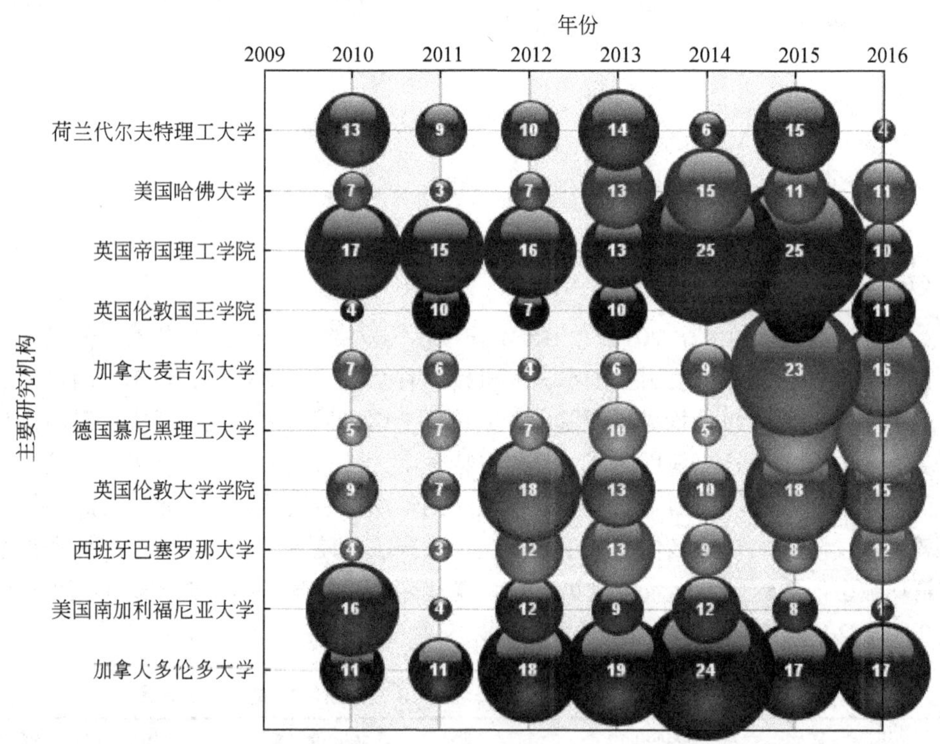

图 3-6　2010～2016 年虚拟现实主要研究机构发文量年度变化趋势（文后附彩图）

从研究机构合作网络来看，英国伦敦大学学院、英国帝国理工学院、加拿大多伦多大学、美国哈佛大学处于全球虚拟现实研究机构合作网络的核心位置，如图 3-7 所示。其中，英国伦敦大学学院与西班牙巴塞罗那大学的合作强度最高，合作次数为 35 次，与英国伦敦国王学院、英国牛津大学的合作次数依次为 11 次和 9 次；英国牛津大学与英国伦敦国王学院的合作次数为 12 次；荷兰代尔夫特理工大学与荷兰阿姆斯特丹大学、荷兰莱顿大学的合作次数依次为 12 次和 11 次。总体来说，各研究机构之间的发文合作活跃程度偏低。

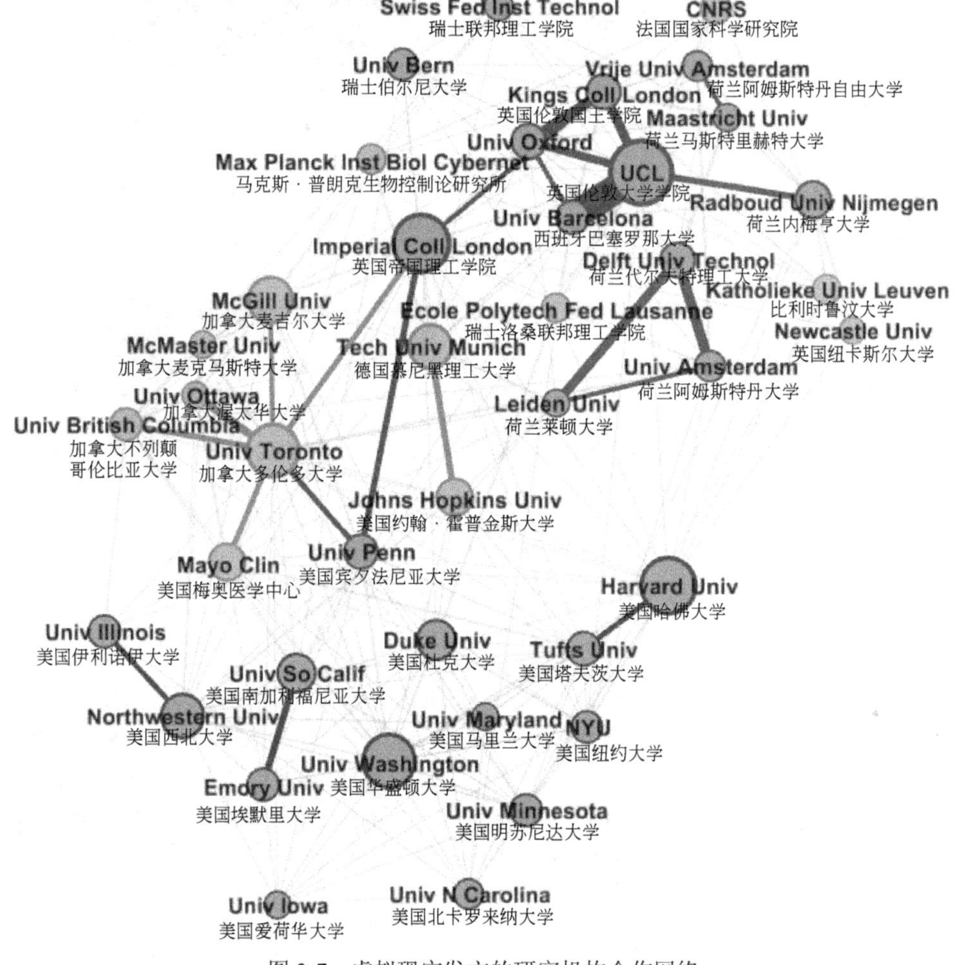

图 3-7 虚拟现实发文的研究机构合作网络

3.4.4 重点领域及热点

根据虚拟现实发文中相关关键词出现的频率，2010～2016 年虚拟现实的研究主要围绕计算机模拟、教育与培训、手术模拟、康复、触觉、中风、神经科学、腹腔镜检查、虚拟环境、人机交互这些方向开展。其中，计算机模拟、触觉、虚拟环境、人机交互方向属于虚拟现实软件和硬件技术研究，其他关键词属于虚拟现实的应用研究，手术模拟、康复、中风、神经科学、腹腔镜检查属于虚拟现实在医疗领域的应用研究。从 2010～2016 年虚拟现实主要前沿研究方向的发展变化趋势来看（图 3-8），2012～2016 年计算机模拟、教育与培训、手术模拟、触觉方向的发文持续产出较多，说明这些方向是虚拟现实的研发热点。

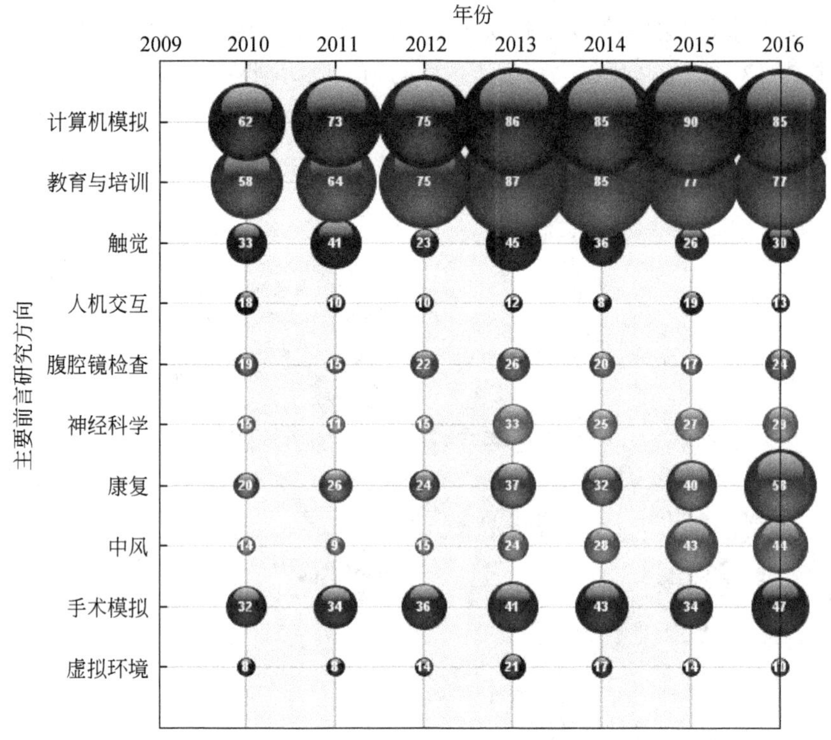

图 3-8　2010～2016 年虚拟现实主要前沿研究方向的发展变化趋势（文后附彩图）

关键词共现分析可揭示某一领域中研究内容的内在相关性和技术领域的微观结构。由 2010～2016 年虚拟现实主要前沿研究方向的共现矩阵（图 3-9）可见，计算机模拟与九大虚拟现实主要前沿研究方向都存在共现关系，说明计算机模拟是虚拟现实的关键基础性技术，在虚拟现实教育与培训及医疗中具有广泛的应用；触觉等传感反馈技术、虚拟环境、人机交互也与多数主要前沿研究方向存在共现关系，说明这三大虚拟现实前沿研究方向也

	计算机模拟	教育与培训	手术模拟	康复	触觉	中风	神经科学	腹腔镜检查	虚拟环境	人机交互
计算机模拟	556	246	61	2	31		19	71	5	8
教育与培训	246	523	86	3	15	1	16	86	2	1
手术模拟	61	86	267		22		14	25	1	1
康复	2	3		237	8	79	7		3	2
触觉	31	15	22	8	234	4	13	2	6	7
中风		1		79	4	177	14		2	
神经科学	19	16	14	7	13	14	155		4	
腹腔镜检查	71	86	25		2			143		
虚拟环境	5	2	1	3	6	2	4		92	4
人机交互	8	1	1	2	7				4	90

图3-9　2010～2016年虚拟现实主要前沿研究方向的共现矩阵

是 VR 应用中的关键技术。

3.5　总结与建议

虚拟现实是一项潜在的颠覆性技术，为人类认知世界、改造世界提供一种易于使用、易于感知的全新方式和手段，已经在军事、工业、医疗、教育、文化、娱乐和服务等应用领域获得了广泛发展，成为提升消费类电子产品有效供给能力、推动信息产业发展的重要手段。本报告通过定性调研美国和欧洲等在虚拟现实技术领域的研发计划与发展策略、国内外虚拟现实关键技术发展现状与趋势，结合对研究论文的定量分析，发现国际虚拟现实技术研究呈现出以下特点。

1）美国 NSF、NASA 和 DOD 等部门均部署了多项相关研究项目，推动虚拟现实技术在工程、教育、军事和航空航天等领域中的应用。H2020、FP7 均资助了一系列的虚拟现实研究项目，主要研究方向涵盖虚拟现实硬件技术、虚拟现实软件技术和虚拟现实行业应用等，具体行业应用领域包括军事、国防、医疗、教育、房地产、体育和文化遗产等领域。EPSRC、Innovate UK、MRC 也资助了多项虚拟现实技术研发项目。

2）虚拟现实的最大特点在于沉浸感，主要依赖于清晰度、流畅度、视场角和交互方式等因素，相应的关键影响指标包括显示屏的分辨率与刷新率、传感交互设备的交互自然性、计算设备的运算能力。虚拟现实的关键技术包括实时 3D 图形生成技术、广角（宽视野）立体显示技术、行为检测与反馈技术、动态环境建模技术、系统环境集成技术、应用系统开发工具。

3）2010～2016 年，美国是虚拟现实发文量最多的国家，以 20.8%的份额处于遥遥领先的地位，约是排名第 2 位的英国发文量的 2.69 倍，且美国的发文量在各年都保持绝对领先的地位，在全球虚拟现实发文的国家（地区）合作网络中也处于核心位置，表明美国是虚拟现实研究领域中最活跃的国家。中国的虚拟现实发文量仅占全球的 6.1%。

4）在研究机构层面，英国帝国理工学院是全球虚拟现实研究发文量最多的研究机构，加拿大多伦多大学的发文量紧随其后，而研究论文篇均被引次数最高的研究机构依次为美国南加利福尼亚大学、英国伦敦大学学院和加拿大多伦多大学等，在全球虚拟现实发文的研究机构合作网络中处于核心位置的研究机构包括英国伦敦大学学院、英国帝国理工学院、加拿大多伦多大学和美国哈佛大学等。然而，中国的研究机构未进入 2010～2016 年虚拟现实发文量排名前 10 位的研究机构行列中。

5）在前沿研究热点层面，根据发文中相关关键词出现的频率，2010～2016 年的虚拟现实技术的研究主题包括计算机模拟、教育与培训、手术模拟、康复、触觉、中风、神经科学、腹腔镜检查、虚拟环境和人机交互等，其中，计算机模拟是虚拟现实的关键基础性技术，在虚拟现实教育与培训及医疗中具有广泛的应用。

综上所述，中国在虚拟现实技术研究领域中已经开展了一定的研究工作，取得了一系列相应的研究成果，但发文量和影响力仍有待进一步提升。因此，本报告提出以下建议，为我国在相关领域的工作提供有益参考。

1）制定系统性发展战略布局，明确虚拟现实技术发展规划。鉴于虚拟现实技术潜在的颠覆性影响和巨大的市场前景，美国和欧洲国家的政府部门、科技界和产业界均高度关注虚拟现实技术的研发与应用，并推出了一系列的相关研发计划。与欧美发达国家相比，我国虽已经通过国家自然科学基金、973 计划和 863 计划等资助了多项虚拟现实相关研究项目，但在规划布局和研发成果等方面还存在一定的差距。因此，中国应制定虚拟现实系统性发展战略，携手政府、学术界和产业界等所有相关利益者提出以社会需求和市场应用为导向的研发布局、优先发展领域、研究机遇和关键挑战，进而凝聚整体科技竞争力，提高在全球虚拟现实行业中的影响力。

2）大力推动虚拟现实关键技术研究，抢占战略制高点。随着高性能计算技术、图像处理技术、人机交互技术及其他技术的发展，虚拟现实技术得到了快速的发展。但是，当前虚拟现实体验还存在很多未解决的痛点，其中，最为重要的是晕眩感难以根除，这主要由屏幕显示延时、计算延时、传输延时和传感器延时等带来的身体运动和头部运动与视觉观测到的运动之间的不匹配造成的。此外，虚拟现实技术带来的沉浸感主要依赖于清晰度、流畅度、视场角和交互方式等因素，相应的关键影响指标包括显示屏的分辨率与刷新率、传感交互设备的交互自然性、计算设备的运算能力。因此，中国应推动 3D 图形生成技术、广角（宽视野）立体显示技术、行为检测与反馈技术、动态环境建模技术、系统环境集成技术和应用系统开发工具等虚拟现实关键技术研究，设立重大研究项目，培养并引进高水平创新人才，加大相应的政策支持力度，力争取得重大突破，抢占战略制高点。

3）积极开展产学研合作，加快虚拟现实技术在各行业中的应用。企业是国家经济增长的基石，科学研究成果只有变为产业化产品，才能转化为现实生产力。由于计算机技术是各行各业发展的重要支撑技术，作为新一代通用计算平台的虚拟现实技术也将与国防军事、航空航天、工程、医疗、商务消费、文化娱乐和社交等重要行业领域的发展深度融合，其独特的沉浸性、交互性、幻想性特征将给众多行业带来升级换代式的发展，重塑这些行业的发展模式，将产生大量的新型行业应用。因此，中国应广泛开展产学研合作，携手政府、产业界和学术界等所有相关利益者共同准确把握市场需求，整合、协调、利用所有资源解决虚拟现实技术的关键挑战，加快虚拟现实技术在各行业领域中的应用。

致谢 中国科学院成都信息技术股份有限公司姚宇研究员对本报告提出了宝贵的意见与建议，在此谨致谢忱！

参 考 文 献

李清勇. 2006. 视觉感知的稀疏编码理论及其应用研究. 北京：中国科学院计算技术研究所博士学位论文.

王健美，张旭，王勇，等. 2010. 美国虚拟现实技术发展现状、政策及对我国的启示. 科技管理研究，30（14）：37-40.

ARL. Seeking Information from Those Interested in Partnering with the Army Research Laboratory in the Areas of Human Information Interaction，Cybersecurity，and Electromagnetic Spectrum through an Other Transaction （OT）agreement. https://www. fbo. gov/?s= opportunity& mode=form&id= 9d0f3a4fa33589255b19a2cf8b

9034d7&tab=core&_cview=0［2016-04-22］.

DOD. Accurate Situational Awareness Using Augmented Reality Technology. https：//www. sbir. gov/sbirsearch/detail/1144557［2016-04-22］.

DOT. Leveraging Augmented Reality for Highway Construction. https：//www. fbo. gov/?s=opportunity&mode=form&id=9eff1fbad1510af6e19f542972be2285&tab=core&_cview=1［2017-09-27］.

European Commission1. An End-to-End System for the Production and Delivery of Photorealistic Social Immersive Virtual Reality Experiences. http：//cordis. europa. eu/project/rcn/211093_en. html［2017-10-01］.

European Commission10. Accelerating Innovative Augmented Reality Broadcast Applications Through New Industrial Camera Design. http：//cordis. europa. eu/project/rcn/197000_en. html［2015-06-01］.

European Commission11. Automated Serious Game Scenario Generator for Mixed Reality Training. http：//cordis. europa. eu/project/rcn/194875_en. html［2015-06-01］.

European Commission2. Virtual Reality Based Evaluation of Mental Disorders. http://cordis. europa. eu/project/rcn/207033_en. html［2017-01-01］.

European Commission3. Intuitive Self-Inspection Techniques Using Augmented Reality for Construction，Refurbishment and Maintenance of Energy-Efficient Buildings Made of Prefabricated Components. http：//cordis. europa. eu/project/rcn/193370_en. html［2014-12-01］.

European Commission4. Training Augmented Reality Generalised Environment Toolkit. http：//cordis. europa. eu/project/rcn/194852_en. html［2015-05-01］.

European Commission5. Advanced VR，Immersive Serious Games and Augmented Reality as Tools to Raise Awareness and Access to European Underwater Cultural Heritage. http：//cordis. europa. eu/project/rcn/205696_en. html［2016-11-01］.

European Commission6. Video Optical See-Through Augmented Reality Surgical System. http：//cordis. europa. eu/project/rcn/206506_en. html［2016-12-01］.

European Commission7. Spatial Augmented Reality as a Key for Co-Creativity. http：//cordis. europa. eu/project/rcn/199872_en. html［2016-01-01］.

European Commission8. Revolutionary projector platform for virtual and augmented reality eyewear. http：//cordis. europa. eu/project/rcn/208751_en. html［2017-01-01］.

European Commission9. Augmented Reality Aerial Navigation for a Safer and More Effective Aviation. http：//cordis. europa. eu/project/rcn/198099_en. html［2015-08-01］.

HHS. Training，Simulation and Quarantine Services （TSQC）. https：//www. fbo. gov/?s=opportunity& mode=form&id=f90d0dd79b82e0b888ac5db8ddc3ab0b&tab=core&_cview=1［2016-10-28］.

MarketsandMarkets. Virtual Reality Market by Component （Hardware and Software），Technology （Non-Immersive，Semi- & Fully Immersive），Device Type （Head-Mounted Display，Gesture Control Device），Application and Geography - Global Forecast to 2022. https：//www. marketsandmarkets. com/Market-Reports/reality-applications-market-458. html［2016-07-23］.

NASA. Hybrid Reality （HR），Augmented Reality （AR），Virtual Reality （VR），and Mixed Reality （MR） based Operations，Training，Engineering Design/Analysis，Analogs，and Human Health in Space. https：//govtribe.com/project/hybrid-reality-hr-augmented-reality-ar-virtual-reality-vr-and-mixed-reality-mr-basedoperations- training-engineering-designanalysis-analogs-and-human-health-in-space［2017-10-31］.

NSF1. Medium：A Visual Cloud for Virtual Reality Applications. https：//www. nsf. gov/awardsearch/showAward?AWD_ID=1703051&HistoricalAwards=false［2017-07-18］.

NSF2. A Sustainable ATE Coordination Network for Enhancing Personalized Learning Using Virtual and Augmented Reality-based Technology Innovations in Technician Education. https：//www. nsf. gov/awardsearch/showAward?AWD_ID=1700621&HistoricalAwards=false［2017-04-17］.

NSF3. Intuitive Touch Feedback via Ungrounded Tactile Shear Feedback for Virtual Reality and Human-Machine Interfaces. https：//www. nsf. gov/awardsearch/showAward?AWD_ID=1632341&HistoricalAwards=false［2016-08-15］.

NSF4. Nanophotonics Phased Array for Virtual and Augmented Reality Multifocal Displays. https：//www. nsf. gov/awardsearch/showAward?AWD_ID=1564212&HistoricalAwards=false［2016-07-21］.

NSF5. Using Virtual Reality for the Dynamic，Real-Time Optimization of Human Visual Perception. https：//www. nsf. gov/awardsearch/showAward?AWD_ID=1524888&HistoricalAwards=false［2015-12-07］.

NSF6. Augmented Reality for Multiple People，Perspectives，Platforms，and Tasks. https：//www. nsf. gov/awardsearch/showAward?AWD_ID=1514429&HistoricalAwards=false［2015-08-19］.

4　石墨烯防腐涂料国际发展态势分析

姜　山　万　勇　冯瑞华

（中国科学院武汉文献情报中心）

摘　要　高附加值、高性能、环境友好是我国涂料发展的方向与趋势。其中，防腐涂料的高端市场基本上被国外厂商垄断，国内企业只能以低端市场为主。中国市场高端防腐涂料的替代性需求较大，为国内企业发展高端防腐涂料提供了广泛的市场空间。新型防腐涂料的研发将有利于保障我国海洋重大工程装备及“一带一路”基础设施建设，服务于国家安全和海洋经济发展战略。

本报告列举了近年来欧盟、英国、美国、日本、韩国和中国在石墨烯领域的部分主要研究计划和研究项目等，其中，最为突出的是欧盟历时 10 年、总投入 10 亿欧元的未来与新兴技术石墨烯旗舰计划。该计划现已经完成前 30 个月起步阶段的工作，并已经取得一定成效。

报告分类介绍了石墨烯防腐涂料的研究进展。石墨烯是目前自然界最薄的二维纳米材料，阻隔与屏蔽性能非常优异。引入石墨烯，能够增强涂层的附着力与耐冲击等力学性能和对介质的屏蔽阻隔性能。防腐涂料领域把石墨烯作为添加剂，对防腐蚀性能进行了大量研究，并且取得了丰硕的研究成果。不仅如此，一些研究成果已经转化为商业产品，实现规模化量产，并进入到示范应用阶段。

本报告还从计量角度，对石墨烯防腐涂料技术领域的全球专利和 SCI 研究论文态势进行了分析。在专利方面，我国相关专利申请最多，该领域技术应用范围在逐年扩大，处于逐渐成熟阶段。在论文方面，发文国家除中国外，还包括印度、美国、韩国和伊朗等。与专利对比发现，中国、美国、韩国的专利和发文量均居世界前列，印度、伊朗仅在发文量上有较好表现，相关专利较少。

关键词　石墨烯防腐涂料　研究进展　计量分析

4.1　引言

从化工产品产业链来看，涂料工业是位于化工产品产业链末端的精细化工领域之一，已经成为上中游基础化学品的主要应用领域。在全球市场中，亚太地区是全球最大的涂料消费地区，其次是欧洲、北美和拉丁美洲。近年来，我国涂料产业实现了稳步发展，产量不断创出新高。据中国涂料工业协会统计，2016 年，我国涂料行业规模以上工业企业产量达 1899.78 万 t，同比增长 7.2%；涂料进口 17.34 万 t，同比下降 1.4%。历经 30 余年发展，中国现已经成为世界涂料生产商的可靠基地，拥有全球 31%以上的涂料市场份额，是世界涂料生产与消费第一大国，但中国涂料市场仍然呈现高质量产品不足、低质量产品供应过剩的状况，在涂料供应总量中，国内生产的高档涂料只占很小的比例，大部分依靠进口。随着市场格局的进一步演变，外资企业控制高端市场的地位将可能会更加稳固。无论是市场需求和经济形势变化，还是国家政策规定的强制要求，涂料工业的绿色环保化是未来的必然选择。水性涂料、高固体分涂料、无溶剂涂料和粉末涂料等，是涂料的绿色环保的主要发展方向。

作为我国涂料产业的重要组成部分，包括船舶涂料在内的防腐涂料产业也实现了稳步发展，不仅产量稳步增加，在新型防腐涂料研发、涂料涂装一体化和为客户提供系统解决方案等方面也取得了很大进展。防腐涂料一般分为常规防腐涂料和重防腐涂料。常规防腐涂料是在一般环境条件下，对金属等基材起防腐蚀作用、延长其使用寿命的涂料；重防腐涂料是相对常规防腐涂料而言，能在相对苛刻腐蚀环境里应用并能达到比常规防腐涂料更长保护期的一类防腐涂料。重防腐涂料是防腐涂料中威力最大、最具代表性和影响力且最具发展潜力的一类防护涂料，也是衡量一个国家涂料工业发展水平的重要标志之一。重防腐涂料以其卓越的防护性能，主要应用在船舶、集装箱、石油化工、建筑钢结构、铁路、桥梁、电力和水利工程等诸多关乎国家发展战略和经济命脉的重要领域，重防腐涂料对经济发展起着非常重要的保驾护航作用。市场研究机构——全球市场洞察公司（Global Market Insights）发布一项研究报告显示，全球防腐涂料市场规模到 2024 年将达到 202.1 亿美元，年复合增长率约为 5%。

石墨烯是由碳六元环组成的二维周期蜂窝状点阵结构，是碳纳米管和石墨等其他碳材料的基本单元。石墨烯具有优异的力学、热学和电学性能，有望在电子、传感、能源、航天和防腐等多个领域得到应用。例如，石墨烯是世界上迄今发现的“至薄”晶体材料，石墨烯薄膜只有 1 个碳原子厚度，10 万层石墨烯叠加起来的厚度约为 1 根头发丝的直径；石墨烯是迄今发现的世界上力学性能最好的材料之一。表征石墨烯在外应力作用下抵抗变形能力大小的模量可达 1×10^{12}Pa，反映石墨烯受力时抵抗破坏能力大小的强度约为 130×10^{9}Pa；石墨烯的热导率达 5000W/（m·K），是良好的导热体。石墨烯独特的载流子特性，使其电子迁移率达到 $2\times10^{5}\text{cm}^{2}$/（V·s），超过硅 100 倍，且几乎不随温度变化而变化。

由于石墨烯具有二维层状结构和大的比表面积及对水、氧和氯离子等的阻隔特性，在防腐涂料领域具有广阔的应用前景。石墨烯防腐涂料具有以下优点：①石墨烯重防腐涂料能够在化工重污染气体和复杂海洋环境等苛刻条件下，实现更长的防腐寿命。②石墨烯的加入大大降低了锌粉的用量，在锌粉含量减小 70%的前提下耐盐雾性能仍是环氧富锌涂料的 4 倍以上，满足了涂装材料轻量化的发展需求。③石墨烯优异的导电性、导热性实现了重防腐涂料的功能化。

4.2 石墨烯研究应用的配套条件

4.2.1 石墨烯材料国内外政策

在石墨烯成功地实现了人工制备后，其优异的各项特性吸引了大量研究人员的关注，世界上许多国家（地区）都制定了相关政策来推动石墨烯相关材料和技术的发展。

（1）欧盟

2013 年 1 月，欧盟委员会宣布，石墨烯和人脑工程两大科技入选“未来新兴旗舰技术项目”，并分别设立专项研发计划。每项计划将在未来 10 年内分别获得 10 亿欧元的经费，这是迄今全球范围内对石墨烯投入最大的项目。截至 2016 年 3 月，石墨烯旗舰计划为期 30 个月的第一阶段（起步阶段）收官。2016 年 10 月，欧盟委员会发布了针对石墨烯计划的小结报告，从研究设施的使能作用、监管与实施、伙伴合作 3 个方面阐述了取得的经验教训。总体认为，整个计划是有价值的。2017 年 2 月发布的中期评估报告指出，旗舰计划是欧洲研究与创新战略的有机组成部分，并且有潜力产生巨大影响。

此外，欧盟及其下属的一些机构也资助了不少石墨烯相关的项目，包括欧盟 2008 年发布的石墨烯基纳米电子器件项目、欧洲研究理事会资助的石墨烯物理性能和应用研究项目，以及欧洲科学基金会的相关资助研究等。

（2）英国

作为石墨烯“发源国”，英国提出石墨烯不仅要“在英国发现”(discovered in Britain)，更要“在英国制造”(made and manufactured in Britain)。前些年，英国在石墨烯专利领域较为落后，这不免让拥有 2010 年诺贝尔物理学奖（石墨烯方向）的英国有些尴尬。近年来，英国加大了资助力度。从“乏力”到“发力”的转变，显示出英国对石墨烯的重视。

2011 年，英国政府在《促进增长的创新与研究战略》中把石墨烯作为该国未来四个重点发展方向之一。石墨烯也是英国工程与自然科学研究理事会的资助重点之一。2011 年 10 月，英国财政大臣 George Osborne 宣布将划拨 5000 万英镑用于石墨烯前沿研究，其中，3800 万英镑用于在曼彻斯特大学建立国家级的石墨烯研究院。此外，该校还向欧洲研发基金申请了 2300 万英镑的资助。研究院将采用“中心辐射”的模式与其他机构展开合作。Osborne 在 2014 年 3 月公布的政府预算中宣布，将在未来 5 年投资设立 3 个研究所/中心，其中之一即为 1900 万英镑的“石墨烯创新中心”，并作为英国技术创新网络（catapult network）的一部分。2014 年 9 月，Osborne 宣布将在曼彻斯特大学投资 6000 万英镑建设“石墨烯工程创新中心”，加速石墨烯产品从实验室走向市场的进程。该中心将作为国家石墨烯研究院的有机补充，并彰显了英国致力于石墨烯研发的力度和决心。

（3）美国

美国对石墨烯研发虽然非常重视，但与欧盟相比，似乎并没有将其提到战略高度。然而，美国在石墨烯领域的研究保持着前沿地位，不仅培养了不少相应的后备人才，同时也促进了与石墨烯有关领域的研究进展，如二维材料制备、加工和性能研究，以及石墨烯生产表征的科研仪器，此外还创立了一批小企业。

在基础研究方面，美国国家科学基金会一直在资助与石墨烯相关的项目，包括石墨烯基材料超级电容应用、石墨烯和碳纳米管材料连续和大规模纳米制造等。另外，美国国防部先进研究计划局也投入可观的经费，资助石墨烯的应用研究，如以开发超高速和超低能量应用的石墨烯基射频电路为主要内容的碳电子射频应用项目。

（4）日本

日本是碳材料相关产业最为发达的国家之一。早在 2007 年，日本科学技术振兴机构就资助了日本东北大学，实施对石墨烯硅材料/器件的技术开发项目。该项目主要是开发基于石墨烯硅材料的先进辅助开关器件和等离子共振赫兹器件，从而实现超高速传输和大规模集成的器件技术。2011 年，经济产业省发布了超轻、高轻度创新融合材料项目，重点支持开发碳纳米管和石墨烯的大规模合成技术。

（5）韩国

韩国知识经济部计划于 2012～2018 年向石墨烯领域提供 2.5 亿美元的资助，其中，一半用于石墨烯相关的研发工作，另一半用于石墨烯的产业化。2013 年 5 月，韩国产业通商资源部宣布，将整合韩国国内研究机构与企业力量，以协助企业将石墨烯的应用产品与相关技术商业化，并计划在 6 年内投入 500 亿韩元。包括韩国科学技术院在内的 40 多家研究机构将与企业形成石墨烯联盟，在聚焦领域由特定的企业或研究机构牵头完成相关项目。

（6）中国

2014 年 11 月，国家发展和改革委员会、财政部、工业和信息化部联合印发《关键材料升级换代工程实施方案》，提出到 2016 年推动包括石墨烯在内的 20 种重点新材料实现批量稳定生产和规模应用。2015 年 5 月，国务院发布《中国制造 2025》，明确了石墨烯在战略前沿材料中的关键地位，强调其战略布局和研制，为提升中国制造水平积蓄力量。2015 年 11 月，国家发展和改革委员会、工业和信息化部与科学技术部联合发布的《关于加快石墨烯产业创新发展的若干意见》明确提出，将石墨烯打造为先导产业。到 2020 年，形成完善的石墨烯产业体系，实现石墨烯材料标准化、系列化和低成本化，建立若干具有特色的石墨烯创新平台，掌握一批核心应用技术，在多领域实现规模化应用。2016 年 5 月，中共中央、国务院颁发《国家创新驱动发展战略纲要》，其中提出要发挥纳米和石墨烯等技术对新材料产业发展的引领作用。

此外，国家科技重大专项、973 计划围绕“石墨烯宏量可控制备”和“石墨烯基电路制造设备、工艺和材料创新”等方向也部署了一批重大项目，取得了一系列创新成果。国家自然科学基金委员会也启动了多项石墨烯领域的重大研究计划，取得了相应的进展。

4.2.2 专用数据库和相关涂料标准建设

在石墨烯防腐涂料的应用推广中，面临的首要难题是产品的标准化问题。新产品没有标准，就无法进行质量监督，造成用户不敢使用，技术监督机构无法判定产品质量好坏。因此，石墨烯在涂料中的推广应用，亟待出台产品标准。

2013 年年底，中国石墨烯标准化委员会宣告成立，中国石墨烯研究及检测公共服务平台同时启动，该服务平台主要为联盟内相关单位提供专业的石墨烯性能检测与结构表征服务。2013 年 12 月，中国石墨烯标准化委员会正式发布了中国石墨烯第一号标准——石墨烯材料的名词术语与定义，并于 2014 年 1 月 1 日起实施。随后制定了《化学滴定法定量分析石墨烯表面含氧官能团的含量》（Q/LM03CGS001—2014）和《透射电子显微学方法判定石墨烯层数》（Q/LM03CGS002—2014）等标准，这对推动石墨烯及其应用的产业化有重要意义。

2017 年 7 月，由福建省石墨烯技术研发和产业发展联席会议办公室、福建省科学技术厅、中国涂料工业协会主办的石墨烯防腐蚀涂料团体标准制定高峰会议在泉州市召开。会议就《环氧石墨烯锌粉底漆》《水性石墨烯电磁屏蔽建筑涂料》两项石墨烯防腐涂料团体标准的制定进行了研究讨论。这是在全国率先提出制定的有关石墨烯防腐涂料的标准。

2017 年 7 月，工业和信息化部发布公开征集对《防伪磁粉》等 274 项行业标准计划项目的意见，其中涵盖了《石墨烯锌粉涂料》和《油井管外壁用水性涂料》等 6 项涂料标准，均计划于 2019 年完成制定。其中，石墨烯锌粉涂料作为一项新增的制定标准，计划于 2019 年完成，该标准技术归口单位为全国涂料和颜料标准化技术委员会。

4.3 石墨烯重防腐涂料研究进展

4.3.1 石墨烯/环氧树脂防腐涂料

环氧树脂是以脂环族或芳香族为主链并含有 2 个或以上环氧基团，通过环氧基与固化剂（主要包括脂肪胺、聚酰胺和腰果酚等）反应形成的高分子低聚体。其中，双酚 A 型环氧树脂和聚酰胺类固化剂因其生产成本低、产量大、综合性能优越而在金属防腐领域得到广泛应用。环氧树脂固化后对金属基体的附着力好，耐化学品性和耐油性优异，收缩率低，在海洋重防腐涂层中，约 90%的底漆和中间漆优先选用环氧树脂基体。但环氧树脂的缺点是其交联固化密度高、硬度大、柔韧性不足，由于分子结构中含有苯核，树脂固化物耐候性差，特别是不耐紫外光照射。环氧树脂涂层不耐高温，在高温下机械强度较低，同时在固化成膜过程中容易形成微孔而降低环氧涂层的致密性。因此，需要对环氧涂层进行功能化改性以期提高其综合防护性能（刘栓等，2017）。

沈海斌等（2014）的研究显示，石墨烯纳米片可以明显地提高环氧树脂涂层的耐盐雾性能，在含 20wt% Zn 粉环氧涂层中，仅添加 1wt%石墨烯就可将其耐盐雾性能从 48h 提高至 2500h，说明石墨烯可极大地提高环氧树脂的防腐性能，并有望作为新型腐蚀抑制剂降低传统环氧富锌底漆（锌粉固含量约为 80wt%）中的锌含量，提高树脂的黏结力和致密度。

刘琼馨等（2013）将石墨烯加入富锌环氧防腐涂料中，通过对各组分的优化选择，石墨烯含量为 2wt%、锌粉含量为 35wt%时，耐盐雾性能实验可达 1000h。该发明大大降低了涂料中锌粉的含量，降低了漆膜的厚度，同时保证涂层具有很好的防腐效果。利用石墨烯片层状的结构、良好的导电性能，以及优异的化学稳定性，提高了锌粉的利用率，克服了富锌涂料单纯以牺牲锌粉作为防护手段的问题，同时降低了富锌涂料在焊接过程氧化锌雾气的产生，对环境更友好。

中国科学院金属研究所黄坤等（2015）利用石墨烯为填料，环氧 E-44 为导电涂料的成膜物，研制出一种石墨烯环氧复合导电防腐涂料，并与炭黑环氧涂料和环氧富锌涂料等涂料的导电性、防腐性和机械性能等方面的性能进行对比。通过实验论证得出，当填料石墨烯的添加量约为 1%时，石墨烯环氧复合导电防腐涂料具有稳定的导电性、良好的附着性，是一种新型的导静电重防腐涂料。

台湾中原大学 Chang 等（2014a）制备了一种在室温固化的超疏水石墨烯/环氧树脂涂料，首先，将石墨烯添加到环氧涂料涂覆在钢的表面；其次，将超疏水的模板压覆在涂料表面，室温固化后去除模板，得到超疏水的涂料。通过透射扫描电镜观察发现，石墨烯在涂料的分散性很好，没有形成团聚，说明经过热还原得到的石墨烯上少量的含氧基团能够有效地提高其分散性。分子气障测试表明，添加 1wt%的石墨烯的涂料 O_2 的透过率降低了 60%，说明片层状的石墨烯增加了分子扩散路径的曲折度，起到了物理阻隔的作用。极化曲线测试结果显示，相对于纯环氧涂料，添加了石墨烯的涂料保护能力显著增强，腐蚀电流密度降低了约 10 倍。

刘栓等（2014，2015）和 Liu 等（2016）在环氧涂层的改性、石墨烯的高效物理分散和石墨烯复合环氧涂层的耐蚀性能评价等方面进行了系统研究工作，先从石墨烯高效物理分散入手，在水溶液和有机溶液体系中获得稳定的石墨烯分散液，其最大分散浓度可达 5 mg/mL；然后分别制备水性和油性两种石墨烯环氧涂层体系，在模拟海水中评价石墨烯含量和分散状况与复合环氧涂层防护性能的构效关系，并对复合涂层的耐盐雾性能、耐酸、耐碱和耐候性进行了对比分析。其研究发现，在水性环氧涂层体系中，添加 0.5%的石墨烯可以显著地提高涂层的防护性能。而对油性环氧树脂，石墨烯可以提高复合涂层对金属基底的防护能力，但石墨烯的分散状态和含量直接影响复合环氧涂层的服役寿命。

周楠等（2017）以生物基没食子酸（gallic acid，GA）为原料，在碱性条件下与环氧氯丙烷（epoxy chloropropane，ECP）发生环氧化反应，合成了没食子酸基环氧树脂（gallic acid-based epoxy resin，GEP）。GEP 作为石墨烯分散剂，能够将石墨烯稳定地分散在有机溶剂中，其分散浓度高达 5mg/mL，采用透射电子显微镜（transmission electron microscope，TEM）和原子力显微镜（atomic force microscope，AFM）对石墨烯的分散状态和层数进行了表征。将分散后的石墨烯以 0.5%的质量分数，添加到双组分环氧树脂涂料中，制备了石墨烯环氧复合涂层（GEP-G0.5/EP）。利用 Tafel 极化曲线、涂层吸水率和中性盐雾测试对涂层防腐性能进行表征。结果表明，相比于纯环氧涂层，GEP-G0.5/EP 涂层的极化电阻和耐盐雾性能大大提高，涂层吸水率下降 0.22%。

柯强等（2014）采用 Hummer 法制备氧化石墨烯/聚吡咯（graphene oxide/polypyrrole，

GO/PPy）的混合液，然后用 $NaBH_4$ 还原，制得还原氧化石墨烯/聚吡咯（R-GO/PPy）复合材料，将 R-GO/PPy 添加到环氧涂层中发现，复合涂层的强度和硬度都随着 R-GO/PPy 含量的增加，呈先增大后减小的趋势。当环氧涂层中添加 1.0wt% R-GO/PPy 时，R-GO/PPy-环氧树脂涂层冲击强度为 $7.79kJ/m^2$，较纯环氧树脂涂层（$2.17kJ/m^2$）提高 267%。Tafel 极化曲线和交流阻抗谱测试表明，R-GO/PPy 在环氧涂层中的质量分数为 9.10%时，复合涂层防护性能最佳，其在 3.0% NaCl 溶液中浸泡 72h 后的自腐蚀电流密度为 2.916×10^{-8} A/cm^2，比纯环氧涂层的腐蚀速率（3.117×10^{-6} A/cm^2）减小约 100 倍。

4.3.2 石墨烯/聚苯胺防腐涂料

聚苯胺（polyaniline，PANI）是一种具有共轭结构的高分子聚合物，其独特的掺杂机理使其可以在绝缘、导电的两种状态中转换。对 PANI 的研究初期，人们大多着眼于其导电性能，并将其用于半导体材料和电池电极等领域。然而，聚苯胺独特的共轭结构使其溶解性差且不熔融，这很大程度上限制了 PANI 的广泛应用。蔡文曦（2016）发现，PANI 对金属材料，尤其是对铁基金属具有较好的保护功能，对 PANI 的研究则重新得到关注。PANI 对金属防护也有特别之处，其可以在金属表面反应形成稳定的化合物；产生电场以阻碍电子向外界环境传递。另外，PANI 的成本低，制备步骤简单，能满足绿色环境的要求，可以替代剧毒的铬系、铅系重金属防腐蚀添加剂。过去的几年来，PANI 由于其低成本、良好的环境稳定性、特别的掺杂/脱掺杂的特质及其用于防腐的独特机理，引起了大量的关注。当 PANI 与石墨烯结合，所形成的纳米复合物比纯的 PANI 具有更强的性能。目前，PANI/石墨烯复合材料已经在各个领域广泛应用，如防腐涂料、超级电容器、燃料电池、太阳能电池和传感器等（蔡文曦，2016）。

王耀文（2012）采用还原氧化石墨法制备了石墨烯，并将石墨烯作为防腐填料加入环氧树脂涂料中，制备出了 0.5%～2%不同含量的石墨烯防腐涂层。研究表明，石墨烯的加入有效地提高了涂层的防腐性能，随着石墨烯含量的增加，涂层的防腐性能先提高后降低，存在一个最佳值，石墨烯含量为 1%的涂层防腐效果最好。此外，他们还研究了聚苯胺与石墨烯混合涂料的防腐性能，研究结果显示，将聚苯胺和石墨烯混合之后掺杂到环氧树脂涂层中也能有效增强涂层的附着力，提高涂层的防腐性能，但是，混合后涂层的防腐效果并没有比纯的石墨烯和聚苯胺提高，在混合物涂料中，对防腐效果起决定作用的是混合物中的石墨烯。

Chang 等（2012）对氨基苯磺酸与膨胀石墨在 130℃下反应 3d，获得氨基封端的石墨烯片层（ABF-G）。将 ABF-G 加入苯胺的盐酸溶液中，随后加入过硫酸铵（ammonium persulfate，APS）溶液，在冰浴中反应 6h 获得墨绿色掺杂态聚苯胺/石墨烯复合物。用氨水对复合物进行脱掺杂，即得到本征态的聚苯胺/石墨烯（polyaniline/graphene，PAG）复合物。使用 N-甲基吡咯烷酮溶解 PAG 并涂覆于钢板上，即可得到防腐涂层。其测试结果表明，石墨烯的加入能有效地提升防腐性能，腐蚀速率由 17.22×10^2mm/a 降低至 0.44×10^2 mm/a。另外，涂层对水、氧气的阻隔性能分别提高了 68%、66%。这是由于石墨烯具有很强的不透过性，使腐蚀物质透过涂层到达金属表面的路径变得更长更复杂。

范壮军等（2012）提供了一种基于聚苯胺与石墨烯复合的防腐涂料及制备方法。首先制备聚苯胺负载石墨烯的复合材料，将复合材料作为填料应用于防腐涂料，其防腐性能显著提高，明显优于单纯的聚苯胺涂料。复合材料提供了优良的物理防腐和化学防腐的作用，实现了对金属材料的缓蚀和钝化作用。

陈松（2014）采用原位聚合法，在中性条件下制备聚苯胺/氧化石墨烯（PANI/GO）复合材料，并使用 $NaBH_4$ 对所得复合材料进行还原，最后获得聚苯胺/石墨烯复合材料。其中，聚苯胺呈颗粒状，负载在石墨烯上并略有团聚，将该复合材料运用到环氧树脂防腐涂料中，与纯环氧树脂相比，涂层的抗冲击强度提升了 329%，硬度提升了 27.1%，当石墨烯与聚苯胺的比为 1∶20 时，涂层的防腐蚀性能最佳。

张兰河等（2015）利用苯胺和 GO 作为原料，采用原位聚合-还原法制备 PAG 复合材料，再利用 PAG 与水性环氧树脂共混制备聚苯胺/石墨烯水性环氧防腐涂料。通过傅里叶变换红外光谱（Fourier transform infrared spectroscopy，FTIS）、X 射线衍射（X-ray diffraction，XRD）、扫描电子显微镜（scanning electronic microscopy，SEM）分析 PAG 的结构和微观形貌，利用动电位极化曲线和电化学交流阻抗谱分析 PAG 水性涂层的防腐性能。结果表明，PAG 保持了石墨烯的基本形貌，聚苯胺颗粒均匀地分散在石墨烯表面和片层之间，形成片状插层结构；当 PAG 浸泡在 3.5%NaCl 溶液中，PAG 涂层的阻抗值最大，腐蚀电流密度为 24.30μA/cm^2 时，PAG 对碳钢的保护度达到 94.24%，优于聚苯胺水性涂料的防腐性能（聚苯胺水性涂层涂覆碳钢的腐蚀电流密度和保护度分别为 43.17μA/cm^2 和 88.97%）；与聚苯胺水性涂层和水性环氧树脂涂层相比，PAG 水性涂层对 O_2 和 H_2O 分子具有更好的屏障性能。

4.3.3 石墨烯聚氨酯防腐涂料

聚氨酯是多异氰酸酯和多元醇加聚反应生成的高聚物，由于聚合物中含有酰胺基和酯基基团，分子之间容易形成氢键，与基材附着力良好，是一种高强度、抗撕裂和耐磨性的高分子防腐涂料。聚氨酯涂层黏度低、流平性好、耐候性佳，经日照或紫外线照射不变黄、不变硬，并且在长期使用中不变硬、不断裂、无收缩翘起，非常适用于面漆和金属防腐漆。在不同的腐蚀环境下，根据基材的防腐要求可选用不同结构的异氰酸醋和醇类化合物作为原料单体以改变长链的结构，利用不同的聚合条件来调节分子量的大小与分布、嵌段链的长度与分布及交联密度等因素，形成不同刚性的聚氨酯涂料（刘栓等，2017）。

Wang 等（2012）以 3-氨丙基三乙氧基硅烷为偶联剂，通过与石墨烯的共轭作用，采用溶胶凝胶法制备石墨烯纳米片复合聚氨酯涂层，发现石墨烯在聚氨酯涂层中均匀分散并与聚氨酯分子相互作用，添加 2wt%石墨烯可将聚氨酯涂层拉伸强度提高 71%，杨氏模量提高 86%。而采用原位聚合法制备的石墨烯纳米片复合聚氨酯涂层，添加相同质量分数的石墨烯（2wt%），可将纯聚氨酯涂层的杨氏模量提高 10 倍，并且聚氨酯的机械性能和热收缩性能也得到显著改善（Santosh，2013）。

Vilani 等（2015）发明了一种制备单层石墨烯、双层或者多层石墨烯复合聚氨酯涂层的方法。首先，采用甲烷或者乙醇为碳前驱体，利用电化学沉积技术在铜基底上生长石墨烯；其次，将四氢呋喃和聚氨酯的混合液直接浸没石墨烯，随着四氢呋喃的挥发，石墨烯在聚氨酯中均匀分散，得到的复合涂层在金属防腐上具有一定的应用前景。已有报道指出，在水性聚氨酯涂层中由聚乙烯醇分散的氧化石墨烯与同等质量的炭黑相比，仅添加 0.3%的氧化石墨烯可以明显地改善聚氨酯涂层的抗沉降性能、疏水性能和耐腐蚀性能（Christopher et al.，2015）。

Li 等（2014）采用钛酸酯偶联剂改性氧化石墨烯，获得厚度为 1nm 左右的钛酸盐功能化石墨烯。将钛酸盐功能化石墨烯水溶液混合聚氨酯乳液，并涂覆于马口铁上以获得涂层。当含量达到 0.4wt%时，钛酸盐功能化石墨烯能自发地平行于马口铁表面排列，其大的比表面积得到了充分的利用，有效地阻隔外界物质渗入涂层到达金属表面，浸泡 96h 后仍然没有发生涂层下的腐蚀反应。

4.3.4　其他石墨烯有机复合防腐涂料

Sun 等（2014）采用原位聚合法制备石墨烯/聚对苯亚胺复合材料应用于防腐涂料。合成的复合材料涂层具有片层状结构，电阻率低达 2.3×10^{-7}S/cm。电化学测试表明，相对于单纯的聚对苯亚胺或石墨烯涂料涂层，复合材料涂层对腐蚀介质具有很好的屏蔽性能，并且涂层的硬度有所提高。由于石墨烯化学稳定性高并且导电，可以促进腐蚀的发生，与聚对苯亚胺复合后避免了石墨烯与金属的接触，降低了石墨烯的负面影响，从而使涂层的耐腐蚀性能提高。

Yu 等（2014）采用原位乳液聚合法将对苯二胺/4-乙烯基苯甲酸改性的氧化石墨烯（pv-GO）添加到聚苯乙烯（polystyrene，PS）中得到 pv-GO/PS 纳米复合材料并制成涂料。与纯聚苯乙烯相比，防腐蚀效率由 37.90%提高至 99.53%，分解温度由 298℃提高至 372℃，杨氏模量由 1808.76MPa 提高至 2802.36MPa。

Chang 等（2014a）制备了相互协同作用的超疏水的石墨烯/聚甲基丙烯酸甲酯涂料，分析测试结果同样表明，添加了石墨烯的涂料具有很好的隔离氧气和水蒸气的作用，自腐蚀电位明显正移，涂料的保护能力得到明显改善。Chang 等（2014b）还在不同温度下将氧化石墨烯进行热还原，得到含有不同比例含氧基团的热还原石墨烯，并将其加入聚甲基丙烯酸甲酯涂料中，探究含氧量的变化对涂料腐蚀性能的影响。发现含氧量高时热还原石墨烯在涂料中的分散性更好，并且耐腐蚀性能也得到提高。相对于纯聚甲基丙烯酸甲酯涂层，1400℃热还原石墨烯的添加量为 0.5%时，O_2 透过率降低 27%，300℃热还原石墨烯的添加量为 0.5%时，O_2 透过率降低 90%。

Li 等（2013）将氧化石墨烯和聚偏氟乙烯粉末混合，在 200℃高温挤压下，氧化石墨烯还原为石墨烯，并在高分子聚偏氟乙烯中形成二维导电网络，石墨烯使复合涂层具有优良的导电性和低的渗流阈值。

Lee 等（2015）采用自旋自组装法将氧化石墨烯高度有序地插入聚丙烯薄膜中，并对比不同涂覆方式对石墨烯在薄膜中分布的影响，发现氧化石墨烯在聚合物中的分布排列与涂层致密度和氧气阻隔性能密切相关，层状分布的氧化石墨烯可将氧气在涂层中的扩散路径延长。

4.3.5　石墨烯无机复合防腐涂料

相比于有机涂料，石墨烯无机防腐涂料的研究相对较少。沈海斌等（2014）研究表明，用石墨烯代替金属铬添加到达克罗涂料，涂层的耐热性能和耐腐蚀性能都有提高，更重要的是，涂料在提高防腐蚀性能的同时，可以消除重金属铬对环境的污染，使涂料具有绿色环保的价值。

宁波墨西科技有限公司（2014）的唐长林等将石墨烯添加到无机硅酸盐涂料，测定涂层的附着力，在不进行表面喷砂处理情况下，附着力等级由 4 级提高至 0 级，其效果等同于金属表面经过喷砂处理或进行腐蚀粗糙化处理后无机涂料的附着力等级。由此，施工过程中无需喷砂处理，大大简化了施工难度。

常州君合科技有限公司（2014）的万春玉等将石墨烯添加到无机防腐涂料，涂料耐腐蚀性能大大提高，在涂覆量仅有 100～150mg/dm^{2}①的情况下，耐盐雾性能可高达 1200 h。

王树立等（2015）将氧化石墨烯添加到无机硅酸盐防腐涂料并添加凹凸棒土作为石墨烯和锌粉的分散剂，减少了团聚现象的发生，涂料的附着力和耐盐雾性能都大幅提高。

史述宾等（2016）在磷酸盐无机涂料中添加不同量的氧化石墨烯，通过 X 射线衍射仪、扫描电镜对其结构和微观形貌进行表征，并对涂层的电化学性能进行了测试。结果表明，磷酸盐无机涂层是由粒径大小不一的铝粉颗粒相互重叠而成，添加 0.09% GO 的涂层表现出更好的耐腐蚀性能。相比于空白涂层，腐蚀后涂层表面形貌更为致密；同时腐蚀电位从 -0.611V 增加至-0.559V，腐蚀电流从 5.131μA/cm^{-2} 降低至 0.583μA/cm^{-2}，涂层的初期（10d 以内）电化学阻抗提高了 2～3 倍，涂层显示出优异的耐腐蚀性能。

4.3.6 石墨烯防腐涂料研究存在的问题

Hu 等（2014）对石墨烯防腐涂料的可靠性应用进行了分析，结果表示，石墨烯的确是一种优秀的防腐材料，但其问题在于，利用当前合成方法制得的石墨烯片层存在太多缺陷，如化学键缺失、晶格畸变、局部厚度波动及掺杂杂质等。这些缺陷可能导致氧的堆积，从而降低石墨烯片层的保护性能，尤其是在长期的实验过程中，这种情况可能更为明显。因此，在引入行业应用前，必须要解决石墨烯内在性能的老化问题，并进行可靠性测试。

Cui 等（2017）的研究显示，尽管石墨烯具有很好的耐腐蚀性，但由于它相对于大多数金属是阴极性，并可能导致暴露的石墨烯-金属界面进一步腐蚀，这可能加速腐蚀，对被防护的金属产生严重削弱。文章提出，为利用石墨烯的耐腐蚀性能，应尽量弱化其作为阴极涂层的缺点。例如，可加入聚合物等绝缘材料以破坏石墨烯与金属之间的电耦合。一方面，石墨烯-聚合物涂层中，应尽量使石墨烯片良好地分散，以降低气体或液体的渗透性；另一方面，如果能够将石墨烯涂层调整为对金属阳极化，则可以减轻甚至反转腐蚀。向石墨烯聚合物涂层中加入锌等阳极材料即为一种解决方案。

4.4 石墨烯防腐技术专利分析

通过检索 Thomson Innovation 专利数据库，共得到石墨烯防腐涂料技术相关专利（族）572 项②。本部分主要从专利申请数量的时间趋势、技术主题、申请/受理国家与地区、重点专利申请人等方面对石墨烯防腐涂料技术领域的全球专利态势进行分析。

---

① 1dm=10cm。

② 检索时间为 2017 年 9 月 12 日，检索式为 (AB=(graphene AND (((erosion OR corrosi*) adj (prevent* OR anti OR resistan* OR proof* OR against)) OR anticorrosi* OR noncorrosi*)) AND ICR=(C09*))。

4.4.1 石墨烯防腐涂料技术专利申请趋势分析

石墨烯防腐涂料技术相关专利的申请始于 2010 年。韩国浦项制铁集团公司在该年申请题为“Black resin coating compositions with improved compatibility to coloring additives and its coated black resin steel”的专利，该专利提出，在树脂中加入包括石墨烯在内的碳纳米材料以用于钢板防腐。

从石墨烯防腐涂料技术专利申请数量的年度分布[①]（图 4-1）看，2010 年开始出现首例石墨烯防腐涂料专利，此后专利申请数量逐年增加，2010～2016 年，每年都比上一年增长约 50%以上。可以看出，石墨烯防腐涂料技术领域自该技术出现起，发展势头就非常迅猛。

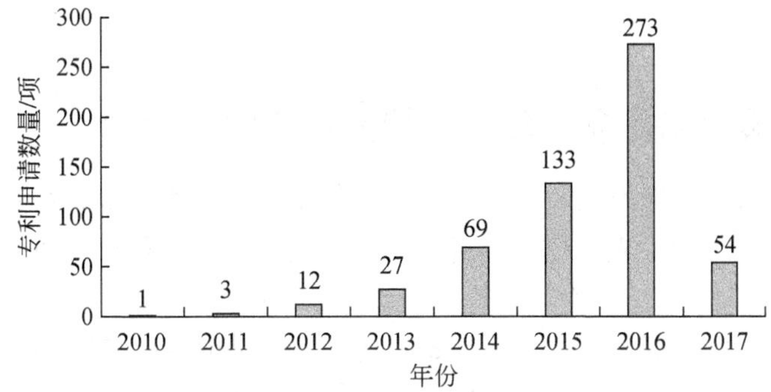

图 4-1 石墨烯防腐涂料技术专利申请数量的年度分布

图 4-2 和图 4-3 分别给出了石墨烯防腐涂料技术发明人及其相关技术类别（基于 IPC[②]）的年度分布情况。可以看出，2010～2016 年，每年都有大量新发明人进入这一领域，技术条目种类也在逐年增加，并且每种技术类别的专利申请数量增长与总体专利申请数量增长趋势相一致。这反映出石墨烯防腐涂料领域，不仅在汇聚人才方面表现突出，而且其技术应用范围也在逐年扩大。相应各领域内专利申请数量的增长也表明，该领域正处于逐渐成熟阶段。

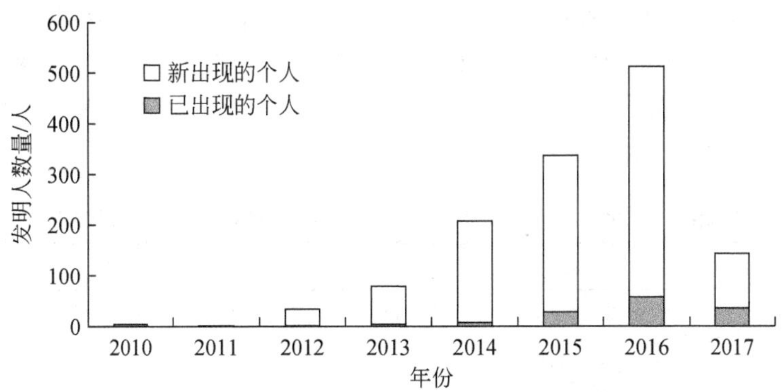

图 4-2 石墨烯防腐涂料技术发明人的年度分布

① 专利从申请到公开，到被德温特专利索引数据库（Derwent Innovations Index，DII）收录会有一定的时滞，图中近两年数据仅供参考。

② 国际专利分类（international patent classification，IPC）。

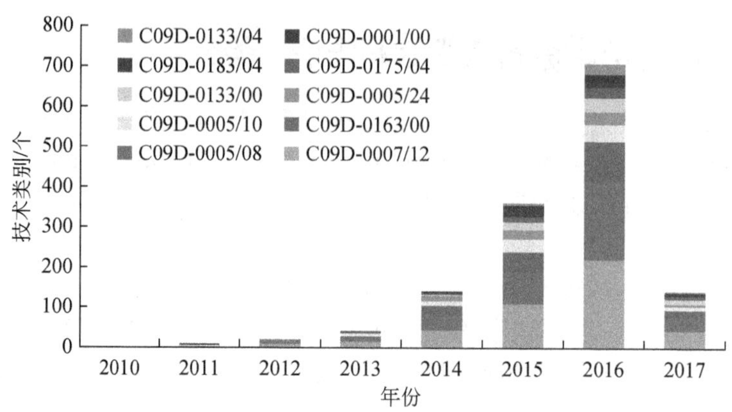

图 4-3 石墨烯防腐涂料技术技术类别的年度分布（文后附彩图）

4.4.2 石墨烯防腐涂料技术专利技术主题分析

IPC 是国际通用的、标准化的专利技术分类体系，蕴含着丰富的专利技术信息。通过对液流电池技术专利的 IPC 进行统计分析，可以准确、及时地获取该领域涉及的主要技术主题和研发重点。

本次检索到的 572 项石墨烯防腐涂料专利共涉及 494 个 IPC 号①。表 4-1 列出了石墨烯防腐涂料技术专利申请数量大于 30 项的 IPC 号及其申请情况，这些分类号涵盖了 521 项专利，占全部分析专利的 91%以上。石墨烯防腐涂料技术专利申请主要集中在 C09D 类目下，即涂料组合物、填充浆料和化学涂料等。其中，基于环氧树脂及其衍生物的涂料组合物的专利申请数量为 201 项；含金属粉末的抗腐蚀涂料的专利申请数量为 104 项；导电涂料的专利申请数量为 74 项；基于有 1 个或多个不饱和脂族基化合物的均聚物或共聚物的涂料组合物的专利申请数量为 71 项；基于聚脲或聚氨酯的涂料组合物及基于此种聚合物衍生物的涂料组合物的专利申请数量为 52 项；基于由只在主链中形成含硅的、有或没有硫、氮、氧或碳键反应得到的高分子化合物的涂料组合物及基于此种聚合物衍生物的涂料组合物的专利申请数量为 43 项；基于无机物质的涂料组合物的专利申请数量为 36 项。

可以看出，在石墨烯防腐涂料技术专利中，有相当一部分是基于环氧树脂及其衍生物的技术专利，含金属粉末的抗腐蚀涂料技术专利也较多，而基于聚氨酯和无机物质的石墨烯防腐涂料技术专利则相对较少。

表 4-1 石墨烯防腐涂料技术专利技术申请数量大于 30 项的 IPC 号及其申请情况（申请数量>30 项）

专利申请数量/项	IPC 号	分类号含义
443	C09D-0007/12	C09D-0005/00（以其物理性质或所产生的效果为特征的涂料组合物）中不包括的涂料成分特征
362	C09D-0005/08	以其物理性质或所产生的效果为特征的抗腐蚀涂料
201	C09D-0163/00	基于环氧树脂的涂料组合物；基于环氧树脂衍生物的涂料组合物
104	C09D-0005/10	含金属粉末的抗腐蚀涂料

① 检索中已经限定 IPC 为 C09，因此，大部分专利所属 IPC 均为 C09 的子类。

续表

专利申请数量/项	IPC 号	分类号含义
74	C09D-0005/24	导电涂料
71	C09D-0133/00	基于有 1 个或多个不饱和脂族基化合物的均聚物或共聚物的涂料组合物
52	C09D-0175/04	基于聚脲或聚氨酯的涂料组合物；基于此种聚合物衍生物的涂料组合物
43	C09D-0183/04	基于由只在主链中形成含硅的、有或没有硫、氮、氧或碳键反应得到的高分子化合物的涂料组合物；基于此种聚合物衍生物的涂料组合物
36	C09D-0001/00	基于无机物质的涂料组合物
36	C09D-0133/04	基于有 1 个或多个不饱和脂族基化合物的酯的均聚物或共聚物的涂料组合物
30	C09D-0004/06	基于至少具有 1 个可聚合的碳-碳不饱和键的非高分子有机化合物的涂料组合物
30	C09D-0005/14	含杀生剂的涂料
30	C09D-0005/18	防火涂料

4.4.3 石墨烯防腐涂料技术专利申请国家（地区）和组织分布

图 4-4 给出了石墨烯防腐涂料技术专利申请数量最多的国家（地区）和组织。可以看出，石墨烯防腐涂料技术绝大部分专利的申请集中在中国，占全部专利申请数量的 94%，其他国家在该领域的专利申请数量很少，相对较多的国家（地区）和组织只有世界知识产权组织（17 项）、韩国（14 项），以及美国（14 项）。可见，中国在石墨烯防腐涂料领域的探索远多于其他国家。

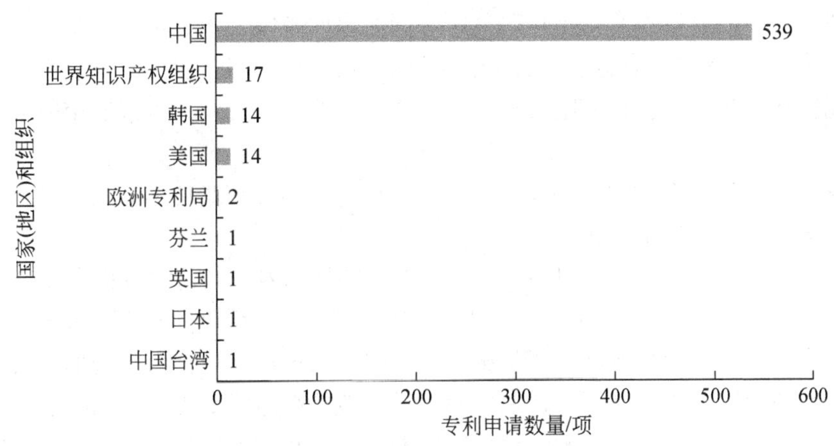

图 4-4 主要国家（地区）和组织石墨烯防腐涂料技术专利申请情况

图 4-5 给出了主要国家（地区）和组织石墨烯防腐涂料技术专利申请数量的年度分布情况。除中国以外，其他国家（地区）和组织在石墨烯防腐涂料技术领域的专利申请集中在 2013～2015 年。而在整个时间段内，中国专利均占据绝对多数，可见，中国基本主导了该领域的技术发展。

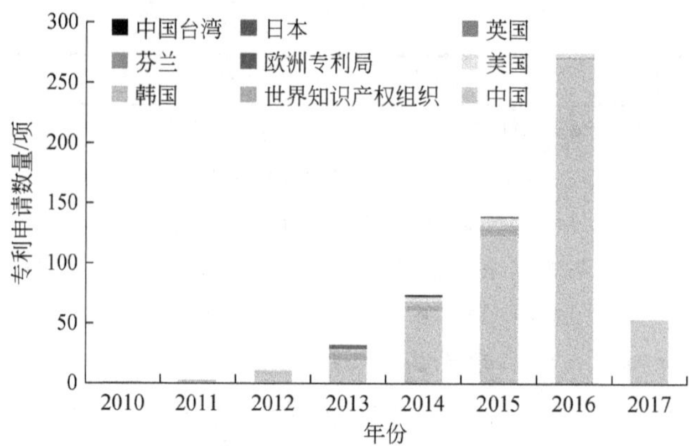

图 4-5　主要国家（地区）和组织石墨烯防腐涂料技术专利申请数量的年度分布（文后附彩图）

4.4.4　石墨烯防腐涂料技术专利权人分析

表 4-2 列出了石墨烯防腐涂料技术的主要专利权人及其专利申请时间分布情况。

从研究机构类型来看，除中国科学院宁波材料技术与工程研究所、常州大学、南京航空航天大学和上海大学等少数几家科研机构和高校外，多数石墨烯防腐涂料技术专利申请主要是由企业主导。不过，中国科学院宁波材料技术与工程研究所和常州大学在石墨烯防腐涂料技术领域申请了大量专利，通过相关公开报道来看，包括这两家研究机构在内的国内科研院校，通过产学研合作推动了我国石墨烯防腐涂料技术的快速发展和产业化。

在石墨烯防腐涂料技术领域申请专利较多的研究机构包括天长市巨龙车船涂料有限公司、中国科学院宁波材料技术与工程研究所、国家电网有限公司、常州大学、无锡明盛纺织机械有限公司、成都纳硕科技有限公司、韩国浦项制铁公司、中国航发北京航空材料研究院、合肥标兵凯基新型材料有限公司、宁波墨西科技有限公司、南京航空航天大学和上海大学等。

从申请时间来看，多数研究机构的申请时间集中在 2015～2016 年，只有韩国浦项制铁公司的专利申请分布在 2010～2015 年。

天长市巨龙车船涂料有限公司的石墨烯防腐涂料技术专利申请大多集中在 2016 年 12 月 13 日。该公司在该领域的绝大多数专利申请基本属于各种用途的石墨烯金属防锈底漆及制作方法。该公司本系列的专利主要是选用了废聚苯乙烯泡沫改性丙烯酸酯乳液作为成膜物，使涂膜的硬度、耐化学品性、耐水性和抗粉化性等性能得到提高，同时加入适量的石墨烯并对其进行改性提高了涂层的防腐防锈性能，在此基础上配伍改性混合粉体等助剂制得不同功能的防锈底漆。

中国科学院宁波材料技术与工程研究所在石墨烯防腐涂料类专利上的涉及范围相对广泛，包括石墨烯防腐涂料的制备工艺及防腐涂料在输电铁塔、镁合金、铝合金和太阳能支架等领域的应用，以及石墨烯防腐导电涂料和石墨烯耐磨防腐涂料等不同功能性涂料的制备。

国家电网有限公司的石墨烯防腐涂料相关技术专利主要申请于 2015 年。该公司的相关专利主要是在多种电力和通信设备中应用含石墨烯防腐涂料，如应用于通信机房的消声防锈漆的制备，应用于节约电磁线的弧焊变压器不锈钢壳体的防腐外涂覆涂料的制备，以及电力用高强度耐腐蚀配电箱制备等。

常州大学的石墨烯防腐涂料技术专利涉及的技术范围也较为广泛，包括以水性环氧树脂、钾水玻璃为成膜物质，以石氧化墨烯和二氧化锡纳米颗粒为主要填料的有机-无机复合底漆；以碱金属水溶液为成膜物质，以氧化石墨烯和锌粉为主要填料，以硅丙乳液为改性剂的防腐底漆；一种在聚吡咯涂层中掺杂石墨烯的工艺方法；以及石墨烯/聚苯胺复合材料等。值得注意的是，常州大学在石墨烯无机复合防腐涂料研究方面拥有相对更多的专利。

无锡明盛纺织机械有限公司的石墨烯防腐涂料技术专利大多申请于 2016 年 11 月 17 日，并且主要是一种水轮机叶片改性环氧树脂多涂层防腐蚀防磨蚀方法。其主要方法是将 SiC 陶瓷或 TiN 陶瓷颗粒及 Si_3N_4 纳米颗粒等，与石墨烯纤维、端羟基液体橡胶改性环氧树脂配比，制成浆料并涂抹在水轮机叶片表面，得到耐腐蚀涂层。

表 4-2　石墨烯防腐涂料技术的主要专利权人及其专利申请时间分布情况

专利申请总量/项	研究机构	2017 年	2016 年	2015 年	2014 年	2013 年	2012 年	2011 年	2010 年
17	天长市巨龙车船涂料有限公司		16		1				
11	中国科学院宁波材料技术与工程研究所		8	1	2				
11	国家电网有限公司		1	10					
10	常州大学		3	7					
10	无锡明盛纺织机械有限公司		10						
9	成都纳硕科技有限公司		2	7					
8	韩国浦项制铁公司			1	2	1	3		1
6	中国航发北京航空材料研究院		3	3					
6	合肥标兵凯基新型材料有限公司			6					
6	宁波墨西科技有限公司		1			5			
6	南京航空航天大学				6				
5	上海大学		2	1	2				
5	上海理工大学		2	3					
4	安徽易能新材料科技有限公司		3	1					
4	英德科迪颜料技术有限公司		4						
4	佛山市高明区尚润盈科技有限公司		4						
4	广东科迪新材料科技有限公司		4						
4	湖南东博墨烯科技有限公司				4				
4	济宁迅大管道防腐材料有限公司		4						
4	马鞍山市华能电力线路器材有限责任公司		4						
4	青岛瑞利特新材料科技有限公司	1	1	2					
4	深圳市烯世传奇科技有限公司		4						
4	铜陵市肆得科技有限责任公司		2	2					

4.5 石墨烯防腐论文计量分析

本报告检索了 Web of Science 数据库，共检索得到石墨烯防腐涂料技术相关论文 519 篇[①]。以下将从论文发表趋势、发表的国家（地区）、论文发布机构和论文作者等方面进行分析。

4.5.1 石墨烯防腐涂料论文发表趋势分析

图 4-6 显示了 Web of Science 数据库中石墨烯防腐涂料发文量年度分布趋势。可以看出，该领域的相关论文最早发表于 2011 年，其数量在随后若干年中逐年上升，2011～2015 年，年均增长率达 104%，2016 年增长速度有所下降，但 2017 年，截至检索日[②]，该领域的发文量已经基本与 2016 年持平。从发文量判断，对石墨烯防腐涂料的研究从 2011 年起逐渐引起研究人员的关注，并在随后几年中快速发展，2016～2017 年仍然保持了增长，说明该领域的研究仍然比较热门。

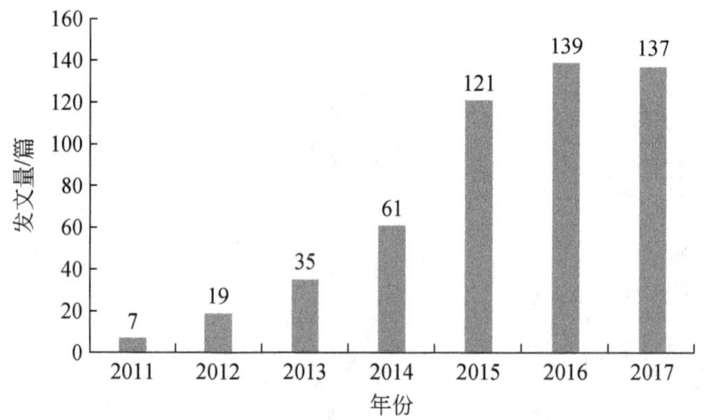

图 4-6 石墨烯防腐涂料发文量年度分布趋势

4.5.2 石墨烯防腐涂料论文发表国家（地区）分布

图 4-7 和图 4-8 分别展示了石墨烯防腐涂料发文量国家（地区）（发文量在 20 篇以上）分布情况及其随时间的发展趋势。

从图 4-7 中可以看出，中国的石墨烯防腐涂料发文量远高于其他国家，这 点与专利申请数量的情况类似。除中国外，石墨烯防腐涂料发文量较多的国家还包括印度、美国、韩国和伊朗等。与专利申请数量的情况对比发现，中国、美国、韩国在该领域的发文量和专利申请数量均居世界前列，而印度和伊朗仅在发文量上有较好表现，相关技术专利申请数量则很少。

① 检索式 TS=(graphene AND (((erosi* OR corrosi*) near/1 (Inhibi* OR protect* OR prevent* OR anti OR resistan* OR proof* OR against)) OR anticorrosi* OR noncorrosi*))。

② 论文检索时间为 2017 年 9 月 18 日。

在图 4-8 中，中国、美国和德国在石墨烯防腐涂料领域的论文均出现自 2011 年，其他国家（地区）论文出现得晚，但也大多出现自 2012～2013 年，并没有显著差别。从发展趋势上看，中国在该领域的发文量增长远高于其他国家，自 2012 年起，中国发文量急剧增长。相对而言，美国和韩国等国家的发文量尽管也有一定程度的增加，但增长幅度并不大，特别是 2016～2017 年，发文量并无明显增长，甚至有所回落。不过，印度、伊朗两国尽管起步相对较晚，但 2016～2017 年发文量增长高于中国以外的其他国家。

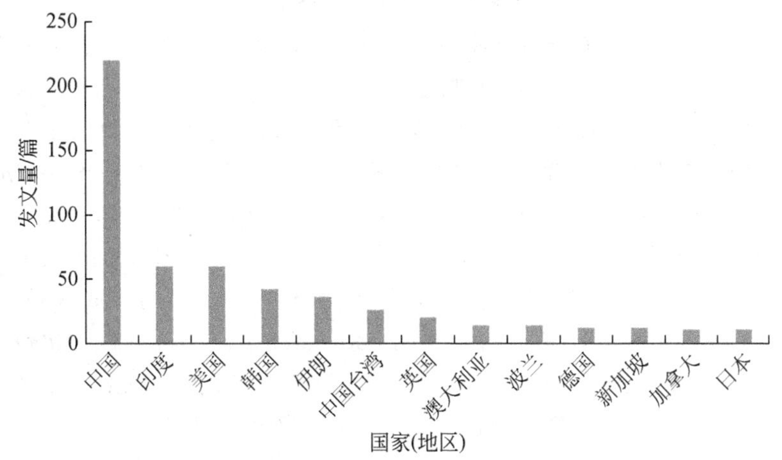

图 4-7 石墨烯防腐涂料发文量国家（地区）分布

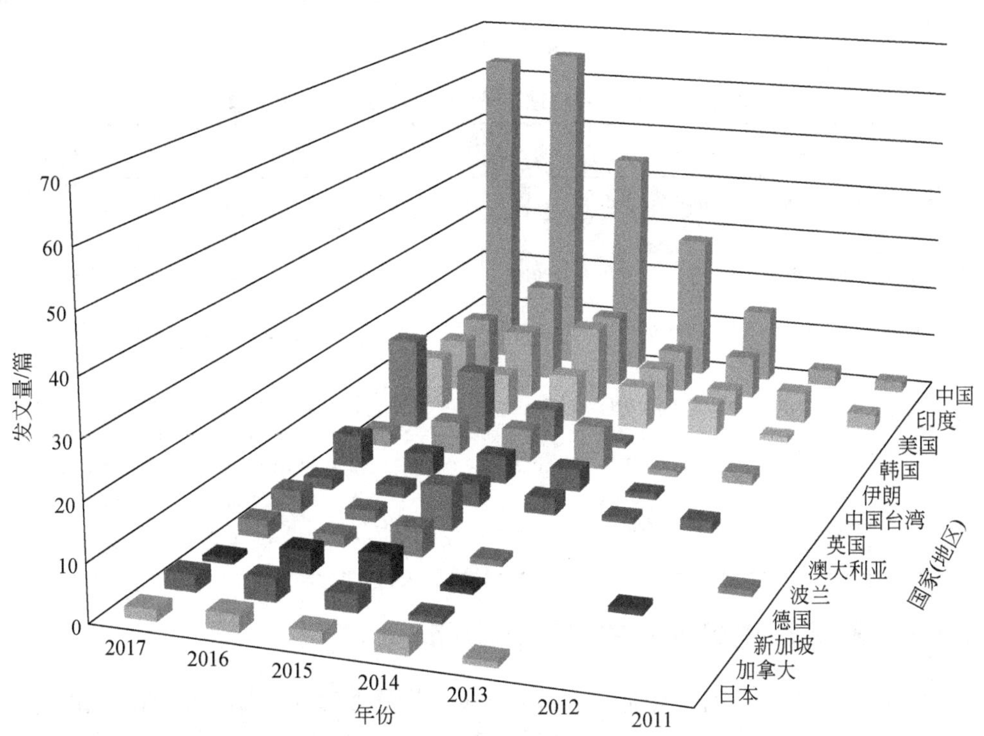

图 4-8 石墨烯防腐涂料发文量国家（地区）随时间的发展趋势（文后附彩图）

4.5.3 石墨烯防腐涂料高被引论文

表 4-3 列出了石墨烯防腐涂料领域被引次数超过 100 次的 6 篇论文。

被引次数最高的一篇是美国康奈尔大学 Chen 等于 2011 年发表的 *Oxidation Resistance of Graphene-Coated Cu and Cu/Ni Alloy*，他们在论文中首次证明，通过在 Cu 和 Cu/Ni 合金上用化学气相沉积生长石墨烯膜，能够保护金属表面免受氧化，该研究工作证实了石墨烯膜具有有效的抗氧化性质。该论文的被引次数达到 538 次。

被引次数位居第 2 位的是美国范德堡大学 Bolotin 等于 2012 年发表的 *Graphene：Corrosion-Inhibiting Coating*。该文章用电化学方法，研究了在金属上生长石墨烯，以及通过机械转移多层石墨烯对铜和镍的防腐蚀效果。该论文的被引次数达到 352 次。

其他被引次数较高的论文包括美国加利福尼亚大学伯克利分校的 Schriver 等于 2013 年发表的 *Graphene as a Long-Term Metal Oxidation Barrier：Worse Than Nothing*（被引次数为 156 次）；澳大利亚莫纳什大学的 Kirkland 等于 2012 年发表的 *Exploring Graphene as a Corrosion Protection Barrier*（被引次数为 155 次）；台湾中原大学的 Chang 等于 2012 年发表的 *Novel Anticorrosion Coatings Prepared from Polyaniline/Grapheme*（被引次数为 152 次）；以及澳大利亚莫纳什大学 Banerjee 等于 2012 年发表的 *Protecting Copper from Electrochemical Degradation by Graphene Coating*（被引次数为 123 次）。

值得注意的是，大多数高被引论文的研究内容是直接在金属表面生长或转移石墨烯薄膜，对石墨烯膜的耐腐蚀性能展开研究。在高被引的 6 篇论文中，只有台湾中原大学的 Chang 等的研究对象是以石墨烯为填料的涂料应用。

表 4-3 被引次数超过 100 次的石墨烯防腐涂料论文

论文标题	发表时间	被引次数/次	论文第一作者	研究机构
Oxidation Resistance of Graphene-Coated Cu and Cu/Ni Alloy	2011	538	Chen S S	美国康奈尔大学
Graphene：Corrosion-Inhibiting Coating	2012	352	Bolotin K I	美国范德堡大学
Graphene as a Long-Term Metal Oxidation Barrier：Worse Than Nothing	2013	156	Schriver M	美国加利福尼亚大学伯克利分校
Exploring Graphene as a Corrosion Protection Barrier	2012	155	Kirkland N T	澳大利亚莫纳什大学
Novel Anticorrosion Coatings Prepared from Polyaniline/Grapheme	2012	152	Chang C H	台湾中原大学
Protecting Copper from Electrochemical Degradation by Graphene Coating	2012	123	Banerjee C P	澳大利亚莫纳什大学

4.5.4 石墨烯防腐涂料研究机构分析

表 4-4 和图 4-9 展示了石墨烯防腐涂料领域发文量最多的排名前 10 位的研究机构，指标包括发文量、论文总被引次数、篇均被引次数，以及 H 指数。

表 4-4 石墨烯防腐涂料领域各研究机构发文量、被引次数与 H 指数

	研究机构	发文量/篇	总被引次数/次	篇均被引次数/（次/篇）	H 指数
1	中国科学院	48	438	9.1	10
	宁波材料技术与工程研究所	13	73	5.6	4
	海洋研究所	9	20	2.2	2
	兰州化学物理研究所	7	78	11.1	4
	上海微系统与信息技术研究所	4	27	6.8	3
	金属研究所	4	128	32.0	2
	上海硅酸盐研究所	3	61	20.3	3
	微电子研究所	1	7	7.0	1
	苏州纳米技术与纳米仿生研究所	1	15	15.0	1
2	清华大学	16	178	11.1	7
3	中国科学院大学	14	65	4.6	5
4	印度科学与工业研究理事会	11	238	21.6	7
5	北京航空航天大学	10	90	9.0	6
6	台湾中原大学	10	266	26.6	5
7	印度理工学院	10	61	6.1	3
8	西南石油大学	10	80	8.0	4
9	大连理工大学	9	95	10.6	6
10	印度科学理工学院	8	27	3.4	3

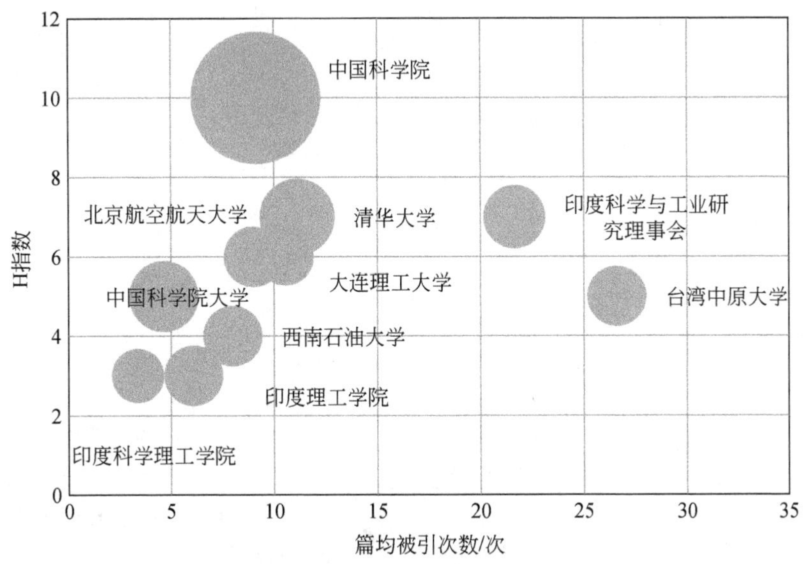

图 4-9 石墨烯防腐涂料领域各研究机构发文量、被引次数与 H 指数

横坐标表示研究机构发表论文的篇均被引次数，纵坐标表示研究机构的 H 指数，气泡大小表示发文量

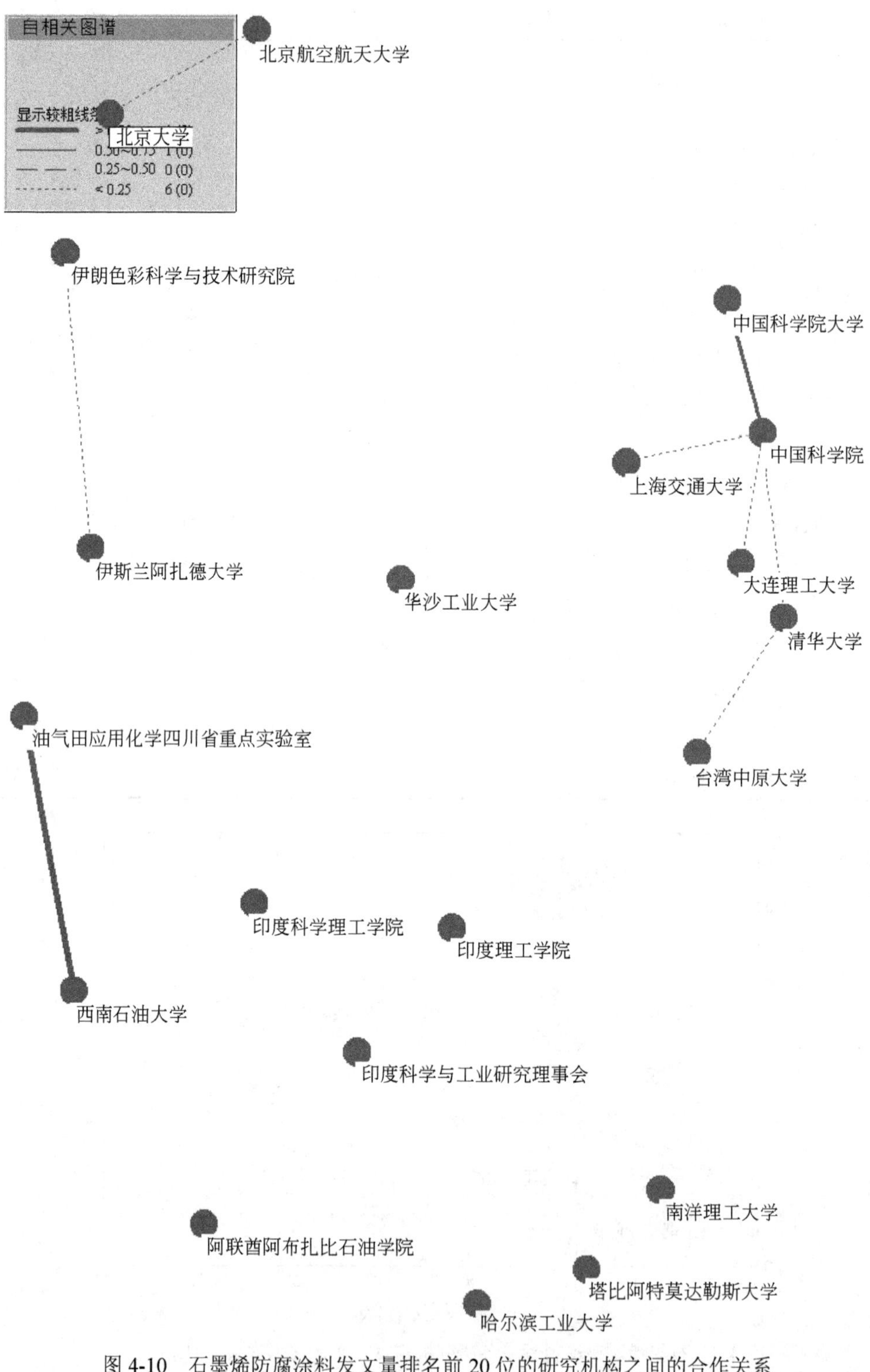

图 4-10　石墨烯防腐涂料发文量排名前 20 位的研究机构之间的合作关系

在石墨烯防腐涂料领域，发文量最多的排名前10位的研究机构依次是中国科学院、清华大学、中国科学院大学、印度科学与工业研究理事会、北京航空航天大学、台湾中原大学、印度理工学院、西南石油大学、大连理工大学、印度科学理工学院，其中，中国科学院以48篇发文量排在第1位。在前10个发文量最多的研究机构中，中国大陆占6个，印度占3个，中国台湾占1个，这10所研究机构均为研究所或大学。

从论文的篇均被引次数看，台湾中原大学的篇均被引次数达到26.6次，其次是印度科学与工业研究理事会为21.6次，清华大学和大连理工大学的篇均被引次数分别为11.1次和10.6次，中国科学院为9.1次。如果仅从论文的篇均被引次数方面考量论文影响力，这一结果显示中国大陆研究机构在石墨烯防腐涂料领域的论文影响力方面落后于印度科学与工业研究理事会和台湾中原大学。

H指数能够综合反映出机构的学术产出数量和质量。在表4-4中，H指数较高的研究机构分别是中国科学院（10）、清华大学（7）和印度科学与工业研究理事会（7）。这说明在综合水平上，这三家研究机构高于表中其他研究机构。

在中国科学院内，宁波材料技术与工程研究所发表相关论文数量最多（13篇），其次是海洋研究所（9篇）、兰州化学物理研究所（7篇）、上海微系统与信息技术研究所（4篇）和金属研究所（4篇）。以篇均被引次数看，金属研究所论文的篇均被引次数最高，达到32.0次，上海硅酸盐研究所的论文篇均被引次数也较高，达到20.3次。在H指数方面，宁波材料技术与工程研究所和兰州化学物理研究所并列第一。

图4-10是基于论文合作情况，绘制出的石墨烯防腐涂料领域发文量最多的排名前20位的研究机构之间的合作关系。从图4-10中能够发现，许多中国国内研究机构存在交叉合作关系。例如，中国科学院与上海交通大学、大连理工大学和清华大学等存在合作关系；清华大学与台湾中原大学存在合作关系；北京航空航天大学与北京大学存在合作关系；油气田应用化学四川省重点实验室与西南石油大学存在合作关系。伊朗色彩科学与技术研究院与伊斯兰阿扎德大学之间存在合作关系。相比之下，印度的多个研究机构之间并无合作关系。图4-10也反映出，在石墨烯防腐涂料领域，研究机构之间的国际合作很少，多数研究合作仅限于国家内部。

4.6 总结与建议

我国涂料行业近年来稳步发展，产量和用量不断创出新高，是世界涂料生产和消费第一大国。不过，我国涂料市场仍然呈现高质量产品不足、低质量产品供应过剩的状况，高档涂料仍然大部分依靠进口。要大力推进供给侧结构性改革，提供更多满足市场需求的、性价比优良的涂料产品，适应国内外经济形势新变化，完成产业由量到质的飞跃。在未来发展上，要着重解决安全环保和技术创新等问题。作为涂料行业中最为重要的环保问题，未来低挥发性有机物环保涂料是发展的重中之重。水性涂料、高固体分涂料、无溶剂涂料、粉末涂料等是涂料的绿色环保的主要发展方向。

对于重防腐涂料而言，随着我国基础建设的大量投资，我国近年来在重防腐涂料的产量、品种、性能上均得到迅速发展。重防腐涂料的产业集中度不断提高，同时也面临着激烈的国内外竞争，并在竞争中形成了一大批高产值企业。不过，在技术含量较高的应用领域，如海洋防腐涂料领域，我国在研发方面与国外先进水平还存在较大差距，大部分市场被国外涂料巨头垄断。为加强我国在重防腐涂料领域的国际竞争力，亟须加强投入，培养自身技术实力，开发自主知识产权，形成高质量、低成本、可商业化的具有市场竞争力的高端重防腐涂料产品。

重防腐涂料的重要发展方向与涂料行业整体一致，也需要向绿色环保方向发展，包括使用水性涂料、高固体分涂料、无溶剂涂料和低表面处理涂料等。石墨烯重防腐涂料是近年来我国具有自主知识产权且兼具优异力学性能、长效防腐耐候和特殊功能性的高技术产品，受到国内众多科研院所和企业的关注，这些科研院所和企业对其开展了大量的研究、开发、试验、示范工作。

在石墨烯防腐涂料的研究上，相关研究起步于 2010～2011 年，研究热度在随后几年逐渐升温，无论发文量还是专利申请数量，都得到了大幅增长。值得注意的是，石墨烯防腐涂料的发文量在经历 2011～2015 年年均 100%的跨越式增长后，2016 年的发文量增长幅度有所放缓，较 2015 年仅增长约 15%，但同期专利申请数量却依然保持了 100%以上的增速，表明相关技术可能已经逐渐成熟，研究成果逐渐从实验室基础研究向应用化研究转变。

从研究方向上看，石墨烯防腐涂料专利的 IPC 号统计显示，多数专利集中在环氧树脂及其衍生物与石墨烯的涂料组合上；含金属粉末的抗腐蚀涂料专利申请数量次之；再次是不饱和脂族基化合物的均聚物或共聚物的涂料组合物，以及基于聚脲或聚氨酯的涂料组合物；基于无机物的石墨烯防腐涂料技术专利相对数量较少。

在石墨烯防腐涂料领域，中国是主要的研究国家。无论从专利还是论文产出来看，相比其他国家（地区），中国产出了大部分研究成果，特别是在专利上，中国申请的专利占专利申请总数量的 90%以上。在专利领域，除中国以外，美国和韩国存在一定数量的专利申请。在论文发表上，除了中国、美国、韩国以外，印度、伊朗和中国台湾等是较为活跃的国家（地区）。对比之下能够发现，国际上除中国以外，美国和韩国在石墨烯防腐涂料方面从基础研究到产品应用均有所涉及，而印度、伊朗在该领域尚停留在学术研究领域，这两国近年来在该领域的发文量呈不断增加的趋势，不过并没有相应数量的专利出现，可见，其在技术应用上还存在差距。

通过专利和文献分别分析石墨烯防腐涂料的研究机构，呈现出了不同的结果。专利方面，天长市巨龙车船涂料有限公司、中国科学院宁波材料技术与工程研究所、国家电网有限公司、常州大学、无锡明盛纺织机械有限公司是国内专利申请数量较多的研究机构，不过在分析其申请专利后发现，天长市巨龙车船涂料有限公司与无锡明盛纺织机械有限公司申请的专利尽管数量较多，但其主要内容比较相似，且申请时间高度集中。国家电网有限公司相关专利集中于电力通信设备的常规性石墨烯防腐涂料。中国科学院宁波材料技术与工程研究所和常州大学的研究范围则较为广泛，涉及的技术广度较大。与专利的主要申请主体是企业不同，石墨烯防腐涂料学术论文的发表多由高校与研究所完成。中国科学院宁波材料技术与工程研究所、清华大学、印度科学与工业研究理事会、北京航空航天大学、台湾中原大学、印度理工学院、西南石油大学、中国科学院海洋研究所、大连理工大学是发表相关论文较多的研究机构。综合来看，国内中国科学院宁波材料研究所在论文和专利申请两方面都位居国内前列，其他研究机构则没有出现类似情况。

在石墨烯重防腐涂料的配套条件发展方面，由于石墨烯材料本身呈现出的优异性能，吸引了中国、美国、欧盟和日本等多个国家和地区的政策支持，近年来，更是在石墨烯的产业化方面进行投入，希望石墨烯能够在市场中得到实际应用。在政策支持、研发、生产方面，中国在石墨烯领域都是表现最为突出的国家之一。实际上，目前中国国内的石墨烯产能已经出现过剩现象，但是，相对过剩的是上游生产，下游应用产业链却尚未完全形成。而在石墨烯防腐涂料应用领域，在市场蓝海尚有待挖掘的当下，已经展现出竞争混乱的红海特征。应当认识到，石墨烯产业市场目前尚处于初级阶段，在产业化发展过程中面临着产业应用技术缺乏引导和市场需求尚未全面打开等诸多亟须解决的问题。

致谢 中国科学院宁波材料技术与工程研究所王立平研究员、蒲吉斌研究员和上海电力学院闵宇霖教授对本报告提出了宝贵的意见和建议，谨致谢忱！

参考文献

蔡文曦. 2016. 石墨烯/聚苯胺纳米复合材料及其在防腐涂料中的应用. 华南理工大学硕士学位论文.

常州君合科技有限公司. 2014. 无机防腐涂料及其制备方法和使用方法. CN103849187A.

陈松. 2014. 石墨烯基复合材料的制备与防腐蚀性能研究. 西南石油大学硕士学位论文.

丁纪恒，刘栓，顾林，等. 2015. 环氧磷酸酯/水性环氧涂层的耐蚀性能. 中国表面工程，28（2）：126-131.

范壮军，魏彤，闫俊，等. 2012. 一种基于聚苯胺与石墨烯复合材料的防腐涂料及制备方法. 中国：102604533 A.

工业和信息化部. 2015. 工业和信息化部 发展改革委 科技部 关于加快石墨烯产业创新发展的若干意见. http：//www. miit. gov. cn/n1146285/n1146352/n3054355/n3057569/n3057581/c4471155/content. html [2015-11-30].

黄坤，曾宪光，裴嵩峰，等. 2015，石墨烯/环氧复合导电涂层的防腐性能研究. 涂料工业，45（1）：17-20.

柯强，陈松，刘松，等. 2014. 石墨烯片/聚吡咯复合材料的制备与防护性能. 腐蚀与防护，35（10）：997-1001.

刘国杰. 2016. 石墨烯重防腐涂料产业化研发的初步进展. 中国涂料，31（12）：6-15.

刘琼馨，屈晓兰，许红涛，等. 2013. 一种富锌环氧防腐涂料及其制备方法. 中国：103173095 A.

刘栓，姜欣，赵海超，等. 2015. 石墨烯环氧涂层的耐磨耐蚀性能研究. 摩擦学学报，35（5）：598-605.

刘栓，王春婷，程庆利，等. 2017. 石墨烯基涂层防护性能的研究进展. 中国材料进展，36（5）：377-383.

刘栓，赵海超，顾林，等. 2014. 有机涂层/金属腐蚀无损检测技术研究进展. 电镀与涂饰，33（22）：993-997.

宁波墨西科技有限公司. 2014. 一种石墨烯无机涂料及其使用方法. WO2014161214A1.

沈海斌，刘琼馨，瞿研. 2014. 石墨烯在涂料领域中的应用. 涂料技术与文摘，35（8）：20-22.

史述宾，戴雷，周楠，等. 2016. 氧化石墨烯对磷酸盐无机涂料防腐性能的影响. 涂料工业，46（9）：1-6+20.

王树立，康甜甜，饶永超，等. 2015. 一种复合型水性无机防腐涂料及制备方法. 104877402A.

王耀文. 2012. 聚苯胺与石墨烯在防腐涂料中的应用. 哈尔滨工程大学硕士学位论文.

王玉琼，刘栓，刘兆平，等. 2015. 石墨烯掺杂水性环氧树脂的隔水和防护性能. 电镀与涂饰，34（6）：314-319，361.

张兰河，李尧松，王冬，等. 2015. 聚苯胺/石墨烯水性涂料的制备及其防腐性能研究. 中国电机工程学报，35（S1）：170-176.

赵霞，刘栓，王秀通，等. 2014. Surface modification of ZrO_2 nanoparticles with styrene coupling agent and its effect on the corrosion behaviour of epoxy coating. Chin J Oceanol Limnol，32（5）：1163-1171.

中国涂料. 2017. 石墨烯涂料团体标准研讨会在福建泉州召开. http：//www. chinacoatings. com. cn/focus/2017-7-28/6245. html [2017-07-28].

周楠，陈浩，丁纪恒，等. 2017. 石墨烯的分散及其在防腐涂层中的应用. 中国涂料，32（2）：6-10.

Chang C H，Huang T C，Peng C W，et al. 2012. Novel anticorrosion coatings prepared from polyaniline/graphene composites. Carbon，50（14）：5044-5051.

Chang K C，Hsu M H，Lu H I，et al. 2014a. Room-temperature cured hydrophobic epoxy/graphene composites as corrosion inhibitor for cold-rolled steel. Carbon，66（2）：144-153.

Chang K C，Ji W F，Lai M C，et al. 2014b. Correction：Synergistic effects of hydrophobicity and gas barrier properties on the anticorrosion property of PMMA nanocomposite coatings embedded with graphene nanosheets. Polymer Chemistry，5（3）：1049-1056.

Chang K C，Ji W F，Li C W，et al. 2014c. The effect of varying carboxylic-group content in reduced graphene oxides on the anticorrosive properties of PMMA/reduced graphene oxide composites. Express Polymer Letters，8（12）：908-919.

Christopher G，Kulandainathan M A，Harichandran G. 2015. Comparative study of effect of corrosion on mild steel with waterborne polyurethane dispersion containing graphene oxide versus carbon black nanocomposites. Progress in Organic Coatings，89：199-211.

Cui C，Lim A T O，Huang J. 2017. A cautionary note on graphene anti-corrosion coatings. Nature Nanotechnology，12（9）：834-835.

European Commission. 2016. FET Flagships：lessons learnt. https：//ec. europa. eu/digital-single-market/en/news/fet-flagships-lessons-learnt [2016-10-24].

European Commission. 2017. The FET Flagships receive positive evaluation in their journey towards ground-breaking innovation. https：//ec. europa. eu/digital-single-market/en/news/fet-flagships-receive-positive- evaluation-their-journey-towards-ground-breaking-innovation [2017-02-15].

Gu L，Liu S，Zhao H，et al. 2015. Facile Preparation of Water-Dispersible Graphene Sheets Stabilized by Carboxylated Oligoanilines and Their Anticorrosion Coatings. Acs Applied Materials and Interfaces，7（32）：17641-17648.

Higher Education Funding Council for England. 2014. £60 million of public and private investment for new leading-edge graphene research facility. http：//www. hefce. ac. uk/news/newsarchive/2014/Name，94063，en. html [2014-09-10].

Hu J C，Ji Y F，Shi Y Y，et al. 2014. A Review on the use of Graphene as a Protective Coating against Corrosion. Annals of Materials Science and Engineering，1（3）：1-16.

Lee K H，Hong J，Kwak S J，et al. 2015. Spin self-assembly of highly ordered multilayers of graphene-oxide

sheets for improving oxygen barrier performance of polyolefin films. Carbon，83：40-47.

Li M K，Gao C X，Hu H L，et al. 2013. Electrical conductivity of thermally reduced graphene oxide / polymer composites with a segregated structure. Carbon，65（6）：371-373.

Li Y，Yang Z，Qiu H，et al. 2014. Self-aligned graphene as anticorrosive barrier in waterborne polyurethane composite coatings. Journal of Materials Chemistry A，2（34）：14139-14145.

Liu S，Gu L，Zhao H C，et al. 2016. Corrosion Resistance of Graphene-Reinforced Waterborne Epoxy Coatings. Journal of Materials Sciences and Technology，32（5）：425-431.

Ministry of Trade Industry & Energy. 2013. 꿈의 신소재 그래핀 상업화를 위한 첫걸음 시작. http：//lib. motie. go. kr/bbs/Detail. ax?bbsID=2&articleID=206 [2013-05-22].

Nature. 2014. UK budget sees boosts for data science，graphene and cell therapy. http：//blogs. nature. com/news/2014/03/uk-budget-sees-boosts-for-data-science-graphene-and-cell-therapy. html [2014-03-19].

Santosh K Y，Jae W C. 2013. Functionalized graphene nanoplatelets for enhanced mechanical and thermal properties of polyurethane nanocomposites. Applied Surface Science，266（1）：360-367.

Sun W，Wang L D，Wu T T，et al. 2014. Synthesis of low-electrical-conductivity graphene/pernigraniline composites and their application in corrosion protection. Carbon，79（1）：605-614.

The University of Manchester. 2011. £50m boost for graphene research. http：//www. manchester. ac. uk/aboutus/news/display/?id=7484 [2011-10-03].

Vilania C，Romani E C，Larrudé D G，et al. 2015. Direct transfer of graphene films for polyurethane substrateOriginal. Applied Surface Science，356（30）：1300-1305.

Wang X，Xing W Y，Song L，et al. 2012. Fabrication and characterization of graphene-reinforced waterborne polyurethane nanocomposite coatings by the sol-gel method. Surface and Coatings Technology，206（23）：4778-4784.

Yu Y H，Lin Y Y，Lin C H，et al. 2014. High-performance polystyrene/graphene-based nanocomposites with excellent anti-corrosion properties. Polymer Chemistry，5（2）：535-550.

5 磁约束核聚变国际发展态势分析

吴 勘 郭楷模 赵晏强 陈 伟

（中国科学院武汉文献情报中心）

摘 要 核聚变能被视为人类可持续发展最理想的未来能源，受控核聚变研究的最终目标是实现核聚变能的商业化应用。经过半个多世纪的不懈努力，世界各国已经在磁约束核聚变理论方法、关键技术和实验装置（如托卡马克和仿星器等）上取得了突破性进展，托卡马克实现聚变反应并作为受控磁约束核聚变反应堆的科学可行性已经得到初步验证，成为未来实现受控核聚变能的主要研究途径之一。目前，包括中国在内的 7 个世界主要核聚变研究国家和地区正投入巨大财力、人力，联合建造世界上规模仅次于国际空间站的大科学工程计划——托卡马克类型的国际热核聚变实验堆（ITER），努力解决与托卡马克聚变反应堆工程可行性和商用可行性密切相关的稳态先进托卡马克运行模式及燃烧等离子体物理这两大科学问题。

为了早日获得清洁安全的聚变能源，世界主要发达国家纷纷制定了聚变能研究战略，探索和发展能直接用于商用聚变堆的各种新技术和新概念，以加快这一进程。美国聚变能科学战略框架主要集中在燃烧等离子体下的基本行为、燃烧等离子体下的壁材料研究、面向燃烧等离子体的高功率注入及等离子体诊断四个研究范畴。欧盟以 ITER 和国际热核聚变材料辐照设施（IFMIF）同时建设和平行运行为基础，制定了聚变能研究路线图，并在“地平线 2020”计划中斥巨资部署重大任务。日本通过将 JT-60 改造为大型超导托卡马克装置 JT-60SA，开展燃烧等离子体物理实验以解决 ITER 和示范聚变电站（DEMO）之间的稳态运行问题，并探索螺旋场约束和激光核聚变等替代方法。中国政府积极制定了聚变能开发战略，将战略划分为“聚变能技术—聚变能工程—聚变能商用”三个阶段，同时设定了清晰的近期、中期、远期目标。俄罗斯将建造高温磁约束氘氚等离子体热核聚变反应堆，开发并建造聚变中子源，为加速聚变应用提出了到 2050 年的未来聚变研究计划的发展路线。韩国政府通过《聚变能源开发促进法》，与美国普林斯顿等离子体物理实验室达成协议，启动聚变堆示范装置的研发计划项目。在通向聚变能商业化的道路上，世界主要磁约束核聚变研究国家集中主要力量和科技成果保证合作建设 ITER 的研发需求，同时保持各国大型研究装置的运行，为未来研发商用示范聚变堆积累技术和人力资源。

磁约束核聚变研究是一门复杂的综合科学，涉及物理、化学、材料和工程等多个领域，关键技术包括磁体材料和系统、大规模电源和电力技术、超高真空及壁处理技术、高时空分辨的诊断技术、数据采集和等离子体控制技术、射频波和高能中性束加热及电流驱动等技术。对超导托卡马克，还需要超导磁体设计、实验、运行和保护技术及低温制冷（液氦温区）技术；对托卡马克反应堆，还包括包层设计与加工、安全运行和中子学技术；对聚变反应堆，运行和维护需要研发恶劣核环境下的遥控技术和所有相关材料。2017 年以来，磁约束核聚变研究在理论研究、材料开发及实验和制造工艺上均已经取得多项重要成果。

分析全球核聚变研究的科学引文索引（SCI）论文，可从文献计量角度揭示出聚变领域的主要国家、研究机构和科研人员特征。该领域 2007～2016 年每年发文量均在 2000 篇以上，参与国家、研究机构众多。美国在聚变等离子体物理领域的发文量、总被引次数和 H 指数均位列全球第 1 位，且大幅领先于排在第 2 位的德国及其他国家，我国发文量位列第 3 位。从发文时序看，我国在 2007～2016 年的论文快速增长，年度发文量在 2015 年接近美国，并在 2016 年超过美国。从趋势变化来看，我国在核聚变研究的发文量仍将保持快速增长趋势。中国科学院整体在该领域的发文量位列第 2 位，但论文影响力离顶尖研究机构还有很大差距，下属研究机构中发文量最多的是合肥物质科学研究院和中国科学技术大学。

我国聚变大科学装置不断取得技术突破，并为核聚变研究和 ITER 建设做出重要贡献。东方超环（EAST）先进超导托卡马克实验装置代表了我国目前在核聚变领域的最高科研水平。我国未来聚变发展战略应瞄准国际前沿，广泛利用国际合作，夯实我国磁约束核聚变能源开发研究的坚实基础，加速人才培养，以现有中型、大型托卡马克装置为依托，建立知名的磁约束核聚变等离子体实验基地，开展国际核聚变前沿课题研究，探索未来稳定、高效、安全、实用的聚变工程堆的物理科学和工程技术。

关键词　核聚变　磁约束　托卡马克　ITER

5.1　引言

作为低碳能源，核能凭借高能量密度、资源丰富和无温室气体排放等优点获得了各国政府的广泛关注。核能分为核裂变能和核聚变能，重原子核（如铀和钚）分裂时释放的能量为核裂变能，轻原子核（如氘和氚）聚合时释放的能量为核聚变能。核聚变能被视为人类可持续发展最理想的新能源。鉴于此，世界主要发达国家纷纷制定了相关聚变研究战略，探索和发展能直接用于商用聚变堆的各种技术。美国制定了聚变能科学研究战略框架，并建立了多个聚焦于聚变研究的实验室，其中，麻省理工学院核科学与工程系、普林斯顿等离子体物理实验室及通用原子公司表现突出。欧盟以国际热核聚变实验堆（International

Thermonuclear Experimental Reactor，ITER）和国际聚变材料辐照设施（International Fusion Materials Irradiation Facility，IFMIF）同时建设和平行运行为基础，制定了聚变能研究路线图，并在“地平线 2020”计划中斥巨资部署重大任务。日本开展聚变示范电站（DEMO）的设计研究，并与 ITER 项目并行，通过创新以促进解决技术问题。俄罗斯磁聚变战略目标是建造高温磁约束氘氚等离子体热核聚变反应堆，开发并建造聚变中子源（Fusion Neutron Source，FNS），为加速聚变应用提出了到 2050 年未来聚变研究计划的发展路线。中国政府积极制定了聚变能开发战略，将战略划分为 3 个阶段，即“聚变能技术—聚变能工程—聚变能商用”，设定了清晰的近期、中期、远期目标。韩国政府颁布了《聚变能源开发促进法》，与美国普林斯顿等离子体物理实验室联合启动了聚变堆示范装置的研发计划项目。ITER 计划是目前全球规模最大、影响最深远的国际科研合作项目之一，该计划将集成当今国际上受控磁约束核聚变的主要科学和技术成果，首次建造可实现大规模聚变反应的聚变实验堆，将研究解决大量技术难题，是人类受控核聚变研究走向实用的关键一步，因此，备受各国政府与科技界的高度重视和支持。

受控核聚变研究的根本目标是实现聚变能源的商业化应用。目前研究的实现方式主要有两种——惯性约束核聚变和磁约束核聚变。前者是利用超高强度的激光在极短的时间内加热靶丸来产生聚变；后者则是利用强磁场构造一个特殊的磁容器来约束带电粒子，并将聚变燃料加热至数亿摄氏度高温实现聚变反应。在聚变研究初期，科学家发明了各种类型的聚变装置，比较有价值的是箍缩装置（英国汤姆孙和布莱克曼于 1946～1947 年发明）；仿星器（美国斯必泽于 1951 年发明）；磁镜装置（美国波斯特于 1952 年发明）；早期托卡马克（苏联阿齐莫维奇等于 20 世纪 50 年代发明）。但这些装置的高温等离子体普遍出现不稳定性现象，约束性能很差，等离子体温度也与受控核聚变的要求相差甚远。1958 年以后，科学家将研究重点从急于建成聚变反应堆转向对高温等离子体进行系统的基础性研究。1968 年，阿齐莫维奇在改进约束的托卡马克装置（T-3）上取得突破：高达 1keV 的等离子体被约束了几毫秒。从此之后，托卡马克逐渐成为国际磁约束核聚变研究的主流装置，并在世界范围内掀起了托卡马克的研究热潮。

5.2 磁约束核聚变领域发展历程和现状

5.2.1 发展历程

托卡马克是典型的磁约束核聚变装置，由产生等离子电流的变压器（分含铁芯和无铁芯）、产生纵场的线圈、控制等离子柱平衡的极向场线圈和环形真空室组成。在通电的时候，托卡马克内部会产生巨大的螺旋形磁场，将其中的等离子体加热至高温，以达到核聚变的目的。最早的托卡马克装置是由苏联库尔恰托夫研究所的阿齐莫维齐等于 20 世纪 50 年代建造的。相比较其他类型的核聚变研究装置，托卡马克具有稳定扭曲模、有效控制等离子体平衡位置和高等离子体品质等优点。从 70 年代开始，托卡马克进入了快速发展时期。到 70 年代中期，第二代托卡马克已经建成，并成功投入运行。理论研究也从纯粹的基础理论转入理论与实验相结合，一些重要的物理过程和机制先后被发现和了解，杂质控制和辅助加热等技术也得到了很大的发展。托卡马克核聚变试验反应堆（Tokamak Fusion Test Reactor，TFTR）、日本环-60（JT-60）和欧洲联合环（JET）等一些有很大影响力的大型托卡马克也是在这一时期开始建造的。

受控磁约束核聚变研究在经过半个多世纪的不懈努力下，已经在托卡马克装置上取得了突破性进展。20 世纪 90 年代，欧盟 JET、美国 TFTR 和日本 JT-60 这 3 个大型托卡马克装置取得重要研究成果：获得了 4.4 亿度等离子体温度，大大超过了氘氚点火反应需要的温度，脉冲聚变输出功率超过 16MW，聚变输出功率与外部输入功率之等效比值超过 1.25，聚变能的科学可行性得到验证，表明了托卡马克是最有可能首先实现聚变能商业化的途径（潘传红，2010）。但这些结果仅仅持续了数秒钟，无法连续运行，尚不能用于未来电站。未来电站要求数亿度的等离子体必须稳态连续运行。托卡马克装置越接近实用，越要求更高的等离子体电流和环向约束磁场，但是，磁场线圈的电阻损耗发热限制了线圈电流的加大和长时间的运行，因此，必须寻求新技术的支持。

日本 JT-60U 装置是 JT-60 在 1989～1991 年改造而成的，其目的是通过改善等离子体约束性能，来研究托卡马克装置稳态运行。JT-60 升级成 JT-60U 以来，在能量增益因子、等离子体温度及核聚变三乘积等方面均获得了国际最高数值。其主要科学上的贡献为：①高约束长脉冲混杂模式放电维持了 28s（Oyama et al，2009），实验中发现，当密度达到 0.55 倍密度极限值时，温度和密度都是峰化分布。②实现了托卡马克装置稳态运行所必需的高份额的非感应电流驱动，通过低混杂波电流驱动及高能（500kV[①]）负离子源中性粒子束的加热与电流驱动，确认了实验数据外推至聚变堆区域的有效性。

超导技术的发展使托卡马克装置的前途峰回路转：只要把线圈做成超导体，理论上就可以解决线圈电流的损耗问题。日本九州大学的 TRIAM-1M 装置、法国的 Tore Supra 装置、中国科学院等离子体物理研究所的 HT-7 装置，是最早一批超导托卡马克装置。但从结构上来看，大部分这些超导装置只能叫作大型“准超导托卡马克”装置，因为其纵场线圈是超导的，而加热场与平衡场线圈则是常规的，所以仍然受线圈电阻的限制，难以实现稳态等离子体放电。中国科学院等离子体物理研究所自主研制了世界上第一个非圆截面全超导托卡马克核聚变实验装置“东方超环”（EAST）。EAST 装置的主要科学目标是研究托卡马克长脉冲稳态运行的聚变堆物理和工程技术，构筑今后建造全超导托卡马克反应堆的工程技术基础。目前 EAST 装置装备了 30MW 以上可供稳态运行的辅助加热和电流驱动系统及近 80 项诊断系统，绝大多数系统均具备高参数稳态运行的能力，可开展先进聚变反应堆的前沿性、探索性研究，为聚变能的前期应用提供重要的工程和物理基础。中国聚变科学家正瞄准核聚变能研究前沿，开展稳态、安全、高效运行的先进托卡马克聚变反应堆基础物理和工程问题的国内外联合实验研究，为核聚变工程试验堆的设计建造提供科学依据，推动等离子体物理学科等相关学科和技术的发展。

在通向聚变能商业化的道路上，实验堆的建设是不可逾越的阶段。世界各国进行大型装置建设和运行的同时，也开始了聚变实验堆的概念设计。托卡马克可控热核聚变实验堆

① 1kV=1000V。

的建设需要把国际研究已经取得的主要科学技术成果集成起来。技术上的高难度加上巨额的投资，使各国认识到，依靠国际合作、依靠各国科学家和工程技术人员共同努力是最佳方式。在此背景下，1988 年，美国、苏联、欧洲、日本共同启动 ITER 计划。我国于 2003 年初正式参加 ITER 计划谈判；同期，美国重返 ITER 计划；韩国于 2003 年 6 月参加 ITER 计划谈判；2005 年年底，印度加入 ITER 计划谈判。ITER 计划七方政府于 2006 年 5 月 24 日草签了联合实施 ITER 计划的两个协定——《联合实施国际热核聚变实验堆计划建立国际聚变能组织的协定》（简称《组织协定》）和《联合实施国际热核聚变实验堆计划国际聚变能组织特权和豁免协定》（简称《特豁协定》），并于同年 11 月 21 日正式签署了这两个协定。经过近 1 年的各方国会、内阁审批、核准《组织协定》和《特豁协定》后，ITER 国际聚变能组织（简称 ITER 组织）于 2007 年 10 月 24 日正式成立，ITER 计划进入装置建造阶段。ITER 项目集成当今国际受控磁约束核聚变研究的主要科学和技术成果，旨在第一次在地球上实现能与未来实用聚变堆规模相比拟的受控热核聚变实验堆，该项目的成功实施将是人类研究和利用聚变能的一个重要转折。

5.2.2 最新进展

2017 年，各国科学家在磁约束核聚变研发上取得了多项重要成果。在聚变理论研究上，美国麻省理工学院等离子体科学与聚变中心（Plasma Science Fusion Center，PSFC）研究人员于 8 月 2 日被授予美国物理学会的约翰道森奖，其在等离子体物理研究方面开创性地使用质子射线照相法揭示了高能量密度（high-energy detector，HED）等离子体的流动性及不稳定性。3 名研究人员利用激光能量学实验室的激光设备和劳伦斯利弗莫尔国家实验室的国家点火装置，研究了惯性约束聚变等离子体和 HED 等离子体的物理学原理。由于这些等离子体在相当短的时间尺度上发生，其评估极具挑战性。为了帮助探测和检查这些等离子体的状况、演变及其他现象，PSFC 团队开发了多重单能量粒子源（Multiple-Monoenergetic-Particle Source，MMPS）。MMPS 是一种背光源，能够进行辐射实验以便更好地了解等离子体的结构和进化。这对观察发生在大约 1ns（$1ns=10^{-9}s$）的等离子体行为特别适用。与此同时，普林斯顿等离子体物理实验室于 8 月 18 日宣布，其研究人员在国家球形托卡马克实验装置（NSTX-U）上发现了一种非常简单快捷的方式来抑制可能引起聚变反应堆停止和反应堆壁损坏的不稳定问题。被抑制的不稳定性被称为全域阿尔芬本征模式（Global Alfense Eigen mode，GAE），是一种常见的湍流扰动模式，可能导致聚变反应失败。NSTX-U 在 2015 年安装了第二台中性射束注入器以产生高能粒子来抑制 GAE。激发 GAE 的是同样的中性粒子束，这些粒子通过加热等离子体将其电离成电子和离子或原子核。一旦由这些快速离子触发，GAE 就可以启动并驱动这些快离子，从而冷却等离子体并停止聚变反应。第二个注入器的中性粒子束能够以更高的俯仰角流过等离子体，其方向与约束等离子体的磁场大致平行。注入的外部束流可在毫秒量级时间尺度抑制 GAE。来自中性粒子束的快速离子与装置内部的离子结合以增加离子的密度，并改变其在等离子体中的分布。这一突然的改变降低了离子密度的梯度或斜率，没有这些梯度或斜率无法形成与传播 GAE。这一结果同时验证了由物理学家 Elena Belova 开发的计算机代码“HYM”的预测，并可能对建造 ITER 有用，以证明控制燃烧等离子体的能力，并产生比其消耗的能量多 10 倍的能量。研究表明，只有少量具有足够能量的粒子能够抑制 GAE。通过使用该代码，可以对 ITER 的 GAE 稳定性进行合理的预测。

在聚变材料开发上，普林斯顿等离子体物理实验室研究人员于 7 月 5 日宣布，采用轻质银色金属锂涂层的托卡马克第一壁，能够提高装置壁材料承受核聚变反应时的高能粒子轰击的能力，并且改善等离子体的约束。其采用的锂超导托卡马克实验（Lithium Tokamak Experiment，LTX）装置是用液态锂完全包围等离子体的首个装置，实验表明，锂涂层可以使等离子体芯部到边界的温度分布保持不变。研究结果证实了之前的预测，即在边缘温度高、几乎恒定的温度分布情况下，冷却气体经过等离子体的边缘回到托卡马克壁表面，主要是由于锂的特性能够降低边界的再循环。

在聚变工程和物理实验研究方面，中国全超导托卡马克 EAST 在 7 月 3 日实现了稳定的 101.2s 稳态长脉冲高约束等离子体运行，创造了新的世界纪录。这标志着 EAST 成为世界上第一个实现稳态长脉冲高约束模式运行持续时间达到百秒量级的托卡马克核聚变实验装置。这一里程碑式的重要突破表明，我国磁约束聚变研究在稳态运行的物理和工程方面，将继续引领国际前沿，对 ITER 和未来中国聚变工程实验堆（China Fusion Engineering Testing Reactor，CFETR）建设和运行具有重大的科学意义。7 月 26 日，由中国科学院等离子体物理研究所承担研制的 ITER 计划首个超导磁体系统部件——馈线（FEEDER）采购包 PF4 过渡馈线正式完成，在高温超导电流引线、超导接头、低温绝热和低温高压绝缘等核心技术方面取得了诸多国际领先成果。其研发的万安级高温超导电流引线，集高载流能力、低冷量消耗和长失冷安全时间 3 方面优势于一体，替代了原 ITER 铜电流引线设计，大大降低了 ITER 的运行成本和低温系统的建造投入。另外，研发的 68kA 级高温超导电流引线更是创造了在 85kA 下运行 1h、90kA 下运行 4min 的世界纪录；研发的盒式高载流低损耗超导接头，接头电阻达到 0.2nΩ 的世界领先水平，可以保障 ITER 装置主机的安全运行。9 月 12 日，美国通用原子公司在圣迭戈 DIII-D 国家聚变装置进行的实验中外推得到，对 ITER 级别的等离子体，当被用于模拟阿尔法粒子和高能粒子束的氘离子激发多个阿尔芬波时，将会损失高达 40%的高能粒子。根据研究结果，普林斯顿等离子体物理实验室物理学家在 DIII-D 托卡马克建立了这些阿尔芬波对高能氘束影响的定量准确模型。他们使用 NOVA 和 ORBIT 的模拟代码来预测哪些阿尔芬波将被激发及其对高能粒子的影响。其证实了 NOVA 模拟预测，在 DIII-D 实验中，超过 10 个不稳定的阿尔芬波可以被氘束激发。此外，与实验结果的测量一致，建模预测高达 40%的高能粒子将会损失掉。该模型首次在这种高性能等离子体中证明，可以预测多个阿尔芬波对 DIII-D 托卡马克的能量粒子的约束作用。DIII-D 装置的新升级将有助于探索改善等离子体约束的条件，并提出了新的实验达到理论预测的条件，以减少高能粒子的损失。

5.3 磁约束核聚变关键前沿技术分析

磁约束核聚变研究涉及物理、化学、材料和工程等多个领域，技术复杂而且要求非常高。组成托卡马克的关键系统包括纵场磁体、极向场磁体、电源系统、真空室、抽气系统、诊断、数据采集和处理系统、总控和连锁安全保护系统等。对超导托卡马克而言，还有杜瓦冷屏（-200℃）、电流引线、制冷机及冷却回路系统、技术诊断和失超保护系统。托卡马克关键部件包括电流驱动和多种加热系统、数十种先进诊断测量系统，关键技术包括磁体材料和系统、大规模电源和电力技术、超高真空及壁处理技术、高时空分辨的诊断控制、数据采集和等离子体控制技术、射频波和高能中性束加热及电流驱动等技术；对超导托卡马克，还需要超导磁体设计、实验、运行和保护技术及低温制冷（液氦温区）技术；对托卡马克反应堆，还包括包层设计、加工、安全运行和中子学技术；对聚变反应堆，运行和维护需要研发恶劣核环境下的遥控技术和所有相关材料。主要的前沿技术分析如下。

5.3.1 超导磁体材料

随着聚变堆磁体的尺寸不断增大，工作时间不断加长，要保证聚变堆的稳定连续工作，必须有能够提供持续稳定强磁场的大型磁体。由常规导体制成的线圈通电后会产生电阻损耗，效率低，且难以产生足够强的稳定磁场，而超导线圈载流能力强，且不存在焦耳损耗，因而成为聚变堆磁体的必然选择。稳态的超导磁体运行时基本损耗极小，这对实现稳态或准稳态的等离子约束至关重要。在超导托卡马克上实现稳态先进运行模式是当前的发展趋势，大型超导磁体技术是未来聚变堆持续稳态运行的重要保障（侯炳林和朱学武，2005）。

目前，托卡马克超导磁体多采用低温超导体（Low Temperature Superconductor，LTS）技术，使用 NbTi 和 Nb_3Sn 材料制作超导线圈。经过多年的发展，低温超导托卡马克磁体的制造技术已经日趋成熟，已经建立了比较完善的基础实验数据库。然而，随着超导材料和技术的发展，高温超导（High Temperature Superconductor，HTS）材料尤其是第二代 HTS 带材性能的提高，HTS 较高的运行温度和较强的磁场等特性为低温制冷系统的技术难度和能耗效率等提供了更为广阔的发展空间（孙林煜和李鹏远，2012）。HTS 在托卡马克磁体方面的应用，表现出了一些优于 LTS 的特性。国际上已经有研究表明，工作在较高温区的 HTS 将比 LTS 能经受更高的加热率，而不降低稳定性，这将使电缆的设计减少了许多稳定化措施，降低了大型聚变磁体的造价（刘豪等，2014）。随着 HTS 材料性能的提高，可以绕制更为紧凑和坚固的磁体，同时，更高的电流密度可以减少等离子体和线圈质心的距离，从而使等离子体成形的线圈电流大大降低。总之，随着高温超导材料特别是第二代高温超导材料及其应用技术的不断进步，高温超导体在大型托卡马克磁体设计和制造方面的优势将越来越显著。

随着 HTS 材料性能的不断提高，HTS 在聚变中的应用受到广泛关注。近年来，HTS 在聚变装置中的实际应用主要集中在制造电流引线或小型实验磁体方面。对大型聚变堆磁体的研究，主要集中在 HTS 大电流导体的设计、制造和测试，以及 HTS 聚变堆磁体的概念设计（Ballarino et al，2012；Kario et al，2013）。2011 年 8 月，Tokamak Solutions 公司协同牛津仪器公司、捷克理工大学等离子研究院首次在托卡马克装置上使用了 HTS 磁体（Gryaznevich et al，2013）。在实验过程中，HTS 线材替代了 Golem 托卡马克上的两个铜磁场线圈，然后置入一个简单的低温恒温器中。等离子体脉冲被正常激发，托卡马克装置像预期的那样工作正常。这是首次 HTS 线材真正应用于托卡马克装置上的磁场线圈。

我国在 LTS 材料 NbTi、Nb_3Sn，Bi 系 HTS 材料方面已经实现了产业化，并为 ITER 的建设提供超导线材。北京英纳超导技术有限公司专注于 Bi 系 HTS 线材的生产和应用项目，是我国第一家有能力制造千米级 Bi 系超导线材的企业。生产的 HTS 线材产品的综合性能位于世界第 2 位，现年产能为 200km。在 Y 系 HTS 材料方面，我国在基础研究领域取得了不少的成果。上海交通大学 2011 年成功制备出百米级的 YBCO 导线，临界电流密度为 194mA/cm。但 Y 系 HTS 带材尚未实现批量化生产，与国外存在较大差距。国内对低温超导磁体的研究主要集中在中小型超导磁体方面。一些研究单位研制了科学仪器和装置用的超导磁体，如核工业西南物理研究院研究了 4mm 回旋管用超导磁体、振动样品磁强计超导磁体和超导材料电磁特性测试装置等；中国科学院电工研究所研制成功 4mm 回旋管用磁体系统，并开展 200Mc（1Mc=10^6Hz）核磁共振谱仪超导磁体的研制工作，在低温磁体技术取得了一定成绩。

托卡马克磁体设计的首要问题是 HTS 大电流导体的设计。HTS 带材具有不同于 LTS 导体的机械和电磁特性，多根 HTS 带材并联绕制工艺更为复杂。此外，托卡马克磁体几何尺寸大，磁场位形与磁场强度要求高，受力较大，对磁场、温度和应力等具有较高的敏感性。设计中还必须考虑高温超导材料的各向异性，等离子体约束磁场的位形要求之间存在相互制约的问题。

5.3.2 增殖包层模块设计

磁约束聚变系统中的聚变反应区是一团被磁场约束的等离子体，外侧被包层包围。未来的 DEMO 中的增殖包层（DEMO-BB）共有 4 种作用（Giancarli et al，2012）：一是包层作为面向等离子体部件，构成等离子体的物理边界的主要部分（另外的部分为偏滤器），这要求包层选择合适的面向等离子体材料，在事故工况下不会被高温等离子体破坏整体结构；二是屏蔽核辐射保护真空室及磁体，要求包层材料必须有较强的中子吸收能力，使沉积到真空室和磁体的中子通量低于限值；三是把聚变能转化为冷却剂的热能带出真空室；四是利用聚变中子产氚，实现氚的自持，即考虑氚回收过程中的损耗后总体氚增殖比（Total Breeding Ratio，TBR）大于 1。同时实现这 4 个目标是一项极大的挑战并衍生出一系列工程问题。由于涉及核安全，在 DEMO 正式运行之前，这些工程问题都必须得到充分的验证。前期研究结果表明，现有实验条件无法模拟包层所经受的苛刻工况，许多工程可行性问题必须在聚变堆环境下才能得到验证（Zmitko and Poitevin，2011）。

在这种背景下，各个国家根据本国的 DEMO-BB 方案设计了不同的实验包层模块（Test Blanket Module，TBM）方案，并在 ITER 上进行实验验证。这些方案包括欧洲氦冷液态锂铅包层（Helium Cooled Lithium Lead，HCLL）方案、欧洲氦冷固态包层（Helium Cooled Pebble Bed，HCPB）方案、日本水冷固态包层（Water Cooled Ceramic Blanket，WCCB）方案、美国韩国合作的液态锂铅/氦气双冷包层（Dual Cooled Lithium Lead，DCLL）方案、中国氦冷固态包层（Helium Cooled Ceramic Breeder，HCCB）方案、印度俄罗斯合作的液态锂沿包层（Lithium-Lead Cooled Ceramic Breeder，LLCB）方案。

在不同的包层方案中，以锂铅（LiPb）为产氚剂的液态金属包层综合性能最为优良，技术挑战也最大。而以低活化不锈钢为结构材料的固态产氚包层技术成熟度最高，在 ITER 项目初期有重要地位。随着技术的高速进步，新型耐高温、耐辐照材料的发展将决定未来包层的设计方案，如以 SiCf/SiC，V-4Cr-4Ti 为代表的新型结构材料的应用将进一步提升高温氦冷/自冷液态金属包层的产氚性能和热效率。

5.3.3 钨基材料强韧化技术

等离子体在放电过程中会产生高的热负荷、离子通量和中子负载，导致表面材料失效，因此，面对等离子体的第一壁材料（Plasma-Facing Material，PFM）需要具有良好的导热性、抗热冲击性、低溅射率和氢（氘、氚）再循环作用低等特点（Pitts et al，2011）。目前，完全满足要求的 PFM 并不存在，研究最多且实际使用的 3 种第一壁材料是碳（C）、铍（Be）和钨（W）。其中，钨具有高熔点（3410℃）、高导热率、低溅射率、低氚滞留和低肿胀等特点（Rieth et al，2013）。相比于碳和铍，钨是最受瞩目的 PFM（Philipps，2011），也是 ITER 即将采用的第一壁材料。但是，钨存在韧脆转变温度高（100～400℃）、再结晶温度低的问题，要提高钨的强韧性，可以从强化晶界、提高再结晶温度方面考虑。

合金化法是较为常用的一种固溶强化方法，能够提高机体材料的力学性能，改善脆性问题。纯钇具有高的氧化学亲和力，可以用钇来固溶强化钨合金。用机械合金化制备钨钇粉末，适当的球磨时间能够使颗粒细化，机械混合后的 W-Y 粉末平均尺寸达到 4.5μm，钇能够均匀地存在于钨晶格中，阻止晶粒长大，经过 X 射线衍射检测发现，烧结后的晶粒仍能保持细小。钇的加入使钨韧性和蠕变性能增强，同时能够增加烧结致密度，减少裂纹，降低脆性。

提高钨合金的强韧性也可以通过加入商业钨丝，为改善其界面性能进行多种涂层工艺，从而提高钨基体韧性。多晶钨材料脆性的原因之一是脆性区存在明显的沿晶断裂趋势，向钨中加入弥散相，抑制晶粒的长大，能阻止晶界和位错的滑移。因而可以采用弥散强化方式提高钨基材料强韧性，其原理是利用弥散的氧化物阻碍位错运动和细化晶粒来达到增韧的效果。此外，还可以通过改进技术和大塑性变形得到超细晶/纳米晶的钨合金，以此改善钨合金的脆性、延展性、高温性能和抗冲击性（Zhou et al，2010）。深度塑性变形（Severe Plastic Deformation，SPD）法是直接对粗金属颗粒进行塑性变形细化晶粒，其中，较为成熟的两种是等通道角挤压（Equal Channel Angular Pressing，ECAP）和高压扭转（High Pressure Test，HPT）。

目前国内外尝试通过液相掺杂法制备钨先驱粉，能够有效地避免机械合金化存在的问题，再配合以先进的烧结手段和塑性加工，有望在位错的层次提高钨基材料强韧性。将氧化物和碳化物分别进行液相掺杂已经取得很好的进展，氧化物和碳化物同时进行液相掺杂将成为未来进一步的研究方向。与此同时，液相掺杂制备的钨材料由于能够有效地抑制晶粒长大，材料内部具有大量的相界面，有望缓解辐照脆化的问题。在钨合金化的基础上添加氧化物弥散，其增韧效果要比单一合金化明显，也将成为提高钨基强韧性技术的发展趋势。

5.3.4 低活化铁素体/马氏体钢中氚氦行为分析

由于产氚实验包层模块结构材料将在恶劣的辐照、热和应力等聚变堆环境下使用，聚变堆包层结构材料的研究和发展成为了 TBM 的主要研究内容，也是使聚变能成为可实现、可实用新能源的重要挑战之一。

低活化铁素体/马氏体钢（Reduced Activation Ferritic/Martensitic Steels，RAFM）具有较低的辐照肿胀和热膨胀系数及较高的热导率等优良的热物理、力学性能，以及相对较为成熟的技术基础，因此，被普遍认为是未来聚变示范堆和聚变商用堆的首选结构材料。目前世界各国均在发展和研究各自的RAFM，如日本的F82H和JLF-1、欧洲的EROFER 97及美国的9Cr-2WVTa等。

国内外RAFM中氚氦行为研究工作尚处于初始阶段，所研制的各种牌号的材料缺乏大量氚及衰变氦-3输运行为实验结果的支持，而氚在材料中持续衰变积累氦-3所带来的损伤效应将无法通过微量氚的实验进行外推。一方面，惰性涂层材料大多为氧化物、氮化物和碳化物等陶瓷类化合物（Causey et al，2012），具有比金属低得多的氚扩散系数等特点，从而大大降低氚扩散进入材料中的量。虽然在RAFM表面制备能够抑制氢扩散的涂层（阻氚涂层）是减少氢同位素（特别是氚）进入材料及渗出损失的有效方法，但对大尺寸、结构复杂的实际部件，制作成本较高，迄今尚未实现工程化应用。另一方面，陶瓷类阻氚涂层往往比金属的导热性能差，这对氚增殖包层同时作为聚变能量转化及热量导出的功能要求是极不利的。此外，在金属部件表面增加异质涂层还会带来与氚增殖剂等材料相容性差等新问题。因此，氚氦相容性考核和阻氚涂层的工程化等问题理应成为众多RAFM研制单位未来的工作重点，需要尽快开展相关基础研究，为全面预评估RAFM作为氚增殖包层结构材料的适应性提供氚渗透及滞留方面的基础数据及规律性认识。

5.3.5 扩散连接技术在包层模块制造中的应用

TBM是磁约束核聚变实验堆的核心部件之一，主要用于氚增殖和能量获取。由于包层模块的结构复杂、体积庞大，且服役环境恶劣，焊接接头成为影响反应堆安全运行的薄弱环节。传统熔化焊工艺的焊接过程中存在液-固相高温热循环及焊缝区域的非平衡凝固，通常会引起焊接接头组织及性能退化，成为结构的薄弱环节，从而影响聚变堆的安全可靠运行。以扩散连接为代表的固相焊接技术对焊接接头组织及性能影响较小，已经逐渐取代熔化焊应用于包层模块复杂构件的制造。

扩散连接又称扩散焊，是根据原子扩散理论和扩散连接界面理论，把两个或两个以上的固相材料（或包括中间层材料）紧压在一起，置于真空或保护气氛中加热至母材熔点以下温度，对其施加压力使连接界面微观塑性变形达到紧密接触，再经保温、原子相互扩散而形成牢固的冶金结合的一种连接方法。根据有无中间层，可将扩散连接分为直接扩散连接和加中间层间接扩散连接；根据是否产生液相，又可将扩散连接分为固态扩散连接和瞬间液相扩散连接；从环境上，还可分为真空扩散连接和保护气下的扩散连接。随着材料科学的发展，新材料不断出现，在生产应用中，有些工艺对构件的尺寸精度要求十分严格，作为固相连接的方法之一，扩散连接技术引起了人们的重视，成为连接领域新的研究热点，在俄罗斯、美国和日本等许多先进工业国及欧盟受到普遍重视和广泛应用。扩散连接可用于生产制造新器件，尤其是能满足原子能工业、航天技术、电子器件、机械制造、电力设备、核物理研究的重要大型实验装置（如加速器等）中关键零部件焊接的特殊要求。

我国作为ITER项目成员国之一，以中国科学院等离子体物理研究所和核工业西南物理研究院为牵头单位，承担了实验包层模块的制备工作，也开发了以低活化马氏体钢（China Low Activation Martensitic，CLAM）为代表的性能优异的 RAFM（黄璞等，2013）。不过，RAFM 也存在一定的使用瓶颈，如在 ITER 工况下的使用温度仍然较低；耐辐照损伤能力仍有待改善；与液态锂等增殖剂的相容性不佳等。为解决这一系列问题，氧化物弥散强化（Oxide Dispersion Strengthened，ODS）钢构件开始应用于包层模块的制造，其合金成分基本接近于 RAFM（Cr 含量可能有所增加），只是制备工艺改为机械合金化+热压或电火花烧结。通过引入具备高热稳定性的纳米级氧化物颗粒，ODS 的高温持久强度得以大幅超越 RAFM（Miller et al，2013；Pasebani and Charit，2014）。

5.3.6 包层脱粘缺陷的声发射检测技术

包层是 ITER 中的关键部件之一，主要对真空室及其外部部件的热和核起屏蔽作用。每个包层由第一壁、屏蔽块及柔性支撑组成。包层中第一壁界面脱粘是其主要的损伤形式之一，对脱粘缺陷的检测具有重要意义（康伟山等，2015）。

声发射（Acoustic Emission，AE）是局域源快速释放能量产生瞬态弹性波的现象，也被称为应力波发射。声发射产生的过程是材料内部结构发生变化时，伴随着能量的转换，一部分能量以弹性波的形式向四周传播。其检测过程为声发射源产生瞬态弹性波，弹性波传播到界面后引起界面微小运动，利用传感器探测到界面微小运动，这种微小运动被信号采集系统记录并处理，最后对结构进行评价。声发射检测技术是一种通过传感器接收声发射弹性波信号，对信号进行分析来判断结构的损伤状态和损伤位置的方法，主要应用于结构的无损检测、完整性评价和实时在线监测等（王伟魁，2011）。该技术是一种动态检测方法，在合理布置声发射传感器的情况下，可以同时检测整个结构，也可以实现连续的在线监测。

5.4 磁约束核聚变领域主要国家发展态势

5.4.1 美国

5.4.1.1 美国聚变研究战略

美国是聚变研究的大国和强国，进入 21 世纪，美国制定了一系列能源发展战略和相关计划，都将聚变能列为重点研究对象。美国能源部 2016 年发布的《聚变能科学战略框架》集中在 4 个主要研究范畴（DOE，2016），即燃烧等离子体下的基本行为、燃烧等离子体下的壁材料研究、面向燃烧等离子体的高功率注入及等离子体诊断。在该框架内，包括 5 个重点领域，即以验证整个核聚变设备建模为目标的大规模并行计算、与等离子体和核聚变科学有关的材料研究、对可能有害于环形聚变等离子体约束的瞬变事件的预测和控制的研究、重点解决前沿科学问题的等离子体科学管理探索及聚变能科学设施的定期升级。

（1）燃烧等离子体下的基本行为

燃烧等离子体科学可以通过实验以获得真正的燃烧等离子体形态。美国主要核聚变实验的研究装置将越来越多地着眼于解决基本的先进托卡马克和球形托卡马克科学问题，包括对 ITER 运行的预测，并为高优先级 ITER 问题提供解决方案。在所有方案中，重点是升级 DIII-D 和 NSTX-U 核聚变装置，使其成为互补。DIII-D 和 NSTX-U 核聚变装置的研究工作将继续在大学和国家实验室进行，开展小规模的先进托卡马克装置研究及有针对性的球形环面研究。小规模磁约束实验的研究将有助于阐明环形约束的物理原理，测试创新方法，并验证理论模型和仿真代码。

（2）燃烧等离子体下的壁材料研究

开展与国外不依赖于超导磁体的国际托卡马克研究项目的深度合作研究。这些项目中最著名的为欧共体联合聚变中心项目。在未来 10 年，美国能源部将继续寻求与联邦政府机构在材料科学领域的合作。为了能够创造新的聚变材料科学的实验性平台，美国能源部将强调在用户设备上运行。使美国在这个燃烧等离子体时代及更久远的未来，成为聚变材料科学方面的世界领跑者。

（3）面向燃烧等离子体的高功率注入

根据《ITER 联合执行协议》条款，美国承担建造成本的 9.09%、运行成本的 13%，且有权充分而平等地接触或使用将在 ITER 上应用的科学知识。与其他大型的国际性科学项目不同，ITER 成员的贡献在实质上主要是实物硬件而不是资金。国会对美国能源部战略计划的要求声明“计划应当假定美国参与 ITER”。如果 ITER 顺利完成，美国可能在 ITER 开始运营之前，组建一个世界级的 ITER 研究团队。该目标的实现将依赖于在基础建设和长脉冲方面维持一个有影响力的燃烧等离子体科学研究计划。

（4）等离子体诊断

等离子体诊断技术强调对等离子体本身研究方法的广泛应用。创新的等离子体诊断技术已经成为并将继续作为美国在世界聚变计划中的强项。美国能源部将继续推动等离子测量仪器和技术的突破，通过空间、光谱和时间分辨率进行等离子体诊断研究，以验证用于预测聚变等离子体性能的等离子体物理模型。此外，美国能源部还将识别在等离子体诊断研究中具有高影响力的科学机会，使用更大、更热等离子体和更强诊断能力的中等规模装置。此外，模拟这样的系统还将开发复杂的建模工具及使用先进的计算平台。

5.4.1.2 美国主要聚变研究机构及其装置

美国多年来一直在核聚变研究领域处于国际领先地位，建立了很多聚焦于核能研究的实验室，其中，麻省理工学院核科学与工程系及普林斯顿等离子物理实验室表现突出，同时，通用原子公司在核聚变方面也进行了大量的研究。在美国聚变研究历程中，DIII-D 装置、NSTX 球形托卡马克装置、Alcator C-Mod 托卡马克装置是美国聚变研究领域的三大代表性装置。

通用原子公司于 1986 年 2 月建成 DIII-D 装置，这是目前仍在运行的美国最大的磁约束聚变装置，也是世界上磁约束聚变和非圆截面等离子体物理研究最先进的大型实验装置之一。DIII-D 装置拥有大量测量高温等离子体特性的诊断设备，还具有等离子体成形和提供误差场反馈控制的独特性能，这些性能反过来又影响等离子体的粒子输运和稳定性。此外，DIII-D 装置在过去 20 多年中是世界聚变项目中一些领域的主要贡献者，包括等离子体扰动、能量输运、边界物理、电子回旋等离子体加热和电流驱动。DIII-D 托卡马克为世界聚变发展做出了许多科学贡献，该装置是世界公认的取得成果最多的装置之一。边缘台基在等离子体获得高性能方面具有重要作用，DIII-D 装置开创了边缘台基的研究，验证了边界局域模（Edge Localized Mode，ELM）的限值。另外，DIII-D 装置最先使用非轴对称线圈控制边缘压强梯度，抑制 ELMs。DIII-D 装置同时开创了电子回旋加热与电流驱动的物理实验与技术开发，验证了电流驱动理论，开发了用电子回旋电流驱动控制电流分布与不稳定性。DIII-D 装置还开展了改变偏滤器几何位型和辐射偏滤器进行粒子及热流控制的开创性研究。同时 DIII-D 装置的等离子体控制系统现已广泛用于世界众多的托卡马克装置上。

普林斯顿等离子物理实验室建造的 NSTX 是球形托卡马克聚变实验装置。该装置建在屏蔽良好的实验场内，它利用了原 TFTR 装置的很多设备，特别是为磁体、辅助系统和电流驱动系统提供可靠运行的电源系统。NSTX 的任务是建立潜在的实现实用聚变能方法的球形环位形，为磁约束各研究领域获得独到的科学理解做贡献，如电子能量输运、液态金属等离子体材料，以及 ITER 燃烧等离子体的高能粒子约束。2012～2015 年，该装置耗费了 9400 万美元进行升级，使主磁场强度达到原来的两倍，并增加了第二套中性束注入器，给等离子体加热，使其温度将能达到 1500 万℃。升级之后，装置命名为 NSTX-U。自 1999 年投入运行以来，NSTX 装置已经取得很多研究成果。NSTX 装置具有独特的参数环境，为与各种环径比的托卡马克装置和未来的燃烧等离子体实验相关的基础等离子体物理研究提供了大量的数据。因此，可以阐明托卡马克物理学中环径比、比压、快离子，以及其他相关性的作用机制。自 2005 年起，NSTX 已经越来越多地参与国际托卡马克物理实验活动中，参与了许多联合实验并为一些国际数据库贡献实验数据，如 H 模约束数据库、破裂电流崩塌率数据库。参加 ITPA 组织的活动也有助于理解较高比压和减小的环径比对下一步球形托卡马克设计中各种物理问题的影响。

麻省理工学院于 1993 年建成 Alcator C-Mod 托卡马克装置，是世界上唯一按照 ITER 设计磁场和等离子体密度并超出 ITER 设计要求运行的托卡马克装置。其产生了世界最高压强的托卡马克等离子体，也是唯一采用全金属壁以适应高功率密度的托卡马克装置。由于这些特性，C-Mod 非常适合检验与 ITER 极为相关的等离子体状态。该装置具有高环向磁场，主要研究方向是偏滤器物理、等离子体约束、控制和射频波加热物理等。该装置在诸多领域为世界聚变研究做出了重要贡献：如取得无外部动量注入下的芯部自发环向旋转；L-H 转换阈值特性，解释了 L-H 阈值范围内梯度 B 的不对称性；开发了反映台基特性与量纲、无量纲等离子体参数相互关系的广泛数据库。2016 年 10 月，Alcator C-Mod 装置创造了 2.05 个大气压的等离子体，打破了该装置本身在 2005 年制造了 1.77 个大气压的世界纪录；新纪录在该装置以往成绩的基础上提高了 15%，对应的温度达到 3500 万℃，约是太阳核心温度的两倍。然而，出于 ITER 计划的预算压力，在国会最后一笔为期 3 年的资助到期后，Alcator C-Mod 装置在 2016 年年底完成实验后被安全关闭了，目前还没有任何额外的实验计划。

5.4.2 欧盟

5.4.2.1 欧盟聚变研究战略

核聚变能是最终解决人类能源和环境问题的主要途径之一，对欧盟长远的经济与社会可持续发展尤为重要。欧盟长期重视、支持受控核聚变研究，其中研究经费 50%以上由欧盟承担，约 30%的经费由欧洲原子能共同体（European Atomic Energy Community，EURATOM）承担，有一小部分经费来自成员国。欧盟核能研究的投资主要集中在聚变能的研究和开发上，有关欧盟聚变研究的所有决策都是由欧盟部长理事会决定的。欧盟第七框架计划（7th Framework Programme，FP7）中用于聚变研究的经费为 19.47 亿欧元（2007～2011 年），其中有 9 亿欧元用于 ITER 建造等活动。欧盟针对聚变研究制定了详细的实施计划，并辅以充分的研究经费，以保障研究的顺利推进，其战略路线分为 3 个阶段（EUROfusion，2013）。

（1）2014～2020 年（“地平线 2020”计划）：在计划内建设 ITER 及其扩建方案，确保 ITER 成功，为 DEMO 奠定基础

这一阶段的主要事项是及时完成 ITER 扩建方案，确保欧盟的承诺得到履行。这个阶段将在对战略路线至关重要的装置上进行，欧洲的科学家和工程师通过在 JET 和其他相关装置上实验准备 ITER 运行，从而在 ITER 的开发中发挥主导作用。具体包括 JET 可以通过集成方式探索 ITER 的运行机制（如通过预测 ITER 的控制系统），进一步帮助缓解 ITER 风险。依据专家小组关于核聚变方案战略方向的建议（Wagner et al，2011），为 JET 运行提供大量的资源，确定 JET 国际化的进程，并在 FP7 结束时，对相关的科学计划进行评估。建立稳定的脱靶条件，缓解瞬态等离子体过程，避免损坏 ITER 偏滤器靶板。充分利用辐射功率，将不同种类杂质的注入和控制方案一起进行测试，以避免等离子体杂质聚芯。确定风险缓解计划，以确保 ITER 和 DEMO 排除热流的有效解决方案。评估水冷偏滤器靶板概念技术的可行性和性能，并对 DEMO 的可行性进行评估。在放射性废料管理领域，研发能够识别固体废料的高效除氚系统，同时进行废料回收的可行性研究和相关技术原理论证。利用 ITER 经验，对 DEMO 集成设计和系统开发进行适度定向的投资并对成本最小化策略进行分析。开发先进低温超导电缆的原型，开展W7-X 和仿星器反应堆的定向设计研究。

（2）2021～2030 年：充分开发 ITER 使其达到最高性能，并启动 DEMO 建设的准备工作

在此期间，欧洲实验室将重点放在对 ITER 的开发上，ITER 将成为领先设施。与此同时，JT-60SA 将开始进入稳定运行阶段。为了支持 DEMO 的工程基础，全面的材料数据库需要到 2026 年才可以使用，包括 30dpa 的结构钢和 10dpa 的（钨/钨合金）高热通量偏滤

器材料，以及焊接和接缝样品的表现。到 2028 年，将连同工业和规范标准机构，共同完成和发布关于 DEMO 安全重要资料的一套规范和标准制定。进行最终的技术研发，包括可扩展模型的开发、制造和测试，以确保工程可行性、全面装配和可维护性。对所有符合要求的系统和子系统进行验证，并完成整个系统的成本分析和优化。

（3）2031～2050 年：完成 ITER 开发、建造及运行 DEMO

在此期间，ITER 开发的重点将是演示 DEMO 所需要的操作机制和技术支持。先进等离子体系统的成功发展必须在 ITER 中得到证实。此外，包层模块的高通量测试也将在此期间完成。在 DEMO 运行的初始阶段，预计将测试组件并收集关于其可靠性的直接数据。在 DEMO 的第二阶段运行中，将逐步提高其利用率。

5.4.2.2 欧盟主要聚变研究机构及其装置

EURATOM 于 1957 年成立以来，着手研究欧洲核聚变的发展，与欧盟成员国或成员国的主要研究院所签署协会协议，联合开展聚变研究工作。经过 60 多年的不懈努力，从首批 6 个实验室加入欧洲原子能共同体协会，发展到 27 个国家中的 29 个实验室加入从事聚变研究。所有加入协会的实验室基本上都参与了欧盟共同装置 JET 的一系列工作。在欧盟主要成员国中，法国、英国和德国的聚变研究在整个欧盟聚变规划中起着举足轻重的作用。

JET 装置是整个欧洲聚变的标志性工作，始建于 1978 年，位于英国卡拉姆聚变能研究中心（Culham Center for Fusion Energy，CCFE）。其概念和关键的特点大大不同于 20 世纪 70 年代和 80 年代初期设计的其他大托卡马克装置的概念和特点。D 形环向场线圈和真空容器及大体积强电流等离子体是 JET 装置独特的特点。无论从科学技术和科学管理上讲，JET 装置都无疑是成功的。JET 装置所取得的科学技术成果也是极其丰硕的：在等离子体约束方面，JET 装置能够验证小型托卡马克装置获得的 L 和 H 模等离子体定标，也适用于等离子体电流为几兆安和加热功率为几十兆瓦的大型装置；在MHD 不稳定性方面，JET 装置的实验加深了人们对许多物理问题的理解，如锯齿的快粒子稳定性控制（产生“巨大”锯齿）及α粒子与阿尔芬波的相互作用；在JET 装置上成功地实现了脱靶或者半脱靶（仅在分界面打击点附近有脱靶）辐射偏滤器概念，并且可以将下一代托卡马克装置，如 ITER 的偏滤器靶板上的平均热负荷减小到了一个可接受的水平。

德国马普学会等离子体物理研究所（Institute for Plasma Physics，IPP）从事核聚变的物理学研究，是世界上唯一同时拥有两种不同类型聚变装置的研究所。2014 年，IPP 宣布建成世界上最大的仿星器核聚变装置 Wendelstein 7-X（W7-X）。该装置的核心部分是 50 个超导磁线圈。在 W7-X 的电磁空间内，等离子体的温度能达到 8000 万℃。2016 年初，W7-X 就已经成功点火，获得了第一批氢等离子体。

此外，CCFE 专注于核聚变研究，是英国原子能管理局的核聚变研究部门的分支机构，其资金支持来自工程和物理科学研究理事会及 EURATOM。

5.4.3 日本

5.4.3.1 日本聚变研究战略

日本是资源贫乏的国家，因而对聚变能有着紧迫的需求。1998 年，日本核聚变会议组织建议将 ITER 作为第三阶段核聚变研究开发计划的主力装置并得到日本原子能委员会（Japan Atomic Energy Commission，AEC）的批准。2005 年，AEC 发布《未来核聚变研发策略》提出了相关聚变研究战略（Yamada，et al，2015）：①使用实验反应堆在自持状态下演示燃烧控制，制定基于实现 ITER 的实验反应堆的技术目标计划。②用实验反应堆实现持续时间超过 1000s 的非感应稳态运行，制定基于实现 ITER 目标的计划。③利用实验反应堆建立集成技术，获取与制造、安装和调整部件整合相关的集成技术，验证安全技术。④通过国家托卡马克装置进行 ITER 的支持研究和前期研究，对高比压稳态等离子体进行研究，建立高比压系数的稳态运行模式，获取经济效益。⑤DEMO 反应堆相关的材料和核聚变技术，在 ITER 的功能测试中使用完整的制造测试组件。⑥确定 DEMO 的总体目标，结合未来聚变堆的概念设计，对聚变等离子体研究和核聚变技术的发展提出要求。2007 年，在日本政府公布的第三期科学技术基本计划中，核聚变被定位为重点科学技术课题。日本在参加 ITER 的同时，正在将现有装置 JT-60U 改造为大型超导托卡马克装置 JT-60SA，拟将 JT-60SA 作为 ITER 的卫星装置，开展燃烧等离子体的物理实验，以解决 ITER 和 DEMO 之间的物理问题，尤其是稳态运行的问题。日本将同时开展 IFMIF 合作建造和运行，解决 DEMO 的材料问题；开展 DEMO 的设计研究，为在 2035 年左右建造 DEMO 创造条件。

核聚变能必须具有经济竞争力，DEMO 需要证明其安全性和运行可靠性。因此，除了经济潜力之外，还需要获得公众的支持。为了实现 DEMO 的建设，需要一个满足社会需求的设计，以及解决技术集成等问题。因此，DEMO 设计团队需要广泛的多元化人才。为了解决商业化问题，在 DEMO 的运营开发阶段将为实现目标设定里程碑。在规划 DEMO 的目标时，将确定实现下一阶段计划过渡条件所需的技术问题，并与 ITER 项目并行，通过有组织的框架在日本全国范围内解决这些问题。所有与 ITER 项目并行的研发项目都应该考虑与之协调。为了通过创新来促进加速和解决问题，并在转换到下一阶段的计划中更全面地了解聚变研发的进展状况，日本将探索螺旋磁约束或激光核聚变等补充和替代概念（Yamada，et al，2016）。大型螺旋装置（Large Helical Device，LHD）螺旋磁约束项目和 FIREX 激光项目得到了政府的大力支持（Ogawa，2016）。

5.4.3.2 日本主要聚变研究机构及其装置

日本的核聚变研究已经进行了 40 多年，取得了许多可喜的研究成果。自核聚变实验装置 JT-60 投入运行以来，日本曾取得了等离子体持续时间、聚变增益因子、聚变三乘积（即等离子体温度×等离子体密度×等离子体能量约束时间）等位居世界第 1 位的成绩。

日本原子能研究开发机构（JAEA）成立于 2005 年 10 月 1 日。2007 年 4 月 10 日，JAEA 正式加入全球核能伙伴关系联盟（Global Nuclear Energy Partnership，GNEP）。该联盟的

其他成员包括法国阿海珐、华盛顿国际集团和 BWX 等。2013 年 1 月 28 日，日本新一代核聚变实验装置 JT-60SA 在 JAEA 那珂核聚变研究所开始安装，标志着日本核聚变研究迈上了一个新台阶。装置的重要部分真空室从 2014 年下半年开始组装，生成磁场的线圈全部为超导线圈。JT-60SA 装置建设工作于 2018 年结束，计划于 2019 年投入运行，通过 3 个阶段的实验研究，为 ITER 和 DEMO 提供诸多有效数据。JT-60SA 研究项目将在聚变等离子体发展的领域中对 ITER 进行补充，以决定 DEMO 的建设。其经验和成果对执行有效和可靠的 ITER 实验是必不可少的。一旦 ITER 开始运行，就需要 JT-60SA 和 ITER 之间的有效协作。JT-60SA 的灵活性将为 ITER 在不同的研究领域做出贡献。在 JT-60SA 高稳态等离子体中取得的成就及在 ITER 燃烧等离子体中所取得的成绩，将使 DEMO 设计更加具有吸引力。为了早日实现 DEMO 反应堆，必须对 JT-60SA 和 ITER 进行类似的综合开发（JT-60SA，2016）。

日本国立聚变科学研究所（National Institute for Fusion Science，NIFS）主要研究超高温等离子体物质的状态，产生聚变反应以达到稳定的能量。NIFS 积极与日本和国外的大学及研究机构共同合作。其基于现代科学和工程的整个领域的前沿研究，涵盖了实验和理论方法，包括物理、电子学、超导工程、材料工程和模拟科学。NIFS 于 2015 年运用 LHD 在受控核聚变实验中开发出波加热产生等离子体清除真空内壁气体氢的技术，以 20 000kW 加热功率将密度为 10 兆个/cc 的等离子体中心离子提升至 9400 万℃，并以 1200kW 加热功率将密度同为 10 兆个/cc 的等离子体中心电子加热至 2300 万℃并维持稳态放电 48min；首次模拟再现了氦离子流在轰击核聚变壁材料钨时形成纳米氦泡状结构从而干扰聚变反应的整个过程，并与日本东北大学合作研制出新的以低阻抗接合+重叠积层法为基础开发出的钇系超导带状线材制大型磁石，在绝对温度 20k（−253℃）条件下通电后成功获得达 10 万 A 的高温超导电流。2017 年 12 月，其与其他公司合作开发了一种高性能的低温吸附泵，可以使用革命性的方法将其放置在真空容器内。在 LHD 中，研究人员使用高性能低温吸附泵将真空容器抽真空后，引入氢气并产生了等离子体（NIFS，2017）。

京都大学在核科学理论研究和工程运用研究方面都走在国际的前沿。其在组织上设有工学部的原子核工程系，理学部的关于原子核和基本粒子的众多学科，有原子能研究所、核反应堆研究所、核聚变研究中心和基础物理研究所等众多机构，有一流的研究人员和一流的研究设施。核反应堆研究所（Kyoto University Research Reactor Institute，KURRI）核科学与工程系由核工程科学处和 11 个核工程研究实验室及辅助反应堆中心组成，拥有热功率达 5000kW 的核反应堆及其他各种实验装置，每年可供 5000 名研究人员来此工作。

5.4.4 中国

5.4.4.1 中国聚变研究战略

为了尽快促使聚变能源在中国的早日利用，中国政府也积极制定了聚变能开发战略，将战略划分为 3 个阶段，即“聚变能技术-聚变能工程-聚变能商用”，同时设定了清晰的近期、中期、远期目标：2010～2021 年，建立接近堆芯级稳态等离子体实验平台，吸收消化、开发和储备后 ITER 时代聚变堆关键技术，设计并筹备建设 200～1000MW CFETR；2021～2035 年，建设、研究和运行聚变堆；2035～2050 年，发展聚变电站。战略的总目标是依托现有的中型、大型托卡马克装置开展国际核聚变前沿问题研究，利用现有的装置开展高参数、高性能等离子体物理实验和氚增殖包层的工程技术设计研究；扩建 HL-2A 和 EAST 托卡马克装置，使其具备国际一流的硬件设施并开展具有国际领先水平的核聚变物理实验；开展聚变堆的设计研究，建立聚变堆工程设计平台；发展聚变堆关键技术；通过参与 ITER 计划，掌握国际前沿的聚变技术，同时培养高水平专业人才。

2017 年 12 月，国家重点研发计划政府间国际科技创新合作专项磁约束核聚变能发展研究 2017 年第一批项目“中国聚变工程实验堆集成工程设计研究（2017YFE0300500）”项目启动会宣布，CFETR 正式开始工程设计，推出了中国核聚变研究“三步走”的发展路线图（科学技术部，2017）。第一阶段到 2021 年，CFETR 开始立项建设；第二阶段到 2035 年，计划建成聚变工程实验堆，开始大规模科学实验；第三阶段预计到 2050 年，聚变工程实验堆实验成功，开始建设聚变商业示范堆。

5.4.4.2 中国主要聚变研究机构及其装置

中国科学院等离子体物理研究所是中国热核聚变研究的重要基地，其高温等离子体物理实验及核聚变工程技术研究处于国际先进水平，先后建成常规磁体托卡马克 HT-6B、HT-6M、我国第一个圆截面超导托卡马克核聚变实验装置“合肥超环”（HT-7）、世界上第一个非圆截面全超导托卡马克核聚变实验装置“东方超环”（EAST），并在物理实验中获得了一系列国际先进或独具特色的成果，荣获两项国家科学技术进步奖及多个国家重要奖项。在 EAST 近年的实验中，取得了多项重要成果，主要包括获得了稳定重复的 1 MA 等离子体放电，实现了 EAST 的第一个科学目标，这也是目前国际超导装置上所达到的最高参数，标志着 EAST 已经进入了开展高参数等离子体物理实验的阶段；成功开展离子回旋壁处理，为未来超导托卡马克装置高效运行奠定了基础；2012 年，EAST 获得了超过 400s 的 2000 万℃高参数偏滤器等离子体，获得了稳定重复超过 30s 的高约束等离子体放电，这改写了国际上高温偏滤器等离子体放电时间和高约束等离子体放电时间的纪录，标志着中国可控核聚变已经代表了国际可控核聚变研究的最高成就。2017 年 7 月 3 日，EAST 在世界上首次实现了 5000 万℃等离子体持续放电 101.2s 的高约束运行，实现了从 30s 到 60s，再到百秒量级的跨越，再次创造了核聚变新的世界纪录。

核工业西南物理研究院建院于 20 世纪 60 年代中期，隶属中国核工业集团有限公司，是我国最早从事核聚变能源开发的专业研究院。在国家有关部委的支持下，依托核工业体系，经过 40 多年的努力，拥有较完整的开展核聚变能源研发所需的学科及相关实验室，先后承担并出色完成国家“四五”重大科学工程项目“中国环流器一号装置研制”及“十五”“中国环流器二号 A（HL-2A）装置工程建设项目”建设任务，取得了一批创新性的科研成果，实现了我国核聚变研究由原理探索到大规模装置实验的跨越发展，是我国磁约束核聚变领域首家获得国家科技进步一等奖的单位。

HL-2A 是中国第一个具有先进偏滤器位形的非圆截面的托卡马克核聚变实验研究装置，其主要目标是开展高参数等离子体条件下的改善约束实验，并利用其独特的大体积封闭偏滤器结构，开展核聚变领域许多前沿物理课题及相关工程技术的研究，为我国下一步聚变堆研究与发展提供技术基础。HL-2A 装置自运行以来，在聚变科学的各个领域取得可观的研究成果：如 2003 年，在首轮物理实验中成功实现中国第一次偏滤器位形托卡马克运行，为后来实现高约束运行模式奠定了基础；2009 年 4 月，成功实现中国第一次高约束模（H 模）放电，能量约束时间达到 150ms，等离子体总储能大于 78kJ，这项重大科研进展，使中国在继欧盟、美国和日本之后，站上了核聚变研究的这一先进平台；利用自主独立设计的静电探针系统首次观测到测地声模和低频带状流的三维结构，填补了该方向的国际空白；2015 年，首次观测到低环向模数阿尔芬离子梯度模、非共振电子鱼骨模及双电子鱼骨模的存在；2016 年，首次利用无源间隔波导阵列（Passive Active Multijunction，PAM）天线在 H 模条件下实现了低杂波耦合，为 ITER 低杂波电流驱动天线设计提供了重要数据。HL-2M 装置是 HL-2A 的改造升级装置。HL-2M 装置的建造目的是研究未来聚变堆相关物理及其关键技术，研究高比压、高参数的聚变等离子体物理，为下一步建造聚变堆打好基础。在高比压、高参数条件下，研究一系列和聚变堆有关的工程和技术问题。瞄准和 ITER 物理相关的内容，着重开展和燃烧等离子体物理有关的研究课题，包括等离子体约束和输运、高能粒子物理、新的偏滤器位型、在高参数等离子体中的加料及第一壁和等离子体相互作用等。作为可开展先进托卡马克运行的一个受控核聚变实验装置，HL-2M 将成为中国开展与聚变能源密切相关的等离子体物理和聚变科学研究的不可或缺的实验平台。

华中科技大学通过国际合作，于 2008 年完成了 TEXT-U 托卡马克装置（现更名为 J-TEXT）的重建工作，近年来，在该装置上探索各种新思想、新诊断、新技术，培养聚变人才。J-TEXT 装置的前身是美国的 TEXT-U 装置，属于常规中型托卡马克，于 2005 年在华中科技大学开始重建，并于 2007 年获得第一次等离子体，目前已经获得 200kA/ 300ms 稳定的等离子体放电。J-TEXT 作为教育部的托卡马克装置，其主要任务是培养聚变专业人才和进行聚变等离子体物理基础研究。此外，中国科学技术大学是我国最早开展等离子体物理本科教育的大学，有近 30 年的教学和研究历史，为国内外聚变研究机构培养了大批人才。其自行设计、自主建造了我国首台大型反场箍缩磁约束聚变实验装置，核聚变领域的基地建设正在加速进行。

5.4.5 俄罗斯

5.4.5.1 俄罗斯聚变研究战略

俄罗斯聚变计划中的首要任务是全力支持 ITER 的成功运行，在 ITER 项目建设期间，俄罗斯仍将独立开展自己的核能研究工作。俄罗斯磁聚变战略的目标是建造高温磁约束氘氚等离子体热核聚变反应堆；开发并建造 FNS 来解决原子能问题，并加速聚变应用。前者需通过积极参与 ITER 项目、升级本国聚变装置及广泛的国际研究合作来实现；后者需开发聚变裂变混合堆，并符合热核堆和快堆及俄罗斯原子能机构其他任务的要求。俄罗斯从首次提出建造热核反应堆可能性到 2050 年未来聚变研究计划的发展路线如图 5-1 所示。

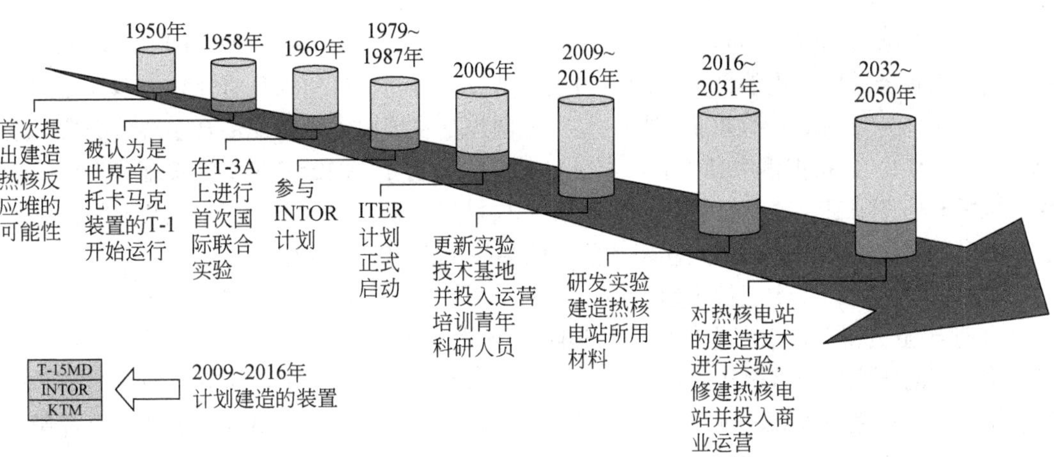

图 5-1 俄罗斯聚变研究计划的发展路线图（王海，2014）

国际托卡马克反应堆（International Tokamak Reactor，INTOR）

俄罗斯的未来发展规划包括以下 3 个方向的工作，并制定了在月球上大量开采氦-3 的计划。首先，将 T-15 改造为 T-15MD，进行以中子源为基础的混合堆物理基础研究，解决部分核能实际问题。T-ISMD 托卡马克装置是建造 FNS 的物理原型，FNS 的第一步是设计并建造 T-15MD；其次，在 3～5 年与意大利合作在俄罗斯建成 IGNITOR 反应堆，在强磁场装置上实现“点火”；最后，在 3～5 年与哈萨克斯坦合作建成 KTM 托卡马克，进行混合堆堆芯物理、材料和偏滤器实验研究。

5.4.5.2 俄罗斯主要聚变研究机构及其装置

库尔恰托夫研究所是俄罗斯在核能源领域的主要研发机构，建于 1943 年，最初目的是开发核武器。从 1955 年开始进行热核聚变和等离子体物理方面的工作。第一代托卡马克系统诞生于此，当中最成功的是 T-3 及更大型的 T-4。T-4 于 1968 年在新西伯利亚测试，进行了第一个准稳态热核聚变反应。1975 年，建成大型托卡马克装置 T-10。研究方向包括：

1）安全发展核电（原子能发电及其燃料循环）。核电站用原子能发电设备，包括其安全性问题；工业化原子能反应堆；海上核动力设备；空间核动力设备；实验反应堆和反应堆材料学；同位素分离；生态清洁动力；原子氢动力。

2）可控热核聚变及等离子体反应。国际热核反应堆的设计；T-10 和 T-15 上的实验研究；脉冲等离子体物理的基础性研究。

3）低能及中能核物理。核物理和基本粒子物理的基础性研究；材料及新技术研制中的带电粒子射线研究。

该所于 1955 年建成首台强纵向磁场环形装置，即磁场圆环体（Toroidal Magnetic Field，TMF），之后的该类装置被称为托卡马克。到 20 世纪 70 年代，世界各地物理界掀起了托卡马克热，当时国际上共有约 200 台托卡马克实验装置，其中，苏联有 31 台、美国有 30 台、欧洲有 32 台。在经历了解体阵痛之后的 10～15 年，为重振俄罗斯在上述领域的领先研究，俄罗斯又建立了 6 台托卡马克装置，分别是库尔恰托夫研究所的 T-10（改进）、特洛伊茨基创新与热核研究所（TRINITI）的 T-11M 和位于圣彼得堡尧费物理技术研究所

（Institute of Physics and Technology，PTI）的格罗布斯-M、TUMAN-3M、FT-1、FT-2。俄罗斯还将因资金原因中止的俄罗斯最大的托卡马克项目 T-15 列入政府计划，该计划的实施，一方面可为 ITER 计划提供支持，另一方面也是发展中子源聚变混合系统的必要阶段（Azizov，2012）。根据俄罗斯教育与科学部的计划，将于 2012～2020 年实施名为“点火器”的托卡马克项目，预计投资 200 亿卢布，项目将与意大利合作开展。该装置将是世界上首次采用强磁场而无需使用大功率加热获取热核反应的托卡马克。

俄罗斯科学院约飞物理技术研究所，是俄罗斯最大的专门进行物理技术研究的中心。1918 年建于圣彼得堡，隶属于俄罗斯科学院。该所共设 5 个研究室，其中，聚变和 ITER 相关性最大的研究室为等离子体物理、原子物理和天文物理研究室，研究方向包括高温等离子体（托卡马克、等离子体与波相互作用、等离子体诊断）、低温等离子体、超音速流和物理运动、原子撞击过程和中性粒子等离子体诊断、原子光谱学、类星体理论、中子星和星际介质、彗星射线物理、X 射线天文学及质量光谱测定法。

叶菲莫夫电物理仪器研究所（Efremov institute NIIEFA）建于 1945 年，其在制造独特电物理设备方面具有很强的能力，被指定为核物理、高能物理和受控热核聚变基础研究设备的主要设计单位。1960 年改名为电物理仪器科学研究所，1961 年加上了第一任院长叶菲莫夫的名字。目前 NIIEFA 的主要工作是设计和制造回旋加速器、直线加速器、高压倍加器、受控核聚变设备、激光技术和电工学设备等。NIIEFA 在加速器和实验物理设备电磁体的设计、工程设计和制造方面有丰富的经验。

俄罗斯圣彼得堡理工大学物理学家提出一种方法以提升托卡马克装置的性能，其对“不粘模式”进行了评估，并认为这种方法可能会提高反应堆耐磨损和耐撕裂的能力（王波，2016）。由于现代材料还不能承受核反应所需的温度，托卡马克装置中的等离子体不由真空室器壁约束，而是由电磁场约束。当托卡马克装置运行时，释放的能量仍然会传递到反应器的内壁上，导致内壁材料劣化。为了解决这一问题，研究人员提出了“不粘模式”，其中，特殊的混合物经由转向器注入反应器中。这些混合物可以控制等离子体的行为，并且隔离了能量流与真空室器壁的接触。

5.4.6 韩国

5.4.6.1 韩国聚变研究战略

韩国是世界上开展热核聚变研究较晚的国家，从 20 世纪 60 年代小规模的实验室等离子体研究，到 70 年代晚期大学开展聚变研究，先后研制了若干托卡马克装置。90 年代，韩国政府提出让韩国的聚变研究腾飞，走向聚变科学和技术的最前沿。

为确定聚变电站的技术细节，探索和协调韩国聚变能的研发活动，2006 年，韩国启动聚变堆示范装置（K-DEMO）聚变电站的概念研究。计划 2011 年前制定发展 K-DEMO 探索性里程碑的概念，2021 年前完成概念和工程设计，2022 年以后最终完成建造设计。K-DEMO 的设计要求类似于美国、欧盟和日本早期研制的聚变电站模型。

2008 年，韩国政府颁布《聚变能源开发促进法》，表明韩国 DEMO 发展迈出了决定性的一步。在此框架内，韩国政府于 2012 年年底启动了本国聚变堆示范装置的研发计划项目，已经与美国普林斯顿等离子体物理实验室达成协议，由韩国大田国家核聚变研究所与之合作开发韩国聚变堆示范装置 K-DEMO 的概念设计。K-DEMO 第一运行阶段将作为部件测试设施，从 2037 年运行到 2050 年左右；第二运行阶段计划始于 2050 年，为了全稳态运行和发电，将更换大部分内真空室部件。K-DEMO 阶段性实施发展计划包含 4 个阶段的子计划：2007～2011 年，筹备阶段子计划；2012～2021 年，DEMO 研发子计划；2022～2036 年，DEMO 建造子计划；2037～2050 年，聚变电站子计划。2014 年，韩国在热核聚变开发项目上投入 1.439 亿美元。其中，0.864 亿美元用于 ITER 项目；0.334 亿美元用于 KSTAR（韩国超导托卡马克先进研究堆）项目；0.057 亿美元用于热核聚变基础研究及人才培养；0.184 亿美元用于热核聚变研究所相关项目。同时，韩国实施“热核聚变、加速器装置产业生态战略”，引导企业参与热核聚变、加速器项目，通过资金扶持等形式让中小企业尽快掌握其核心技术，以实现核心装置的国产，并将产品打入国际市场。

5.4.6.2 韩国主要聚变研究机构及其装置

韩国国家聚变研究所（National Fusion Research Institute，NFRI）是一个独特的国家研究所，致力于聚变能的研究和开发。NFRI 利用先进的国内技术，建造了世界上先进的 KSTAR 聚变研究设备。政府指定 NFRI 为国内主要从事聚变电站自主技术基础研发的研究单位，建立支撑 KSTAR 和 ITER 项目的相关数据库，协调国内和国际聚变能源发展计划。KSTAR 项目是韩国政府在 NFRI 投资 3090 亿韩元（人民币 25 亿元）建造的核聚变研究装置，1995 年投入建造，2007 年 9 月 14 日竣工，耗时 12 年。KSTAR 是世界上第一个采用新型超导磁体（Nb_3Sn）材料产生磁场的全超导聚变装置，其产生的磁场稳定性很好。2008 年，KSTAR 投入运行并成功产生初始等离子体。

KSTAR 设计的主要特点为全超导磁体；被动板控制稳定性；真空室内控制线圈作为高功率等离子体稳定性控制；长脉冲运行能力；灵活的压强和剖面控制；灵活的等离子体形状和位置控制；先进的剖面控制和诊断。KSTAR 装置由真空室及内部部件、热屏蔽、超导磁体系统、低温恒温器和辅助系统构成。真空室为 D 形双层壁结构。超导磁体系统由 16 个环向场（Tircular Field，TF）线圈和 6 对极向场（Pole Field，PF）线圈组成。该装置具有强变形的等离子体横截面和双零偏滤器。最初由极向磁体系统提供的脉冲长度为 20s，但非感应电流驱动模式下长度可以增大至 300s。等离子体加热和电流驱动系统包括中性束、离子回旋波、低杂波和电子回旋波，都可以用于灵活的剖面控制。2009 年 12 月，KSTAR 成功获得了电流为 320kA、温度为 1000 万℃的等离子体放电，持续时间约为 3.6s，达到 KSTAR 设计性能的 30%。此后，KSTAR 成功获得了 2000 万℃、持续时间为 6s 的等离子体，并且成功探测到氘氘聚变反应生成的带有 2.45MeV 级能量的中子。2010 年 11 月，KSTAR 比预计时间提前一年首次实现 H 模。2012 年 11 月，在 KSTAR 上成功验证了 ITER CODAC（控制、数据存储与通信）技术对托卡马克装置实施控制的能力，所测试的系统性能良好，与 KSTAR 本身的控制系统非常吻合，说明 ITER CODAC 的研究方向是正确的，将要采用和考虑的技术对托卡马克装置是合适的。2016 年 12 月 12 日，NFRI 宣布，KSTAR 在高性能等离子体运行中取得了 70s 的世界纪录。

5.5 各国参与 ITER 计划情况

5.5.1 ITER 计划简介

ITER 计划将集成当今国际受控磁约束核聚变研究的主要科学和技术成果，第一次在地球上实现能与未来实用聚变堆规模相比拟的受控热核聚变实验堆，解决通向聚变电站的关键问题，其目标是全面验证聚变能源和平利用的科学可行性和工程可行性。利用在 ITER 取得的研究成果和经验，将有助于建造一个用聚变发电的示范反应堆（图 5-2），示范堆的顺利运行将有可能使核聚变能商业化，因此，ITER 计划是人类研究和利用聚变能的一个重要转折，是人类受控热核聚变研究走向实用的关键一步。

图 5-2 ITER 装置现场图（ITER Organization，2017）（文后附彩图）

参加 ITER 计划的七方总人口大约占世界的一半以上，并几乎囊括了所有的核大国。ITER 计划是一次人类共同的科学探险。各国共同出资参与 ITER 计划，不仅是共同承担风险，而且集中了全球顶尖科学家的智慧，同时在政治上体现了各国在开发未来能源上的坚定立场，使其成为一个大的国际科学工程。因此，ITER 计划绝对不仅仅是各国共同出资建一个装置的事情，它的成功实施具有重大的政治意义和深远的战略意义。各参与方通过参加 ITER 计划，承担制造 ITER 装置部件，可同时享受 ITER 计划所有的知识产权，在为 ITER 计划做出相应贡献的同时，并有可能在合作过程中全面掌握聚变实验堆的技术，达到其参加 ITER 计划总的目的。参与各国尤其是包括中国在内的发展中国家，通过派出科学家到 ITER 工作，可以学到包括大型科研组织管理等很多有益的经验，并有可能用比较短的时间使所在国聚变研究的整体知识水平、技术能力得到大的提高，从而拉近与其他先进国家的距离。同时，再配合独自进行的必要的基础研究、聚变反应堆材料研究和聚变堆某些必要技术的研究等，则有可能在较短时间内，用较小投资使所在国的核聚变能源研究在整体上进入世界前沿，为各国自主开展核聚变示范电站的研发奠定基础，确保 20 年或 30 年后，拥有独立的设计、建造聚变示范堆的技术力量和独立的聚变工业发展体系，聚变研究能力和水平与先进国家不相上下。这也是各参与方参加 ITER 计划的最主要目标之一。

ITER 的总体科学目标是以实现长脉冲运行下的高聚变增益为最终目标，证明受控点火和氘—氚等离子体的持续燃烧；在核聚变综合系统中验证反应堆相关的重要技术；对聚变能和平利用所需要的高热通量和核辐照部件进行综合实验。还有一个重要目标是通过建立和维持氘—氚燃烧等离子体，检验和实现各种聚变工程技术的集成，并进一步研究和发展能直接用于商用聚变堆的相关技术。因此，ITER 是磁约束核聚变技术发展的重要阶段。在过去 10 余年中，与建设 ITER 有关的技术研发已经基本完成，目前建造 ITER 的技术基础已经基本具备。ITER 计划在技术上的其他重要任务包括检验各个部件在聚变环境下的性能，包括辐照损伤、高热负荷和大电动力的冲击等，以及发展实时、大规模的本地制氚技术等。上述工作是设计与建造商用聚变堆之前所必须完成的，而且只能在 ITER 上开展。

ITER 计划分 3 个阶段进行：第一阶段为实验堆建设阶段（2007～2025 年）；第二阶段为热核聚变运行实验阶段，持续 20 年，其间将验证核聚变燃料的性能、实验堆所使用材料的可靠性及核聚变堆的可开发性等，为大规模商业开发聚变能进行科学和技术认证；第三阶段为实验堆退役阶段，历时 5 年。ITER 具体的科学计划是：在第一阶段，通过感应驱动获得聚变功率为 500MW、Q 大于 10、脉冲时间为 400s 的燃烧等离子体；第二阶段，通过非感应驱动等离子体电流，产生聚变功率大于 350MW、Q 大于 5、燃烧时间持续 3000s 的等离子体，研究燃烧等离子体的稳态运行，这种高性能的“先进燃烧等离子体”是建造托卡马克型商用聚变堆所必需的。如果约束条件允许，将探索 Q 大于 30 的稳态临界点火的燃烧等离子体（不排除点火）。ITER 计划科学目标的实现将为商用聚变堆的建造奠定可靠的科学和工程技术基础。

ITER 装置不仅集成了国际聚变能源研究的最新成果，而且综合了当今世界相关领域的一些顶尖技术，如大型超导磁体技术、中能高流强加速器技术、连续大功率微波技术、复杂的远程控制技术、反应堆材料、实验包层、大型低温技术、氚工艺、先进诊断技术、大型电源技术及核聚变安全等。这些技术不但是未来聚变电站所必需的，而且能对世界各国工业、社会经济发展起到重大推进作用。ITER 的建设、运行和实验研究是人类发展聚变能源的必要环节，有可能将直接决定 DEMO 的设计和建设，并推进商用聚变电站实现的进程。随着 ITER 计划的启动，国际聚变界的普遍共识是由于对 ITER 七大部件已经在过去的十多年中做了大量的研发，成功建设 ITER 已经无工程上的障碍，但是，能否顺利实现 ITER 的科学目标依然有一定的风险和不确定性，需要在未来 ITER 科学实验中开展研究。

根据联合实施协定，所有的部件将由 7 个参与方分别研制和提供，并按规定时间节点提交安装。经过分解，ITER 装置的部件被拆分成 22 个采购包、97 个子包。除少量部件可用现金直接从市场采购外，大多数部件（采购包）需要进行研制并通过质量认证方能使用，其中的涉核部件还必须通过法国原子能委员会的审查并发放许可证。目前，ITER 的各系统部件的研究和设计工作都在有条不紊地进行之中，专家组也就近年发现的一些问题对 ITER 设计做了详细的修改，包括等离子体边缘局域模控制和垂直稳定性的改善等。ITER 综合装置建设始于 2013 年，截止到 2015 年 6 月其建设耗费已经超过 140 亿美元，差不多 3 倍于原定数额。该设施原本计划于 2019 年完成建设阶段，同年开始试运行，2020 年开始等离子体实验，2027 年开始完整的氘氚聚变实验。但由于经费大幅超支和各种技术工程难题，ITER 项目延误非常严重，其实验启动时间预计将推迟 5 年。ITER 是人类和平利用聚变能的进程中最重要的里程碑，它的成功将直接指导 DEMO 的建造，最终实现聚变能商用化。

5.5.2 各国参与情况

5.5.2.1 美国

在 ITER 97 个子采购包中，美国承担的采购包任务包括以下系统的设计与研制，即冷却水系统、弹丸注入、离子回旋加热（Ion Cyclotron Heating，ICH）系统、电子回旋加热（Electron Cyclotron Heating，ECH）系统、稳态电网、排气系统、磁体系统（TF 线圈导体、中心螺线管）、诊断、包层/屏蔽和 ELM—VS 线圈，贡献形式为实物贡献。其国内机构的具体分摊情况为中心螺线管绕组（ORNL①），环向场导体（ORNL 8%），弹丸注入（ORNL），包层/屏蔽（ORNL 20%），偏滤器、直空室等的冷却（ORNL 75%），稳态电源（PPPL②），诊断窗口（PPPL 15%），离子回旋传输线（ORNL），电子回旋传输线（ORNL），内真空室线圈（PPPL），低真空泵，各种标准部件（ORNL），以及托卡马克除气系统（SRNL）等。其中，美国承担的中心螺线管是 ITER 项目中最大的单个采购包之一。

ITER 国际组织与美国 ITER 国内机构（US-ITER）2013 年 10 月 31 日签署了两项托卡马克冷却水系统（Tokamak Cooling Water System，TCWS）的相关协议，协议的签署将更加有助于实施 TCWS 管道成本效益与时间效益的采购及一体化进程，同时促进压力容器、水泵和热交换器等最大的 TCWS 部件最终设计的完成。2013 年以来的预算概况表明，美国实物组件的成本范围并无变化；然而，美国对 ITER 建设的投入仍在增加，在整体 ITER 项目设定基线并通过 ITER 委员会批准之前，总体 ITER 组织成本、货币汇率波动及未来进度延误造成的成本增加，仍然存在诸多不确定性。此外，欧盟在是将其资源集中于实物捐助还是为 ITER 组织提供所需的额外现金捐助的问题上犹豫不决，从而导致了新的延误，进而引起成本增加。美国将寻求与欧盟进行谈判，以限制提供给 ITER 组织进行组装和建造的现金，尽量减少未来成本增长的责任风险（DOE，2016）。2014 年，由于 ITER 的延期，美国参议院的预算决策者曾建议美国退出 ITER 计划。在当年 10 月 1 日生效的美国能源部 2015 财年预算申请中，参议院仅同意为美国参与 ITER 计划提供 7500 万美元，使美国不得不暂停参与 ITER 计划。但叫停 ITER 并不容易，众议院拨款小组表示，他们不仅会继续支持美国参与 ITER 项目，还会在第二年为该项目投入 2.25 亿美元。

鉴于 ITER 科学项目成功的前景，美国在 2018 财年仍作为 ITER 的合作伙伴，因为 ITER 依然是研究燃烧等离子体最快的途径。对 ITER 进行特殊监督和严格的项目管理，是该项目成功的关键。美国将继续向其他成员国施加压力，继续提高预算透明度，并保持项目预定交付成果的及时性，以减少由进一步延误导致成本增加的可能性。

---

① 橡树岭国家实验室（Oak Ridge National Laboratory，ORNL）。

② 普林斯顿等离子体物理国家实验室（Princeton Plasma Physics Laboratory，PPPL）。

5.5.2.2 欧盟

欧盟在 ITER 计划中主要承担超导环向场线圈、极向场线圈、真空室、真空室内部件、远程处理、辅助加热系统、氚工厂和低温冷却系统及最终的诊断系统等项目。主要是这些设备的制造、试验、模拟设备的研发工作，并整合基础工艺，如加热、电流驱动、等离子体诊断、屏蔽包层、第一壁和远程处理等。

为保持科技领先和国家能源安全，欧盟有能力在 ITER 的建造和运行过程中，起到至关重要的作用。作为 ITER 计划东道主的欧盟，除了在 ITER 计划中所承担的经费和刚性任务外，为配合 ITER 计划的正确实施和体现欧盟的科学管理能力，围绕 ITER 计划开展了以下一系列主要活动：

1）整合欧盟聚变模拟的 EUFORIA 计划，将整个欧盟的计算机联网，协调欧盟各聚变领域开展的模拟。因为 ITER 计划开展等离子体湍流等模拟研究，为此，要求计算机具备巨大的计算和数据处理能力，这项计划得到欧盟 365 万欧元的资助。

2）拟建立一个对 ITER 可持续财政框架，要求各成员国承担欧盟在 ITER 计划（72.5 亿欧元，其中，66 亿欧元为建造费用，6.5 亿欧元为运行费用）费用中的一部分费用，提供财政支持。根据 ITER 国际合作协议，欧盟对 ITER 承担 45%的贡献。

3）设立欧盟 ITER 机构，负责管理欧盟参与 ITER 活动。该机构设在西班牙的巴塞罗那，估计预算为 96 亿欧元，在其运行的 35 年内，将负责管理 EURATOM 承担的 ITER 项目，以及负责欧盟惯性约束聚变中快点火聚变能的合作项目。还将负责建造示范聚变堆及相关设施的组织协调活动。

4）为了加强欧盟聚变研究团体在聚变技术方面的合作，EURATOM 要求在材料研究、聚变数据管理、教育事务 3 方面采取 3 项协调和援助行动，用于这 3 项行动的总预算为 500 万欧元。这项行动包括援助和协调欧盟各聚变研究机构在关键技术方面的合作；鼓励、支持各聚变研究机构研究人员相互交流访问，使其有机会使用聚变设备；促进各项共同行动的组织与管理。

5.5.2.3 日本

根据 ITER 组织与各方签署的供货协议，日本承担的 ITER 采购包制造任务有七大项，具体包括全部 18 个环向场线圈导体部分的 25%，辐板 100%，绕线部分的 50%，辐板绕线工程的 50%，6 个中央螺旋线圈导体部分 100%；中性束注入加热装置——百万伏高压电源的高压部分 2 套，高压衬套 2 副，加速器 1 座；高频加热装置“回旋振荡管”8 支；包层远程维护机器人；真空室偏滤器的外侧垂直靶；除氚系统；监测设备。

2016 年 11 月 10 日，日本量子科学技术研究开发机构（Quantum Science and Technology，QST）宣布，在其用于 ITER 加热等离子体的 100 万 V 加速器中产生了能够持续 60s 的强电流密度粒子束。60s 是实验设备限定的运转时间，有望进一步实现 ITER 提出的 3600s 的目标。此前的时间仅为 0.4s，这标志着长时间维持核聚变燃烧等离子体状态又向前迈进了一步。该技术将用于在法国南部建设的 ITER 反应堆，100 万 V 负离子加速器可长时间保持等离子体上亿度高温中性束注入装置中。此次 QST 通过高精度三维粒子束轨道模拟、修正粒子束偏离和研发抑制电子产生的技术等措施，使电极的热负荷降低至此前的三分之一，连续稳定地产生了与 ITER 具有相同能量和电流密度的粒子束。

5.5.2.4 中国

依照 ITER 材料及设备的采购协议，在 ITER 装置的建设期间，中国负担约 10%的费用和设备制造任务。根据系统和部件的集成性，ITER 分解形成 22 个采购包、97 个具体包。中国承担其中的 6 个采购包、12 个具体包，主要包括磁体超导导体与校正场线圈、超导接头、电源系统、第一壁和屏蔽包层、重力支撑构件、气体加料系统、辉光放电清洗系统，以及 X 射线相机、中子注量监测器和以偏滤器朗缪尔探针为代表的先进诊断系统等项目。这些项目涵盖了 ITER 制造中核心的超导磁体技术、中子屏蔽技术、交直流变流器和高压设备技术等。在 ITER 工程量的任务分配中，中国承担了包括铌钛超导导体 69%的项目、全部大型超导校正场磁体、全部超导馈线系统、40%的屏蔽块及 10%的第一壁材料、62%的变流器和全部高压设备等。

自 2004 年起，中国科学院等离子体物理研究所作为国内主要承担单位参与了 ITER 计划，并通过国际招标竞争承担了多项高难度的核心任务，在这项全球规模最大的国际科研合作项目中展现了中国的科研力量。2006 年，中国科学院等离子体物理研究所开始了 ITER 导体的预研工作，是最早介入 ITER 部件研发的单位。2011 年年底，中国科学院等离子体物理研究所完成并交付了 ITER 计划中国制造任务的首件产品“ITER 环向场（TF）超导导体”，这也是中国 ITER 采购包的首件正式产品。2015 年，最后一根中国 TF 认证导体顺利通过 ITER 计划指定的唯一测试机构——瑞士 SULTAN 实验室的性能测试评估，标志着中方承担的所有导体实验和测试圆满完成。TF 导体采购包是中国科学院等离子体物理研究所承担的首个 ITER 采购包。异型导体成型机是项目组自主研发的关键设备。导体成型过程中，挤压成型力将近 30t。中方承担的异型导体总共 60 根，约 50 000m。

由核工业西南物理研究院牵头的 ITER 屏蔽包层及磁体支撑系统研发工作取得了重大进展，其研制的屏蔽包层模块样品已经送到国际专业机构检验，而研制出的高纯铍等材料也填补了国内技术空白。2017 年 3 月 13 日上午，ITER 计划中国超导股线项目全面竣工。超导股线分 Nb_3Sn 材料和 NbTi 材料两种。ITER 环向场导体和中心螺线管导体采用 Nb_3Sn 超导材料，其余导体采用 NbTi 材料。Nb_3Sn 和 NbTi 材料作为关键基础材料，在液氦温度（4.2K 左右）下处于超导状态，在 ITER 装置内可以形成强大的磁笼，约束高温等离子体。中方导体采购包共需 174t 的 NbTi 和 35t 的 Nb_3Sn 超导股线，全部由西部超导公司承担制造。

5.5.2.5 俄罗斯

俄罗斯作为 ITER 项目建设的重要一员，在该项目中发挥了重要作用。在科研与设计方面，俄罗斯科学家继续在托卡马克装置上进行聚变能的理论与实验研究工作，包括超导磁力系统和低温恒温器，真空室和辐射保护系统，分流器，信号抑制和外壁系统，等离子加热和电流控制系统，热核反应堆冷却系统，热核反应堆定时维护和修理系统，等离子体诊断系统，实验数据采集、储存系统，以及热核反应堆控制系统和保障系统等方面。在设

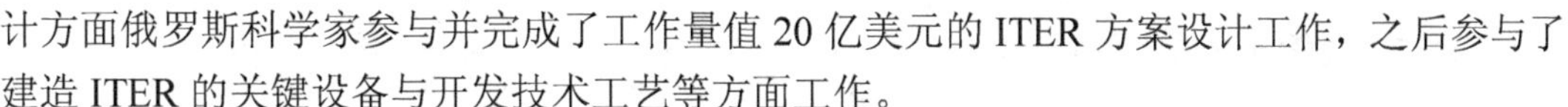

计方面俄罗斯科学家参与并完成了工作量值20亿美元的ITER方案设计工作，之后参与了建造ITER的关键设备与开发技术工艺等方面工作。

5.5.2.6 韩国

2007年3月27日，韩国实施“核聚变能源开发促进发案”。2007年4月2日，韩国国民大会批准通过“ITER联合实施协议”。在ITER项目的总采购包中，韩国承担了以下采购包任务（康卫红，2014）：环向场磁体导体（20%）、含包层和水连接的真空室主体（20%）、真空室赤道窗口（100%）、真空室上部窗口（76%）、包层第一壁（10%）、主机的安装工具3-11（100%）、热屏蔽（100%）、氚的存储与排放系统（storage and drain-off system，SDS）（88%）、AC/DC变流器（38%）、诊断系统（3.3%）。

作为ITER的试运行装置，KSTAR装置所获得的经验将成为ITER装置设计、采购和初始运行的重要技术基础。预计，ITER联机运行前KSTAR可望高功率长脉冲运行4～5年，可为ITER运行提供有用的技术知识和数据。

5.5.2.7 印度

根据ITER协议，印度承担ITER计划8个采购包任务，包括真空室屏蔽、低温恒温器、水冷系统、低温配电器及低温管线、离子回旋射频（Ion Cyclotron Radio Frequency，ICRF）功率源及离子回旋系统电源（Ion Cyclotron Power Supply，ICPS）、电子回旋射频（Electron Cyclotron Radio Frequency，ECRF）功率源及电子回旋系统电源（Electronic Cyclotron Power Supply，ECPS）、中性束诊断系统（Diagnostic Neutral Beam，DNB）及DNB电源和诊断系统等部件的生产制造（曾丽萍，2014）。印度聚变界将在工业界的参与合作下，积极推进ITER采购包相关工程和技术的研发工作，开发出与聚变研究相关的前沿技术。未来10年，印度将为ITER项目提供大约5亿美元的设备及部件，这对印度工业界是一项挑战，同时也将提升和拓展其在部件生产制造方面的能力。

5.6 研发创新能力定量分析

由于科研论文能够从一定程度上反映科学研究的客观事实，本报告利用定量计量的方法，对相关数据库收录的核聚变研究论文进行了分析，以期能够从文献计量角度揭示出研发现状、特征和发展趋势。

5.6.1 数据来源与分析方法

本次分析采用Web of Science数据库源数据构建了全球科研人员发表的核聚变相关SCI论文分析数据集，数据采集时间为2017年10月10日，发文时间段为2007～2016年，文献类型限定为Article，Letter，Review，共得到25 504篇论文。利用德温特数据分析器（Derwent Data Analytics，DDA）进行文献数据挖掘和分析。

5.6.2 整体发展态势

该领域 2007～2016 年每年发文量均在 2000 篇以上，参与国家、研究机构众多（图 5-3），核聚变领域 10 年来一直是热点研究方向。

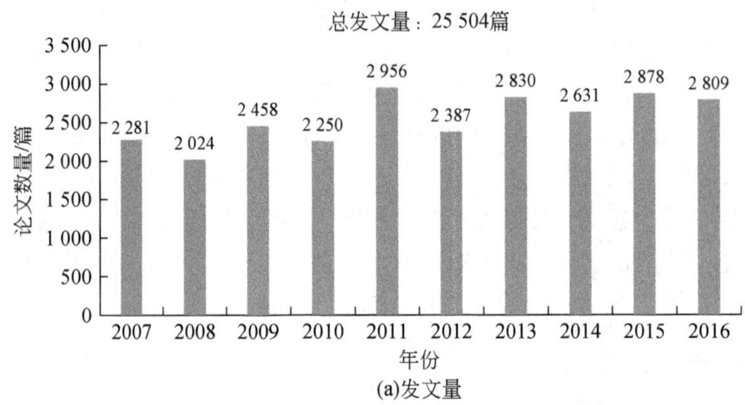

(a)发文量

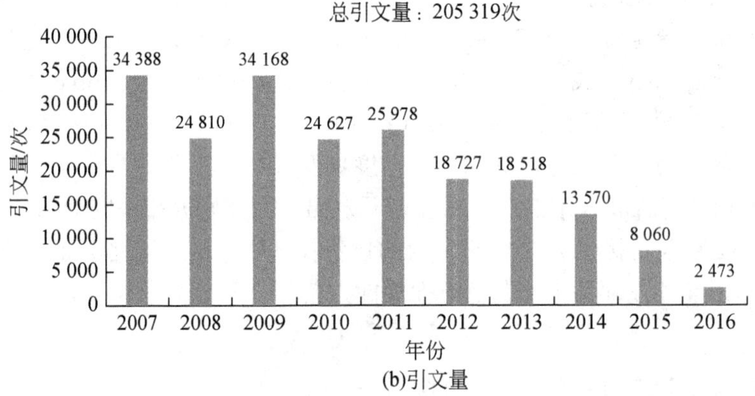

(b)引文量

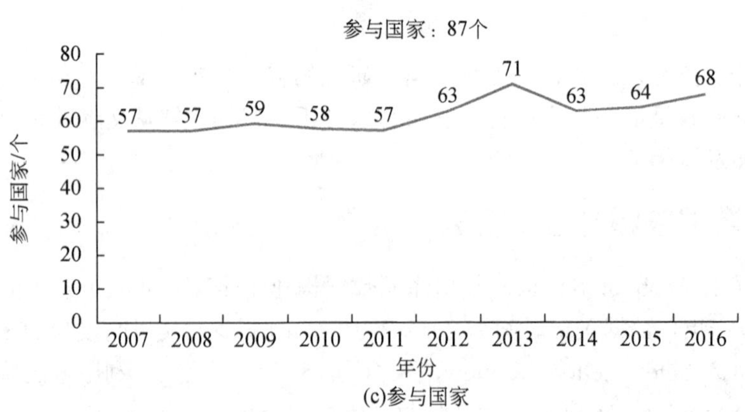

(c)参与国家

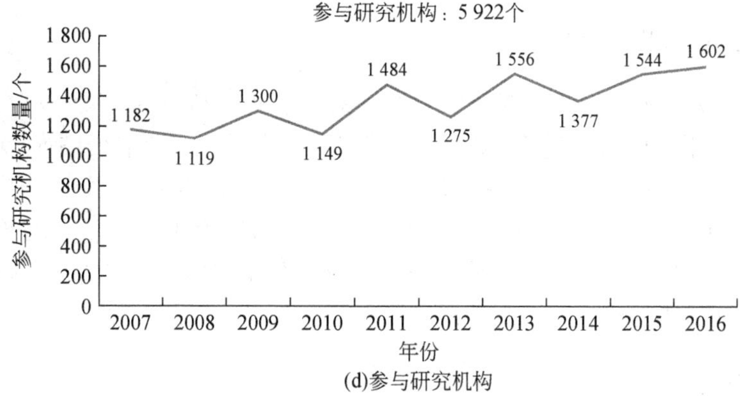

(d)参与研究机构

图 5-3　全球核聚变研究 SCI 论文发文量、引文量、参与国家与研究机构数量年度变化态势

从全球核聚变研究被引频次最高的前 10 篇 SCI 论文来看（表 5-1），杜布纳联合核研究所、通用原子公司、法国核技术研究中心（Cadarache）、ITER、德国波鸿鲁尔大学、法国原子能委员会、劳伦斯—利弗莫尔国家实验室和欧洲原子能共同体等研究机构的相关人员所做工作具有较高影响力。

表 5-1　全球核聚变研究被引频次最高的前 10 篇 SCI 论文

序号	论文题目	第一作者	所在机构	来源期刊	被引次数/次
1	Heaviest nuclei from Ca-48-induced reactions	Oganessian Y	杜布纳联合核研究所	*Nuclear Physics A*	525
2	Recent developments in irradiation-resistant steels	Alinger M J	通用原子公司	*Annual Review of Materials Research*	479
3	Chapter 3: MHD stability，operational limits and disruptions	Bialek J	欧洲原子能共同体-CEA 协会	*Nuclear Fusion*	442
4	Chapter 4: Power and particle control	Asakura N	法国核技术研究中心（Cadarache）	*Nuclear Fusion*	433
5	Progress in the ITER Physics Basis - Chapter 1: Overview and summary	ITER	国际热核聚变实验堆（ITER）	*Nuclear Fusion*	390
6	Colloquium: Fundamentals of dust-plasma interactions	Eliasson B	德国波鸿鲁尔大学	*Reviews of Modern Physics*	362
7	Recent analysis of key plasma wall interactions issues for ITER	Alimov V	法国原子能委员会	*Journal of Nuclear Materials*	354
8	National ignition facility laser performance status	Auerbach J M	劳伦斯—利弗莫尔国家实验室	*Applied Optics*	331
9	Chapter 2: Plasma confinement and transport	Bateman G	欧洲原子能共同体	*Nuclear Fusion*	324
10	X-ray Thomson scattering in high energy density plasmas	Glenzer S H，Redmer R	劳伦斯-利弗莫尔国家实验室	*Reviews of Modern Physics*	306

5.6.3 主要国家分析

美国在聚变等离子体物理领域的发文数量、总被引频次和 H 指数均位列全球第 1 位，且大幅领先于排在第 2 位的德国及后续国家，我国发文量位列第 3 位（图 5-4）。从发文时序看，我国 2007～2016 年的发文量快速增长，年度发文量在 2015 年接近美国，并在 2016 年超过美国，从趋势变化来看，我国在核聚变研究的发文量仍将保持快速增长趋势。虽然我国在核聚变领域的发文量排名世界前 3 位，但是，从论文影响力来看，我国在篇均被引次数、H 指数方面较美国仍存在很大差距（表 5-2）。

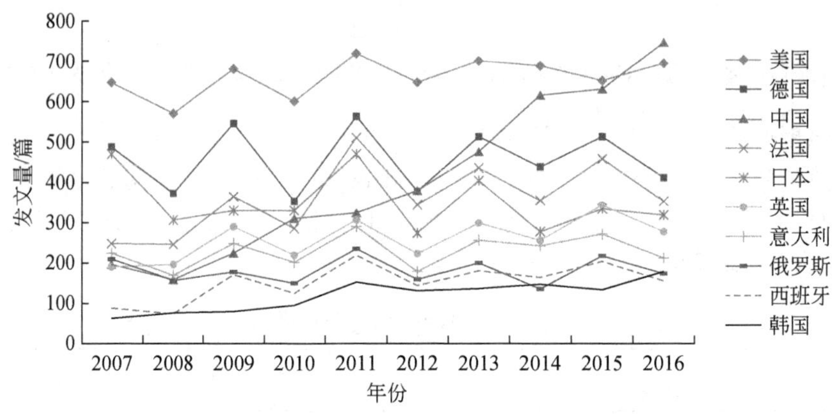

图 5-4　核聚变主要研究国家发文趋势（文后附彩图）

表 5-2　核聚变领域主要研究国家

国家	发文量/篇	总被引次数/次	篇均被引次数/次	论文被引率/%	H 指数
美国	6 591	85 032	12.9	86.2	88
德国	4 581	54 116	11.8	87.9	71
中国	4 092	22 506	5.5	71.6	50
法国	3 606	36 684	10.2	84.4	63
日本	3 509	27 669	7.9	78.8	58
英国	2 611	32 767	12.5	88.1	61
意大利	2 300	21 813	9.5	84.5	50
俄罗斯	1 834	16 037	8.7	79.9	49
西班牙	1 545	12 478	8.1	81.8	41
韩国	1 212	7 070	5.8	73.8	33

5.6.4 主要研究机构分析

本次分析的 25 504 篇文献共涉及 5922 个研究机构，表 5-3 给出了发文量排名前 10 位的研究机构的被引情况。排名第 1 位的美国能源部国家实验室，无论是从发文量指标还是被引指标来看，都是该领域的最顶尖机构（图 5-5）。通用原子公司发文量不多，但其影响力一流，篇均被引次数达到了 16.8 次，甚至超过前三甲。中国科学院整体在该领域的发文量排名第 2 位，但论文影响力离顶尖研究机构还有很大差距，下属研究机构中发文量最多的是合肥物质科学研究院和中国科学技术大学。

表 5-3 核聚变领域主要研究机构

研究机构	发文量/篇	总被引次数/次	篇均被引次数/次	论文被引率/%	H 指数
美国能源部国家实验室	3 018	44 160	14.6	86.6	80
中国科学院	1 945	11 122	5.7	72.5	41
合肥物质科学研究院	1 553	8 387	5.4	70.9	36
中国科学技术大学	583	2 947	5.1	100	26
近代物理研究所	71	824	11.6	84.5	13
上海光学精密机械研究所	32	80	2.5	71.8	5
法国原子能委员会	1 441	14 929	10.4	86.5	47
德国马普学会	1 310	15 943	12.2	86.7	50
通用原子公司	1 261	21 219	16.8	90.5	59
日本原子能研究开发机构	1 260	12 633	10.0	82.0	43
德国尤里希研究中心	811	10 538	13.0	89.5	42
加利福尼亚大学圣迭戈分校	711	12 286	17.3	92.8	47
麻省理工学院	710	12 367	17.4	91.5	47
韩国国家核聚变研究所	653	3 244	5.0	73.2	23

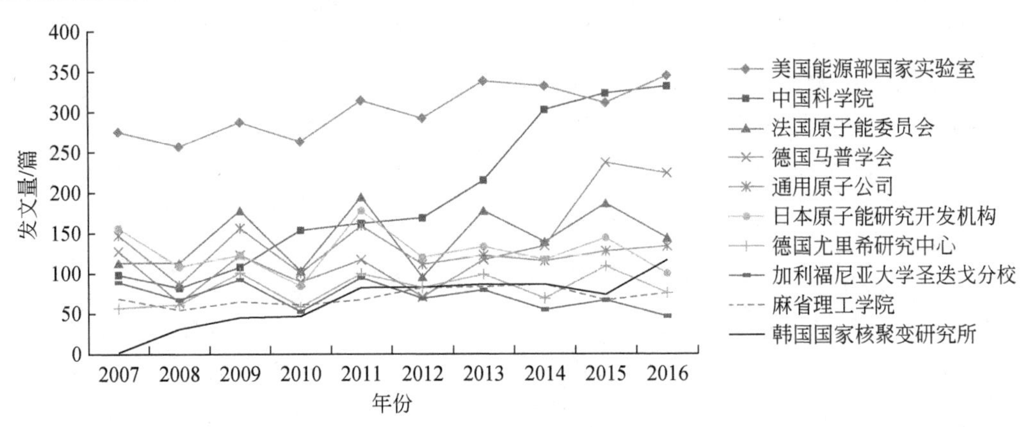

图 5-5 核聚变主要研究机构发文趋势（文后附彩图）

5.6.5 主要研究人员分析

表 5-4 给出了主要研究人员论文被引情况。综合比较可以看出（图 5-6），英国卡拉姆

科学中心的 Brezinsek S 和 Philipps V、ITER 的 Loarte A 在该领域最具有影响力，无论从发文量还是被引情况均位居前列。第二梯队是 ITER 的 Pitts R A、英国卡拉姆科学中心的 Giroud C、法国原子能委员会的 Garbet X、普林斯顿等离子体物理实验室的 Maingi R、通用原子公司的 Nikroo A、欧洲原子能共同体的 Kirk A 和罗切斯特大学的 Sangster T C，虽然发文量不是最多，但在论文影响力方面处于领先地位。日本自然科学研究机构的 Ida K、英国卡拉姆科学中心的 Murari A 和伊斯兰自由大学的 Ghoranneviss M 处于第三梯队。中国科学家发文较多的是中国科学院合肥物质科学研究院的宋云涛研究员，主要从事磁约束核聚变装置工程及相关技术的研究。

表 5-4　核聚变领域主要研究人员

研究人员	发文量/篇	总被引次数/次	篇均被引次数/次	论文被引率/%	H 指数
Brezinsek S	195	2976	15.2	93.8	27
Philipps V	160	3687	23.0	96.2	29
Loarte A	133	4202	31.5	95.4	32
Giroud C	127	2581	20.3	96.8	28
Ida K	124	1338	10.7	90.3	20
Murari A	123	975	7.9	82.9	15
Garbet X	121	2306	19.0	92.5	25
Ghoranneviss M	121	919	7.5	82.6	18
Nikroo A	120	2220	18.5	0.95	23
Pitts R A	119	2854	23.9	94.9	27
Maingi R	117	2245	19.1	96.5	26
Sangster T C	114	2155	18.9	98.2	27
Kirk A	113	1972	17.4	96.4	26
宋云涛	110	252	2.2	58.1	7
Heidbrink W W	109	2369	21.7	94.4	26
Reiter D	109	2037	18.6	95.4	22
Frenje J A	107	2004	18.7	93.4	25
Hidalgo C	105	1587	15.1	91.4	21
Jachmich S	104	2099	20.1	97.1	25
Samm U	104	1834	17.6	97.1	25
Diamond P H	103	1926	18.6	94.1	24

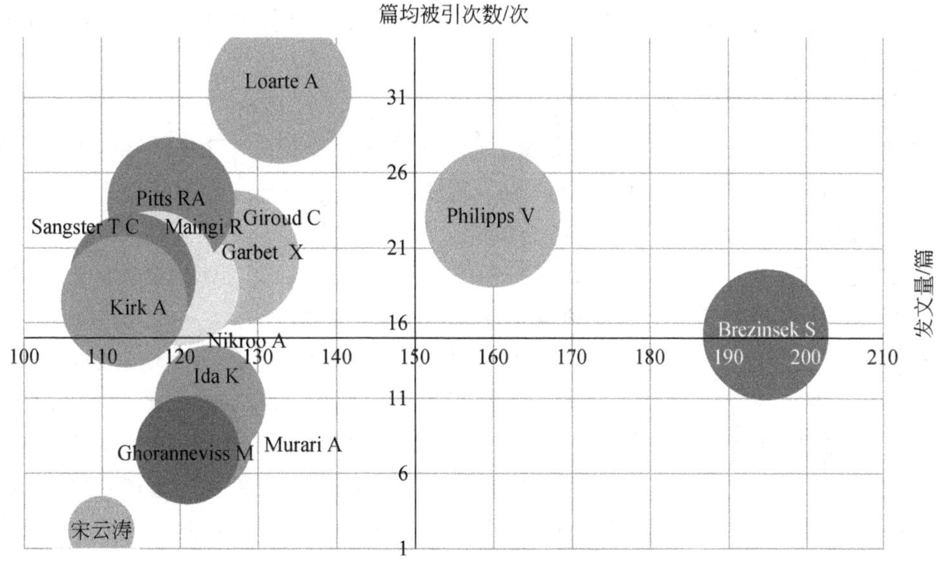

图 5-6 主要研究人员综合比较（文后附彩图）

圆圈大小代表研究人员的 H 指数

5.7 总结与建议

5.7.1 建议

我国聚变大科学装置不断取得技术突破，并为 ITER 做出重要贡献。先进超导托卡马克实验装置代表了我国目前在受控磁约束核聚变领域的最高科研水平，体现了人类追求未来能源的远大理想和坚定信念。我国未来聚变发展战略应瞄准国际前沿，广泛利用国际合作，夯实我国磁约束核聚变能源开发研究的坚实基础，加速人才培养，以现有中型、大型托卡马克装置为依托，开展国际核聚变前沿课题研究，建成知名的磁约束聚变等离子体实验基地，探索未来稳定、高效、安全、实用的聚变工程堆的物理和工程技术基础问题。

在未来的核聚变领域，需要重点开展聚变燃料包层材料及聚变裂变混合堆功能材料方面的研究、新型辅助加热加料技术、聚变设施在放射性环境下的故障监测与诊断技术、各类低温等离子体发生新技术、偏滤器物理研究、边界等离子体输运及刮削层物理研究和磁流体不稳定性研究等。在高比压、高参数条件下，研究一系列和聚变堆有关的工程和技术问题，着重开展和燃烧等离子体物理有关的研究课题，包括等离子体约束和输运、高能粒子物理、新的偏滤器位型、在高参数等离子体中的加料及第一壁和等离子体相互作用等。在国内磁约束的两个主力装置 EAST、HL-2A 上开展高水平的实验研究，重点发展专门的物理诊断系统，特别是对与深入理解等离子体稳定性、输运和快粒子等密切相关的物理诊断。在深入理解物理机制的基础上，发展对等离子体剖面参数和不稳定性的实时控制理论和技术，探索稳态条件下的先进托卡马克运行模式和手段。实现高功率密度下的适合未来反应堆运行的等离子体放电，为实现近堆芯稳态等离子体放电奠定科学和工程技术基础。

5.7.2 未来展望

我国加入 ITER 计划十年以来，认真履行承诺和义务，承担的 ITER 采购包制造任务全部得到落实，严格按照时间进度和标准，高质量地交付了有关制造设备和部件，展示了中国创造和制造的实力，受到 ITER 参与各方的充分肯定。中国的超导技术因 ITER 计划得到了长足发展，如高功率的连续波加热、遥控机器人维护及材料、大型低温系统和大型电源等，中国在聚变的各个领域都得到快速发展，走到了世界前列。

CFETR 项目已于 2015 年完成了工程概念设计，在国际上引起了很大的反响，世界聚变研究发达国家美国、德国、法国和意大利等都和我国建立了密切的联系，全面参与 CFETR 的联合设计。俄罗斯同行也表示未来更加深入参与 CFETR 计划，一个以我为主的国际合作已现雏形。2017 年 12 月 5 日，“CFETR 集成工程设计研究”项目启动会在合肥市举行，宣布 CFETR 正式开始工程设计，并按照“三步走”战略最终解决人类终极能源问题的发展路线图。CFETR 集成工程设计研究的启动，也将为我国“十三五”重大科技基础设施“聚变堆主机关键系统综合研究设施”项目提供设计和建设基础，推动国家科学中心能源科学领域和核能创新平台的建设。CFETR 项目的顺利实施，不但能为我国进一步独立自主地开发和利用聚变能奠定坚实的科学技术与工程基础，而且使我国率先利用聚变能发电、实现能源的跨越式发展成为可能。

随着我国在磁约束核聚变领域研发能力和科技水平的提升，未来将继续推动 ITER 计划的实施，同时加强国际合作，贡献中国智慧，引领未来世界的聚变能研发。

致谢 中国科学院等离子体物理研究所龚先祖研究员、胡立群研究员与高翔研究员等专家对本报告提出了宝贵的意见与建议，在此谨致谢忱！

参考文献

国家原子能机构. 2016. 韩国聚变反应堆打破等离子体运行的世界纪录.http：//www.caea.gov.cn/ n6758881/n6759299/c6782655/content.html［2016-12-21］.

核工业西南物理研究院. 2016. 2015 年度 HL-2A 实验研究. http：//www.swip.ac.cn/html/detail2.asp?id=2042［2016-12-09］.

核工业西南物理研究院. 2017. 2016 年度 HL-2A 实验研究. http：//www.swip.ac.cn/html/detail2.asp?id=2113［2017-09-07］.

侯炳林，朱学武. 2005. 超导在受控核聚变能磁体工程研究中的应用概述. 科学技术与工程，5(6)：357-363.

黄璞，杨善文，王炯，等. 2013. CLAM 钢搅拌摩擦焊温度场有限元分析. 精密成形工程，5（3)：35-39.

康伟山，谌继明，吴继红，等. 2015. ITER 包层屏蔽块全尺寸原型件的设计与关键制造技术的研发. 核聚变与等离子体物理，35（1)：35-40.

康卫红. 2014. 韩国的核聚变研究现状及发展战略. 世界科技研究与发展，36（2)：210-216.

科学技术部. 2017. 中国聚变工程实验堆集成工程设计研究项目在合肥启动.http：//www.most.gov.cn/

kjbgz/201712/t20171213_136783.htm［2017-12-14］.

刘豪，邓序之，任丽，等. 2014. 高温超导在马克磁体中的关键技术问题研究. 低温与超导，42（8）：38-42.

吕志. 2015. ITER 日本国内机构管理模式研究. 全球科技经济瞭望，30（1）：33-38.

潘传红. 2010. 国际热核实验反应堆计划与未来核聚变能源. 物理，39（6）：375-378.

孙林煜，李鹏远. 2012. 第二代高温超导体研究与在聚变领域应用前景. 低温与超导，40（9）：44-47.

王波. 2016. 俄罗斯推出新型可控核聚变反应堆. 能源研究与信息，（4）：194.

王海. 2014. 世界首个托卡马克诞生地_俄罗斯的聚变研究之路. 科技情报开发与经济，24（3）：157-160.

王伟魁. 2011. 储罐罐底腐蚀声发射检测信号处理关键技术研究. 天津：天津大学博士学位论文.

曾丽萍. 2014. 亚洲发展中国家聚变研究第二大国——印度核聚变研究的突起. 中外能源，19（3）：28-32.

Avettand-Fènoël M N，Taillard R，Dhers J. 2003. Effect of ball milling parameters on the microstructure of W-Y powders and sintered sample. International Journal of Refractory Metals and Hard Materials，21（3-4）：205-213.

Azizov E A. 2012. Tokamaks：From A.D. Sakharov to the present. Physics-Uspekhi，55（2）：190-203.

Ballarino A，Fleiter J，Hurte J，et al. 2012. First tests of twisted-pair HTS1kA range cables for use in superconducting links. Physics Procedia，36：855-858.

Causey R A，Karnesky R A，Marchi C S. 2012. Tritium barriers and tritium diffusion in fusion reactors. Comprehensive Nuclear Materials，4：511-549.

DOE. 2015. Fusion Energy Science Program A Ten-Year Perspective（2015-2025）. https：//science.energy.gov/～/media/fes/pdf/workshop-reports/2016/FES_A_Ten-Year_Perspective_2015-2025.pdf［2015-12-29］.

DOE. 2016. U.S. Participation in the ITER Project. https：//science.energy.gov/～/media/fes/pdf/DOE_US_Participation_in_the_ITER_Project_May_2016_Final.pdf［2016-12-09］.

EUROfusion. 2013. A roadmap to the realisation of fusion energy. https：//www.euro-fusion.org/wpcms/wp-content/uploads/2013/01/JG12.356-web.pdf［2013-01-20］.

Giancarli L M，Abdou M，Campbell D J，et al. 2012. Overview of the ITER TBM program. Fusion Engineering and Design，87（5-6）：395-402.

Gryaznevich M，Svoboda V，Stockel J，et al. 2013. Progress in application of high temperature superconductor in tokamak magnets[J]. Fusion Engineering and Design，88（9-10）：1593-1596.

JT-60SA. 2016. JT-60SA Research Plan，Research Objectives and Strategy. http：//www.jt60sa.org/ pdfs/JT-60SA_Res_Plan.pdf［2016-03-20］.

Kario A，Vojenciak M，Grilli F，et al. 2013. Investigation of a Rutherfordcable using coated conductor Roebel cables as strands. Superconductor Science and Technology，26（8）：085019.

Kstar. 2017. KSTAR、プラズマ不安定性の除去に成功. http：//japan.hellodd.com/news/news_view. asp?t=dd_jp_news&mark=4294［2017-09-14］.

Massachusetts Institute of Technology. 2016. New record for fusion. http：//news.mit.edu/2016/alcator-c-mod-tokamak-nuclear-fusion-world-record-1014［2016-10-14］.

Massachusetts Institute of Technology. 2017. Alcator C-Mod tokamak. http：//www.psfc.mit.edu/research/topics/alcator-c-mod-tokamak［2017-12-30］.

Massachusetts Institute of Technology. 2017. Three MIT scientists honored with John Dawson Award for

Excellence in Plasma Physics Research. http：//news.mit.edu/2017/mit-psfc-scientists-petrasso-li- seguin- win-john-dawson-award-plasma-physics-research-0802［2017-08-02］.

Miller M K，Parish C M，Li Q. 2013. Advanced oxide dis-persion strengthened and nanostructured ferritic alloys. Materials Science and Technology，29（10）：1174-1178.

NIFS. 2017. Realization of High-efficiency Pumping Using High-performance Cryo-adsorption Pumps：Evacuating Particles Collected at the Divertor in the Vacuum Chamber. http：//www.nifs.ac.jp/en/lhdreport/mailinfo_300.html［2017-12-06］.

Ogawa Y. 2016. Fusion Studies in Japan. Journal of Physics：Conference Series 717. http：//iopscience.iop.org/article/10.1088/1742-6596/717/1/012003/pdf［2016-12-30］.

Oyama N，Isayama A，Matsunaga G，et al. 2009. Long-pulse hybrid scenario development in JT-60U. Nuclear Fusion，49：065026.

Pasebani S，Charit I. 2014. Effect of alloying elements on the microstructure and mechanical properties of nano-structured ferritic steels produced by spark plasma sinte-ring. Journal of Alloys and Compounds，599：206-211.

Philipps V. 2011. Tungsten as material for plasma-facing components in fusion devices. Journal of Nuclear Materials，415（1）：S2-S9.

Pitts R A，Carpentier S，Escourbiac F，et al. 2011. Physics basis and design of the TTER plasma-facing components. Journal of Nuclear Materials，415（1）：S957-S964.

Princeton Plasma Physics Laboratory. 2017. New way to stabilize next-generation fusion plasmas. https：//www.sciencedaily.com/releases/2017/09/170912134807.htm［2017-09-12］.

Princeton Plasma Physics Laboratory. 2017. Quick and easy way to shut down instabilities in fusion devices. https：//www.sciencedaily.com/releases/2017/08/170818123534.htm［2017-08-18］.

Princeton Plasma Physics Laboratory. PPPL researchers demonstrate first hot plasma edge in a fusion facility. http：//www.pppl.gov/news/2017/07/pppl-researchers-demonstrate-first-hot-plasma-edge-fusion-facility［2017-07-05］.

Princeton University. 2012. PPPL teams with South Korea on the forerunner of a commercial fusion power station. http：//www. princeton.edu/main/news/archive/S35/60/40I47/index.xm［2012-12-21］.

Rieth M，Aktta J，Antusch S. 2013. Recent progress in research on tungsten materials for nuclear fusion applications in Europe. Journal of Nuclear Materials，432（1-3）：482.

The TIER Organization. 2013. Korea aims at completing a DEMO by 2037. http：//www. iter. org/newsline/255/1481［2013-02-04］.

Wagner A，Chang H，Delbecq J M，et al. 2011. “Strategic Orientation of the EU FusionProgramme （with emphasis on Horizon 2020）-Report by an Independent Expert Group Review Panel of the European Commission” Ref Ares 1114818.

Yamada H，Kasada R，Ozaki A，et al. 2015. Development of Technology Bases for Japanese Strategy to Fusion Power. Fusion Power Associates，36th Annual Meeting and Symposium “Strategy to Fusion Power”.

Yamada H，Kasada R，Ozaki A，et al. 2016. Development of Strategic Establishment of Technology Bases for a Fusion DEMO Reactor in Japan. Journal of Fusion Energy，35（1）：4-26.

Zhou Z J，Pintsuk G，Linke J，et al. 2010. Transient high heat load tests on pure ultra-fine by resistance sintering under ultra-high pressure. Fusion Engineering and Design，85（1）：115-121.

Zmitko M，Poitevin Y. 2011. Development and qualification of functional materials for the EU test blanket modules：Strategy and R&D activities. Journal of Nuclear Materials，417（1-3）：678-683.

6 生物成像技术国际发展态势分析

丁陈君 吴晓燕 陈 方 郑 颖 陈云伟

（中国科学院成都文献情报中心）

摘 要 生物成像技术是生物结构和功能研究最直接、最有效的方法。得益于光学显微镜的发明和使用，人类开始认识微观世界。在飞速发展的信息技术与新材料技术的深刻影响下，生物成像技术研究也取得了革命性进展。一方面，成像数据的体量越来越大，成像系统速度加快，维数变多，数据量也呈指数增长；另一方面，成像对象越来越小，由器官到组织到细胞再到分子，灵敏度和时空分辨率都越来越高。尤其是近年来发展的超分辨率光学成像技术打破了光学成像的衍射极限限制，实现了单分子水平的高精度成像。这些进步使生物成像技术大大突破了传统成像的局限，不仅在生命科学研究领域，也在生物医学领域，如对重大疾病诊断、个性化治疗、药物开发和疾病致病机理的理解发挥着举足轻重的作用。各国都十分重视生物成像领域的布局与规划，如美国国立卫生研究院专门成立国家生物医学成像及生物工程研究所，推动生命科学基础研究和国家医疗事业的进步；美国国家科学技术委员会发布《医学成像研发路线图》；欧盟在欧洲研究设施路线图中也明确提出了建设欧洲生物医学影像基础设施；澳大利亚在《国家研究基础设施路线图》中也对生物成像设施做出了相应布局。我国也正在大力推动生物成像技术研究和相关科研设施的建设。

通过文献和专利计量分析，对生物成像技术的研发态势进行了研究。在文献计量部分，对冷冻电镜技术和核磁共振成像技术开展了计量分析，结果显示，20 世纪 80 年代初冷冻电镜技术研究开始起步，经过 10 年的探索至 90 年代开始进入快速发展期，2015～2017 年，发文量呈现急剧增长趋势。从国家（地区）分布来看，美国遥遥领先，发表论文 4601 篇，其发文量是排名第 2 位的德国的近 4 倍;2015～2017 年中国在这一领域的发文量快速增长，且中国的高被引论文占比最高，达到 6.98%，从论文整体的篇均被引次数来看，中国与其他发达国家相比，还存在很大差距。发文量排名前 10 位的研究机构主要集中在美国，且综合性国立科研机构显现出较强的集成优势和引领作用。在核磁共振成像技术领域，2000～2017 年，除 2017 年发文量略有下降，其他各年度总体呈稳态增长趋势。美国在核磁共振成像技术领域发文量优势较为明显，发表高被引论文数量也最多。荷兰发表高被引论文占该国论文总数的比例最高。中国的发文量增长趋势明显，2015～2017 年已经赶超德国、英国和日本，但在发表高被引论文方面略显不足。发文量排名前 10 位的研究机构主要集中在美国，其中，美国国立卫生研究院篇均被引次数最高，达到 54.62 次，麻省总医院发表高被引论文占该机构发表论文总数的比例最高，达到 2.71%。专利计量分析结果显示，生物成像领域专利申请从 1967 年开始，1984～2013 年增长趋势迅猛，至 2013 年达到申请的高峰；美国、日本和中国是生物成像领域专利申请人最重视的领域保护市场地，其次是欧洲、韩国和德国等；所有专利中用于医学诊断目的的测量设备与领域分类最多，利用电磁感应、核磁共振、超声波和 X 射线等原理的测量仪器和设备也有较多涉及；大型跨国公司是全球最主要的专利申请主体，申请量排名前两位的是日本东芝机械株式会社和日本日立有限公司，其次是荷兰皇家飞利浦电子公司、美国通用电气公司和德国西门子股份公司，再次是韩国三星集团、日本佳能株式会社、日本岛津公司、美国皮克国际公司和瑞士奈科明有限公司。

当前，生物成像技术发展日新月异，性能不断提升；成像技术向多模态、多功能的方向发展；新材料、新技术的广泛应用，在生命科学研究领域发挥了更关键的作用。同时，对国内外生物成像设施建设的主要机构进行了调研和分析，发现与国外生物成像设施建设起步较早、多为系统布局或有所侧重不同，国内生物成像设施较为零散，多为仪器设备拼凑，对生物成像技术本身的研究较少，多以科研平台的形式，支撑生命科学和生物医学研究。基于上述分析，本文最后分别从发展思路、发展策略和发展途径三个角度给出了建议。

6.1 引言

生物学的发展和新学科分支的形成离不开研究方法的创新和进步，当代生命科学领域的发展更需要高新技术的支撑和推动，也有许多难题的解密有赖于技术手段的改进，其中，生物成像技术凭借其观察生命现象和内在过程揭示其差异变化的功能越来越受到研究人员的重视。早在 20 世纪初至 30 年代，就有多项诺贝尔奖与显微成像技术相关。近几年来，成像技术发展迅猛，新技术层出不穷。2014 年的诺贝尔化学奖被授予德国马普学会、美国霍华德 • 休斯医学研究所及斯坦福大学的 3 位科学家，获奖理由是“研制出超分辨率荧光显微镜”，这项成果将荧光显微成像的分辨率带入“纳米时代”，极大地推动了生命科学领域的研究工作。超高分辨率成像作为一类很新的技术，突破了光学成像中的衍射极限，把传统成像分辨率提高了 10～20 倍，是研究细胞结构的利器。2017 年的诺贝尔化学奖再次落到生物成像领域，授予 3 位在冷冻电子显微镜（cryo-electron microscopy，cryo-EM）领域的学者，肯定了其对冷冻电镜技术的发展做出的突出贡献。过去几年，冷冻电镜的迅猛发展，使其在结构生物学领域生物探索过程中发挥了越来越重要的作用，以至于被科学家称为“诺奖助手”。随着技术的不断改进，对生物大分子结构解析的分辨率和效率得到了显著提升，有关方法学突破和具有里程碑意义的重要结构解析结果也层出不穷，如清华大学施一公团队对酵母剪接体近原子分辨率结构的解析，不仅初步解答了这一基础生命科学领域长期以来备受关注的核心问题，又为进一步揭示与剪接体相关疾病的发病机理提供了结构基础和理论指导。2014 年，《自然-方法》在十周年特刊中点评了在过去 10 年中对生物学研究影响最深的十大技术，其中，光切成像（light-sheet imaging）技术、结构生物学领域相关技术、超高分辨率成像技术榜上有名。可见，生物成像技术作为一种重要的技术手段在生命科学领域和生物医学领域发挥着不可或缺的作用。

从工程角度来讲，生物系统是最复杂的系统之一。在基础生物研究领域，若想准确了解生物体的内在机制，需要提供高分辨率、多维度及多模态的生物成像手段来实时、并行地获取生物系统的动态变化信息。目前，主要的生物成像方法包括 X 射线成像、核磁共振成像（magnetic resonance imaging，MRI）、生物光学成像、放射性核素成像、超声成像、生物组织质谱成像和电子显微成像等。许多生物成像技术如 X 射线成像、MRI、超声成像和计算机断层扫描（computed tomography，CT）成像等被应用到医学领域在临床诊疗中发挥了巨大的作用。在这些传统诊断成像过程基础上，近年来发展形成的分子成像技术，也是一种医学成像技术，通过设计分子探针和成像方法，对活体状态下的生物过程进行细胞、分子水平的定性、定量研究，主要是探查基于疾病发生的细胞和分子水平上的差异。根据用于分子成像的探针的物理性质不同可以分为多种成像模式，主要有 MRI、放射性核素成像[包括单光子发射计算机断层成像（single-photon emission computed tomography，SPECT）技术和正电子发射断层扫描（positron emission tomography，PET）成像技术]、光成像（包括荧光、生物发光、光声成像）。各种成像模式在空间分辨率、组织穿透率和灵敏度上各有优势。多模态分子影像技术融合了不同影像技术的优势，无创、实时、精细、特异性地显示体内复杂的生化过程，提供更加全面和精确的信息。开发多模态、多参数面向临床诊疗的生物成像方法已成为生物医学领域研究的明确方向。

6.2 国际发展规划与举措

目前，美国、欧盟、澳大利亚、法国、加拿大和中国等均已经开展针对影像学技术研究的大规模、多学科交叉、有明确目标导向的影像学研究中心的布局和建设。早在 21 世纪初，美国政府就已经批准国立卫生研究院（National Institutes of Health，NIH）专门成立国家生物医学影像及生物医学工程研究所（National Institute of Biomedical Imaging and Bioengineering，NIBIB），其宗旨是促进理化科学、工程技术与生命科学的整合，通过引领、催化生物医学技术的发展和应用，推动生命科学基础研究和国家医疗事业的进步。法国政府科研机构 2005 年设立大科学计划，建设大型影像学设备和平台，旨在脑科学研究中取得重大突破。

6.2.1 美国

6.2.1.1 肿瘤成像计划

美国国立癌症研究所（National Cancer Institute，NCI）于 1996 年 10 月成立了诊断成

像计划（Diagnostic Imaging Program，DIP）。为了更清晰地反映该计划对 NCI 和公众发挥的作用，2001 年该计划更名为生物医学成像计划（Biomedical Imaging Program，BIP），2003 年更名为肿瘤成像计划（Cancer Imaging Program，CIP）。

该计划的发展历史和资助里程碑如图 6-1 所示，近年来的主要资助活动如下所述。

1）创建了以成像为重心的合作实验小组，即美国放射学影像网络学会（American College of Radiology Imaging Network，ACRIN），现已经与东部协作肿瘤小组合并成立了 ECOG-ACRIN，这是国家临床试验网络中的一个组织。ECOG-ACRIN 癌症研究小组是一个多学科、基于会员的科学组织，设计和开展生物标志物引导的癌症研究。

2）实施多项举措以鼓励资金不足地区的研究，主要包括：①启动小动物成像资源计划（Small Animal Imaging Resource Program，SAIRPs）；②建立体内细胞和分子成像中心（In Vivo Cellular and Molecular Imaging Centers，ICMICs）；③用于成像研究的肺成像数据库资源（Lung Image Database Resource，LIDR）；④成像和成像指导干预的早期临床试验；⑤搭建学术界-产业界伙伴关系；⑥图像指导的药物输送；⑦肿瘤学协同临床影像研究资源。

3）建立多个合作研究网络，包括转化研究网（Network for Translational Research，NTR）、转化研究光学成像网（Network for Translation Research Optical Imaging，NTROI）、用于评估治疗反应的定量成像网（Quantitative Imaging Network，QIN）。

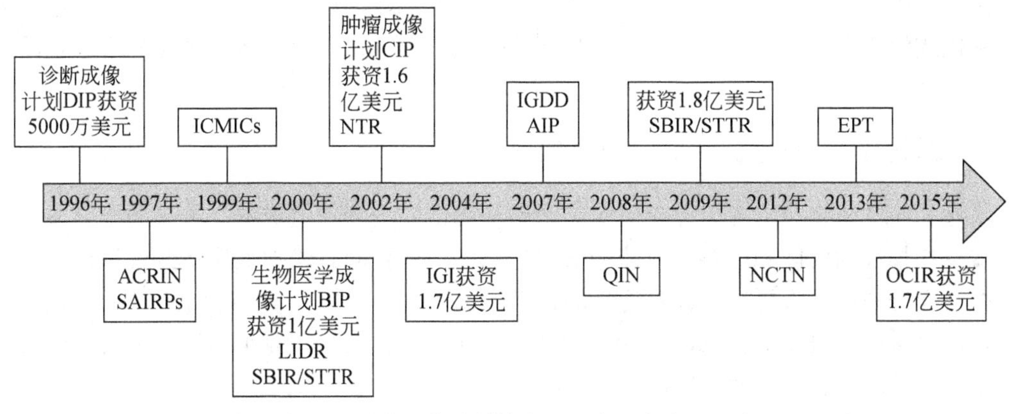

图 6-1 肿瘤成像计划的发展历史和资助里程碑

ACRIN：美国放射学影像网络学会
SAIRPs：小动物成像资源计划
ICMIC：体内细胞和分子成像中心
LIDR：用于成像研究的肺成像数据库资源
SBIR：小企业创新研究项目
STTR：小企业技术转移研究
NTR：转化研究网
IGI：成像指导的干扰
IGDD：图像指导的药物输送
AIP：学术界-产业界伙伴关系
QIN：用于评估治疗反应的定量成像网
NCTN：NCI 国家临床试验网
EPT：早期临床试验
OCIR：肿瘤学协同临床影像研究资源

6.2.1.2 美国国家科学技术委员会发布《医学成像研究和发展路线图》

医学成像技术是生物医学研究的重要组成部分。从 X 射线、超声到 CT、功能性磁共振成像（functional MRI，fMRI）和正电子发射断层扫描，医学成像可帮助临床诊断、治疗及了解一系列疾病和病症，包括癌症、心血管疾病和神经退行性疾病等。2017 年 12 月，美国国家科学技术委员会（National Science and Technology Council，NSTC）发布《医学成像研究和发展路线图》报告（NSTC，2017），报告由医学成像跨部门工作小组根据参议院委员会的要求制定完成。报告确定了以下 4 个主题来指导未来联邦研发活动，以使医疗成像创造更多价值，并在降低成本的同时改善医疗保健服务。

（1）标准化的图像采集和存储

统一的数据采集和存储标准将有利于可靠的成像数据库的创建，以使医学成像研究能充分利用大数据和数据共享方面的技术进步。普遍认为医护研究的进步取决于收集和组织大量来自患者病例和基础研究数据的大数据生态系统。影像数据必须可靠，能够以逻辑和一致的方式进行查询，并可合法获取才能加以利用。确保满足这些原则的第一步是协调用于收集、注释和归档的医学成像数据的标准操作程序的开发和应用；第二步是建立方法用以策展、存储和提供途径访问已经验证的医学成像数据。

（2）将先进的计算和机器学习应用于医学成像领域

人工智能、机器学习和深度学习等技术为医学成像提供了可观的前景。策展数据集可用于开发和测试机器辅助图像分析以确定疾病亚型和与已知遗传和代谢途径的相关算法的准确性。这些新的分析方法可帮助识别仅凭医疗人员无法发现的关联关系，有助于改善诊断和治疗，提示最佳干预措施和可能的药物靶点。成像数据可以以结合多名患者数据的综合诊断模式组织和呈现，这是未来为医疗团队提供的数字化接口，将促进对每个患者的最佳定制管理。

（3）加快高价值成像新技术的开发和转化

简化的医学成像技术可以提供更快的诊断和更低的医疗保健成本。未来的研究应旨在开发减少扫描仪的时间和改善工作流的成像方法。这些新的方法加上质量改进和适当的使用标准方面的举措，将更好地针对患者的诊断测试。

降低医学成像设备的成本，增加其便携性，使患者尤其是在较小的诊所和研究中心更容易获得相关的服务，以便开展研究、诊断和治疗。

加速新技术向市场的转化。在新的医学成像技术开发过程中，联邦机构之间更好的合作和知识共享可以加速对高价值创新技术的认可，并加快技术从实验室到市场的转化。加强联邦机构之间健康护理任务的协调，有可能揭示更好的利用有限资源的新方法。

（4）推进医学成像领域的最佳实践

技术的进步正在推动临床决策支持的创新，但新的成像实践需要教育和培训活动。分析软件系统和医学成像数据共享技术的不断进步提高了对从业人员掌握新技能和接受培训的要求。最佳实践的优先事项包括传播有关成像实践的新知识、培养有效利用创新技术的能力和重新组织工作流程以提高医学成像操作的效率。

由医学成像跨部门工作小组根据从利益相关者群体，包括患者宣传团体、学者、专业群体、行业和政府代表收集的信息和观点确定的上述目标为未来优先考虑医学成像研究和相关的联邦活动提供了框架。

6.2.2 欧盟

2015，欧盟“地平线 2020”计划出资 178 万欧元开展全球生物成像（global bioimaging project，GBI）计划。根据签署的协议，与合作国家联合运作成像基础设施，以支持生物和医学领域的研究。该计划共设置 5 个工作组，共同完成以下若干目标。

1）在生物科学、海洋生物学、生物多样性、医学和农业科学等领域，实现与阿根廷、澳大利亚、印度、日本、南非和美国六国在生物成像及其基础设施方面的多边国际合作。

2）使欧洲能与国际基础设施合作伙伴之间交流开放用户访问各种服务权限的最佳做法，从长期来看，探讨相互使用这些服务的国际协议。

3）通过制定标准协调统一访问的协议、方法、测试、参考资料、培训计划及图像数据格式、分析软件和管理，确保欧洲和国际成像设施在用户服务方面的互操作性。

4）汇集欧洲和国际成像设施的工作人员，以交流成像技术平台基准性能、质量管理和成像设备运行保障方面的最佳实践。

5）促进欧洲生物成像节点和欧洲科学家在国际成像基础设施中把握机会（基础设施访问和图像数据共享）。

6）与欧洲生物医学影像基础设施（European Biomedical Imaging Infrastructure，Euro-bioImaging）一起制定一项对成像设施工作人员进行高级培训的操作建议，并提供首个概念验证的培训课程。

7）促使 Euro-bioImaging 与国际合作伙伴一起开发并在通用虚拟平台上发布创新成像技术培训材料，特别是与在现有的澳大利亚平台“MyScope”上构建的澳大利亚显微镜和微量分析研究设施（Australian Microscopy and Microanalysis Research Facillity，AMMRF）。

8）促使 Euro-bioImaging 与国际合作伙伴共同开发和发布成像数据软件工具的通用虚拟平台。

9）促使 Euro-bioImaging 与阿根廷、日本、南非和美国的国际合作伙伴制定和完成新的合作协议，以开发真正的全球成像基础设施网络。

10）与投资者密切沟通，制定可持续的计划和国际合作协议，旨在向国际用户和设施工作人员开放成像基础设施。

6.2.3 澳大利亚

2016 年 12 月 5 日，澳大利亚教育与培训部发布《2016 国家研究基础设施路线图》（草案），指导政府在未来 10 年对国家研究基础设施的投资决策（Australian Government，2016），并于 2017 年 2 月正式提交政府。该路线图是对 2011 版战略路线图的更新，此前已经经过广泛讨论。路线图指出，重要的科研成果能够支持国家科技创新、经济增长和社会进步，而这取决于对前沿设备、系统和服务的可获得性。在国家范围内，协作和战略性地满足这些需求将是实现目标的最有效方式。报告尤其强调了政府的重要性。政府不仅仅是国家战略的制定者，而且是主要投资者，是为国家和地区政府、大学和科研机构提供规划以巩固其共同投资的基础。

为满足未来需求、实现长期国家利益，基于现有能力，该路线图按照数字和 eResearch

平台、人文艺术和社会科学平台、表征工具、先进加工与制造、天文学和先进物理学、环境系统、生物安全、复杂生物学和疗法开发 9 个重点领域制定发展规划。在表征设施研究领域，对生物成像研究设施做出了规划，具体措施详见表 6-1。

表 6-1 表征设施研究领域优先发展事项

重点方向	具体建设内容
显微镜和微分析国家网络	显微镜研究基础设施下一阶段需要优先布局的包括冷冻电子显微镜、新一代原子探针断层扫描和离子束质谱
	澳大利亚 AMMRF 应该扩大至包含显微镜领域的新兴技术，如时间和能量分辨率显微镜、原位显微镜用于材料科学的下一代电子显微镜
生物医学成像国家网络	澳大利亚需要保持最先进的大口径和小口径磁共振成像技术，重点关注混合双模式成像，如 PET-MR 和下一代 PET 成像
	美国领导的 EXPLORER 联盟开发的新一代 PET 技术以非常低的电离辐射剂量获取身体的示踪动力学信息，澳大利亚可通过加入该联盟掌握最前沿的技术，低辐射剂量有助于开展针对孕妇和儿童等群体的研究
	通过国家成像研究设施的下一代技术和澳大利亚同步加速器来提高研究能力
	确保现有的机构级回旋加速器形成有效网络，增加收益并减少重复购置，且每个站点开发独特的放射性示踪剂，改善和整合生物医学成像和研究
中子散射、氘化、光束仪器、成像和同位素生产	保持当前设施的优先地位，如澳大利亚轻水开放核反应池（Open-Pool Australian Lightwater，OPAL）研究反应堆和国家氘化设施
	下一阶段中子散射应该利用中子束仪器的进步，其有可能制成世界上第一台中子显微镜
同步加速器能力	通过增加新的光束提高澳大利亚同步加速器的潜力，允许科研人员使用这些专门的工具和技术以开展关键研究，使用新的光束将使高能量三维成像和高通量蛋白质结构分析等成为可能
成像加速器	保持现有研究基础设施，如澳大利亚同步加速器、加速器科学中心（Centre for Accelerator Science，CAS）和重离子加速器（Heavy Ion Accelerator，HIA）将是未来发展重点，以确保澳大利亚能抓住国际加速器快速发展的机遇
	生物成像是一个快速发展的领域，虽然硬件可以更新，但共享系统将更有效，利用现有的全国规模的具有里程碑意义的加速器投资项目，提供一系列成像和分析技术，以满足研究部门的需求

6.2.4 中国

6.2.4.1 《国家重大科技基础设施建设中长期规划（2012—2030 年）》

2013 年 2 月，国务院印发《国家重大科技基础设施建设中长期规划（2012—2030 年）》，明确至 2030 年我国重大科技基础设施发展方向。本规划对生命科学领域的部署中明确指出，在生命科学研究基础支撑方面适时启动大型成像和精密高效分析研究设施建设，满足生物学实时、原位研究和多维检测、分析、合成技术开发的需求。

6.2.4.2 《国家重大科技基础设施建设“十三五”规划》

国家发展和改革委员会、教育部、科技部、财政部和中国科学院等九部委于 2016 年

12 月联合印发了《国家重大科技基础设施建设“十三五”规划》，优先布局了“多模态跨尺度生物医学成像设施”建设项目，将提供革命性的研究手段，进而破解生命与疾病的奥秘。以打通尺度壁垒、整合多模态信息、精准描绘生命活动时空过程为科学目标，建设多模态跨尺度生物医学成像设施，主要包括以亚纳米分辨光电融合技术为代表的多模态高分辨分子成像装置、以毫秒分辨显纳成像为代表的多模态活体细胞成像装置、以超高场磁共振成像为代表的多模态医学成像装置及全尺度图像整合系统，具备全景式揭示基因表达、分子构象、细胞信号、组织代谢及功能网络的时空动态和内在联系的能力。设施建成后，可通过光、声、电、磁、核素和电子等模态的融合，实现从埃到米、微秒到小时的跨尺度结构与功能成像，为我国生物医学研究提供先进的、全方位的观测手段，促进我国生物医学成像技术的创新发展。

6.2.4.3 科技部制定并发布的《“十三五”生物技术创新专项规划》

2017 年 5 月 10 日，按照《中华人民共和国国民经济和社会发展第十三个五年规划纲要》《国家创新驱动发展战略纲要》和《“十三五”国家科技创新规划》等的总体部署，为加快推进生物技术与生物技术产业发展，科技部制定并发布了《“十三五”生物技术创新专项规划》（简称《规划》）。

《规划》指明了重点任务，包括：①突破若干前沿关键技术。②支撑重点领域发展。③推进创新平台建设。④推动生物技术产业发展。其中，前沿关键技术细分为颠覆性技术、前沿交叉技术及共性关键技术三大类。生物影像技术被明确列为需要突破的前沿交叉技术。

具体规划如下：开展生物分子结构、三维形态与快速变化的超分辨成像，大尺度、跨层次的高分辨生物成像技术，蛋白质、多肽及脂类等小分子化合物在生物组织中空间分布的高通量成像监控技术，单分子分辨/多分子网络调控的快速、无损、并行高通量成像监测技术，细胞、模式动物及人体整体水平的活体、三维、无损的结构与分子成像监测技术，神经系统高分辨结构与功能的三维、无损成像监测，脑功能及脑疾病的分子成像探针技术，实现结合临床重大疾病诊疗的成像信息监测与表征的突破与应用。

此外，在需要突破的共性关键技术中也提到研制具有国际领先水平的生物成像、质谱和生物传感等生命科学仪器，为全面提升我国生命科学研究水平提供支撑。

6.2.4.4 科技部设立国家重点研发计划重点专项“大视场生物成像分析仪”项目

由中国科学院南京天文仪器有限公司牵头的科技部国家重点研发计划“重大科学仪器设备开发”重点专项“大视场生物成像分析仪”项目于 2017 年 10 月启动。该项目基于对稀有细胞快速检测的需求，通过攻克大视场高分辨离轴反射式光学系统设计技术、大面阵高分辨探测器和大面积单层细胞推片技术 3 个关键技术，开发新型大视场高分辨生物成像分析仪。项目研制的大视场高分辨生物成像分析仪将填补国内市场空白，验收 3 年内预期年产值可达 3000 万元，极大地带动了科学仪器系统集成创新，有效地提升了我国高端生物成像仪器设备行业整体创新水平与自我装备能力。

6.2.4.5 科技部设立国家重大科学仪器设备开发专项“超高分辨率 PET 的开发和应用”项目

由华中科技大学牵头的科技部国家重大科学仪器设备开发专项“超高分辨率 PET 的开发和应用”项目于 2013 年获立项。该项目针对生物医学研究对超高性能科学研究新仪器的迫切需求，通过全数字 PET 成像方法研究、超高分辨率 PET 的探测器设计、数字化 PET 仪器加工和系统集成，突破 PET 仪器全数字化、应用适应性图像重建和 PET 探测器的磁场兼容性等核心瓶颈技术，研制可应用于分子影像、转化医学和数字化医疗等领域的超高分辨率小型和大型 PET 仪器。该项目自主创新研发的全数字 PET 仪器可望成为“中国制造 2025”的标志性产品，将全面打破高端医疗仪器进口垄断的局面，为我国生命科学发展提供关键科学研究和医学诊断工具支撑。

6.3 技术发展现状与趋势

6.3.1 文献和专利计量分析研发态势

6.3.1.1 生物成像领域文献计量分析

本节选取生物成像领域获得诺贝尔奖的磁共振成像技术和冷冻电子显微镜技术（简称冷冻电镜技术）为基本分析对象，基于 Web of Science 数据库开展文献计量分析（数据截止时间为 2018 年 1 月 26 日），揭示了两大热点技术的发展态势。

（1）冷冻电镜技术

冷冻电镜技术是在低温情况下通过透射电子显微镜观察冷冻固定术处理的样品，并形成影响的方法。无需染料和固定剂，样品保持其天然状态，使精细的细胞结构、病毒和蛋白复合物的研究达到近原子水平的分辨率。冷冻电镜技术最先由欧美国家在 20 世纪 70、80 年代开发并应用。伴随着全球生命科学界进军蛋白质研究领域，冷冻电镜在过去几年间获得了前所未有的技术飞跃。2014 年，冷冻电镜技术被 *Nature Methods* 期刊评选为“2014 年最受关注的技术”。

蛋白质功能研究基于其结构分析，从蛋白质分子到亚细胞器和细胞等不同层次的结构研究，已经成为当前蛋白质科学领域关注的新前沿。冷冻电镜与 X 射线晶体学和核磁共振是结构生物学研究中的三大重要方法，凭借这些技术获得生物大分子的结构，从而了解其功能。与 X 射线晶体衍射分析相比，生物大分子的冷冻电镜三维重构具有以下显著优点：实验表明，许多蛋白质尤其是膜蛋白可能更容易形成二维晶体，对蛋白质难于长出适合于 X 射线晶体衍射分析的三维晶体的情况，二维晶体和电镜三维重构无疑是对探索生物大分子结构的重要补充；由电子显微图像的傅里叶变换可直接测定结构因子的相位，所以不需要制备蛋白质的重原子衍生物；蛋白质二维晶体的组装是一个比三维晶

体更便于人工控制和原位监测的过程；二维结晶化技术可能更适合于生物大分子复合体系的结构研究。

A.发文年度变化趋势

从图 6-2 展示的年度论文产出情况看，20 世纪 80 年代初冷冻电镜技术研究开始起步，经过 10 年的探索至 90 年代开始进入快速发展期。随着软件算法和硬件设备的不断突破，借助冷冻电镜技术，近几年结构生物学家取得了多项里程碑式的成果。2015～2017 年发文量呈现急剧增长趋势，这可能与高校和研究机构越来越重视该领域基础设施的建设有关，其纷纷搭建完成研究手段齐全的冷冻电镜中心，组建专业人才队伍。

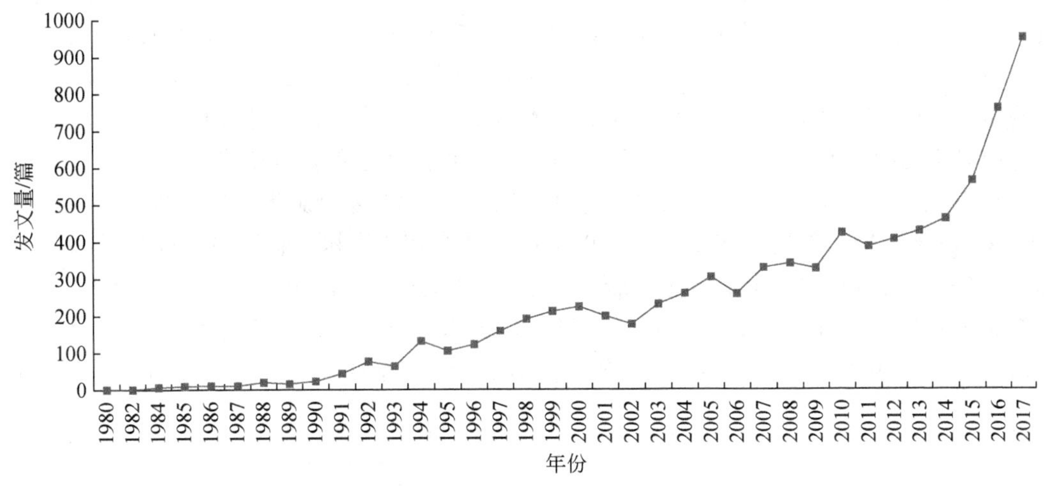

图 6-2 冷冻电镜技术领域发文量年度分布

B.主要国家分析

从国家分布来看（表 6-2），美国遥遥领先，发表论文 4601 篇，其发文量是排名第 2 位的德国的近 4 倍，说明美国在冷冻电镜领域开展的研究较多。中国发表论文 401 篇，排名第 6 位。从论文的被引情况来看，中国在冷冻电镜领域的研究呈两极分化的状态。根据数据库评选的领域内高被引论文数量来看，中国的高被引论文所占比例最高，达到 6.98%。从论文整体的篇均被引次数来看，中国与其他发达国家相比，还存在很大差距，排名末位。这说明中国在该领域的部分论文质量有待提升，但其中不乏全球领先的研究。

表 6-2 冷冻电镜技术领域发文量较多的国家及其影响力

国家	发文量/篇	总被引次数/次	篇均被引次数/次	领域中高被引论文/篇	所占比例/%
美国	4 601	188 542	40.97	105	2.28
德国	1 243	58 413	46.99	32	2.57
英国	1 167	54 256	46.49	36	3.08
法国	680	24 929	32.66	5	0.74
日本	466	15 798	33.90	1	0.21

续表

国家	发文量/篇	总被引次数/次	篇均被引次数/次	领域中高被引论文/篇	所占比例/%
中国	401	6 456	16.10	28	6.98
瑞士	384	15 595	40.61	13	3.39
荷兰	306	10 167	33.23	12	3.92
加拿大	293	8 469	28.90	7	2.39
西班牙	281	8 214	29.23	2	0.71

我国在冷冻电镜领域的探索起步较晚。随着近年来我国政府加大在这一领域的扶持和资助力度，再加上一大批优秀人才学成归国，我国在冷冻电镜蛋白质研究领域的研发水平已经逐渐拉近与国际先进水平的距离。由图 6-3 中可以看出，2015～2017 年，我国在这一领域的发文量快速增长，已经超过法国和日本的发文量。重要的研究成果包括中国科学院生物物理研究所章新政研究组与李梅研究组通力合作，通过单颗粒冷冻电镜技术，在 3.2 埃分辨率下解析了高等植物（菠菜）光系统Ⅱ-捕光复合物Ⅱ超级膜蛋白复合体（PSII-LHCII supercomplex）的三维结构（Wei et al，2016）；中国科学院生物物理研究所李国红与朱平研究员合作完成冷冻电镜 30nm 染色质高级结构解析（Song et al，2014）；清华大学施一公团队首次揭示人类γ-分泌酶（一类与阿尔茨海默病有关的蛋白）近原子分辨率三维结构（Lu et al.，2014）及对酵母细胞剪接体结构的高分辨率解析（Yan et al，2016；Wan et al，2016）。

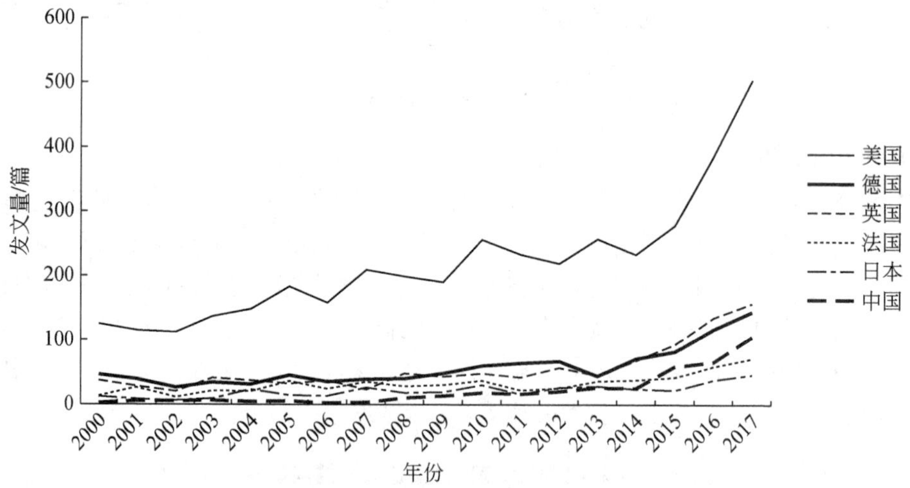

图 6-3　2000～2017 年冷冻电镜技术领域发文量排名前 5 位的国家和中国论文年度变化

C.发文量研究机构分布

从开展冷冻电镜研究和应用的研究机构发文量排名来看（图 6-4），综合性国立科研机构显现出较强的集成优势和引领作用，如美国加利福尼亚大学系统发文量最多，为 771 篇。在论文发表量排名前 10 位的研究机构中，除了排名第 2 位、第 4 位和第 10 位的德国马普学会、法国国家科学研究院和剑桥 MRC 分子生物学实验室以外，其他研究机构均在美国。

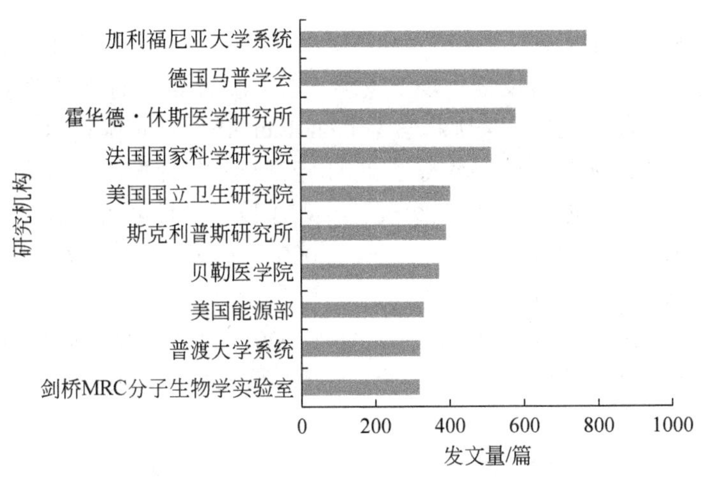

图 6-4 冷冻电镜技术领域发文量排名前 10 位的研究机构

D.主要研究方向

表 6-3 列出了冷冻电镜技术的 10 个主要研究方向。除此以外，近几年冷冻电镜技术在药物研究领域也大有用武之地，可用于药物制备和药效评价，如观测用药后病毒、肿瘤标志分子和重大疾病标志分子的结构变化等。

未来，我国需要重点培养一批冷冻电镜的高技术人才，为该技术在中国的后续发展，助推更多生命科学领域的重大成果产出打下坚实的基础。

表 6-3 冷冻电镜技术的 10 个主要研究方向

序号	研究方向	发文量/篇
1	生物化学分子生物学	3828
2	细胞生物学	2161
3	生物物理学	1944
4	其他科学技术	1204
5	病毒学	697
6	化学	489
7	显微镜学	379
8	微生物学	246
9	生命科学生物医学	237
10	材料科学	221

（2）核磁共振成像技术

早在 1946 年美国加利福尼亚大学的 Felix Bloch 和哈佛大学的 Edward Purcell 等用实验证实了核磁共振是交变磁场与物种相互作用的一种物理现象，这种现象一经发现很快就在物理、化学和生物学等领域展开了实际应用，尤其是在生物、医学领域为生物大分子研究及医学诊断等提供了强有力的技术手段。发现核磁共振现象的两位科学家也由此获得了1952 年诺贝尔物理学奖。此后，美国科学家 Paul Lauterbur 和英国科学家 Peter Mansfield 因在 MRI 技术方面的突破性成就，获得了 2003 年诺贝尔生理学或医学奖。由此可见这项技术的重要性。未来随着技术不断修正和改进，MRI 技术将有更加广阔的应用前景。

由于 MRI 技术发文量较多，本研究只分析 2000～2017 年的论文发表情况。

A．发文量年度变化趋势

从图 6-5 展示的发文量年度分布情况看，2000～2017 年除 2017 年发文量略有下降外，MRI 技术领域发文量总体呈稳态增长趋势，由 2000 年的 4547 篇上升至 2017 年的 13 774 篇。

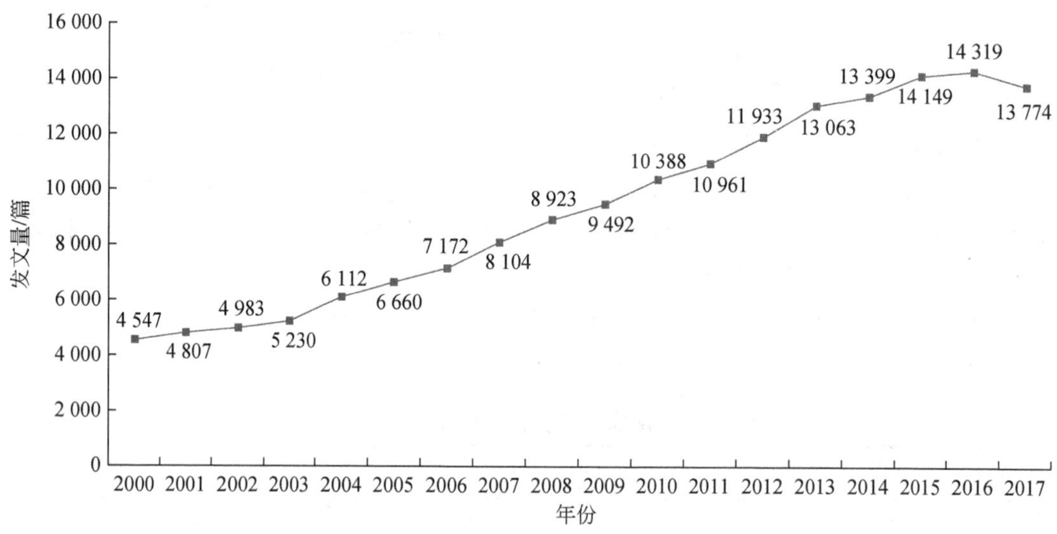

图 6-5　2000～2017 年 MRI 技术研究和应用领域发文量年度分布

B.主要国家分析

从发文量来看（表 6-4），美国在 MRI 技术领域发文量优势较为明显，2000～2017 年共发表论文 55 781 篇；德国、英国和日本分别排在第 2～4 位；中国排名世界第 5 位，2000～2017 年共发表论文 13 052 篇，与英国和日本的差距不大。从各国发表的领域中高被引论文情况来看，美国最多，共发表 682 篇高被引论文，其次是英国和德国，发表高被引论文数量分别为 213 篇和 204 篇。从高被引论文占该国发文总量的比例来看，荷兰最高，达到 1.75%；加拿大排名第 2 位，达到 1.51%；英国排名第 3 位，达到 1.49%。中国在发表高被引论文方面略显不足。

图 6-6 展示了 MRI 技术领域发文量排名前 5 位的国家和中国发文量年度变化情况。从中可看出，美国起点最高，除 2017 年发文量有较大幅下降外，其余各年增长趋势也较为明显；德国从 2014 年开始发展停滞，2016～2017 年呈现下降趋势；英国、日本和中国总体均呈现增长趋势，其中，中国的增长态势最显著，2015～2017 年已经大幅超过德国、英国和日本。

表 6-4 2000～2017 年 MRI 技术领域发文量较多的国家及其高被引论文情况

国家	发文量/篇	领域中高被引论文/篇	所占比例/%
美国	55 781	682	1.22
德国	19 544	204	1.04
英国	14 309	213	1.49
日本	14 274	35	0.25
中国	13 052	105	0.80
意大利	8 970	95	1.06
加拿大	8 611	130	1.51
法国	8 015	111	1.38
荷兰	6 810	119	1.75
韩国	6 171	33	0.53

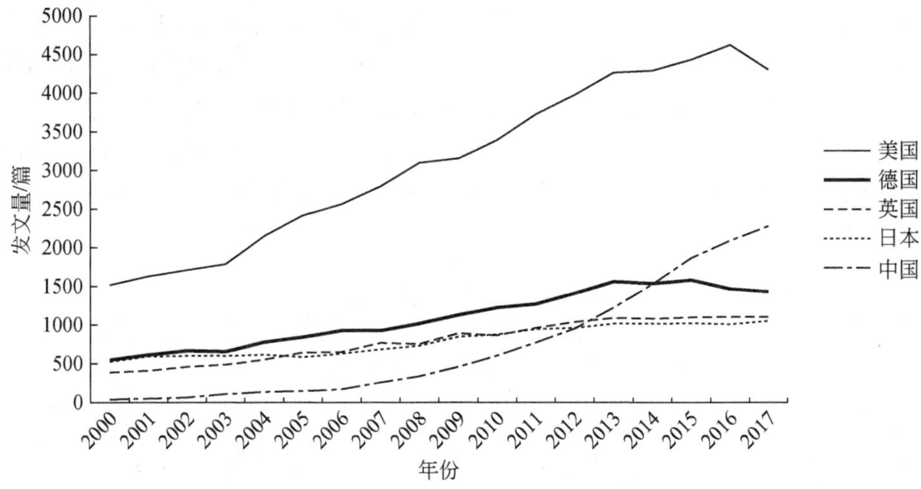

图 6-6 2000～2017 年 MRI 技术领域发文量排名前 5 位的国家论文年度变化

C.主要研究机构分析

表 6-5 列出了 2000～2017 年 MRI 技术领域发文量排名前 10 位的研究机构。这些研究机构主要集中在美国，其中，美国国立卫生研究院篇均被引次数最高，达到 54.62 次，远高于其他机构，其次是麻省总医院和伦敦大学学院，篇均被引次数分别为 50.94 次和 50.40 次；麻省总医院发表高被引论文占总发文量的比例最高，达到 2.71%。

表 6-5 2000～2017 年 MRI 技术领域发文量排名前 10 位的研究机构及其影响力

研究机构	发文量/篇	领域中高被引论文/篇	所占比例/%	总被引次数/次	篇均被引次数/次
加利福尼亚大学系统	7 130	137	1.92	290 018	40.67
哈佛大学	5 929	115	1.94	245 485	41.40
弗吉尼亚州波士顿医疗保健系统	4 119	90	2.18	178 096	43.24

续表

研究机构	发文量/篇	领域中高被引论文/篇	所占比例/%	总被引次数/次	篇均被引次数/次
伦敦大学学院	3 066	54	1.76	154 532	50.40
美国国立卫生研究院	3 045	76	2.50	166 313	54.62
约翰·霍普金斯大学	2 630	35	1.33	86 178	32.77
得克萨斯大学系统	2 520	53	2.10	82 550	32.76
多伦多大学	2 452	49	2.00	86 178	30.54
麻省总医院	2 433	66	2.71	123 937	50.94
法国国家卫生与医学研究院	2 375	37	1.56	68 066	28.66

D. 主要研究方向

从 20 世纪 70 年代后期获得了第一幅人体头部核磁共振影像以来，MRI 技术随着硬件设备的改进及软件技术的开发得到了日新月异的发展，特别是功能性 MRI 技术在医学研究和临床诊断中得到了越来越广泛的应用。从表 6-6 可见，MRI 技术主要用于神经科学、放射性核医学影像、手术应用和心血管疾病的研究，如常见的利用快速成像方法（EPI 等）和血氧水平依赖效应来研究大脑高级功能的脑功能成像；利用弥散张量成像（diffusion tensor imaging，DTI）研究大脑结构改变的过程；利用血管造影研究梗死、血栓形成和血管硬化的技术等。

表 6-6 MRI 技术主要研究方向

序号	研究方向	发文量/篇
1	神经科学	53 558
2	放射性核医学影像	34 311
3	手术	15 793
4	心血管疾病	14 087
5	工程学	9 157
6	精神病学	8 607
7	骨科	8 082
8	肿瘤学	7 335
9	儿科学	6 552
10	普通内科医学	6 013

6.3.1.2 生物成像领域专利分析

（1）专利申请时间趋势

在 INCOPAT 数据里中检索所有生物成像领域专利，检索结果显示，相关专利共计 30 530 项（61 752 件），专利年申请量如图 6-7 所示。生物成像领域专利申请从 1967 年开始，1967～1984 年属于启蒙阶段，专利申请数量较少，1984～1997 年，专利申请数量快速增长，1998～2013 年增长趋势更为迅猛，至 2013 年达到申请的高峰，而后申请数量下滑（由于专利申请到公开最长有 18 个月的迟滞，截至 2018 年 1 月 26 日，2015～2017 年还有部分专利申请尚未公开）。

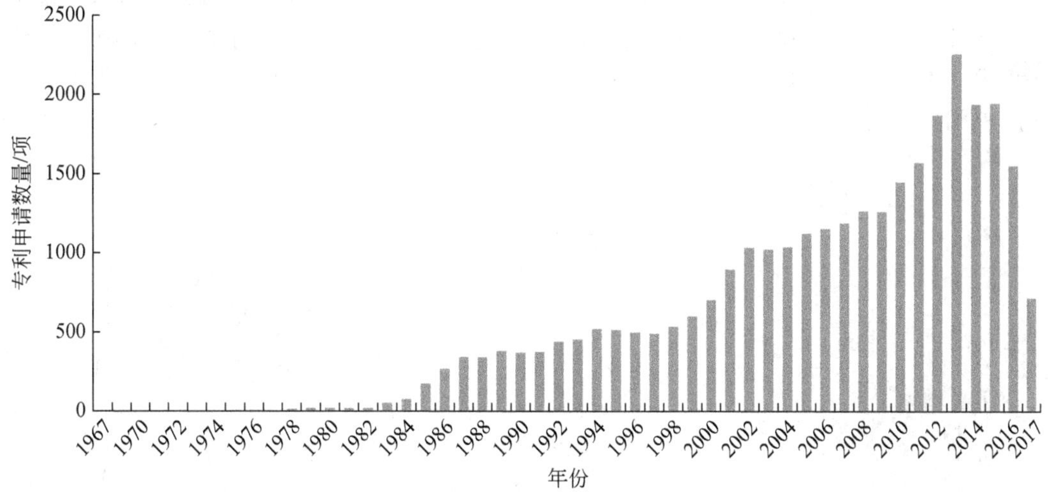

图 6-7 生物成像领域全球专利申请时间态势

（2）专利国家分布

由生物成像领域专利受理国家及组织机构分布情况可以看出（图 6-8），美国、日本和中国是生物成像领域专利申请人最重视的领域保护市场地，其次是欧洲、韩国和德国等。

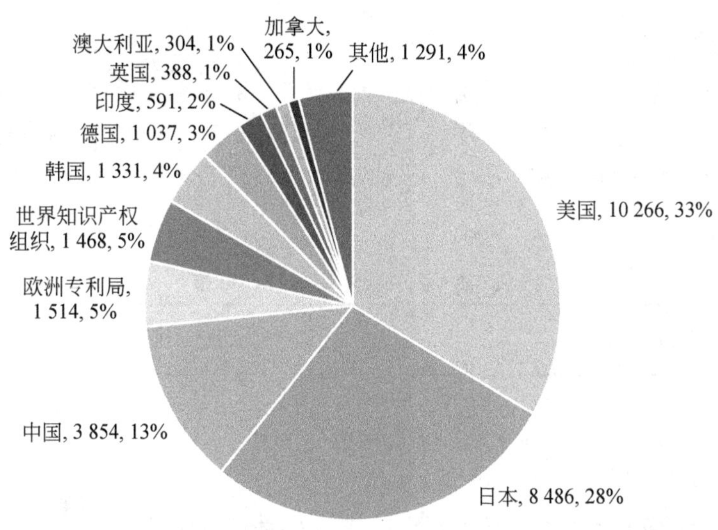

图 6-8 生物成像领域专利受理国家及组织机构分布（单位：项）

（3）领先国家申请趋势对比

生物成像领域专利领先国家申请时间趋势如图 6-9 所示。美国从 1969 年开始进行生物成像领域的专利申请，前期发展缓慢，1996 年之后其专利申请数量迅速增长，一跃成为申请数量排名第 1 位的国家；日本专利申请前期发展迅速，1983～1995 年占据申请数量第 1 位，1996 年申请数量下滑而被美国赶超，1997 年之后专利申请数量保持增长；中国专利申请起步于 1986 年，从 2009 年后呈现指数增长，于 2012 年赶超日本，排名第 2 位，2016 年赶超美国排名第 1 位。

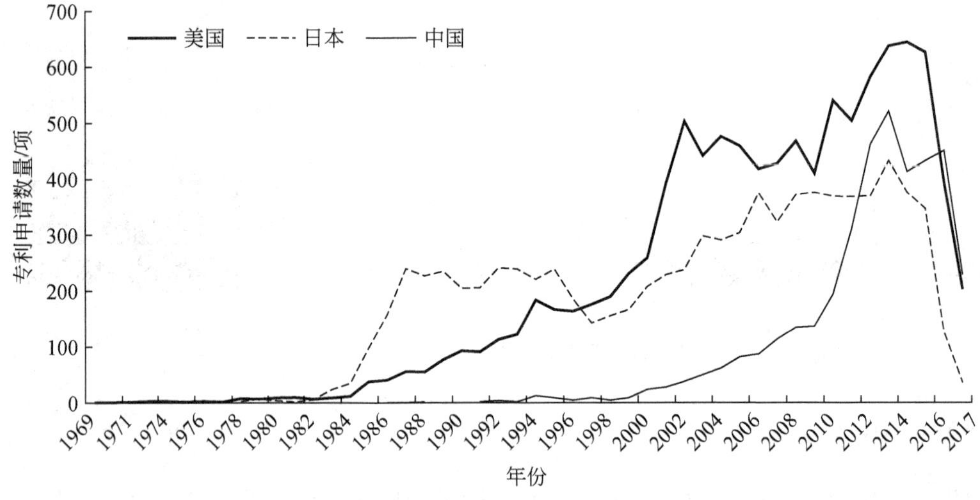

图 6-9 生物成像领域专利领先国家申请时间趋势

（4）专利领域布局

根据 IPC 号对生物成像领域专利申请进行进一步分析发现，所有专利中用于医学诊断目的的测量设备与领域分类最多；利用电磁感应（G01R33、G01V3）、超声波（A61B8、G01S15、G01N23、A61B10）和 X 射线（A61B6）等原理的测量仪器和设备也有较多涉及（表 6-7）。

表 6-7 生物成像专利 IPC 分布

序号	专利申请数量/项	IPC 大组	IPC 大组分类说明
1	12 664	A61B5	用于医学诊断目的的测量
2	11 087	G01R33	测量磁变量的装置或仪器
3	6 288	A61B8	用超声波、声波或次声波的诊断
4	5 092	A61B6	用于放射诊断的仪器，如与放射治疗设备相结合
5	2 429	A61K49	体内实验用的配制品
6	1 278	G01S15	利用声波的反射或再辐射的系统，如声呐系统

续表

序号	专利申请数量/项	IPC 大组	IPC 大组分类说明
7	1 214	G01N23	利用未包括在 G01N 21/00 或 G01N 22/00 组内的波或粒子辐射来测试或分析材料，如 X 射线、中子
8	1 196	G01S7	与 G01S 13/00（使用无线电波的反射或再辐射系统）、G01S 15/00（利用声波的反射式再辐射的系统）、G01S 17/00（应用除天线电波的电磁波的反射式再辐射系统，如激光雷达）各组相关的系统的零部件
9	1 159	G01V3	电或磁的勘探或探测；地磁场特性的测量，如磁偏角或磁偏差
10	1 135	A61B10	用于诊断的其他方法或仪器，如用于接种诊断、性别确定、排卵期的测定、敲击喉头的工具

（5）重要专利申请人竞争力分析

在生物成像领域中，大型跨国公司是全球最主要的专利申请主体（图 6-10）。申请数量排名前 10 位的专利申请研究机构中，日本企业有 4 个，美国企业有 2 个，还有韩国、荷兰、德国和瑞士的公司各 1 个。申请数量排名前两位的是日本东芝机械株式会社和日本日立有限公司，占全部申请数量的 8.40%和 7.64%，其次是荷兰皇家飞利浦电子公司、美国通用电气公司和德国西门子股份公司，再次是韩国三星集团、日本佳能株式会社、日本岛津公司、美国皮克国际公司和瑞士奈科明有限公司。

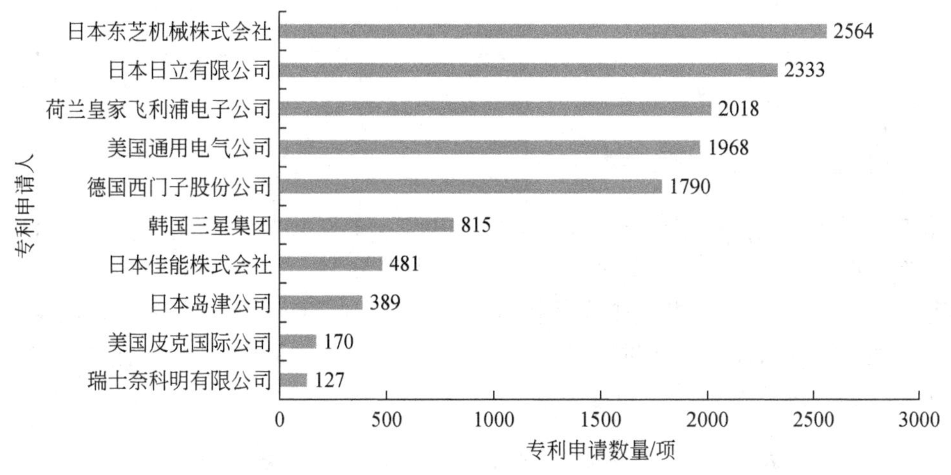

图 6-10 生物成像领域全球专利主要申请人

（6）主要专利申请人活跃度分析

分析主要申请研究机构 2012～2017 年专利申请活跃程度发现，韩国三星集团、日本佳能株式会社、荷兰皇家飞利浦电子公司和德国西门子股份公司 2012～2017 年专利申请较为活跃，特别是韩国三星集团，它在生物成像领域方面虽然起步较晚，但近期专利申请活跃度最高；美国皮克国际公司和瑞士奈科明有限公司近 5 年专利申请量为零，说明其专利研发的重心可能已经转移。

从各专利申请人对专利的国家及组织机构布局来看，大多数专利申请人首先在本国布局而后延伸至其他国家，而荷兰皇家飞利浦电子公司和瑞士奈科明有限公司在本国布局较少，在其他国家优先布局，从侧面说明了其专利价值，同时也说明美国、日本和中国都是很受重视的领域保护市场（表 6-8）。

表 6-8 生物成像领域主要专利申请人活跃程度

序号	专利申请人	专利申请数量/项	主要专利国家及组织机构	近 5 年专利申请所占比例/%
1	日本东芝机械株式会社	2564	日本（1752）、美国（563）	24.14
2	日本日立有限公司	2333	日本（1892）、美国（236）	13.89
3	荷兰皇家飞利浦电子公司	2018	日本（517）、美国（495）、印度（352）	36.77
4	美国通用电气公司	1968	美国（788）、日本（556）、中国（216）	17.68
5	德国西门子股份公司	1790	美国（684）、德国（446）、中国（257）	34.47
6	韩国三星集团	815	韩国（316）、美国（234）	74.23
7	日本佳能株式会社	481	日本（292）、美国（132）	42.83
8	日本岛津公司	389	日本（319）	19.54
9	美国皮克国际公司	170	美国（88）、日本（31）、欧洲（25）	0.00
10	瑞士奈科明有限公司	127	美国（37）、世界知识产权组织（14）	0.00

注：括号内数据代表各国专利申请分布数量

（7）重要专利申请人专利领域布局

日本东芝机械株式会社在超声成像、X 射线成像、核磁共振成像领域方面都有涉猎；日本日立有限公司主要致力于磁共振成像设备和领域的研发；荷兰皇家飞利浦电子公司在血管内超声成像、成像超声波换能器温度控制系统和便携式超声成像系统等方面成果丰硕；德国西门子股份公司对超声成像进行了较多的改进研发；美国通用电气公司的专利多关注于可用于手术的超声和 MRI 系统（表 6-9～表 6-13）。

表 6-9 日本东芝机械株式会社在生物成像领域主要专利举例

序号	专利号	被引次数/次	专利标题
1	US5724976A	196	超声成像优于超声造影成像
2	US5615680A	160	超声诊断和诊断超声系统中的成像方法
3	US6334846B1	143	超声治疗仪
4	US5818898A	139	使用 X 射线平面检测器的 X 射线成像装置
5	US5008624A	135	用于任意病人姿势的磁共振成像设备

表 6-10 日本日立有限公司在生物成像领域主要专利举例

序号	专利号	被引次数/次	专利标题
1	US5115812A	77	运动物体的磁共振成像方法
2	US5617026A	76	静态的磁共振成像设备
3	US5545993A	74	MR 成像系统中运动跟踪测量的方法
4	US6566878B1	64	磁共振成像装置及其方法
5	US5951474A	61	用于通过射频接收线圈检测磁共振信号的磁共振成像设备

表 6-11 荷兰皇家飞利浦电子公司在生物成像领域主要专利举例

序号	专利号	被引次数/次	专利标题
1	US6592520B1	169	血管内超声成像设备和方法
2	US6428477B1	156	通过二维超声阵列提供超声波
3	US6491634B1	142	用于便携式超声成像系统的子波束形成设备和方法
4	US5239591A	132	通过在图像之间传播种子轮廓来进行多阶段多切片心脏 MRI 研究中的轮廓提取
5	US6709392B1	118	成像超声波换能器温度控制系统和使用反馈的方法

表 6-12 德国西门子股份公司在生物成像领域主要专利举例

序号	专利号	被引次数/次	专利标题
1	US6475146B1	239	使用个人数字助理与诊断医学超声系统的方法和系统
2	US5632277A	200	超声成像系统采用倒相减法来增强图像
3	US5876342A	163	用于 3D 超声成像和运动估计的系统和方法
4	US5477858A	146	超声血流/组织成像系统
5	US5396890A	137	用于超声成像的三维扫描转换器

表 6-13 美国通用电气公司在生物成像领域主要专利举例

序号	专利号	被引次数/次	专利标题
1	US5769790A	433	超声成像引导下的聚焦超声手术系统
2	US5291890A	242	使用聚焦超声产生的热波的磁共振手术
3	US5186177A	216	用于将合成孔径聚照技术应用于基于导管的系统，以用于小血管的高频超声成像的方法和装置
4	US5443068A	180	用于磁共振引导超声治疗的机械定位器
5	US5290266A	161	灵活的涂层磁共振成像兼容侵入性设备

6.3.2 生物成像技术研究和发展趋势

6.3.2.1 技术发展日新月异，仪器性能不断提升

在微观层面探索生命的奥秘时，成像技术的分辨率决定了研究的深度，因此，以超分

辨率光学成像为代表的单分子成像技术受到普遍关注，对该技术做出贡献的科学家也因此获得诺贝尔化学奖。超分辨率技术打破了传统光学衍射的限制，可以将成像分辨率提高 10 倍以上，由此光学显微镜的分辨率实现了纳米级。这种技术主要通过三种方法实现：单分子定位显微技术，美国科学家 Eric Betzig、William E. Moerner 开发的光激活定位显微（photoactivated localization microscopy，PALM）技术和哈佛大学庄小威实验室发明的随机光学重建显微镜（stochastic optical reconstruction microscopy，STORM）；结构光照明显微（structured illumination microscopy，SIM）技术；德国物理学家 Stefan Hell 开发的受激发射减损显微（stimulated emission depletion，STED）技术。借助超分辨率技术的仪器设备，生物学家能从分子层面解析生物结构和过程，如解析阿尔茨海默病患者脑内蛋白聚集等细胞事件；利用 STORM，科学家首次观察到了神经元轴突的细胞骨架。

随着成像技术时空分辨率的不断提升，科学家可以检测肿瘤和身体深部组织的活动，这需要在活体状态下进行成像。提到这方面的成像技术不得不提在细胞生物学、神经科学、肿瘤生物学和脑科学等多方面发挥作用的活体荧光显微技术和正电子发射断层成像技术。既要观察细胞行为和分子信号的分辨率，又要满足活体实时可视的成像需要，目前活体荧光显微技术还在不断进步中，如哈佛大学开发活细胞超分辨率荧光成像技术，通过分子定位和分子位置重叠重构获得超高分辨率的活体图像。美国科罗拉多州立大学研究人员首次证明，多光子荧光和二次同步谐波都能实现超分辨率，他们开发了专门的多光子-空间频率调制成像显微镜，通过荧光和二次谐波同时收集图像信息，产生了纳米级图像，空间分辨率达到 2 η（Field et al，2016）。2017 年，Hell 团队在 *Science* 上报道了 MINFLUX 超分辨率显微镜。据文章介绍，这种超分辨率方法第一次达到 1nm 的空间分辨率。此外，它还能追踪活细胞中的单个分子，速度比其他方法至少快 100 倍（Balzarotti et al，2017）。2015 年，美国霍华德・休斯医学研究所 Eric Betzig 与中国科学院生物物理研究所徐平勇课题组等合作，发展了长时间活细胞结构光-非线性活细胞超高分辨显微成像技术（PA NL-SIM），将活细胞结构光照明超高分辨成像的空间分辨率从 100nm 提高到 45～65nm，同时具有极高的时间分辨率（0.25s），并能采集 40 个时间点的数据（Li et al，2015）。徐平勇课题组、中国科学院计算技术研究所张法课题组与美国科学家 Jennifer Lippincott-Schwartz 合作，通过将单分子定位和贝叶斯技术相结合开发了一种新型活细胞超分辨率显微技术。该技术具有适用范围广、时空分辨率高、运行速度快和分析尺度大等优点（Xu et al，2017）。北京大学在程和平院士的带领下，在超高时空分辨微型化双光子在体显微成像系统方面取得重大突破，在国际上首次记录悬尾、跳台和社交等自然行为条件下小鼠大脑神经元和神经突触活动的高速高分辨图像。在动物自然行为条件下，实现长时程观察神经突触、神经元、神经网络和多脑区等多尺度、多层次动态信息处理（Zong et al，2017）。该成果为人类了解大脑神经传导过程提供了更先进的工具，同时也将为可视化研究自闭症、阿尔茨海默病和癫痫等脑疾病的神经机制发挥重要作用。华中科技大学谢庆国教授等提出并发展了全数字 PET 技术，相比于传统模数混合 PET 设备，全数字 PET 技术具有“全数字”和“精确采样”两大特性，并具有超高分辨率、超高灵敏度和精确定量等优势。团队分别于 2010 年和 2015 年开发出全球首台小动物数字 PET 和临床全数字 PET，被成功用于阿尔茨海默病（Jin et al，2017）、糖尿病（Li et al，2017）、神经（Yang et al，2016）、肝肿瘤（Liu et al，2016）和非酒精性脂肪肝（Wang et al，2017）等研究。此外，由于生物细胞是一个具有三维空间结构的生命单元，所以要实现对细胞的超精细结构的全方位的观测，也发展形成了三维超分辨成像技术。主流技术包括超高分辨率三维超分辨成像，如 4pi-STED、三维 STORM 和基于量子点闪烁的三维超分辨率成像 QDB3 等，超快速三维超分辨成像，以及超深度三维超分辨成像。

6.3.2.2 成像技术向多模态、多功能的方向发展

不同种类的生物成像技术各具特色和功能，在成像原理、性能指标和参数方面表现出各自的优缺点。多模态融合已经成为生物成像系统发展的趋势。多模态跨尺度成像是对同一研究对象，利用多种成像模态，跨越不同时间和空间尺度，通过硬件和图像数据融合，全景式地呈现生命活动的过程，阐述在分子、细胞、组织和器官水平的跨尺度生物体特征，辅助早期疾病精确诊断、临床决策及治疗方案的选择。目前，已经成功应用于临床的包括 PET-CT 及 PET-MRI 成像设备可以同时提供更加精确、高分辨率的解剖、功能及生化信息。

在 PET-CT 系统中，PET 作为一种超高灵敏度分子影像设备，能够无创、定量、动态地从分子水平评估生物体内各器官的代谢水平、生化反应和功能活动。在肿瘤、心血管系统疾病和神经系统疾病等的早期诊断、治疗规划、疗效监测与评估，以及新型核医学示踪剂及分子探针研究、新药开发与靶向治疗技术研究等临床前生物医学基础研究领域具有独特的应用价值。数字 PET 在全面提升核心性能（探测灵敏度和空间分辨率等）的同时，具有精确定量、性能优异、使用便捷和制造快捷等优势，应用的广度和深度得到极大的扩展：糖尿病、不明原因发热及脂肪肝等疾病的早期检测有望开展。

近年来，CT 技术与光学技术的多模式成像技术也获得了快速的发展，包括扩散光学层析成像中的荧光分子层析成像技术和生物发光层析成像技术与 CT 的多模式成像。同样，CT 技术不但提供高分辨率的结构定位，也提供先验信息，帮助光学层析成像质量的提高（骆清铭，2012）。

目前，医学成像模式分为功能成像（SPECT 和 PET 等）和解剖成像（CT 和 MRI 等）。PET/MRI 是功能成像中双模成像技术的热点。PET 的优势在于敏感性较高、可定量分析和跟踪标记物在体内的分布，但空间分辨率低，缺乏解剖形态结构信息；MRI 成像敏感性较低，但具有良好的软组织对比，可行功能磁共振成像。未来 PET/MRI 双模技术还需要解决两者相互干扰和衰减校正的问题。

作为医学影像学研究的重要方法，分子影像技术的发展方向不仅面向临床诊疗，还面向新药开发和人体科学基础研究，PET/SPECT 是目前开展分子水平成像较为合适的成像模态。其优势在于可对多种示踪剂和分子探针进行造影。在生物医学和临床研究中，参与各个组织代谢的标记物示踪剂的类型并不相同，因此，在研究某一疾病时需要同时标记多个代谢过程。

随着计算机技术、物理学、分子生物学和材料化学等学科的发展，大量新的用于多模态成像的软硬件设备及多功能分子探针被开发出来，为生物成像技术的研发和应用开辟更广阔的新天地。

6.3.2.3 新技术、新材料的广泛应用使成像技术在生命科学研究领域发挥更关键的作用

信息技术的发展对生物成像技术产生了深远的影响，发挥了重要的推动作用，使成像信息数字化、数据分析自动智能化和信息传输网络化。此外，再完美的超分辨率研究也需要某种形式的计算处理，才能得到高质量的图像。例如，结构生物学家 Sjors Scheres 因开发了 RELION 软件包（Scheres，2012），将 cryo-EM 图像转变为精细的分子结构，让生物学更简单更清晰地看到分子机器而入选 *Nature* 期刊 2014 年十大科学人物。计算机图像处理技术的进步不仅弥补了电子显微镜技术固有的缺陷，而且对以前看似不可能分析的样品也实现了较好的解读。计算机科学、机器学习和人工智能等技术的快速发展也推动了医学影像学的进步。计算机辅助检测和计算机辅助诊断的出现可以提高诊断准确性，大大减少假阳性的产生，为医护人员提供有效的诊断决策支撑。2017 年年底，科技部公布的首批次新一代人工智能开放创新平台名单中，依托腾讯公司建设医疗影像国家新一代人工智能开放创新平台入选。

在新材料方面，新兴纳米材料，如金属纳米结构（金纳米颗粒和银纳米颗粒等）、靶向多肽连接的量子点、稀土上转换纳米材料、磁性纳米材料及碳基纳米材料与硅基纳米材料等具有优良机械性能、光学或磁学的功能性纳米材料为解决传统生物技术难以解决的复杂问题提供了新的机遇。基于纳米材料构建的分子探针，已经在生命科学基础研究和临床医学应用中表现出了诱人的前景，特别是在实时、动态、高灵敏成像方面受到极大关注。复旦大学研究团队用豌豆蛋白作为模板，简单、绿色地合成了发红色荧光的金纳米团簇，制备出了红细胞膜包覆的金纳米团簇/豌豆蛋白复合纳米颗粒，克服了常规金纳米材料在体内应用的局限性，并将其成功用于肿瘤部位成像（Li et al，2018）。王强斌团队开发的新型近红外Ⅱ区荧光 Ag2S 量子点及小动物活体成像系统可随造影剂进入血管全身循环而清晰地呈现小鼠心跳、肝部、脾部和动脉等，在活体水平提供原位、实时、动态影像。该技术在肿瘤靶向治疗和基于干细胞的再生医学领域有强大的应用前景，同时在药物筛选方面也具有不可替代的优势。目前该技术已经从实验室走向科研机构，并走向市场。

6.4 国际设施建设现状

面对新兴的生物医学成像技术研究领域，传统单一的分散研究模式在资源分配、技术支持、人员管理方面都存在巨大的鸿沟，建立整合多种生物成像手段的重大基础设施研发和应用平台是目前各国竞相发展的重要方向。本节将对生物成像技术领域的主要基础设施进行简要的介绍。

6.4.1 斯坦福分子成像计划

斯坦福分子成像计划（Molecular Imaging Plan for Stanford，MIPS，http://med.stanford.edu/mips.html）是由斯坦福大学医学院院长 Philip Pizzo 博士于 2003 年设立

的一个跨学科项目，聚集了众多科学家和医学界人员，开发和使用最先进的成像技术，研究完整的生物系统。旨在从根本上改变生物学研究的方法；开发诊断疾病和监测患者治疗过程的新方法。涉及的研究领域包括癌症研究、微生物学/免疫学、发育生物学和药理学。MIPS 已经开发使用如 PET、SPECT、数字放射自显影、MRI、磁共振波谱（magnetic resonance spectrum，MRS）成像、生物光学成像、荧光技术、超声波成像和其他新兴技术的多模态方法。

MIPS 拥有 26 个不同的实验室，分为化学、细胞生物学、仪器设备、临床前研究、临床研究和纳米技术 6 个部分。目前该项目共计 300 名工作人员。研究工作主要集中在以下 5 个关键领域：

1）合成和验证用于分子成像的放射性标记和荧光分子探针；

2）开发用于生命科学研究的分子成像仪器；

3）开发用于应答活体中细胞事件分子成像方法；

4）开发用于分子成像数据可视化和分析的软件工具；

5）融合治疗学和成像策略以改善患者管理。

MIPS 下设小动物成像设施——斯坦福体内成像创新中心（SCI^3）、放射性化学设施、理查德·卢卡斯成像中心（这里不展开介绍）、细胞/分子生物学核心设施、化学核心设施、临床前成像核心设施、蛋白质组学核心设施。

（1）小动物成像设施——斯坦福体内成像创新中心

该中心提供最先进的临床前成像仪器，以促进小动物调研体外实验向临床实践研究转化，使利用小鼠模型评估新技术、新药/示踪剂、突变表型和生物学新概念成为可能。SCI^3 中心的成像设备位于 3 个地点：克拉克中心（Clark Center）拥有大部分的设施，Shriram 中心用于生物工程研究，以及 Porter Drive 校外设施。SCI^3 中心人员为研究人员和学生提供针对基本概念和个性化应用成像模式的咨询服务和专门培训。

SCI^3 设施提供了临床前研究所需的所有成像模式，包括医院常规使用的仪器，针对小动物研究（如超声成像、MRI、MicroCT、PET 和 SPECT）优化的仪器，专门为小动物研究工作开发的仪器（能完成生物发光成像和荧光成像的光学成像系统）及刚刚开发并正在测试的新设备（如光声成像和磁性粒子成像）。该设施不仅提供了非放射科医师易于操作的仪器，也为放射学、物理学和工程专家提供了最新成像技术和多模式成像组合。所有的仪器都用于活体成像，因此，可以进行重复研究，这些研究提供了同一个主题的纵向数据，并减少了这些研究所需的动物数量。这种动物模型的灵活性和快速分析大大加速了分子成像策略和各种疾病新的治疗策略的开发。多种成像和造影剂可用于监测小鼠模型的疾病表型、评估新的治疗干预措施、影像数据后处理和定量、结合临床试验和临床药物开发等。

（2）放射性化学设施

放射性化学设施位于卢卡斯扩建大楼，其核心设备是 GE PETtrace 回旋加速器，生产用于临床和研究用途的放射性同位素。回旋加速器周围设有氟代脱氧葡萄糖（FDG）生产实验室和研究热点实验室。研究热点实验室用于研究放射性试剂的生产。这些放射性试剂被用于支持斯坦福大学医学中心和 SCI^3 中心的临床与 PET 技术研究。

（3）细胞/分子生物学核心设施

细胞/分子生物学核心设施促进了癌症早期诊断工具的开发，还配备了开发分子探针的装备，具体而言，开发和表征基于抗体和配体的探针用于靶向分子成像，从而帮助研究人员、学生开发高灵敏度的多功能光学探针、PET 探针和 MRI 探针，通过靶向癌症特异性细胞靶标对病变区域进行成像。

这部分设施还包含了进行前沿分子生物学实验所需的各种仪器，包括具有随时间推移成像功能的高灵敏度荧光显微镜、实时 PCR 仪（用于从细胞和组织快速定量表达基因和 microRNA）、具有荧光和生物发光功能的酶标仪、荧光细胞分选仪（高通量筛选大型生物分子文库，并从酵母和哺乳动物细胞中选择高亲和力的结合位点）、IVIS-Lumina 高灵敏度冷却电荷耦合器件相机用于不同波长的生物发光和荧光成像（活体完整细胞无创成像），以及自动肽合成仪（快速验证新型探针以高亲和力和特异性结合癌症靶点）。此外，还配备了一个功能齐全的组织培养设施。

（4）化学核心设施

作为斯坦福大学 Canary 癌症早期检测中心的基础研究核心之一，化学核心设施为科学家提供了分析化学和合成化学方面的支撑，配备了合成、分析和表征重要的生物小分子和生物大分子的仪器设备。其工作人员利用多种化学专业知识及先进的技术设计和开发新型分子试剂用于体内和体外的早期癌症发现。

核心研发的分子试剂包括成像剂，如光学探针、光声成像探针和多模态探针，以及用于非成像策略的试剂，如血液生物标志物传感器。

化学核心部门与中心其他核心部门之间的密切合作不仅有助于验证和优化已经开发的探针，而且还促进了跨学科的早期癌症检测方法。这对深入了解这种疾病及向临床成功转化最有前景的分子药物至关重要。

（5）临床前成像核心设施

斯坦福 Porter 体内成像创新中心为动物模型体内生物评估和成像技术的应用与改进提供资源，其使命是开发基础设施、策略、专业知识和工具，以执行主要用于临床前研究的体内多模态成像。这部分设施与斯坦福大学 Canary 癌症早期检测中心共享。

该设施提供了用于体内成像的共享仪器和数据分析软件。它具有容纳大动物并进行大动物成像的能力。只有授权用户才能访问成像设备。工作人员提供仪器和软件使用方面的培训，以便用户独立使用仪器。从最初的实验计划到首次成像实验和分析，都将给予新用户所需支持。设施工作人员还与研究人员合作，通过开发新的特定成像协议或验证、重新校准和增强适用于特定研究的现有方法来支持正在进行的和新的研究。

（6）蛋白质组学核心设施

蛋白质组学核心设施与斯坦福大学 Canary 癌症早期检测中心相关，是一个共享资源设施，其使命是促进血液检测和分子成像方法的研发，用以检测和定位早期癌症。该设施拥有质谱（mass spectrometry，MS）、液相色谱（liquid chromatograph，LC）和样品制备系统，主要用于生物标志物的发现和验证研究。

6.4.2 哈佛医学院系统生物学研究中心生物成像研究平台

哈佛医学院及其附属麻省总医院共建的五大主题交叉学科研究中心之一的系统生物学研究中心成立了全球领先的生物成像研究平台。该平台聚集了众多多学科背景的研究人员，他们普遍认为，复杂的细胞和分子过程可以通过尖端的成像技术更好地显现出来。该平台在开发从影响中量化和挖掘丰富信息的现金方法方面处于世界领先地位。

该平台又分设了小鼠成像平台和大型核心显微镜设备平台。小鼠成像平台拥有大规模的成像资源，基本上涵盖了目前所有最先进的活体成像技术设备，包括高分辨率磁共振成像设备、CT、PET-CT 双模成像系统、SPECT-CT 双模成像系统、活体荧光分子层析成像（fluorescence molecular tomography，FMT）系统和生物发光成像（bioluminescence imaging，BLI）系统。综合方案还提供小鼠固定设施用于一系列成像、手术、麻醉、兽医护理和显影剂处理等步骤。此外，还提供图像重建、三维显示、融合、定量图像分析和服务器访问功能。该项目定期提供培训，并继续开展研究以不断改进现有的成像技术。

大型核心显微镜设备平台内设多套先进的活体荧光成像系统与电镜设备，包括荧光成像、共焦成像、活细胞成像和全内反射荧光（total internal reflection fluorescence，TIRF）显微镜与电子显微镜等。该平台官网还提供关于设备、成本和联系信息的更多细节。

6.4.3 哈佛大学生物成像中心

哈佛大学生物成像中心（Harvard Center for Biological Imaging，HCBI，https：//hcbi.fas.harvard.edu/about-hcbi）于 2010 年 5 月 17 日对外开放，是世界上最具创新性的生物成像中心之一。目前 HCBI 被公认为是真正的“常绿”显微镜设备。为确保研究人员始终掌握最新和最先进的技术，设备更新换代很快，包含最先进的 7 个成像系统，这些系统每 2～3 年更换一次。目前，HCBI 包含 16 个显微镜和高端处理站。此外，2013 年，HCBI 在北美安装了第一台用于活细胞成像的商用激光片层扫描显微镜，并于 2015 年将其替换为组织清除兼容系统。该设施还具有湿实验室空间，真核生物和原核生物培养室及进入附近的含广泛物种的动物保健设施的路径。

该生物成像中心配备成套设施，包括激光片层扫描显微镜 Lightsheet.Z1 Microscope、X-CLARITY 组织清除系统、ELYRA 超分辨率显微镜、运用 Airyscan 技术 LSM 800 高效型共聚焦显微镜、LSM 880 with FLIM 共聚焦显微镜、LSM 880 直立式共聚焦显微镜、LSM 880 NLO 多光子显微镜、高速载玻片扫描仪 Axio Scan.Z1、Axio Zoom V16 变焦显微镜、LSM 700 共聚焦显微镜、PALM 激光显微切割显微镜和图形处理系统等。

6.4.4 加利福尼亚大学伯克利分校定量生物科学研究所

加利福尼亚大学伯克利分校定量生物科学研究所（Berkeley Home of the California Institute for Quantitative Biosciences，QB3，http：//qb3.berkeley.edu/biological-imaging）生物

成像研究单元旨在实现生物系统各个层级的可视化。

QB3 提供共享的研究设施，促进科学家和工程师开发医疗设备、药物和疗法，以及减少环境破坏和改善能源生产与使用的技术。该研究所在生物成像领域主要配备核磁共振设施用于从原子水平认识天然产物、潜在的治疗试剂、蛋白质和核酸的结构及动力学。仪器包括配备冷冻探针的 900MHz 光谱仪，以及其他几个核磁共振系统。

生物分子纳米技术中心为生物实验提供光刻、沉积、蚀刻、计量和显微镜设备。CIRM/QB3 共享干细胞研究所提供细胞培养设备和仪器，用于培养和评估干细胞从流式细胞仪到多重 ELISA 读数器，再完成自动落射荧光成像、共焦成像和多光子成像。高通量筛选设施为自动细胞接种提供细胞培养空间、自动化液体处理设备、多标记板读取器和任一类型多孔板实验的高成分成像。

6.4.5 德国慕尼黑工业大学生物成像机构

德国慕尼黑工业大学生物成像机构（Chair of Biological Imaging，CBI，https：//www.cbi.ei.tum.de/index.php?id=home&L=1）是一所多学科学术研究机构，与亥姆霍兹慕尼黑研究中心生物和医学成像研究所（Institute of Biological and Medical Imaging，IBMI，https：//www.helmholtz-muenchen.de/ibmi/laboratories/microscopy/index.html）紧密合作，重点研究创新型光学和光声学方法以实现活体生物组织在临床前和临床环境下的可视化，研究重点包括多光谱光声层析成像（multispectral optoacoustic tomography，MSOT）、融合荧光分子断层扫面和 X 射线计算机断层扫描系统，以及基于分子生物标志物在手术和内窥镜检查中实现癌症可视化。其他的研究还包括构建体内外成像的标记物和传感器；下一代分子成像技术和远程控制技术，以实现具有时空精确性和深层组织穿透性的闭环细胞回路控制；利用光学和光声学方法开发成像技术，重点开发新型成像重建算法；开发用于临床前和临床成像的高级荧光成像方法，重点开发定量、实时和断层成像方法；基于生物医学、光学、光声学、超声波及其协同组合开发新的成像范式；以及设计和开发多光谱光声技术等。

6.4.6 德国亥姆霍兹慕尼黑研究中心生物和医学成像研究所

德国亥姆霍兹慕尼黑研究中心生物和医学成像研究所是一个多学科的学术研究机构。IBMI 研究的重点是创新的光学和光声方法，使活的生物组织可视化。该研究所有 11 个从工程学到生物学和医学研究的实验室。凭借广泛的国际业务和许多著名的奖项，IBMI 领导成像和传感技术，推动生物医学发现并将新型传感技术转化为临床应用。

6.4.7 德国于利希研究中心神经科学与医学研究所

德国于利希研究中心隶属于德国亥姆霍兹国家研究中心联合会，是欧洲最大的科学研究机构之一，下设 8 个主要的研究所，其中，神经科学与医学研究所（Institute of Neuroscience and Medicine，INM，http：//www.fz-juelich.de/inm/EN/Home/home_node.html）在磁共振脑成像研究方面处于世界前沿。INM 的医学影像学研究和开发活动集中于新型脑成像方法的开发、实验验证和临床应用，重点包括超高场磁共振成像、脑磁图（magnetoencephalography，MEG）和 MRI 与 PET 相结合双模态成像等方面的新方法。

6.4.8 比利时鲁汶天主教大学分子小动物成像中心

比利时鲁汶天主教大学分子小动物成像中心（Molecular Small Animal Imaging Center，MoSAIC，https：//gbiomed.kuleuven.be/english/website-group-biomedical-sciences/core-facilities/mosaic）将不同的体内成像模式（μPET、μCT、μNMR、生物发光、超声波）和小型动物放射治疗实验室集中在一个新的实验室中。此外，还集合了多项支持技术，如行为测试、放射自显影、显微手术和离体伽马计数等。该实验室还包含一个具有B级辐射安全的二级生物危害实验室，并允许各种转基因动物、疾病模型、治疗方案进行安全的在体研究。

可用设备包括两台高灵敏度的冷却电荷耦合器件（charge coupled devices，CCD）相机，可在活体小动物中进行生物发光成像（bioluminescence imaging，BLI）和荧光成像（fluorescence imaging，FLI）；磁共振成像仪9.4T MRI-calendar和7T MRI-calendar；μPET相机允许在体内可视化显示用正电子发射放射性核素标记的示踪物分布、回旋加速器和放射性核素发生器；用于临床前研究的高性能体内μCT扫描仪SkyScan 1076和SkyScan 1278；超声系统Vevo® 2100；X射线发生器Baltograph XSD225；以及为临床前研究提供高度精确的放射治疗的仪器等。

6.4.9 加拿大多伦多大学放射响应时空靶标和增强的创新中心

加拿大多伦多大学放射响应时空靶标和增强的创新中心[Spatio-Temporal Targeting and Amplification of Radiation Response（STTARR）Innovation Center，http：//www.sttarr.com/]着眼于广泛全面的研究系统，旨在最大限度地发展包括放射治疗在内的高效的癌症治疗策略，涵盖了从细胞研究、临床前动物研究到人体的临床研究等多个层面。该中心拥有CT、MRI、PET、SPECT、超声波成像、光声成像及光学和放射治疗仪等仪器设备，30多名专业人员，已经开展超过500项与癌症和其他疾病相关的研究项目，包括关节炎、阿尔茨海默病、艾滋病、心脏病、中风、脊髓损伤和骨质疏松等。

STTAR的研究工作包含以下五大核心。

（1）核心一——细胞研究

旨在促进多学科合作，并包括用于细胞内分子过程的高分辨率纵向成像的最先进的显微镜，还包括用于基因和蛋白表达研究与组织存储的设备。由于拥有多个成像模式，可快速评估临床前和临床分子药物的有效性。这有助于研究人员快速确定哪些I期药物可以用于放疗。

除了细胞学研究的专业设施以外，该研究核心还包含用于活细胞成像研究和核内DNA修复位点跟踪的专业型显微镜，如共聚焦显微镜。

（2）核心二——临床前研究

该服务利用一系列先进的成像仪器，帮助研究人员评估新的治疗和个体反应监测策略，旨在临床前动物模型上研究癌症控制，这些工具使研究人员能够识别和验证对疾病生物治疗响应的新型生物标志物。

基础设施资源与大学健康网络（University Health Network，UHN）可用于临床研究的资源并行。这使得 STTARR 在临床环境快速评估经改进后实施的新疗法的潜力得到最大化挖掘。这些设施被集中在一个独特的环境中，以对生物过程和治疗效果进行纵向临床前研究。除了成像资源以外，还有两个最先进的手术室支持开发新的手术流程。

（3）核心三——临床研究

临床研究设施依靠放射医学项目，大部分位于玛格丽特公主癌症中心。该设施凭借 UHN 现有的最先进的临床成像和精密放射治疗设备，将新型治疗和监测方案向临床推进。数据获取和实验开发在 STTARR 进行。

位于玛格丽特公主癌症中心的临床研究转化的基础设施包括多层 CT 模拟器、PET-CT、1.5T MR 模拟器、高分辨率三维超声成像、光学和生物发光成像、精确的图像引导平板锥形束 CT 治疗单元、立体定向放射治疗台、脉冲剂量率和高剂量率近距离放射治疗设施、用于外照射放疗和近距离放疗的综合集成的放射治疗设计与图像分析平台。

这些设施为肿瘤和正常组织在放射治疗之前、期间和之后或开展新的生物靶向治疗时的系列分子和解剖成像提供了全面的适用资源。

（4）核心四——计算研究

STTARR 的计算研究部分包括特定的软件和计算工具，并面向内部和外部用户为正在进行的项目提供在线存储。

在计算核心内，肿瘤和正常组织的轮廓比较可以在单个样本内通过人为观察完成或者用单模态或多模态成像的自动分割算法相比较来量化。

这部分服务是 STTARR 提供的收费服务，为所有 STTARR 用户提供数据存储和分析服务，包括数据存储、数据加密和数据分析。

用户可决定在 STTARR 购买长期数据存储服务，也可以将其数据移到自己的磁盘上，并在一个月（免费期）后删除 STTARR 的副本。

用户的驱动器需要加密才能复制 UHN 的数据。用户可根据需要加密驱动器，也可以选择从 STTARR 购买预加密的驱动器。

功能性影像分析可以在一套不同的影像分析软件上执行。

（5）核心五——病理研究

这部分研究包括组织学和免疫组织化学的样品制备、影像采集及高分辨率全切片扫描和影像分析。

6.4.10 中国科学院生物物理研究所蛋白质科学研究平台生物成像中心

中国科学院生物物理研究所蛋白质科学研究平台生物成像中心（Center for Biological Imaging，http：//cbi.ibp.ac.cn/cbiweb/index.html）是中科院蛋白质科学研究平台二期建设（2007～2011 年）中重点建设而成。该中心定位于生命科学研究前沿，致力于实现对生物学对象从纳观尺度到介观尺度的高分辨率三维成像技术，通过对生物超微高分辨率三维结

构的研究来回答生命科学的关键问题。生物成像中心的发展目标是将多种显微成像技术，特别是高分辨率电子显微技术与超分辨率光学显微技术结合起来，通过对生物学样品实现多尺度（从纳米尺度到微米尺度）的高分辨率（纳米分辨率）三维成像来回答重要的生物学问题，实现细胞生物学研究与结构生物学研究的融合。

生物成像中心的研究方向主要包括以下 3 个方面。

（1）生物大分子三维结构

结构生物学是通过研究生物大分子结构与运动来阐明生命现象的科学。X 射线晶体学、核磁共振波谱学、电子显微三维重构（也叫电镜三维重构）是结构生物学的三大研究手段，具有不同的优势。

生物成像中心的重要研究方向之一是利用先进的低温电子三维重构技术研究生物超分子复合体的高分辨率三维结构，具体包括两方面的内容：①通过与其他课题组合作开展针对具有重要生物学意义的生物超分子复合体的结构研究；②针对低温电子三维重构技术中的关键技术问题（样品制备、高分辨率成像、图像处理）开展方法学研究，推广低温电子三维重构技术在生物大分子三维结构研究中的应用范围。

（2）细胞超微结构

电子显微镜是研究生物组织细胞超微结构的有力工具。在利用电子显微镜研究细胞超微结构过程中，需要解决的关键问题是样品制备问题。该中心拥有完整的生物电镜样品制备平台，将与相关课题组就重要的生物学问题展开相关细胞超微结构的研究，同时将就生物电镜样品制备技术中的关键问题展开方法学研究，如新型染色技术、低温切片技术和前包埋标记技术等。

（3）多尺度联合成像

该中心将充分发挥在低温电镜三维成像和高分辨率荧光显微成像方面的优势，面向国际研究前沿，发展光电关联成像技术，并通过与相关研究课题组合作，应用光电关联成像技术研究重要的生命科学问题。

在仪器设备建设方面，该中心拥有透射电子显微镜四台（300kV 场发射低温透射电子显微镜 FEI Titan Krios、200kV 场发射低温透射电子显微镜 FEI Talos F200C、200kV 透射电子显微镜 FEI Tecnai 20 和 120kV 透射电子显微镜 FEI Tecnai Spirit）和先进的双束扫描电子显微镜一台（FEI Helios Nanolab 600i，配备了 Quaroum PP3000T 低温样品载台），原子力显微镜一台，结构照明超分辨率光学显微镜一台，光激活定位（PALM）超分辨率显微镜一台，TIRF 显微镜一台，激光扫描共聚焦显微镜两台（FV1000，FV1200），转盘共聚焦显微镜两台（Andor SDC，3I Marianas XL），双光子显微镜一台（FV1000MPE）。此外，还配备了完整的用于生物超微结构研究的样品制备系统，其中包括高压冷冻仪、快速冷冻仪、冷冻替代仪、临界点干燥仪、低温/常温超薄切片机、真空镀膜仪、表面等离子清洗仪、离子溅射仪、低温样品杆及 AutoCUTS 连续切片自动收集系统。该中心还建成了完整的显微图像数据采集、存储和处理计算机网络系统。

6.4.11 劳特伯生物医学成像研究中心

劳特伯生物医学成像研究中心（http：//lauterbur.siat.ac.cn/）成立于 2007 年，是中国科学院深圳先进技术研究院与地方联合共建的高端医学影像技术与装备工程实验室。致力于推动生物医疗成像技术创新、系统和装备研发及生物医学应用，突破 MRI、CT、PET、超声及多模态分子影像等若干医疗器械新方法、技术、部件和系统装备，着力建设国际先进水平的医学影像装备创新平台，服务医疗器械产业发展和普惠人民医疗健康需求。该中心的研究方向主要包括 MRI、超声、CT、PET 和多模态分子影像。

6.4.12 北京大学生物动态光学成像中心

北京大学生物动态光学成像中心（Biodynamic Optical Imaging Center，BIOPIC，http：//biopic.pku.edu.cn/english/）是 2010 年成立的一个跨学科合作实体研究中心，旨在发展和利用最先进的生物成像与基因测序手段，在分子和细胞水平上进行生物化学、生物物理学、分子生物学和细胞生物学的基础研究，以及解决与干细胞、癌症、感染性疾病及代谢疾病相关的一些重大医学问题。未来几年，中心的研究重点将集中于以下 5 种技术：

1）从细胞外到活细胞内的单分子观测与操纵；

2）高通量测序；

3）超高空间分辨率细胞成像；

4）单细胞微流控操控与分析；

5）非标记生物医学显微成像。

中心配置的仪器设备包括显微拉曼光谱仪、荧光光谱仪、高通量基因组测序仪、冷冻超薄切片机、多焦点多光子显微镜、倒置相干拉曼散射显微镜、正置相干拉曼散射显微镜、激光显微切割装置和单分子显微检测装置等。

6.4.13 清华大学生命科学学院-尼康生物影像中心

清华大学生命科学学院-尼康生物影像中心于 2011 年 5 月 10 日正式成立，是清华大学生命科学学院和尼康仪器（上海）有限公司合作建立的测试平台，致力于将最尖端的成像与显微镜技术提供给研究者，可为科学家与一流成像技术的对接提供一个理想的平台。该中心拥有尼康 N-SIM/N-STORM 超分辨率显微镜、A1R MP 多光子共聚焦显微镜和 A1Rsi 超高速光谱型激光共聚焦显微镜等多套高端显微成像系统、DMD、TIRF 显微镜与活细胞工作站，以满足生物、医学、化学、环境、材料相关的各类应用需求。

6.5 总结与建议

生物成像技术的进步在生命科学研究领域和生物医学领域都发挥着重要作用，因此，各国都十分重视这一领域的布局与规划。美国、欧盟、法国、澳大利亚和加拿大等均已经开展针对影像学技术研究的大规模、多学科交叉、有明确目标导向的影像学研究中心的布局和建设。美国政府早在 21 世纪初就已经批准 NIH 专门成立国家生物医学影像与生物工程研究所，其宗旨是促进理化科学、工程技术与生命科学的整合，通过引领、催化生物医学技术的发展和应用，推动生命科学基础研究和医疗事业的进步。NCI 于 1996 年 10 月成立了诊断成像计划，2003 年更名为肿瘤成像计划，旨在促进各领域科学家的协作从而推进细胞和分子成像等方向的多学科交叉研究。2018 年，美国 NSTC 发布《医学成像研究和发展路线图》报告，确定了 4 个研究主题。欧洲在 2008 年制定的《研究基础设施路线图》中明确提出了欧洲生物医学影像基础设施（Euro-BioImaging）联合平台计划。法国政府科研机构 2005 年设立大科学计划，建设大型影像学设备和平台，旨在脑科学研究中取得重大突破。澳大利亚在 2016 年发布的《2016 国家研究基础设施路线图》中也对生物成像设施做出了相应布局。我国政府也十分重视生物成像技术研究和相关科研设施的建设。《国家重大科技基础设施建设中长期规划（2012—2030 年）》，对生命科学领域的部署中提出了大型成像设施建设的要求。《国家重大科技基础设施建设“十三五”规划》，优先布局了“多模态跨尺度生物医学成像设施”建设项目，开发革命性的研究手段，进而破解生命与疾病的奥秘。此外，科技部就生物成像技术也进行了布局和项目设计。

在过去几十年中，生物成像技术呈现快速发展态势，在多个重要领域中得到了广泛应用。其无创性优势，使影像学方法在临床医学中具有广阔的应用前景。超分辨率技术打破了传统光学衍射的限制，可以将成像分辨率提高 10 倍以上，由此光学显微镜的分辨率实现了纳米级。分子成像技术通过设计分子探针和成像方法，对活体状态下的生物过程进行细胞、亚细胞及分子水平的定性、定量研究，在重大疾病的早期诊断、药物筛选和个性化治疗等方面与传统成像技术相比更具优势。不同种类的生物成像技术各具特色和功能，在成像原理、性能指标和参数方面表现出各自的优缺点。多模态融合已经成为生物成像系统发展的趋势。此外，随着信息技术的发展，不仅成像信息实现了数字化、数据分析自动智能化和信息传输网络化，而且新的算法使高端仪器输出的图片更加精美。在新材料方面，新兴纳米材料为解决传统生物技术难以解决的复杂问题提供了新的机遇。基于纳米材料构建的分子影像探针，已经在实时、动态、高灵敏成像方面受到极大关注。

我国在生物成像技术领域的研发工作起步较晚，关键技术匮乏，关键大型仪器设备主要依靠进口，自主研发的产品稳定性和可靠性有待提高，产业化进程缓慢。在人才培养方面，多学科背景的复合型人才缺口较大。近年来我国在前沿生物成像技术领域发展迅猛，相关的发文量呈直线增长趋势，尤其是 2015～2017 年已经赶超前期领先的发达国家。在冷冻电镜领域，高影响力的论文所占比例位居世界第 1 位，说明我国在该领域已经处于从跟跑到并跑甚至领跑的水平。在我国研究人员的不懈努力下，高端成像设备研制方面也取得了若干重大突破。例如，华中科技大学谢庆国团队研发出世界首台数字正电子发射断层成像仪，可以更早、更灵敏地发现肿瘤、诊断癌症，2017 年 6 月，该装置已经被送到芬兰国家 PET 中心装机，用于疾病研究和新药研发。芬兰国家 PET 中心是全球唯一一个国家级 PET 中心，首次使用来自中国的仪器设备（新华社，2017）。这项成果促进了中国高端医疗装备产业的发展。同时，全数字 PET 技术也在台湾长庚医院用于质子束的在线监测，首次监测到了质子束打到人体组织上产生的氧 15。质子刀 PET 仪器有望实现研发，质子刀治疗使在线监测难题有望就此破解，将全面改善质子刀对癌症的治疗效果。这些成果促进了中国高端医疗装备产业的发展。

针对我国当前该领域的发展现状与国外发展经验，报告提出以下 3 条建议。

1）在发展思路方面，紧紧抓住本领域发展机遇，以需求为牵引、以创新为动力、以整合为手段，集聚创新要素，优化创新生态环境，统筹项目、人才、基地、平台和示范的布局，将产业发展战略与创新科技发展战略紧密衔接，以本学科的细分领域为核心，加强交叉或衍生学科的结合，实现学科集群化发展，积极探索市场机制下的优化组织模式和创新模式，高效推进生物成像技术领域的关键技术、核心部件和重大产品创新及产业发展，大幅提高影像科学仪器领域的核心竞争力，有效支撑生命科学基础研究、医学影像设备产业发展和服务于医疗卫生服务体系建设，实现我国生物医学影像设备产业的快速发展。

2）在发展策略方面，政府主要通过引导性的科技投入，优化创新和应用环境，促进产业发展。重视基础研究、核心及共性技术和重大产品开发，尤其是对原创性的技术研发予以重点投入。加强顶层设计，系统布局，完善生物医学影像科技创新链、产品链、产业链和人才链，整体优化创新体系；尽快制定核心共性技术支撑体系建设的总体规划和战略布局，着力突破一批阻碍产业发展的共性核心技术和关键零部件，重点支撑与突破一批技术难度高、市场价值大、配置需求大的高端主流产品和创新性强的标志性产品。国家层面可以引导部分有意发展本学科相关产业的地方，帮助相关地方政府引入创投机构，借用市场化的力量，实现边研究、边转化、边收益的良性循环，并促进生物医学影像技术产品的国际化发展。

3）在发展路径方面，组建国家生物医学影像研究与产业化协调机构；设立生物成像重大专项基金；加快生物成像创新体系构建，完善创新基地建设布局，集中优势力量，建设国家级生物成像重大基础设施和利用平台，打造国际一流水平的基础研究骨干基地；制定国家生物医学成像中长期技术发展战略，结合大众创新、万众创业的国家战略，吸引科研人员与创业人员相互转化和融合，全面推进产学研用结合，完善成果转化收益分配机制，充分调动科研单位和人员开展科技创新和成果转化的积极性；加强资源整合与共享的标准化工作，引导企业研发利用全球资源；加大国家基础研发投入，引导企业建立核心产业群；实施创新人才战略，建立生物成像领域一流的人才队伍。

致谢 中国科学院生物物理研究所徐平勇研究员、华中科技大学谢庆国教授在本报告撰写过程中给予了指导，并提出了宝贵意见和建议，在此谨致谢忱！

参考文献

骆清铭. 2012. 生物成像方法. 北京：科学出版社.

新华社. 2017. 我国自主研发数字 PET 成像仪在芬兰装机. http：//www. xinhuanet. com/tech/2017-06/20/c_1121177899. html［2017-06-20］.

Australian Government. 2016. 2016 National Research Infrastructure Roadmap. https：//docs. education. gov. au/system/files/doc/other/ed16-0269_national_research_infrastructure_roadmap_report_internals_acc. pdf［2016-12-20］.

Balzarotti F，Eilers Y，Gwosch K C，et al. 2017. Nanometer resolution imaging and tracking of fluorescent molecules with minimal photon fluxes. Science，355（6325）：606-612.

Euro-BioImaging. 2015. Global BioImaging Project Overview. http：//www. eurobioimaging. eu/content-page/global-bioimaging-project-overview［2016-12-20］.

Field J J，Wernsing K A，Domingue S R，et al. 2016. Superresolved multiphoton microscopy with spatial frequency-modulated imaging. Proceedings of the National Academy of Sciences of the United States of America，113（24）：6605-6610.

Jin N，Zhu H，Liang X，et al. 2017，Sodium selenate activated Wnt/β-catenin signaling and repressed amyloid-β formation in a triple transgenic mouse model of Alzheimer's disease. Experimental Neurology，297：36-49.

Li D，Shao L，Chen B C，et al. 2015，Extended-resolution structured illumination imaging of endocytic and cytoskeletal dynamics. Science，349（6251）：aab3500.

Li W，Yang X，Zheng T，et al. 2017，TNF-α stimulates endothelial palmitic acid transcytosis and promotes insulin resistance. Scientific Reports，7：44659.

Li Z，Peng H B，Liu J L，et al. 2018. Plant protein-directed synthesis of luminescent gold nanocluster hybrids for tumor imaging. Acs Applied Materials and Interfaces，10（1）：83-90.

Liu X，Tan X L，Xia M，et al. 2016，Loss of 11βHSD1 enhances glycolysis，facilitates intrahepatic metastasis，and indicates poor prognosis in hepatocellular carcinoma. Oncotarget，7（2）：2038-2053.

Lu P，Bai X，Ma D，et al. 2014. Three-dimensional structure of human γ-secretase. Nature，512：166-170.

NSTC. 2017. Roadmap for medical imaging research and development. https：//imaging. cancer. gov/news_events/Roadmap-for-Medical-Imaging-Research-and-Development-2017. pdf［2017-06-30］.

Scheres S H W. 2012. RELION：Implementation of a Bayesian approach to cryo-EM structure determination. Journal of Structural Biology，180（3）：519-530.

Song F，Chen P，Sun D，et al. 2014. Cryo-EM Study of the Chromatin Fiber Reveals a Double Helix Twisted by Tetranucleosomal Units. Science，344（6182）：376-380.

Wan R，Yan C，Bai R，et al. 2016. Structure of a yeast catalytic step I spliceosome at 3. 4 Å resolution. Science，353（6302）：895-904.

Wang P X，Chen M M，Shen L J，et al. 2017. Targeting CASP8 and FADD-like apoptosis regulator ameliorates nonalcoholic steatohepatitis in mice and nonhuman primates. Chinese Journal of Cell Biology，23（4）：439-449.

Wei X，Su X，Cao P，et al. 2016. Structure of spinach photosystem II-LHCII supercomplex at 3. 2Å resolution. Nature，534（7605）：69-74.

Xu F，Zhang M，He W，et al. 2017. Live cell single molecule-guided Bayesian localization super resolution microscopy. Cell Research，27（5）：713-716.

Yan C，Wan R，Bai R，et al. 2016. Structure of a yeast catalytically activated spliceosome at 3. 5 Å resolution. Science，353（6302）：904-911.

Yang Y，Wang Z H，Jin S，et al. 2016. Opposite monosynaptic scaling of BLP-vCA1 inputs governs hopefulness-and helplessness-modulated spatial learning and memory. Nature Communications，7：11935.

Zong W，Wu R，Li M，et al. 2017. Fast high-resolution miniature two-photon microscopy for brain imaging in freely behaving mice. Nature Methods，14（7）：713-719.

7　人类微生物组国际发展态势分析

施慧琳　王　玥　李祯祺　苏　燕　许　丽　徐　萍　于建荣

（中国科学院上海生命科学信息中心）

摘　要　人类微生物组指生活在人体上的营互生、共生和致病的所有微生物集合及其遗传物质的总和。宏基因组技术的广泛应用，使对微生物的认识突破了“纯培养”的限制，相关研究成果产出呈现井喷式增长。可以说，人类微生物组研究全面系统地解析了微生物组的结构和功能及生理调控机制，为解决健康问题提供了新思路，而相关微生物技术的创新和融合则进一步加速了从基础研究到临床转化整个链条的发展。

本报告从全球布局趋势和重点方向、人类微生物组研究及人类微生物组产业 3 方面分析人类微生物组的发展态势。主要结论如下：

1）全球布局趋势和重点方向。从全球政策规划布局来看，人类微生物组研究已经成为全球争先布局的科技战略高地。美国、欧盟、日本、加拿大、爱尔兰、法国、澳大利亚、韩国已经启动人类微生物组计划，布局重点由微生物资源普查转向微生物组与健康，应用导向更加明确。相关计划关注技术发展和学科交叉会聚；加速以宏基因组学技术为代表的微生物组研究关键平台技术和工具开发；推进多组学分析、成像技术、生物信息学分析和健康大数据的融合，并期望有效解决数据收集、存储、整合、分析标准化问题，推动微生物组的全面性、系统性研究和数据共享。中国也积极布局人类微生物组研究，已经将突破微生物组关键技术、开展人类微生物组与人群健康的关系研究和建立中华民族典型人群微生物组数据库等纳入“十三五”规划中重点发展领域。2017 年 10 月，由世界微生物数据中心和中国科学院微生物研究所牵头，联合全球 12 个国家的微生物资源保藏中心共同发起的“全球微生物模式菌株基因组和微生物组测序合作计划”正式启动；同月，中国微生物组创新创业者协会倡议发起中国肠道宏基因组计划，推动我国微生物组学的发展。2017 年 12 月，中国科学院重点部署项目“人体与环境健康的微生物组共性技术研究”暨“中国科学院微生物组计划”启动，旨在推动我国在全球微生物组研究和应用的竞争中实现从“跟跑到并跑，乃至领跑”。

2）人类微生物组研究。统计论文发表情况，2007～2016 年，全球共发表人类微生物组相关论文 26 850 篇，论文年均增长率为 22.47%。发文量国家排名方面，美国发文量最多，位居全球第 1 位，中国共发表人类微生物组相关论文 2586 篇，位居全球第 2 位，论文年均增长率达到 35.51%。在研究机构排名方面，美国哈佛大学发文量位居全球第 1 位，中国研究机构中，仅中国科学院进入全球前10位行列。基于对该领域ESI高水平论文题目和摘要进行文本聚类分析，发表的论文主要聚焦基因组测序与微生物组多样性、不同年龄人群队列研究、人类微生物组与健康三大主题。

统计专利申请情况，2007～2016年，全球人类微生物组相关专利申请数量为3453件，年均增长率为19.45%。中国该领域专利申请数量为1051件，位居全球第2位。专利申请内容聚焦微生物组鉴定和分析、未培养微生物分离培养技术、微生物组与疾病关联及诊断标志物、人体微生态调控手段四大技术主题。

从技术发展来看，人类微生物组相关技术发展重点由传统微生物学技术向以宏组学技术、多模态成像技术、生物信息学技术、大数据技术和高通量分离培养技术等为代表的新一代微生物学技术转变。其中，由美国威斯康星大学的Handelsman等于1998年提出的以环境样品中微生物群体基因组为研究对象的宏基因组学技术是人类微生物组研究的关键性技术，由于整个研究流程不依赖于微生物的分离与培养，能最大限度地覆盖全体微生物。而宏基因组学技术的发展得益于基因测序技术的测序速度和通量增长及宏基因组测序片段组装与功能分析工具的进步。

从应用研究发展来看，人类微生物组研究旨在通过探索不同个体、生命不同阶段、不同生境的微生态动态发育过程，寻找与疾病发生、发展直接相关的微生物及其作用机制，助力于婴幼儿免疫系统发育的调控；解决老龄化带来的老年健康问题；应对全球慢性疾病、神经系统疾病、免疫系统疾病和癌症等挑战。

3）人类微生物组产业。基于人类微生物组蕴含的丰富数据信息，可进行疾病的预警预测、特定病原体定点筛查和靶向药物的精确研发等，人类微生物组研究将逐步从实验室走向市场，催生该领域新产业的兴起，同时也带动包含益生菌、益生元的保健食品等传统产业的发展。人类微生物组相关产业主要包括三大细分领域，即微生物组检测、微生物组疗法及保健食品。伴随人类微生物组与疾病的因果机制的揭示，开发并运用前沿检测技术，明确疾病诊断和预警标志物，受到全球各企业的关注，以美国uBiome公司、Arivale公司和美国微生物组研究教育机构为代表的人类微生物组检测机构，提供人类微生物组测序服务，分析口腔、肠道和皮肤等部位的微生物组，进而给予相关的健康指导。中国在人类微生物组检测领域发展较快，华大基因是中国人类微生物组检测研究的先行者，2008年，作为唯一一个非欧盟国家的科研单位参与欧盟人类肠道宏基因组（MetaHIT）计划中，致力于人类微生物组测序及后续生物信息分析工作。2014年以后，出现了一批专注于人类微生物组检测的公司，包括上海锐翌生物科技有限公司、深圳谱元科技有限公司、量化健康、hcode和深圳微健康基因科技有限公司等，公司业务主要是通过16S rRNA测序或鸟枪法宏基因组测序，预测相关疾病的发病风险，并给出营养指导意见或者进一步就医建议。发展微生物组疗法重建菌群平衡，达到疾病治疗的效果是人类微生物组研究的终极目标之一。美国知名市场调研和咨询公司Grand View Research发布的微生物组疗法（包括粪菌移植和药物）市场报告中指出，全球微生物组疗法市场规模在2015年达到1130万美元，预计到2025年，将增至4.335亿美元，就疗法类型来看，粪菌移植疗法占据主导地位，就疾病类型来看，难辨梭状芽孢杆菌感染是微生物组疗法重点攻克疾病。目前，以美国 Seres Therapeutics 公司为代表的多家企业聚焦靶向肠道微生物组的药物的开发，通过微生物组合制剂、小分子调节剂起到调节人体微生态的作用，以治疗感染性疾病、代谢性疾病和免疫性疾病等，相关药物研发正处于发现或临床试验阶段，发展较快的包括 SER-109（难辨梭状芽孢杆菌感染）、RP-G28（乳糖不耐受）、NM504（2 型糖尿病）、EB8018（克罗恩病）、SGM-1019（炎症性肠病）和 RBX-2660（难辨梭状芽孢杆菌感染）等。调节肠道功能的包含益生菌和益生元的保健食品已经形成较成熟的市场。基于人类微生物组研究的不断推进，人体内微生物组与健康和疾病的关系得到进一步揭示，使包含益生菌和益生元的保健食品产业获得更多人的关注和认可，为挖掘新的益生菌、益生元，开发新的保健食品奠定基础。

通过对人类微生物组领域相关政策规划的解读，结合对论文、专利的统计分析，以及产业分析，建议加强学科交叉研究；推进人类微生物组研究的标准化和数据共享；优化配套大型综合性基础设施平台；加速基础研究向临床应用转化；加强人类微生物组研究的监管；推动人类微生物组研究的科学普及。

关键词　人类微生物组　政策　研发态势

7.1 引言

微生物组（microbiome）指微生物群落的总和，以及在特定环境中所有微生物的遗传物质及其与环境之间的相互作用；人类微生物组（human microbiome）指生活在人体上的营互生、共生和致病的所有微生物集合及其遗传物质的总和。

进入 21 世纪以来，随着新一代基因测序技术的进步和宏基因组分析技术的提出，全球积极推进微生物组研究，先后在工业微生物组——Genome to Life（美国）（2001 年）、海洋微生物组——Marine Microbiology Initiative（美国）（2004 年）、土壤微生物组——International Soil Metagenome Sequencing Consortium（国际）（2008 年）和地球环境微生物组——Earth Microbiome Project（国际）（2011 年）等领域进行研究和政策布局。而人类微生物组被称为人类的第二套基因组，已经成为生物医学研究的热点之一，获得各国的广泛关注。2015 年，美国国家科学技术委员会（National Science and Technology Council，NSTC）成立了测绘微生物组快速通道行动委员会（Fast-Track Action Committee on Mapping the Microbiome，FTAC-MM），对美国政府资助的微生物组研究计划进行评估，并于同年 11 月 20 日发布《FTAC-MM 微生物组研究报告》。报告指出，2012～2014 财年，美国政府对微生物组研究的投资一直在增加，资助总额近 9.22 亿美元，其中，对人类微生物组的研究资助远高于其他研究（包括与农业、水生水体、环境、大气和能源等相关的微生物组研究），约占资助总额的 37%（约为 3.42 亿美元），凸显美国政府对人类微生物组研究的重视。

近年来，人类微生物组研究获得重大突破，对待微生物组的观念从“影响人类健康和疾病”转变为“将人类微生物组视作一个人体器官”。2007 年 12 月，“人类微生物组”研究入选 *Science* 评选的 2008 年值得关注的科研热点，美国国立卫生研究院（National Institutes of Health，NIH）和欧盟第七框架计划（7th Framework Programme，FP7）等自 2008 年起启动相关研究项目，开始着手对人体肠道、皮肤、口腔和生殖道内微生物群落展开广泛调查。2013 年，“我们的微生物，我们的健康”入选 *Science* 十大科学突破，研究人员发现，人体内的微生物在决定身体如何应对营养不良和癌症等不同挑战中扮演着重要角色，个性化医疗要想更加有效，需要将每个个体内的微生物情况考虑在内。2016 年，“人体内部的世界”主题入选 *Nature* 2017 年最受期待的十大科学事件。

随着人体宏基因组测序与数据挖掘新技术的进步，多组学技术与生物大数据、生物信息学技术的融合和快速发展，重要肠道功能菌的分离培养技术的突破，人类微生物组与健康领域的科研突破不断涌现，揭示了微生物组调控代谢性疾病、心脑血管疾病、神经系统疾病、免疫系统疾病和癌症等多种疾病进程的因果机制。与此同时，人类微生物组发展为疾病诊断和治疗的新标志物及新靶标，一系列旨在重建菌群平衡，达到疾病治疗效果的微生物组疗法应运而生，造福人类健康，并使包含益生菌、益生元的保健食品产业获得更多人的关注和认可，焕发新生机。可以说，人类微生物组研究全面系统地解析了微生物组的结构和功能及生理调控机制，为解决健康问题提供了新思路，而相关微生物技术的创新和融合则进一步加速了从基础研究到临床转化整个链条的发展。

7.2 国际政策规划与举措

人类微生物组研究已经成为全球争先布局的科技战略高地。迄今，全球多个国家（地区）已经设立了以人类微生物组为核心的大型计划。2007 年和 2008 年，美国和欧洲相继设立人类微生物组计划（human microbiome project，HMP）和人类肠道宏基因组（metagenomics of the human intestinal tract，MetaHIT）计划，之后又推出整合人类微生物组计划（integrative human microbiome project，iHMP）和 MetaGenoPolis，布局重点由研究人类微生物组成向揭示微生物组与特定疾病的因果机制转变，应用导向更加明确。2015 年，多位科学家在 *Science* 和 *Nature* 上相继发文倡议启动“联合微生物组研究计划”（unified microbiome initiative，UMI）和“国际微生物组研究计划”（international microbiome initiative，IMI），掀起了全球对人类微生物组研究的关注热潮。

7.2.1 经济合作与发展组织

2017 年 9 月 22 日，经济合作与发展组织（Organization for Economic Co-operation and Development，OECD）发布《微生物组、饮食和健康：科学和创新规划》，分析了人类微生物组创新研究面临的关键挑战，从科技政策、成果转化、公私合作、监管框架，以及研究技能、交流合作和公众参与 5 个方面提出发展建议，推动人类微生物组研究的科学创新。

（1）科技政策

主要包括：①加强国际合作，优化国际资助结构。②促进多边协议下的资助合作，推进大数据基础设施建设、数据标准化和数据共享。③支持开展面向特定科学问题、更具针对性的小型研究项目。④鼓励多学科交叉合作，借鉴植物、环境、动物微生物组研究经验，开展人类微生物组功能研究。⑤围绕人类微生物组研究的关键问题开展项目资助，包括鉴定健康人群的微生物组组成、研究宿主-微生物组相互作用、关注整个生命周期微生物菌群与人体生理系统的相互作用，特别是婴儿时期和老年时期。

（2）成果转化

主要包括：①建立临床研究中的因果推论，证实人类微生物组与疾病的关系；②推进科学发现的临床应用，开发疾病诊断生物标志物、微生物组靶向疗法及个性化营养策略；③推进微生物组研究相关技术方法和验证模型的标准化工作；④确定用于诊断肠道菌群功能是否正常的生物标志物。

（3）公私合作

主要包括：①充分认识人类微生物组研究的产业转化潜力，包括功能食品、医药制品、医疗检测器械开发；②建立公私合作伙伴关系，加速科学发现向新的产品和疗法转化，并推进大型队列项目实施；③平衡创新激励机制、数据开放获取、知识产权归属三者之间的关系。

（4）监管框架

主要包括：①明确食品健康声明的评价程序。②规范监管体系中的专业术语和专业分类。③建立药物上市后的监测机制。④改善食品和药品监管制度的一致性，包括协调统一不同监管制度中的术语等。

（5）研究技能、交流合作和公众参与

主要包括：①组建跨学科研究团队，集中微生物学家、生物信息学家、内科医生及各种组学技术领域专家的力量，开发新的技术和生物信息计算模型；②加强卫生保健专业人员培训，推进新方法在多种慢性疾病治疗中的应用；③集成科学研究人员、产业界专家、媒体、政策制定者、食品和卫生保健领域专业人员的力量，确保提供清晰明确的产品健康声明；④通过大型公众科学项目，跟踪饮食对人类微生物组的影响，期间严格把控数据质量；⑤促进多方协商，汇集各利益相关方观点，明确人类微生物组研究将面临的关键挑战，形成推进科学创新、改善公共卫生的相关措施。

7.2.2 美国

2007 年，NIH 启动了 HMP，开启了其在人类微生物组研究领域的布局，该计划主要是利用测序技术进行微生物群落的描述。2014 年，NIH 启动了 HMP 计划二期计划 iHMP，注重代谢组学等新兴多组学技术的应用，同时基于前期观察到的宿主与菌群密不可分的关系，提出建设宿主-微生物纵向队列。2013 年，美国启动了微生物组质量控制计划（The Microbiome Quality Control Project，MBQC），旨在推进人类微生物组研究的标准化体系建设。2017 年，美国多家研究机构联合启动的微生物组免疫计划（Microbiome Immunity

Project，MIP）则将研究重点进一步转移至蛋白质结构和功能。2016 年 5 月 13 日，美国科技政策办公室（Office of Science and Technology Policy，OSTP）宣布启动国家微生物组计划（National Microbiome Initiative，NMI），关注不同生态系统微生物组，推动微生物组研究成果在健康保健、食品生产及环境恢复等领域的应用。纵观美国在人类微生物组领域的科技规划，应用导向更加明确。此外，美国微生物组相关规划内容贯穿基础研究、工具开发、标准化体系建设、人才培养、产业转化全链条。

7.2.2.1 人类微生物组计划

2007 年，美国 NIH 启动了人类微生物组计划（HMP），开展胃肠道、口腔、鼻腔、女性生殖道和皮肤 5 个人体部位的微生物组研究，旨在收集人类微生物资源，从而构建详细的人类微生物组特征图谱，并分析微生物组对人类健康和疾病的作用。该计划也被确定为《NIH 生物医学研究路线图》（*NIH Roadmap for Biomedical Research*）的重要组成部分。

HMP 的实施分为两阶段，第一阶段为 2008～2013 年，经费投入为 1.75 亿美元。该阶段的主要目标包括建立微生物组参考基因序列数据集，初步描述人类微生物组的特性；启动宏基因组研究，估算身体各个部位的微生物群落的复杂性，初步回答每一个部位是否有核心微生物组的问题；开展示范项目，确定疾病与人类微生物组变化之间的关系；开发计算分析新工具和新技术，成立数据分析与协调中心及资源储存库；审视针对人类微生物组开展宏基因组分析可能存在的伦理、法规和社会问题。

第二阶段为 2014～2016 年，称为 iHMP，经费投入为 2500 万美元。该计划旨在利用多重组学技术建立首个微生物组及其宿主生物学特性的综合数据集，进一步探讨微生物在人类健康和疾病中的作用，并对人类微生物组的多种特征进行分析，该阶段的 3 个队列研究重点分别是：①孕期，包括引发早产的因素。②肠道疾病的发生，以炎性肠病（inflammatory bowel disease，IBD）为模型。③2 型糖尿病的发生。

7.2.2.2 微生物组质量控制计划

2013 年，美国启动了 MBQC，主要是探索人体菌群样本 16S 扩增子测序的标准化和质量控制标准，包括标准化取样、样品处理（核酸提取、PCR 扩增、HiSeq/MiSeq 测序）、生物信息分析的基础流程。在 MBQC 基线研究（MBQC-base）中，基线数据评估工作由 16 个前处理实验室和 9 个生物信息研究室共同完成，涵盖 16 500 个 22 种不同类型的样本，评估变量包括样品采集、脱氧核糖核酸（DNA）提取、16S 扩增、DNA 测序、生物信息学分析。

7.2.2.3 联合微生物组研究计划

2015 年 10 月 28 日在线出版的 *Science* 杂志上刊载了一篇联合声明，建议整合美国 NIH、美国国家科学基金会和美国能源部等政府部门和基金会，以及企业界的力量，启动联合微生物组研究计划（Unified Microbiome Initiative，UMI），深入研究人体、植物、动物、土壤和海洋等几乎所有环境中的微生物组。

UMI 的核心目标是开发跨领域的平台技术，以加速基础发现和应用转化，重点研究领域包括以下五方面。

（1）解码微生物遗传和化学性质

开发可高通量和高精度地解析非特征基因功能的新技术，整合预测蛋白质和核糖核酸（RNA）功能的生物信息学计算方法、自然环境中的模式生物或地方品系快速突变模型、用于体外或原位功能预测的多组学（multiomics）技术、高分辨表型平台及优化的文献信息获取能力。进一步改进生物信息学和物理学技术来阐明微生物的化学“暗物质”。

（2）细胞基因组学和基因组动力学

开发高通量、低成本分析技术，基于最少量的 DNA，从复杂的微生物组中获取单个细胞完整的组装基因组。开发长读长单细胞测序平台，改进基因组组装算法和参考基因组收集。

（3）高通量、高灵敏的多组学分析和可视化

开发可在复杂微生物群落中显示单个微生物及微生物间的相互作用、产物和标记物的多模态成像技术。整合基于亚微米级光谱的高分辨率光学成像技术及纳米级无损传感平台，更好地揭示化学物质交换如何影响微生物群落及其环境。

（4）建模和信息学

基于新的计量工具的开发，以及数学、统计学、机器学习和相关领域的创新，发展从分子到微生物、群落到生态系统揭示其交互作用的自适应模型，以及多维度复杂数据集的可视化技术。

（5）原位扰动群落（perturbing communities in situ）和易控模型系统（tractable model systems）

开发能够激活、抑制、增加、去除或编辑微生物和其他原位基因的精确方法，促进微生物组研究由一门关联科学发展成为基于因果关系评估的实验科学。开发类似自然环境的易控模型系统，探索微生物及其生境之间交互作用的驱动机制。

7.2.2.4 国家微生物组计划

2016 年 5 月 13 日，美国 OSTP 宣布启动 NMI。此次美国出台的 NMI 计划旨在通过对不同生态系统的微生物组开展比较研究，加深对微生物组的认识，推动微生物组研究成果在健康保健、食品生产及环境恢复等领域的应用。

NMI 确定了 3 项发展目标，包括：

1）支持跨学科研究，针对各类生态系统中的微生物组开展基础研究；

2）开发平台技术，助力微生物组研究，促进知识和数据的共享；

3）提高市民科学素养、促进公众参与、提供教育机会，扩大微生物组研究队伍。

在经费方面，美国联邦政府各机构将在 2016 财年和 2017 财年共投入 1.21 亿美元支持该项目，资助方向包括动植物及人类微生物组研究、不同生态系统中的微生物组研究、微

生物对生态系统的影响研究、微生物组中微生物相互关系研究、微生物组与其宿主之间的关系研究，以及开发新工具、新技术，促进对微生物组的认识和理解等。

此外，为了响应美国 OSTP 在 2016 年 1 月发布的国家微生物组科学行动倡议并支持 NMI 目标的实现，来自社会各界的相关机构也宣布向微生物组研究投入总计 4 亿美元的经费。围绕 NMI 的三大目标，主要资助方向包括以下 3 个方面。

（1）跨学科研究

开展不同人群的微生物组研究，探讨人类微生物组与健康、疾病的相互关系和作用，包括神经系统疾病、免疫疾病、儿童营养不良和发育迟缓、癌症、糖尿病与多重硬化症等，并支持相关临床研究；研究作物、海洋和森林等系统中的微生物组等。

（2）平台技术开发

开发一系列微生物组研究方法和工具，促进开展微生物尺度的生命研究，推动微生物组研究在医药、工业和农业中的应用；基于微生物组研究，开发疾病早期诊断工具和病原体特异性抗菌药物等，促进疾病新型诊疗方法的开发和推广应用；建立一系列研究设施和平台，促进微生物组的全面性、系统性研究和数据共享。

（3）扩大研究队伍

通过成立新的研究中心或微生物组研究新项目，招募相关科研人员；增加对青年研究人员的支持；增加参与机会开放微生物组教育资源，促进市民参与，并培养下一代微生物组研究人员。

7.2.2.5 微生物组免疫计划

2017 年 8 月，美国麻省理工学院和哈佛大学博德研究所（Broad Institute of MIT and Harvard）和马萨诸塞州总医院（Massachusetts General Hospital）的 Ramnik Xavier、美国加利福尼亚大学圣迭戈分校（University of California，San Diego）的 Rob Knight 和美国西蒙斯基金会 Flatiron 研究院（Simons Foundation's Flatiron Institute）的 Rich Bonneau 宣布共同发起 MIP，旨在基于世界共同体网格（world community grid）计划的力量，构建一套完整的人类微生物组蛋白结构集合，涵盖 300 万个基因，并进一步推动影响 1 型糖尿病、克罗恩病、溃疡性结肠炎的微生物组乃至整个人类微生物组的研究。

7.2.3 欧盟

欧盟人类微生物组计划关注基于宏基因组测序的大规模人群队列研究，旨在研究人类微生物组对健康和疾病的影响。同时，布局微生物组研究标准化体系建设。2008 年，欧盟在 FP7 下启动人类肠道宏基因组（MetaHIT）计划，研究人类肠道微生物组组成与人类健康和疾病的关系，重点关注炎症性肠病（IBD）和糖尿病。并于 2012 年启动延续性项目 MetaGenoPolis（MGP），旨在利用定量和功能宏基因组工具，研究人类肠道微生物组对健康和疾病的影响机制。此外，欧盟相继启动了 MetaCardis 项目、MyNewGut 项目、肠道微生物组联合行动（Joint Action Intestinal Microbiomics）项目，关注人类微生物组与心脑血管疾病、能量平衡及脑发育和功能、非传染性慢性疾病的关系研究。

7.2.3.1 人类肠道宏基因组计划

2008 年，欧盟在 FP7 下启动人类肠道宏基因组（MetaHIT）计划，共计投入 2120 万欧元（欧盟投入 1140 万欧元），项目持续至 2012 年。

MetaHIT 计划的核心目标是研究人类肠道微生物组组成与人类健康和疾病的关系，重点关注 IBD 和糖尿病。该计划建立了人类肠道微生物基因的参考目录；开发了储存、组织和解释这些信息的生物信息学工具；基于患者和健康人群的队列数据，确定不同人群的菌群基因特征；开发了研究微生物致病基因的方法，揭示微生物致病潜在机制及宿主与微生物组的相互作用。

MGP 作为 MetaHIT 计划的延续性项目，于 2012 年启动，计划在 8 年内投入 2500 万欧元，旨在利用定量和功能宏基因组工具，研究人类肠道微生物组对健康和疾病的影响机制，项目大部分经费（1900 万欧元）由法国未来投资计划（French Initiative Future Investments）提供。为支持项目目标的实现，MGP 建立了人类肠道宏基因组卓越中心，开展面向医疗、学术和产业的转化研究，同时建立了 4 个科学平台——SAMBO、METAQUANT、INFOBIOSTAT 和 METAFUN，分别关注粪便样本标准化管理、宏基因组高通量测序、宏基因组数据挖掘、宏基因组功能性研究，并建立了 1 个伦理中心——SOCA。

7.2.3.2 国际人类微生物组标准

2011 年，欧盟在 FP7 下启动国际人类微生物组标准（International Human Microbiome Standards，IHMS）项目，项目持续至 2015 年。

对人类与微生物共生关系的理解需要对与人类相关的微生物进行详细的特征描述，即开展人类微生物组学研究。实现这一目标过程中，最重要的是确保各大型人类宏基因组研究项目中所获得的数据是可以比较的。IHMS 的目标是开发标准操作流程，优化人类微生物组领域的数据质量和可比性。IHMS 关注内容包括样本识别、收集和处理，DNA 序列的获取和分析。

7.2.3.3 MetaCardis 项目

2012 年，欧盟发起 MetaCardis 项目，项目期限为 60 个月（5 年），经费总额为 2039 万欧元，其中，欧盟资助 1200 万欧元。

该项目旨在从定性和定量角度，研究肠道微生物对心血管代谢疾病（CMDs）发病和发展的影响，主要研究方法为宏基因组学技术，目标是将临床和基础研究发现转化为诊断和预防方法，并进一步开发心脑血管疾病的新型治疗策略。该项目的具体目标包括：

1）整合宏基因组学、转录组学、代谢组学方法，通过多学科策略确定 CMDs 风险生物标志物；

2）进一步验证从人体细胞模型和啮齿动物模型实验中鉴定获得的能够延缓 CMDs 疾病进程的肠道微生物靶标和疾病预后标志物；

3）加深理解 CMDs 和相关并发症的病理生理学靶标，以开发新的疗法和疾病诊断工具；开发新的生物信息分析软件，整合分析来自不同数据源的数据。

4）支持开展相关培训工作，向医学领域专业人员和科学家、其他利益相关方及公众传播新的研究成果；支持宏组学工具（包括宏基因组、宏转录组、宏代谢组）的开发。

7.2.3.4 MyNewGut 项目

2013 年，欧盟启动 MyNewGut 项目，项目持续至 2018 年，经费总额为 1300 万欧元。主要关注微生物组对能量平衡及脑发育和功能的影响，回答膳食对疾病和行为的影响等科学问题。该项目的总体目标是：

1）加深理解人类微生物组对营养代谢和能量平衡的影响；

2）鉴定能预测肥胖症和其他相关疾病的生物标志物；

3）理解肠道微生物组如何影响生命早期阶段大脑、代谢系统、免疫系统发育，并长期影响人体健康；

4）证明靶向调节肠道微生物组的饮食干预措施对降低疾病风险具有潜在的功效。

7.2.3.5 肠道微生物组联合行动项目

2016 年，由欧洲多个国家共同启动的联合行动计划：健康的饮食以维持健康的生活（Joint Programming Initiative：A Healthy Diet for a Healthy Life）推出肠道微生物组联合行动（Joint Action Intestinal Microbiomics）项目，项目持续 3 年，经费总额为 640 万欧元。该联合行动旨在了解膳食、饮食模式和膳食成分对人类肠道微生物组的短期和长期影响，以及膳食相关的变化对肠道微生物组及健康和慢性疾病的影响，从而提升健康水平，加强对非传染性慢性疾病的预防。联合行动计划资助 6 个项目，包括：

1）ArylMUNE。通过饮食干预和益生菌摄取等方式激活芳烃受体信号，调节免疫系统功能。

2）DINAMIC。通过饮食干预来管理肠道微生物组，改善心血管代谢性疾病患者的健康。

3）EarlyMicroHealth。探索生命早期营养干预对人类微生物菌群发育和生命后期健康的影响。

4）EarlyVir。探索生命早期饮食干预对肠道病毒组的影响。

5）GI–MDH。探索给婴儿添加固体食物的时机对肠道微生物菌群和健康的影响。

6）MaPLE。通过肠道和血液微生物组检测，探索增加富含多酚食物（如水果、蔬菜和坚果等）的摄取对老年人肠道渗透性的影响。

7.2.4 日本

7.2.4.1 日本人类宏基因组联合体

日本人类宏基因组联合体（Human Metagenome Consortium Japan，HMGJ）是由来自大学与研究机构的科学家，于 2005 年提出建立的，旨在共享与人类及其他哺乳动物微生物组相关的不同研究项目的数据。

HMGJ 的首要目标是了解日本人群健康肠道微生物菌群组成，并评价肠道微生物菌群与日本饮食的关系。第二个目标是推进宿主遗传多样性与微生物组多样性的整合，以明确人类遗传多样性、微生物多样性和疾病的关系，进而有助于开发新的微生物疗法、靶向微生物的药物和疾病诊断生物标志物，并推进微生物数据在功能性食品的开发和疾病预防中的应用。

7.2.4.2 “人类微生物组研究的整合推广：生命科学与医疗保健的新发展”战略建议

2016 年 4 月 7 日，日本科学技术振兴机构（Japan Science and Technology Agency，JST）研发战略中心（Center for Research and Development Strategy，CRDS）提出“人类微生物组研究的整合推广：生命科学与医疗保健的新发展”战略建议，旨在基于存在于人类上皮组织的微生物组概念，充分发挥日本的科研优势，深入研究微生物组与宿主交互关系，并采取多元化举措，推进新型医疗保健与医药技术的开发，加深对生命与疾病的理解。

战略建议共提出了以下 4 方面的优先研发主题，从微生物组相关基础技术研究到疾病疗法开发进行了全面的规划。

（1）建立微生物组操作、培养与分析的核心技术

核心技术主要包括难培养微生物的培养技术、微生物组功能的体内分析技术、取样技术、宏基因组/宏转录组分析技术和代谢组分析技术。通过充分利用上述技术，能够极大地促进对微生物组与宿主之间相互作用的理解和控制，同时实现高水平技术的发展。

（2）相关信息的收集和分析

从健康日本人群中收集和分析信息，开展流行病研究。通过日本与其他国家的对比分析，推进流行病学研究，挖掘微生物组与人类关系的新知识。

（3）生命科学、健康与疾病科学的研究

在免疫学、营养学、新陈代谢、宿主基因组/表观基因组和影像学等研究领域，设置健康状况（如营养、精神病和神经障碍、自身免疫疾病、生活方式相关疾病、癌症、传染病）与数据科学（数据库建立和综合分析）的研究目标。目前，日本正在把营养和代谢等各种研究领域融合在一起，推进生命科学、健康与疾病科学相关的研究工作，并采用科学的方法来研究数据，加深对微生物组与宿主之间相互作用的理解。

（4）保健与医药技术的发展

该部分主要包括诊断技术（健康状况的评估、疾病诊断）、治疗技术（微生物组合给药、药物）和预防技术（饮食、锻炼）。通过人体内微生物构成比例的差异将人们分组，从而进一步推进健康状况精准评估技术及疾病精准诊断技术的开发。此外，还重点聚焦对微生物组的控制的研究，推进预防、治疗技术的开发工作。

战略建议指出，为了使上述研发主题所产生的成果最大化，首先必须尽快启动对人类

微生物组的研发投资；需要在技术和信息的整合与集中，以及实施环境的发展方面做出努力，包括技术的整合与集中、健康日本人群数据的集中收集与分析、数据组格式的统一集成、数据库中心的建立，以及对具备专有技术、工艺和设备的组织与研究实验室的利用；对健康日本人群的数据，要快速建立收集/分析系统，并大力推广面向健康与医疗技术发展的信息库。此外，还需要建立一个能够协调上述工作，并在战略上促进日本微生物组研究的总部。

7.2.5 加拿大

2007 年 9 月，加拿大卫生研究院传染病与免疫研究所（Canadian Institutes of Health Research Institute of Infection and Immunity，CIHR-III）启动加拿大微生物组计划（Canadian microbiome initiative，CMI）。

2008 年 6 月，CIHR-III 与加拿大国家基因机构 Genome Canada 召集加拿大微生物组研究领域专家，召开了加拿大微生物组研讨会，讨论 CMI 的战略优先领域，确定了 4 个研究优先领域，即研究口腔、胃肠道和泌尿生殖器中的微生物组；研究与鼻咽和呼吸道有关的微生物组；研究微生物组与神经免疫学的关系；研究人类病毒组及共生病毒对健康和疾病的影响。

2014 年 2 月，新一届加拿大微生物组研讨会召开，会议指出，截至 2014 年，CIHR-III 及其他合作伙伴已经投入超过 1700 万美元，用于微生物组研究。研讨会上制定了一系列合作行动计划，包括协调基础设施建设，实现资源共享，建设集中收集微生物菌株和粪便、唾液、尿液样本的生物样本库；巩固微生物组研究合作网络，支持知识交流、资源共享，提供培训和职业发展机会；确保可持续的资金投入支持微生物组研究，倡导跨领域的投资，基于国际合作和学术/行业合作伙伴关系探索新的投资机会。

7.2.6 其他国家/组织

爱尔兰、法国、澳大利亚和韩国等国家也相继启动了多项人类微生物组研究计划。

2007 年，爱尔兰政府启动老年人宏基因组（ELDERMET）项目，旨在了解粪便菌群随年龄的变化情况，研究粪便菌群多样性与健康、饮食和生活习惯之间的关系，并于 2013 年成立了 APC 微生物组研究所（APC Microbiome Institute），专注于胃肠道健康研究，探索胃肠道微生物组在健康和疾病中发挥的作用。

2008 年，法国国家科研署（French National Research Agency，ANR）启动肥胖症肠道微生物组研究计划 MicroObes，研究肠道菌群与营养及宿主代谢状况之间的关系。

2009 年，澳大利亚联邦科学与工业研究组织（Commonwealth Scientific and Industrial Research Organisation，CSIRO）发起澳大利亚人类微生物组计划（Australian jumpstart human microbiome project），对一些特异的细菌菌株进行测序，并应用宏基因组学方法研究肠道菌群与宿主之间的相互作用。

2010 年，韩国国家研究基金会（National Research Foundation of Korea）启动基于双胞胎队列研究的韩国微生物组多样性研究项目（Korean Microbiome Diversity Using Korean Twin Cohort Project），研究韩国双胞胎不同部位上皮的微生物组成及人类微生物组与疾病之间的关系，并建立韩国微生物组分析与信息中心。

7.2.7 国际合作

7.2.7.1 国际人类微生物组联盟

2008 年 10 月 16 日，在德国海德堡会议上，来自全球各地的科学家共同宣布，成立国际人类微生物组联盟（International Human Microbiome Consortium，IHMC），将通过国际性项目建立共享数据资源，方便全球科学研究共同体的免费使用。与此同时，美国 NIH 与欧盟委员会（European Commission，EC）也正式签署协议，整合当前正在进行的 HMP 和 MetaHIT 的数据，作为 IHMC 微生物组研究的基石。

参加 IHMC 的组织包括 CSIRO、CIHR、中国科学技术部 Meta GUT 项目中法联合协作组织、EC、法国农业科学研究院（Institut National de la Recherche Agronomique）、ELDERMET、HMGJ，以及韩国健康、福利及家庭事务部（Ministry for Health，Welfare and Family Affairs）和美国 NIH 等，围绕人体不同部位和疾病展开工作。此外，由各国家研究资助机构代表和科学研究项目代表组建执行委员会，制定数据质量相关标准，协调数据获取、发布及知情同意书签订等工作。

7.2.7.2 国际微生物组研究计划

2015 年 10 月，德国、美国、中国科学家在 *Nature* 杂志上撰文，提出在 UMI 的基础上建立 IMI 的倡议，旨在召集各个学科的专家一起合作，进一步推进微生物组研究。

报告中明确了 IMI 的四大职责：

1）建立工作组，负责微生物组研究指导原则的制定和监督实施。充分利用并改进其他项目（如 Earth Microbiome Project）已经建立的原则，制定研究方法、数据分析、数据共享、知识产权保护相关标准，并确保研究人员遵守这些原则。

2）以保证地区和全球范围内数据比较分析的可行性为目标，确定一个共同的研究议程。例如，在人类微生物组研究中，将增加采样人群的数量和多样性作为优先发展的内容。

3）探索新的微生物组跨学科研究方法。例如，推进包括共聚焦和低温 X 线断层摄影术等成像技术的发展，以分辨亚细胞结构并揭示微生物细胞功能；开发监测微生物代谢物产生和交换的方法。

4）建立交流平台，促进国家/国际层面的研究讨论；制定新一代微生物组科学家培训计划，并进一步延伸拓展至普通群众的科普教育，吸引大众的参与。

7.2.8 中国

中国科学家合作参与了多个微生物组相关计划，2005 年，中国成为国际人类微生物组联盟的第一批参与方，赵立平教授成为首届管理委员会成员，2014～2016 年，李兰娟院士成为该联盟的轮值主席。2006 年，中国和法国签署《中法肠道元基因组合作声明》，双方联合启动了肠道元基因组计划（MetaGUT），把肥胖作为共同感兴趣的研究内容。2007 年，“肠道微生态与感染的基础研究”项目获得了 973 计划资助，首次将微生态学理论、方法引入肝病临床研究，初步揭示了肠道微生物结构失衡在肝脏疾病重型化、肝移植术后感染和内源性感染等疾病发生、发展中的作用和机理。

突破微生物组关键技术，开展人类微生物组与人群健康的关系研究，建立中华民族典型人群微生物组数据库已经成为中国“十三五”规划的重点布局领域（表 7-1）。

表 7-1 人类微生物组相关的“十三五”规划

规划	相关内容
《“十三五”国家科技创新规划》	发展先进高效生物技术，开展重大疫苗、抗体研制、免疫治疗、基因治疗、细胞治疗、干细胞与再生医学、人类微生物组解析及调控等关键技术研究，研发一批创新医药生物制品，构建具有国际竞争力的医药生物技术产业体系
《“十三五”国家战略性新兴产业发展规划》	开发一批新型农业生物制剂与重大产品，推动食品合成生物工程技术、食品生物高效转化技术、肠道微生物宏基因组学等关键技术创新与精准营养食品创制
《“十三五”卫生与健康科技创新专项规划》	加强应用基础研究，包括人体微生态研究。结合现代生命组学和大数据技术，建立中华民族典型人群的健康与疾病微生物组标准数据库和菌种库，开展微生态菌群对免疫代谢等系统的作用以及分子调控机制等方面的研究
《“十三五”生物技术创新专项规划》	突破前沿交叉技术-微生物组技术，包括研究人类微生物组与人群健康的关系，挖掘其中关键微生物组性状和关键基因群，开展人体营养相关的微生物组研究，开发相关产品。开发高通量和高精度的处理微生物组数据的计算方法和生物信息学技术，建立相关数据中心和技术平台，进行大规模微生物组数据整合及挖掘

2017 年，中国科研机构和相关协会组织持续关注在人类微生物组领域的布局。10 月 12 日，在第七届世界微生物数据中心学术研讨会上，由世界微生物数据中心和中国科学院微生物研究所牵头，联合全球 12 个国家的微生物资源保藏中心共同发起的全球微生物模式菌株基因组和微生物组测序合作计划正式启动。该计划将建立超过 20 个国家 30 个主要微生物资源保藏中心共同参与的微生物基因组、微生物组测序和功能挖掘合作网络，5 年内完成超过 1 万种的微生物模式菌株基因组测序，覆盖超过目前已知 90%的细菌模式菌株，完成超过 1000 个微生物组样本测序，覆盖人体、环境和海洋等主要方向。10 月 27 日，在第十二界国际基因组学大会上，微生物组创新创业者协会倡议发起中国肠道宏基因组计划，旨在制定规范的样品制备流程和标准，搭建完善的生物信息分析平台，建立高质量的针对中国人群的肠道宏基因组参考数据库，推进该领域人才培养和科研成果转化。12 月 20 日，中国科学院重点部署项目“人体与环境健康的微生物组共性技术研究”暨“中国科学院微生物组计划”启动，旨在推动我国在全球微生物组研究和应用的竞争中实现从“跟跑到并跑，乃至领跑”。

7.3 人类微生物组研究发展态势

7.3.1 从论文角度分析领域发展态势

利用美国科学信息研究所（Institute for Scientific Information，ISI）的科学引文索引扩展版（science citation index expanded，SCIE）数据库，基于人类微生物组相关关键词，对

2007～2016 年该领域论文进行统计，限定论文类型为研究论文（article）和综述（review），检索时间为 2017 年 9 月 21 日。2007～2016 年，全球共发表人类微生物组相关论文 26 850 篇，发文年均增长率为 22.47%。发文量国家排名方面，美国发文量最多，位居全球第 1 位，中国共发表人类微生物组相关论文 2586 篇，位居全球第 2 位，论文年均增长率为 35.51%。在研究机构排名方面，美国哈佛大学发文量位居全球第 1 位，中国研究机构中，仅中国科学院进入全球前 10 位行列。通过对该领域基本科学指标数据库（essential science indicators，ESI）高水平论文题目和摘要进行文本聚类分析可以看到，发表的论文主要聚焦基因组测序与微生物组多样性、不同年龄人群队列研究、人类微生物组与健康三大主题。

7.3.1.1 总体态势

2007～2016 年，全球共发表人类微生物组相关论文 26 850 篇。10 年间，发文量从 937 篇增长至 5809 篇，增长了 5.2 倍，论文年均增长率为 22.47%，明显高于全球生命科学领域论文年均增长率（3.37%），表明该领域逐渐受到全球的关注（图 7-1）。

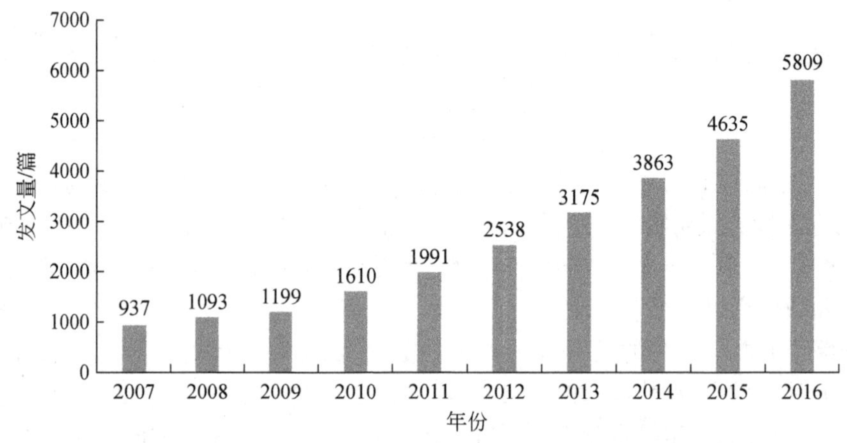

图 7-1 2007～2016 年全球人类微生物组发文量年度分布

7.3.1.2 国家研究概况

从人类微生物组发文量的国家排名看（图 7-2），美国以 9274 篇的发文量位居全球第 1 位，占全球人类微生物组总发文量的 1/3。中国位列第 2 位，共发表相关论文 2586 篇，占全球人类微生物组总发文量的 9.63%。第 3～10 位分别是英国、德国、法国、加拿大、意大利、西班牙、日本、荷兰，所占比例分别为 8.63%、6.60%、6.45%、5.76%、5.40%、4.91%、4.68%、4.25%，从以上数据分析来看，美国在该领域的研究优势明显。

从发文量来看中国人类微生物组研究的开展情况（图 7-3）。2007～2016 年，中国发文量从 52 篇增长至 801 篇，增长了 14.4 倍，论文年均增长率为 35.51%，增速远高于全球整体水平。从发文量占全球比例情况看，中国发文量占全球比例也从 2007 年的 5.55%提高至 2016 年的 13.79%，2015～2016 年保持在 10%以上。

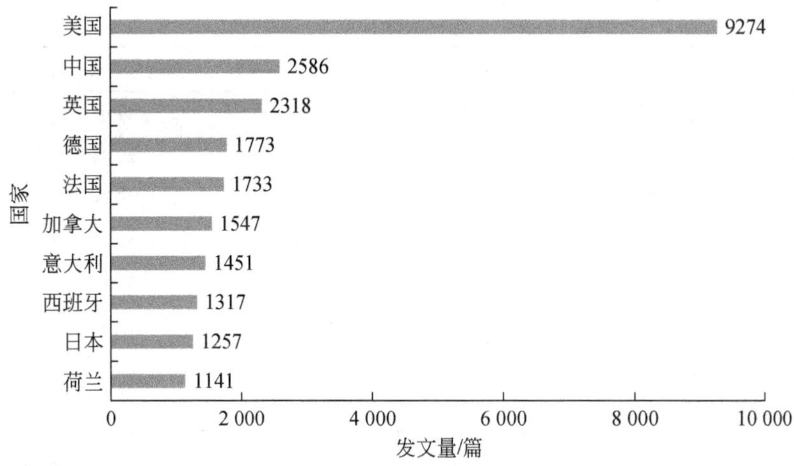

图 7-2 2007～2016 年人类微生物组发文量排名前 10 位的国家

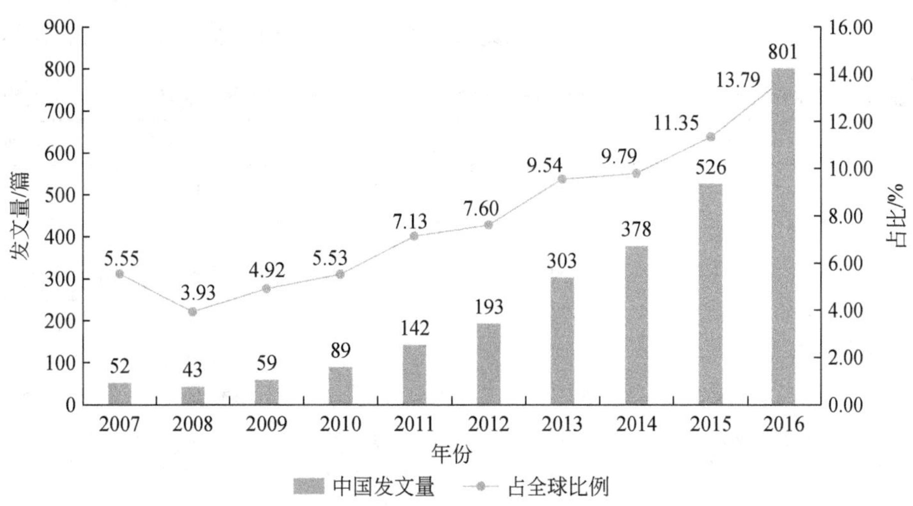

图 7-3 2007～2016 年中国人类微生物组发文量年度分布及占全球比例

7.3.1.3 研究机构论文综合水平比较

从全球研究机构排名来看（表 7-2），美国哈佛大学以 828 篇的发文量位居全球第 1 位，占全球人类微生物组研究总发文量的 3.08%，其论文总被引次数和篇均被引次数分别为 47 014 次和 56.78 次，均位居 10 个研究机构的第 1 位。中国研究机构中，仅中国科学院进入全球前 10 位行列，位居第 9 位，共发表论文 366 篇，占全球总量的 1.36%，其论文总被引次数和篇均被引次数分别为 7704 次和 21.05 次。

表 7-2 2007～2016 年人类微生物组发文量排名前 10 位的研究机构及论文被引用情况

排名	研究机构	发文量/篇	总被引次数/次	篇均被引次数/次	H 指数
1	美国哈佛大学	828	47 014	56.78	96
2	法国国家农业研究院	631	28 536	45.22	71

续表

排名	研究机构	发文量/篇	总被引次数/次	篇均被引次数/次	H 指数
3	法国国家健康与医学研究院	538	22 403	41.64	68
4	西班牙国家研究委员会	499	14 890	29.84	62
5	法国国家科学研究中心	470	23 362	49.71	65
6	荷兰瓦格宁根大学研究中心	406	21 214	52.25	76
7	丹麦哥本哈根大学	390	20 448	52.43	56
8	爱尔兰考克大学	376	17 919	47.66	72
9	中国科学院	366	7 704	21.05	43
10	比利时根特大学	337	9 623	28.55	52

对中国人类微生物组研究论文发表机构进行分析，2007～2016 年发文量排名前 10 位的研究机构见 7-3，中国科学院共发表论文 366 篇，位居第 1 位，占中国总发文量的 14.15%。排名前 5 位的研究机构还有浙江大学、上海交通大学、南京农业大学和中国农业大学。

表 7-3　2007～2016 年中国人类微生物组发文量排名前 10 位的研究机构及论文被引用情况

排名	研究机构	发文量/篇	总被引次数/次	篇均被引次数/次	H 指数
1	中国科学院	366	7 704	21.05	43
2	浙江大学	202	5 913	29.27	29
3	上海交通大学	190	4 895	25.76	34
4	南京农业大学	104	1 320	12.69	20
5	中国农业大学	98	1 397	14.26	21
6	中国香港大学	90	2 419	26.88	22
7	中国农业科学院	86	833	9.69	17
8	北京大学	84	2 993	35.63	21
9	四川大学	82	1 145	13.96	15
10	四川农业大学	73	847	11.60	14

7.3.1.4　人类微生物组研究热点分析

通过 Vosviewer 工具，对该领域 ESI 高水平论文①进行聚类分析。从聚类结果分析（图 7-4），人类微生物组相关研究主要集中在以下三大主题。

（1）基因组测序与微生物组多样性

利用宏基因组测序技术，对人类微生物组多样性和分布进行分析，全面解读健康人群不同部位微生物组组成，为进一步揭示微生物组与健康之间的关系奠定基础。

① ESI 高水平论文包括 ESI 高被引论文（highly cited papers）和 ESI 热点论文（hot papers），分别对应近 10 年内发表且被引次数排在相应学科领域全球前 1%以内的论文和近 2 年内发表且在近 2 个月内被引次数排在相应学科领域全球前 1‰以内的论文。

（2）不同年龄人群队列研究，重点关注新生儿、儿童、老年人健康

不同年龄人群队列研究是揭示人类微生物组与健康关系的主要手段之一，其中，孕妇及新生儿肠道微生物组对免疫系统建立的影响，以及儿童、老年人微生物组与营养/健康的关系是重点研究方向。

（3）人类微生物组与健康

揭示人类微生物组与人类健康和疾病的关系是微生物组的研究热点，近年来，相关研究已经证实，人类微生物组与代谢性疾病、心血管疾病、免疫系统疾病的发生发展相关，并不断推进疾病诊断和治疗方法的开发。其中，“微生物-肠-脑轴”（microbiota-gut-brain axi，MGBA）概念是一大前沿热点，肠道菌群可以通过激素、免疫因子、代谢产物影响大脑，大脑也可以通过神经、免疫和内分泌等途径监控、调节肠道菌群的变化，使其顺应环境变化，保持微生态的平衡。2013 年，美国启动了肠道微生物-大脑轴（gut microbiota-brain axis）研究专项支持相关研究（王红星等，2016）。

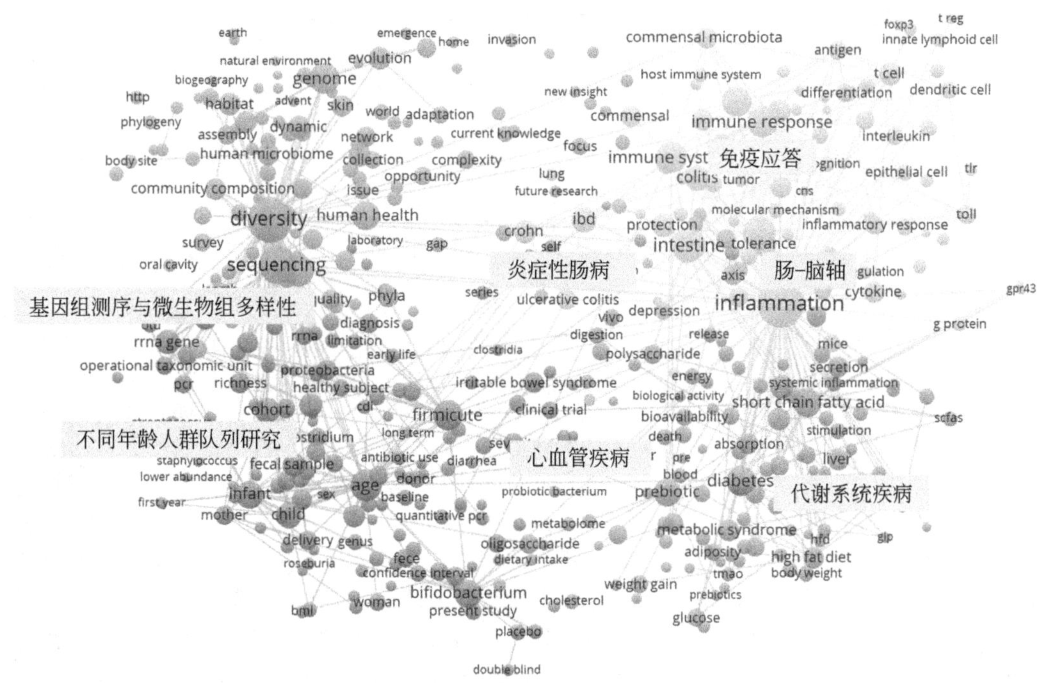

图 7-4　人类微生物组研究热点（文后附彩图）

7.3.2　从专利角度分析领域发展态势

利用 Innography 数据库，基于人类微生物组相关关键词，对该领域专利申请情况进行检索分析，限定专利公开时间为 2007～2016 年。检索时间为 2017 年 9 月 22 日。

2007～2016 年，全球人类微生物组相关专利申请数量为 3453 件。10 年间，专利申请数量从 138 件增长至 683 件，增长了 3.95 倍，年均增长率为 19.45%（图 7-5）。

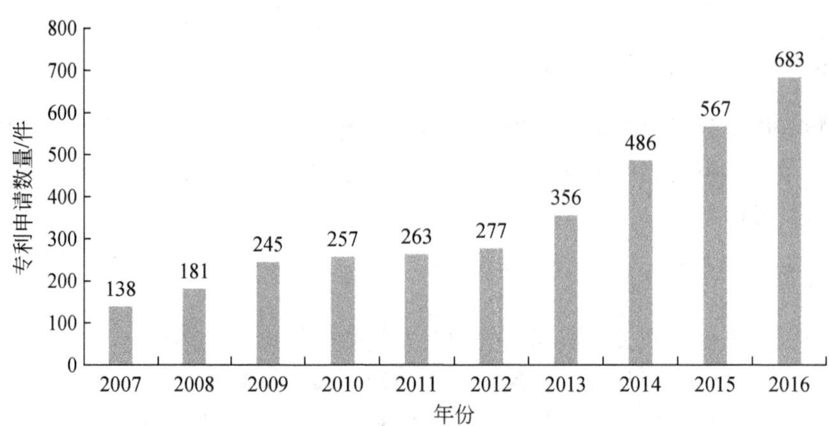

图 7-5　2007～2016 年全球人类微生物组专利申请数量年度分布

从全球人类微生物组专利申请数量国家排名看（图 7-6），排在前 5 位的国家分别为美国、中国、瑞士、法国和英国，相关专利申请数量分别为 1070 件、1051 件、123 件、120 件和 119 件。

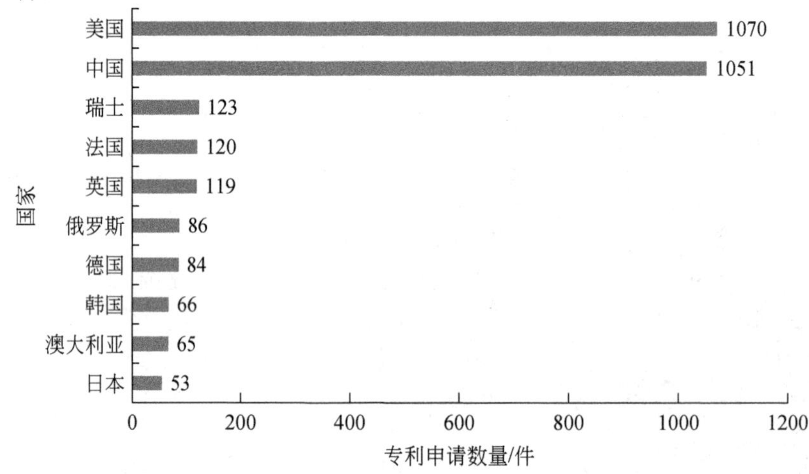

图 7-6　2007～2016 年全球人类微生物组专利申请数量排名前 10 位的国家

从全球人类微生物组专利申请数量研究机构排名来看（表 7-4），排名前 10 位的研究机构中有 8 家公司和 2 所高校，集中在通过保健食品、饲料、医药制品调节微生物组组成及功能，进而改善健康。其中，Rebiotix 公司致力于开发标准化和稳定的微生物药物来恢复肠道微生物群的平衡，关注微生物恢复疗法（microbiota restoration therapy，MRT），不同于传统抗生素治疗，MRT 通过将活的有益微生物重新引入患者肠道，促进微生物之间的竞争关系从而帮助恢复“生态平衡”，使患者恢复健康。

表 7-4　2007～2016 年全球人类微生物组专利申请数量排名前 10 位的研究机构

排名	研究机构	专利申请数量/件
1	雀巢公司	172
2	达能公司	45

续表

排名	研究机构	专利申请数量/件
3	雅培公司	36
4	Conaris 公司	30
5	陶氏杜邦公司	29
6	上海交通大学	28
7	玛氏公司	25
8	Clasado 公司	24
9	加利福尼亚大学	24
10	Rebiotix 公司	23

对人类微生物组专利进行聚类分析（图 7-7），可以看到相关专利主要集中的技术主题为：

1）微生物组鉴定和分析；

2）未培养微生物分离培养技术；

3）微生物组与疾病关联及诊断标志物，聚焦口腔微生物组与肠道微生物组；

4）关注微生态调节，开发用于调节微生态的保健食品（包含寡糖和益生菌等活性成分）、饲料、医药制品，以及恢复微生态的菌群移植疗法。

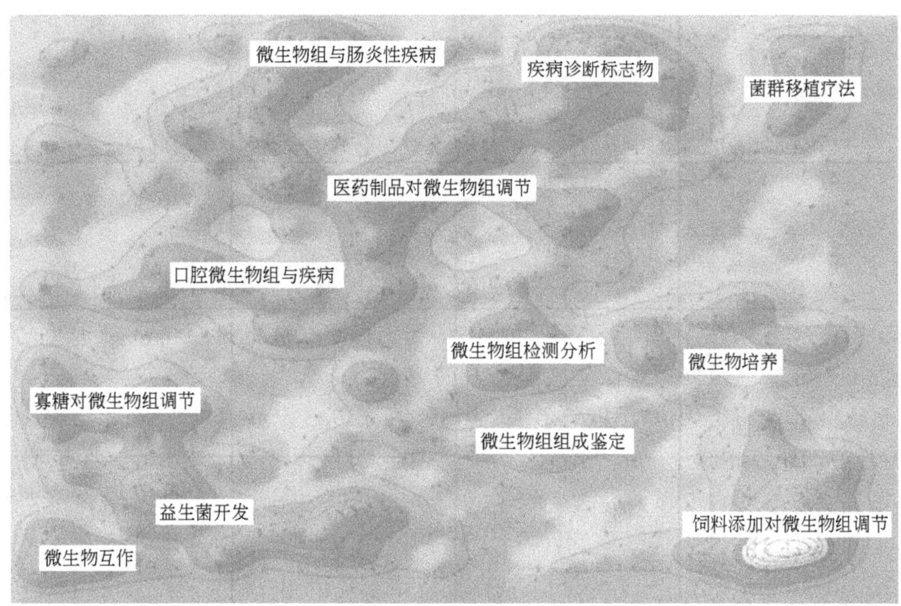

图 7-7　人类微生物组专利地图（文后附彩图）

7.3.3　人类微生物组相关技术研究进展

微生物研究技术发展可以简单地分为 3 个阶段：第一阶段为显微镜技术的发现，突破了多数微生物个体肉眼不可见的局限。第二阶段为微生物分离培养技术的发展，推动了微生物生理生化性质的研究。而微流控技术的应用，则进一步解决了部分“未培养微生物”生物学特性研究的问题。第三阶段为宏基因组学技术的推广，跳出微生物研究需要纯培养的限制，获得涵盖研究环境所有微生物的遗传信息，更好地理解微生物与定植环境的相互作用。

人类微生物组研究作为微生物组研究的一个重要分支，其技术体系与微生物组研究相似，又因为其以“人体”作为研究对象，相较其他环境微生物组学又有一定的特殊性。人类微生物组研究技术涉及样品收集和保存、检测、数据整合、验证、功能微生物分离培养、应用模块（图 7-8），技术发展重点由传统微生物学技术向以宏组学技术、多模态成像技术、生物信息学、大数据技术和高通量分离培养技术等为代表的新一代微生物学技术转变，旨在通过学科汇聚、技术创新驱动微生物组学深度发展。以下就人类微生物组样品收集与保存技术、宏基因组学技术、重要功能微生物分离培养技术这 3 个典型的微生物组研究技术进展进行梳理。

图 7-8　人类微生物组研究技术体系

7.3.3.1　人类微生物组样品收集与保存技术

人体微生态系统覆盖口腔、皮肤、泌尿道、呼吸道、阴道和肠道 6 个部位，而基于微生物组的多样性和复杂性，收集及保存过程中引起的微小变化，都将会极大地干扰群体比对，因此，原始样品的保真性是微生物组研究的第一道关卡。

美国 HMP 制定了微生物组取样指南 *Manual of Procedures for Human Microbiome Project-Core Microbiome Sampling Protocol A*，为肠道、口腔、皮肤、鼻腔、阴道微生物组样本的收集提供了参考。国际人类微生物组标准（IHMS）提出理想的情况下，人类微生物样本的采集应该在 24h 内完成，最好在冷冻厌氧环境下实现，确保样本分析研究的可比较性。美国 Broad 研究所开发出一种新的方法，收集用于基因组和转录组分析的唾液与粪便，受试者可以在家中收集样本，通过冷冻、添加乙醇、RNAlater 保护剂 3 种方式保存，并运送到实验室进行分析。爱尔兰考克大学（University College Cork）对黏膜组织活检取样、结肠灌洗取样和粪便取样等不同的肠道微生物组取样方式进行了比较，总结了其对微生物组研究的影响，指出粪便取样是肠道微生物样本最方便的采集方法，通常应用于大规模队列研究项目中，而有关微生物诊断或生物标志物研究更多地依靠肠道活检样本（Claesson et al.，2017）。

7.3.3.2 宏基因组学技术

宏基因组学（metagenomics）又叫微生物环境基因组学、元基因组学，以环境样品中微生物群体基因组为研究对象，超越了传统意义上对单一物种的基因组学分析，由美国威斯康星大学（University of Wisconsin）的 Handelsman 等于 1998 年提出。依据不同的测序对象，宏基因组学研究方法包括 16S 扩增子测序和鸟枪法宏基因组测序，其中，16S 扩增子测序的本质是针对特征片段 16S rRNA 基因的测序工作，可用于区别微生物的种属。随着新一代测序技术的发展，测序通量和速度得到进一步提升，以微生物群体所有基因为测序对象的鸟枪法宏基因组学技术获得广泛应用，能更加全面地分析微生物群落结构及基因功能。

基于宏基因组学的整个研究流程不依赖于微生物的分离与培养，因而能最大限度地覆盖全体微生物，成为人类微生物组研究的主要方法。2007 年和 2008 年，美国和欧洲相继设立人类微生物组计划（Human Microbiome Project，HMP）和 MetaHIT，明确利用 16S 扩增子测序和鸟枪法宏基因组测序进行微生物群落的描述和功能挖掘。

宏基因组学的发展得益于基因测序技术测序速度和通量的增长。以 Roche 454 系统、Illumina Solexa 和 HiSeq 系统及 ABI SOLiD 系统为产品代表的第二代测序关键技术日趋成熟，这种“大规模平行测序”主要基于合成测序或者连接测序，与第一代测序技术相比增加了通量，并极大地提高了测序速度，其高通量、低成本的特点强有力地推进了宏基因组学在人类微生物组分析中的应用。而以 Pacific Biosciences 单分子实时测序技术（single molecule real time，SMRT）和 Oxford Nanopore Technologies 纳米孔单分子测序技术为代表的第三代测序技术，通过增加荧光的信号强度及提高仪器的灵敏度等方法，省略了 PCR 扩增环节，从而实现了单分子测序并继承了高通量测序的优点，其在测序组装方面的优势也将在宏基因组研究中展现出巨大的潜力。

宏基因组测序之后的进一步分析研究包括测序片段组装、系统分类和基因功能分析三大模块，与传统基因组分析相比，受物种内和物种之间重复序列的影响，宏基因组序列的组装更为复杂。近年来，宏基因组分析工具发展迅速，各分析模块和完整的宏基因组分析链条都有比较先进的分析工具（图 7-9）。

宏基因组测序和分析流程标准化是目前亟待优化的问题，有助于相关数据整理、储存和共享，最大化宏基因组数据的利用率，以便研究人员进行相同或不同环境微生物组多样性和功能的比较。同时，基于质谱技术和核磁共振技术的进步，宏基因组学技术与其他宏组学技术的结合能够帮助人们更好地解释基本的生物学问题，如哪些基因表达为 mRNA（宏转录组）、哪些 mRNA 进一步翻译为蛋白（宏蛋白组）、在特定条件下哪些微生物参与代谢或者代谢物质的波动情况（宏代谢组），更好地揭示微生物组与健康之间的关系。英国牛津大学（University of Oxford）研究人员采用宏基因组和宏转录组相结合的方法对结肠炎小鼠模型的肠道菌群结构、转录活性变化进行了深入的研究。爱尔兰考克大学的研究人员结合宏基因组学和宏代谢组学方法证实，心血管疾病的营养和药物干预措施会引起肠道微生物菌群及其代谢物质的变化。

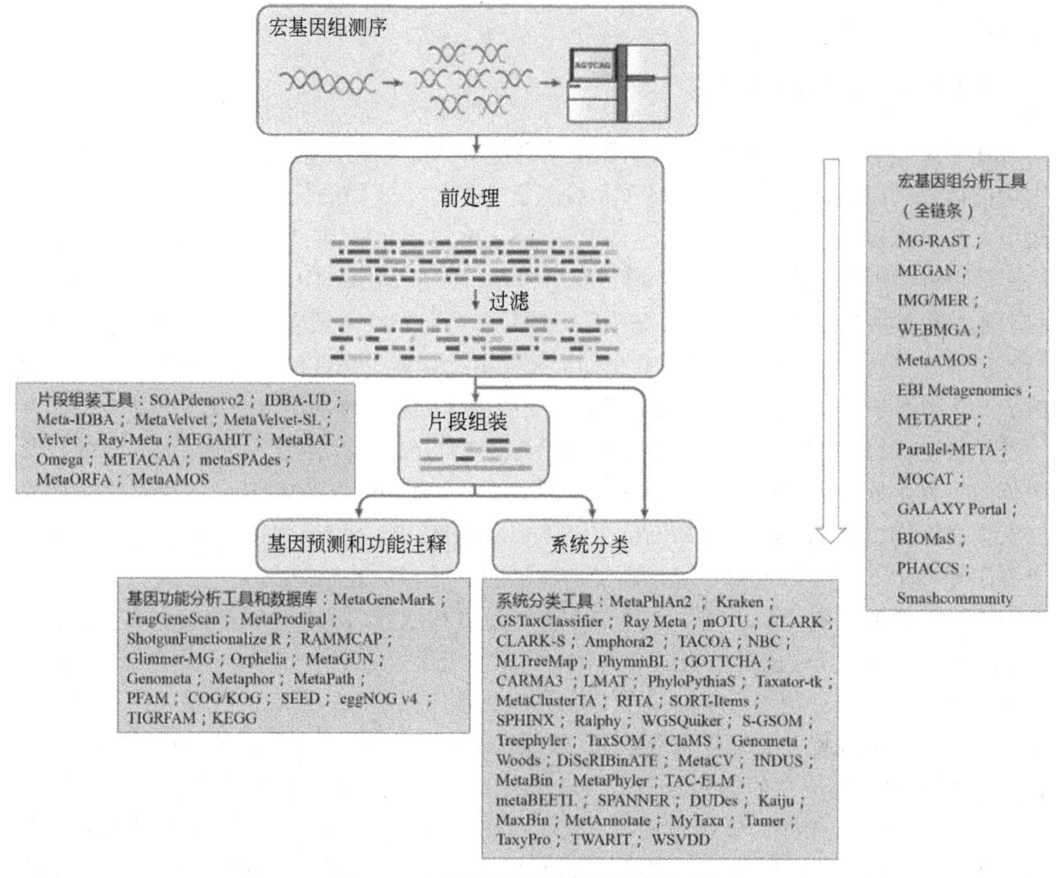

图 7-9　宏基因组分析流程及分析工具

7.3.3.3　重要功能微生物分离培养技术

为分离培养人类微生物组中具有重要功能的未培养微生物，传统的技术主要是通过培养基和培养条件的优化调整，调节微生物生长速率、营养源、原生境条件及种间互作，提高未培养微生物的可培养性。在此基础上，凝胶微滴培养法、微流控芯片技术和高通量分离培养技术等一系列前沿技术应运而生。美国加利福尼亚大学圣迭戈分校（University of California，San Diego）研究人员制定了凝胶微滴培养实验指南，结合凝胶微滴单细胞包埋技术和流式细胞技术，实现了微生物高通量分离培养。美国加利福尼亚理工学院（California Institute of Technology）研究人员基于微流控芯片技术，成功分离培养出一种之前难以培养的人类盲肠微生物，其位列 HMP 最希望获得的微生物名录中。美国东北大学（Northeastern University）研究人员开发了一种亚微米收缩装置，实现单个微生物细胞分离。此外，整合多组学数据和微生物组生态学分析，也有利于未培养微生物的分离培养，基于代谢模型能够预测未培养菌种所需的关键营养物质，进而实现未培养微生物的分离培养。

7.3.4　人类微生物组与健康研究进展

近年来，对待人类微生物组的观念从“影响人类健康和疾病”转变为“将人类微生物组视作一个人体器官”，显示人类微生物组在人体中发挥的重要作用。2013 年，“我们的微生物，我们的健康”入选 *Science* 十大科学突破，研究人员发现，人体内的微生物在决定身体如何应对营养不良和癌症等不同挑战方面扮演着重要角色，个性化医疗要想更加有效，需要将每个人体内的微生物情况考虑在内。2016 年 10 月，美国顶尖的医疗机构——克利夫兰医学中心（Cleveland Clinic）公布了“2017 年十大医疗科技创新”的榜单，其中，基于人类微生物组的预防、诊断和治疗，位列榜单的第 1 位。此外“人体内部的世界”主题入选 *Nature* 2017 年最受期待的十大科学事件，预期将有更多对人类微生物组的研究。

目前，肠道微生物组是其中最受关注的领域。肠道微生物组与人类健康和疾病的关系研究持续推进，揭示肠道微生物调控代谢性疾病、心脑血管疾病、神经系统疾病和免疫系统疾病等多种疾病进程的因果机制。美国耶鲁大学（Yale University）解释了肠道菌群引起肥胖的机制，解决了困扰学术界多年的难题；瑞典哥德堡大学（University of Gothenburg）发现，治疗糖尿病的经典药物二甲双胍调控血糖的关键在于调控肠道内的微生态；美国克利夫兰医学中心发现，肠道微生物的代谢物氧化三甲胺（trimetlylamine oxide，TMAO）将影响血小板功能，增加血栓形成风险；美国宾夕法尼亚大学（University of Pennsylvania）证实，肠道微生物组与脑血管疾病存在关联，阻断 TLR4 信号或改变肠道微生物组可能是一种有效的治疗脑海绵状血管瘤的方法；美国加利福尼亚理工学院阐述了肠道微生物与帕金森病的联系，证明肠道中特定种类微生物的分泌物会与 α-突触核蛋白“携手”导致帕金森病的发生；美国 Broad 研究所等机构发现了微生物群体及其功能与免疫应答之间相互作用的清晰模式。

婴幼儿和儿童时期，肠道微生物组与免疫系统建立和营养状况改善的关系同样受到关注。美国华盛顿大学（University of Washington）、美国加利福尼亚大学旧金山分校（University of California，San Francisco）和美国 Broad 研究所的研究聚焦婴儿肠道菌群与免疫系统建立的直接联系；美国华盛顿大学、法国里昂第一大学（University Claude Bernard Lyon 1）同时发现，在热量匮乏的情况下，肠道菌群的组成可以决定个体是健康生长还是发育不良，提示通过操纵肠道菌群有望调整儿童的营养状态，被评价为“全球健康尤其是营养学的一个分水岭”。

此外，人类微生物组研究助力癌症精准医疗，相关研究揭示了微生物组和机体抗癌免疫监视之间的关联，并证实其影响癌症 PD-1 免疫疗法、化疗药物的疗效。美国得克萨斯大学 MD 安德森癌症中心（University of Texas M. D. Anderson Cancer Center）、美国芝加哥大学（University of Chicago）、法国古斯塔夫·鲁西癌症研究所（Gustave Roussy Cancer Campus）相继证实，肠道微生物组成影响黑色素瘤和上皮性肿瘤 PD-1 免疫疗法的治疗效果。以色列魏茨曼科学研究所（Weizmann Institute of Science）发现，胰腺导管腺癌肿瘤内微生物影响癌细胞对化疗药物吉西他滨的敏感性。英国伦敦大学学院和伯贝克学院（University College London and Birkbeck）揭示了宿主-微生物组代谢影响抗癌药物 5-氟尿嘧啶的疗效。

7.3.5 微生物组样本库和数据库建设

人类微生物组样本库主要包括菌群库和 DNA 库两种形式。目前，除了国家大型综合性生物样本库中涉及微生物资源收集与保藏以外，服务于特定微生物组研究的微生物组样本库建设受到关注。加拿大多伦多综合医院（Toronto General Hospital）和多伦多儿童医院（The Hospital for Sick Children）分别设有囊肿性纤维化肺部微生物组生物样本库和唾液生物样本库。2016 年，为响应美国 NMI，美国 BioCollective 将联合 Health Ministries Network，投资 25 万美元建立微生物组数据库和样本库，为研发设施相对较弱的机构和个人提供支持。2017 年 5 月，美国马萨诸塞生命科学中心（Massachusetts Life Science Center）向美国哈佛 Chan 学院资助 490 万美元，用以微生物组样本库建设。2017 年，上海锐翌生物科技有限公司在完成近千万美元 A 轮融资后，提出争取 3 年内建成国内最大的粪便样本库和数据库的目标。

微生物组计划的开展产生了大量相关数据，推动了微生物组数据库建设（表 7-5）。目前，数据库建设处于初期阶段，主要收录了参考序列数据集和元基因组数据，为微生物组研究提供功能注释和群落物种结构解析等分析服务，在数据整合度、数据覆盖度、数据标准化方面仍需进一步的改进，以提供更直接的在线分析平台，在整合健康大数据的基础上，更好地揭示人类微生物组与健康之间的关系。

表 7-5　常见的微生物组数据库

数据库	建库时间	建库单位	样本量	开放程度
EMG	2013 年	欧洲 EBI	＞60 000	部分公开
IMG/M	2005 年	美国加利福尼亚大学	3 515（公开）	部分公开
GOLD	2015 年	美国加利福尼亚大学	＞20 000	部分公开
iMicrobe	—	美国亚利桑那大学	5 171	公开
MG-RAST	2008 年	美国芝加哥大学	—	部分公开
NCBI	—	美国 NCBI	＞400 000	公开

资料来源：张国庆等，2017

7.4　产业发展态势

基于人类微生物组蕴含的丰富数据信息，可进行疾病的预警预测、特定病原体定点筛查和靶向药物的精确研发等，人类微生物组研究将逐步从实验室走向市场，催生该领域新产业的兴起，同时也带动包含益生菌、益生元的保健食品等传统产业的发展。

人类微生物组相关产业主要包括三大细分领域：①微生物组检测，即通过检测分析身体不同部位，如口腔、肠道和皮肤等部位的微生物组，进而给予客户相关的健康指导。②微生物组疗法，包括以人类微生物组为靶点的药物及菌群移植两种手段，以达到疾病治疗的效果。③保健食品，通过益生元、益生菌等功能性成分，调节肠道微生物菌群平衡。

7.4.1　微生物组检测

微生物组检测产业主要是通过微生物基因组测序服务，分析口腔、肠道和皮肤等部位的微生物组，进而给予相关的健康指导。美国 uBiome 公司是微生物检测领域的典型代表，2013 年 3 月成立于美国旧金山。该公司旨在帮助消费者理解微生物组的结构和作用，并帮助消费者制定策略，对人类微生物组进行管理，以应对哮喘、糖尿病、肠易激综合征和心脏病等。美国 Arivale 公司于 2014 年在美国华盛顿成立，基于美国系统生物学研究所的一项 10 万健康人群队列计划-10 万健康项目（100K wellness project），旨在检测维持人体健康状态的复杂生物学参数，并发现从健康状态到疾病状态的转变过程。公司提供包括血液、唾液和肠道微生物组等共 250 多项指标的检测，旨在结合基因检测和生活方式两方面的数据，制订相关计划（作息、运动及饮食等），促进人体健康。美国微生物组研究教育机构（American Microbiome Institute）是一家非营利性机构，致力于微生物科学研究与教育。该机构提供个人微生物组检测服务，协助开展人类微生物组相关研究项目，并推广微生物组相关知识的教育普及，希望通过微生物组科学研究，提高人类健康。

人类微生物组检测是目前中国发展最快的一个领域。华大基因是中国人类微生物组检测研究的先行者，2008 年，作为唯一一个非欧盟国家的科研单位参与欧盟 MetaHIT 项目中，将承担 MetaHIT 项目中 260 个欧洲样本的测序工作，以及后续的生物信息学分析，承担的 MetaHIT 项目中国部分将通过高通量测序技术，对人体肠道微生物群落进行测序，构建肠道微环境中的微生物基因组参考序列，研究人体肠道菌群的变异，分析其对个体表型差异和健康状况等的影响。2014 年以后，国内出现了一批专注于微生物组检测的公司，包括上海锐翌生物科技有限公司、深圳谱元科技有限公司、量化健康、hcode 和深圳微健康基因科技有限公司等，公司业务主要是通过 16S rRNA 测序或鸟枪法宏基因组测序，预测相关疾病的发病风险，并给出营养指导意见或者进一步就医建议（图 7-10）。锐翌医学研发的常易

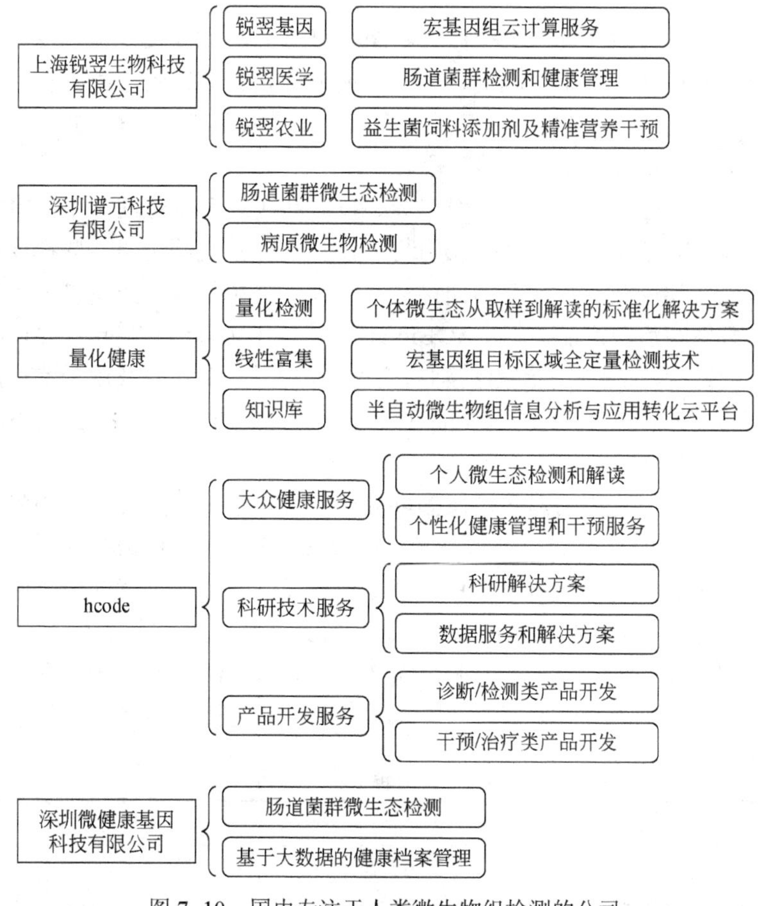

图 7-10　国内专注于人类微生物组检测的公司

康®肠道菌群检测服务，利用高通量测序技术，能准确、全面地获得复杂样品中菌群组成、菌群种类和分布等详细信息，并依据获得的信息进行肠道内环境评价、慢性病发展倾向预测及机体代谢能力的分析，并提出针对性强的个人健康管理建议。hcode、深圳微健康基因科技有限公司推出了针对婴幼儿的肠道微生态检测产品，关注婴幼儿营养与肠道健康。

7.4.2 微生物组疗法

发展微生物组疗法重建菌群平衡，达到疾病治疗的效果是人类微生物组研究的终极目标之一。美国知名市场调研和咨询公司 Grand View Research 2016 年 12 月发布的微生物组疗法（涵盖粪菌移植和药物）市场报告中指出，2015 年全球微生物组疗法市场规模达到 1130 万美元，预计到 2025 年，将增至 4.335 亿美元。从微生物组疗法类型来看，粪菌移植（fecal microbiota transplantation，FMT）疗法占据主导地位，且 FMT 胶囊的推出将进一步推进该疗法市场规模的扩大。从微生物组疗法的应用领域来看，目前主要用于感染性疾病、代谢性疾病和免疫性疾病等疾病的治疗，重点关注难辨梭状芽孢杆菌感染的治疗，2015 年，难辨梭状芽孢杆菌感染治疗的市场份额超过 40%。

7.4.2.1 药物开发

近年来，众多企业开始布局以人类微生物组为靶点的药物开发，重点发展肠道微生物组相关药物，旨在通过微生物组合制剂、小分子调节剂起到调节肠道微生态的作用，以治疗感染性疾病、代谢性疾病、免疫性疾病。典型研发企业及重点在研药物见表 7-6，目前相关药物研发正处于药物发现或临床试验阶段。

此外，美国多家企业也开始尝试研发口腔、皮肤和阴道等部位的微生物治疗产品，美国 Xycrobe Therapeutics 公司专注于微生物组学研究，已经系统筛选出一些在皮肤表面微环境生存、能够减轻人类皮肤炎症状况的菌株，并与强生公司达成合作协议，计划开发针对炎症性皮肤病的微生物治疗产品；美国 AOBiome 公司推出了女士护肤产品 AO+喷雾剂（其中含有氨氧化细菌），并加速用于治疗粉刺、皮炎、鼻炎的 B-244 及用于治疗皮肤瘙痒的 D-23 微生物药物研发；美国 Osel 公司也正在进一步推进用于治疗细菌性阴道病的药物 LACTIN-V 的Ⅱ期临床试验。

中国在靶向人类微生物组的药物研发领域处于初步探索阶段，与国际领先水平存在差距。奕景生物科技有限公司（NuBiyota LLC）是一家 2013 年于美国成立的肠道微生物组疗法公司，专注于感染性疾病和肠道自身免疫病疗法开发，建立了独特的合成微生物组学平台和疗法，旨在连续批量化生产质量可靠，且比传统粪菌移植更安全方便的微生物组胶囊，2017 年 5 月，奕景生物科技（中国）有限公司（NuBiyota China Inc.）成立，计划与多家大型医院开展合作，希望成为中国首家申请临床试验的商业化微生物组疗法公司。

表 7-6 典型企业及在研药物

典型企业	主要在研药物	适应症	药物类型	在研阶段
美国 Seres Therapeutics	SER-109	难辨梭状芽孢杆菌感染	微生物组合制剂	临床Ⅲ期
	SER-287	溃疡性结肠炎	微生物组合制剂	临床Ⅰ期

续表

典型企业	主要在研药物	适应症	药物类型	在研阶段
美国 Seres Therapeutics	SER-262	难辨梭状芽孢杆菌感染	微生物组合制剂	临床Ⅰ期
	SER-155	细菌感染	微生物组合制剂	药物发现
	SER-301	炎症性肠病	微生物组合制剂	药物发现
	microbiomes （obesity/ metabolic syndrom）, Massachusetts General Hospital/ Seres	代谢综合征、肥胖	微生物组合制剂	药物发现
	Ecobiotic therapeutics（metabolic disease）, Seres Therapeutics	肝病、代谢失调	微生物组合制剂	药物发现
英国 4D Pharma	Blautix	肠易激综合征	微生物组合制剂	临床Ⅰ期
	Thetanix	克罗恩病	微生物组合制剂	临床Ⅰ期
	Rosburix	溃疡性结肠炎	微生物组合制剂	药物发现
美国 Second Genome	SGM-1019	炎症性肠病	小分子调节剂	临床Ⅰ期
	microbiome modulators（metabolic disease）, Second Genome	代谢失调	小分子调节剂	药物发现
美国 Vedanta biosciences	VE-303	难辨梭状芽孢杆菌感染	微生物组合制剂	药物发现
美国 MicroBiome therapeutics	NM504	2 型糖尿病	小分子调节剂	临床
	MT-303	肥胖、糖尿病	小分子调节剂	药物发现
美国 Assembly biosciences	AB-M101	难辨梭状芽孢杆菌感染	小分子调节剂	药物发现
美国 Ritter Pharmaceuticals	RP-G28	乳糖不耐受	小分子调节剂	临床Ⅲ期
法国 Enterome Bioscience	EB8018	克罗恩病	小分子调节剂	临床Ⅰ期
	EB110	克罗恩病	小分子调节剂	药物发现
	EB220	克罗恩病	小分子调节剂	药物发现
	EB410	肠易激综合征、溃疡性结肠炎	小分子调节剂	药物发现
	EB420	肠易激综合征、溃疡性结肠炎	小分子调节剂	药物发现
美国 Rebiotix	RBX-2660	难辨梭状芽孢杆菌感染	微生物组合制剂	临床Ⅲ期
	RBX-7455	难辨梭状芽孢杆菌感染	微生物组合制剂	临床Ⅰ期
	RBX-2477	肝性脑病	微生物组合制剂	药物可行性试验
	RBX-8225	溃疡性结肠炎、炎症性肠病	微生物组合制剂	药物可行性试验
	RBX-6376	多重耐药菌感染	微生物组合制剂	药物发现

注：数据来源为 Cortellis 数据库；更新时间为 2017 年 10 月 17 日

7.4.2.2 粪菌移植

粪菌移植（FMT）是一种通过重建肠道菌群来治疗疾病的方法，即把经过处理的健康人的粪便菌液，灌到患者肠道内。近年来，FMT 迅速发展，显示出对多种疾病的重要治疗价值。2013 年，一项随机对照试验证明，对复发性难辨梭状芽孢杆菌感染（recurrent clostridium difficile infection，rCDI）的治疗，FMT 疗法优于抗生素疗法。同年，美国华盛顿大学 Christina M.Surawicz 教授领衔的专家团队将 FMT 写入 rCDI 治疗临床指南，FMT 也入选美国《时代》（*Time*）杂志“世界十大医学突破”。除了能很好地应用于 rCDI 的治疗，FMT 也在 IBD、肠易激综合征（irritable bowel syndrome，IBS）、慢性便秘及其他慢性疲劳综合征、代谢疾病和自身免疫性疾病的临床治疗中发挥了作用。

近年来，粪菌移植疗法的治疗体系向粪菌库服务模式转变。美国在 FMT 领域发展最为迅速，已经成立了两家非营利性粪菌库，以作为该治疗方法的支持平台。2012 年，麻省理工学院 M.史密斯（Mark Smith）在美国马萨诸塞州成立了全球第一家非营利性粪菌库 OpenBiome，已经与超过 350 家医院和医学中心建立合作伙伴关系，提供制备的冻存粪便，救治了超过 12 000 例患者（崔伯塔和张发明，2016）。2015 年，美国加利福尼亚州成立了第二家粪菌库 AdvancingBio。此外，英国 Taymount Donor Bank、荷兰 Netherlands Donor Feces Bank 等粪菌库也相继成立，为 FMT 提供粪菌来源。2015 年，南京医科大学第二附属医院和第四军医大学西京消化病医院等共同发起建立中华粪菌库（FmtBank）紧急救援计划，建立公益救急平台，为挽救生命提供高质量、高效率的支持。

7.4.3 保健食品

包含益生菌、益生元的保健食品已经形成较成熟的市场，雀巢公司和达能公司等一系列大型食品企业拥有悠久的相关保健食品的研发历史。基于人类微生物组研究的不断推进，人体内微生物组与健康和疾病的关系得到进一步揭示，使包含益生菌、益生元的保健食品产业获得更多人的关注和认可，同时也为挖掘新的益生菌、益生元，开发新的保健食品奠定基础。

（1）雀巢公司

雀巢公司在微生物组研究领域的布局如图 7-11 所示，整个发展过程可以概括为两个阶段。第一阶段为自 1866 年雀巢公司成立之初到 2011 年，在这个阶段雀巢公司的主要工作聚焦于营养与健康，1867 年，亨利•雀巢先生成功发明第一款突破性婴幼儿食品，解决婴幼儿营养问题，此后，基于微生物测序工作及婴儿肠道菌群定植研究，开发相关的保健食品以调节肠道微生物组成，进而起到改善健康的作用。2011 年，雀巢健康科学成立，致力于开发安全优质的营养产品，为各种病理生理状态下需要肠内营养支持的人群提供先进和个性化的解决方案。第二阶段自 2012 年开始，雀巢公司先后与和记黄埔医药、Seres Therapeutics、Enterome Bioscience 公司签订合作协议，聚焦靶向微生物组的药物开发，开启在医药健康领域的布局。

（2）达能公司

达能公司是一家国际知名的以健康为核心的食品企业。目前，达能的四大核心业务是鲜乳制品、饮用水和饮料、生命早期营养品和医学营养品，并成为全球第一家也是唯一一家以通过食品带来健康作为清晰定位的食品公司，拥有巨大的发展潜力。

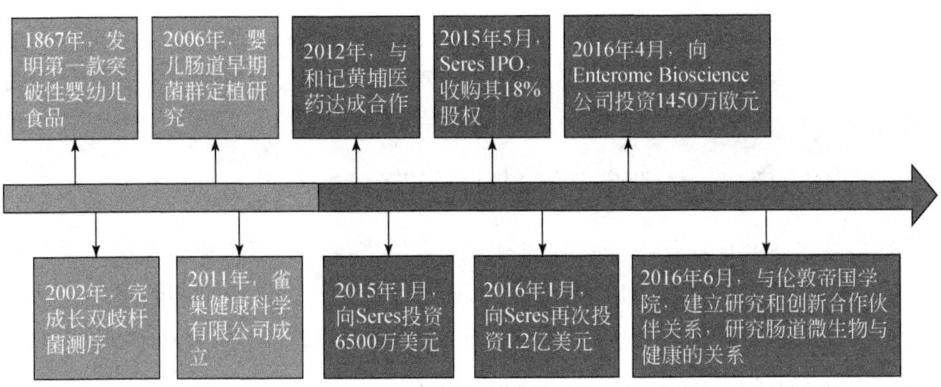

图 7-11　雀巢公司在微生物组研究领域的布局

Nutricia 是法国达能集团下属专业生产婴幼儿配方奶粉的企业，针对女性计划怀孕期间的身体状况、怀孕期间母体的生理变化、母乳的成分及母乳喂养的健康获益，以及婴幼儿的肠道菌群、免疫系统、脑部和代谢系统的发育等开展研究，旨在通过调节孕妇和婴幼儿的肠道菌群，改善其免疫系统和新陈代谢，引领孕妇和婴幼儿营养的科研发展和创新技术。2000 年，Nutricia 研发出第一种含有益生元组合的婴幼儿配方奶粉。

达能公司在菌种研发方面的领先造就了达能酸奶产品的先进地位。在达能集团微生物研发中心总部，保存着自 20 世纪 50 年代以来搜集到的 3500 种深度冷冻保藏的发酵菌株，达能公司借助新一代基因测序技术，进一步对菌种进行鉴定，最终筛选获得有益于人体健康的菌种。达能公司旗下碧悠品牌产品中使用了拥有法国专利发明 N0008672 的乳双歧杆菌 DN-173010（B 益畅菌），已经有多项临床试验证实，B 益畅菌有助于改善便秘、调节肠道菌群。

2016 年，为响应和支持美国 NMI，达能公司与美国胃肠病协会（American Gastroenterological Association，AGA）共同设立肠道微生物组健康奖（Gut Microbiome Health Award），支持肠道健康研究。

7.5　总结与建议

通过对人类微生物组相关国家（地区）及国际组织政策规划的解读，结合对论文、专利，以及产业分析，对该领域的发展提出以下建议。

7.5.1　加强学科交叉研究

集中生物信息学家、免疫学家、神经生物学家、营养学家、生态学家及伦理学家等多学科代表的力量，在技术层面上，综合宏组学技术、生物信息学技术、微生物分离培养技术；在应用层面上，聚焦微生物组相关的疾病诊断标志物、药物、营养保健食品的开发。

7.5.2　推进人类微生物组研究的标准化和数据共享

为有效解决样本和数据标准化问题，应建立一套完整的人类微生物组研究的技术标准，涉及样本采集、样本保存、数据采集、数据存储、数据分析整个流程。同时，进一步推进微生物组研究的数据共享，制定统一的数据共享和知识产权保护机制，实现相关资源和数据的有效整合。

7.5.3 优化配套大型综合性基础设施平台

人类微生物组研究依赖于综合性基础设施平台的支撑，应逐步建立和优化大型测序平台和国家级的数据共享平台，优化设计生化、分子、细胞、动物模型实验平台和临床实验平台，建立国家级的菌种分离鉴定和保存中心，并开发微生物培养和体外发酵平台。

7.5.4 加速基础研究向临床应用转化

人类微生物组研究目前更多地聚焦于揭示人体微生态与健康和疾病的关系的基础研究，成果临床应用转化处于初期阶段。应进一步推进基础研究向相关产品或疗法的转化，加速调节人体微生态的药物、保健品的开发。同时推进前沿技术的发展，助力以微生物组作为生物标志物的疾病诊断。

7.5.5 加强人类微生物组研究的监管

人类微生物研究组研究的监管包括两大方面：第一是对信息的监管，人类微生物组研究中涉及“微生物指纹”（microbial fingerprints）个体隐私信息，应针对相关信息的保密性、安全性出台监管措施；第二是对靶向调节微生物组的药物、保健品的监管，应统一相关领域的专业术语，并出台相关监管框架，对产品的健康声明进行规范审查。

7.5.6 推动人类微生物组研究的科学普及

合理规划有关人类微生物组研究知识的科学普及方案，加深公众对微生物组与健康之间的关系的认识。推动公众在相关科学项目中的参与，更好地跟踪饮食、生活习惯对人类微生物组和健康的影响，并为公众提供科学的改善健康的建议。

致谢 中国科学院微生物研究所马俊才研究员和吴林寰副研究员、中国科学院上海生命科学研究院张国庆研究员对本报告初稿进行了审阅，并提出了宝贵的修改意见，谨致谢忱！

参 考 文 献

崔伯塔，张发明. 2016. 2015-2016 年粪菌移植研究新进展. 中华医学杂志，96（48）：3929-3932.

王红星，王玉平，郭晓欢. 2016. 肠道微生物群-大脑轴及其含义. 中华精神科杂志，49（4）：265-269.

张国庆，宁康，职晓阳，等. 2017. 建设微生物组大数据中心发挥长期科学影响. 中国科学院院刊，32（3）：280-289.

Alivisatos A P，Blaser M J，Brodie E L，et al. 2015. A unified initiative to harness Earth's microbiomes. Science，350（6260）：507-508.

Blanton L V，Charbonneau M R，Salih T，et al. 2016. Gut bacteria that prevent growth impairments transmitted by microbiota from malnourished children. Science，351（6275）：aad33111-aad33117.

Charbonneau M R，O'Donnell D，Blanton L V，et al. 2016. Sialylated Milk Oligosaccharides Promote Microbiota-Dependent Growth in Models of Infant Undernutrition. Cell，164（5）：859-871.

Claesson M J，Clooney A G，O'Toole P W. 2017. A clinician's guide to microbiome analysis. Nature Reviews Gastroenterology & hepatology，14（10）：585-595.

Dubilier N，McFall-Ngai M，Zhao L. 2015. Microbiology：Create a global microbiome effort. Nature，526（7575）：631-634.

Franzosa E A，Morgan X C，Segata N，et al. 2014. Relating the metatranscriptome and metagenome of the human gut. Proceedings of the National Academy of Sciences of the United States of America，111（22）：E2329-E2338.

Fujimura K E，Sitarik A R，Havstad S，et al. 2016. Neonatal gut microbiota associates with childhood multisensitized atopy and T cell differentiation. Nature Medicine，22（10）：1187-1191.

Gopalakrishnan V，Spencer C N，Nezi L，et al. 2018. Gut microbiome modulates response to anti–PD-1 immunotherapy in melanoma patients. Science，359（6371）：97-103.

Ilott N E，Bollrath J，Danne C，et al. 2016. Defining the microbial transcriptional response to colitis through integrated host and microbiome profiling. The ISME journal，10（10）：2389-2404.

Lloyd-Price J，Mahurkar A，Rahnavard G，et al. 2017. Strains，functions and dynamics in the expanded Human Microbiome Project. Nature，550（7674）：61-66.

Ma L，Kim J，Hatzenpichler R，et al. 2014. Gene-targeted microfluidic cultivation validated by isolation of a gut bacterium listed in Human Microbiome Project's Most Wanted taxa. Proceedings of the National Academy of Sciences of the United States of America，111（27）：9768-9773.

Matson V，Fessler J，Bao R，et al. 2018. The commensal microbiome is associated with anti–PD-1 efficacy in metastatic melanoma patients. Science，359（6371）：104-108.

Oulas A，Pavloudi C，Polymenakou P，et al. 2015. Metagenomics：tools and insights for analyzing next-generation sequencing data derived from biodiversity studies. Bioinformatics and Biology insights，9（10）：75-88.

Perry R J，Peng L，Barry N A，et al. 2016. Acetate mediates a microbiome–brain–β-cell axis to promote metabolic syndrome. Nature，534（7606）：213-217.

Planer J D，Peng Y，Kau A L，et al. 2016. Development of the gut microbiota and mucosal IgA responses in twins and gnotobiotic mice. Nature，534（7606）：263-266.

Routy B，Le C E，Derosa L，et al. 2018. Gut microbiome influences efficacy of PD-1–based immunotherapy against epithelial tumors. Science，359（6371）：91-97.

Ryan P M，London L E，Bjorndahl T C，et al. 2017. Microbiome and metabolome modifying effects of several cardiovascular disease interventions in apo-$E^{-/-}$ mice. Microbiome，5（1）：30-43.

Sampson T R，Debelius J W，Thron T，et al. 2016. Gut Microbiota Regulate Motor Deficits and Neuroinflammation in a Model of Parkinson's Disease. Cell，167（6）：1469-1480.

Schirmer M，Smeekens S P，Vlamakis H，et al. 2016. Linking the human gut microbiome to inflammatory cytokine production capacity. Cell，167（4）：1125-1136.

Schwaizer M，Makki K，Storelli G，et al. 2016. Lactobacillus plantarum strain maintains growth of infant mice during chronic undernutrition. Science，351（6275）：854-857.

Tang A T，Choi J P，Kotzin J J，et al. 2017. Endothelial TLR4 and the microbiome drive cerebral cavernous malformations. Nature，545（7654）：305-310.

Vatanen T，Kostic A D，D'Hennezel E，et al. 2016. Variation in microbiome LPS immunogenicity contributes to autoimmunity in humans. Cell，165（4）：842-853.

Wu H，Esteve E，Tremaroli V，et al. 2017. Metformin alters the gut microbiome of individuals with treatment-naive type 2 diabetes，contributing to the therapeutic effects of the drug. Nature Medicine，23（7）：850-858.

Zhu W，Gregory J C，Org E，et al. 2016. Gut microbial metabolite TMAO enhances platelet hyperreactivity and thrombosis risk. Cell，165（1）：111-124.

8　作物病虫害导向性防控国际发展态势分析

王保成[1, 2]　李东巧[1]　谢华玲[1]　杨艳萍[1]

（1 中国科学院文献情报中心；2 中国科学院大学）

摘　要　作物病虫害对世界农业发展造成的影响包括产量下降、食物供给缺乏，使用农药引起的环境和健康问题，对经济安全和社会稳定造成重大影响。过去对病虫害的防控思想主要是简单杀灭，但是，化学农药的滥用也造成环境污染及病原微生物和害虫的抗药性增加等问题。作物病虫害导向性防控摒弃过去单纯以病虫害基础代谢过程和神经相关受体为靶标的化学农药防治方法，以作物-媒介昆虫-病原微生物之间存在的相互关系和信息传递为防治的突破口，增加作物病虫害防控的特异性及防控效果的长期性，减少由化学农药的频繁使用造成的害虫和病菌的耐药性，在保障粮食作物生产安全的前提下减少由化学农药的长期使用造成的环境污染等问题。近年来，相关的研究和技术研发呈现出持续增加的趋势。

世界各国对作物病虫害的防控都给予了高度关注，纷纷从国家层面给予政策和资金的支持。例如，美国的植物-生物互作研究项目和国家计划 303-植物病害行动计划、欧盟应对新出现的植物害虫与病害的优先行动及英国、澳大利亚和印度等国家针对作物病虫害的管理与防控等领域的关键性问题的咨询报告，把生物安全和植物健康等问题上升到国家的战略层面。我国通过 973 计划、转基因重大专项、国家重点研发计划及中国科学院战略性先导科技专项等资助了多个相关研究项目，取得了一批重要成果。

从基础研究的研究论文分析来看，相关的研究从 20 世纪 90 年代开始进入集中爆发期，发文量快速增加。从国家层面来看，美国不仅发文数量多，而且论文质量也比较高，处于领先地位。中国的发文数量仅次于美国，但是，在论文质量上仍有较大的提升空间。2013～2017 年，主要国家尤其是印度和中国在相关领域的研究都比较活跃。从研究机构层面来看，美国农业部在研究机构中处于领头羊位置。从期刊类型来看，植物病理学和植物-微生物相互作用方面的研究受到的关注最多。从高频关键词来看，病害抗性、基因操作和防御反应等是作物病虫害导向性防控领域的热点。

从技术研发来看，美国在该领域的研发实力较强，代表性企业包括孟山都公司和杜邦先锋公司。我国的高校和科研机构为研发主体。植物的抗虫性和转基因植物是全球作物病虫害导向性防控领域关注的技术热点，其所采用的技术手段包括转基因技术和组织培养技术等；核心专利涉及 RNA 干扰（RNAi）、转基因技术和重组 DNA 等研究。从研发布局来看，美国在各个主题领域的分布比较均匀，中国则主要集中在载体和抑制转录等方面。

跨国农业企业非常关注作物病虫害防治研究及相关产品的研发。杜邦先锋公司、先正达公司和孟山都公司等企业注重多重作用机制的新型抗虫品种培育。近年来，国外大型农业生物公司倾向于利用 RNAi 技术防治病虫害。同时也非常关注基因编辑技术在抗虫和抗病等作物品种培育中的应用。

总体而言，我国在作物病虫害导向性防控领域的研究发展较快，但是，基础研究的质量有待进一步提高。建议加强与国外同行的交流和合作，提高科研成果的显示度和影响力。同时，我国应加强在抗性育种技术方面的规划，加强对企业的引导和支持，提高我国农业相关企业在国际上的影响力。

关键词 作物 病虫害 导向性防控 植物保护

8.1 引言

8.1.1 作物病虫害导向性防控研究的发展历程

20 世纪绿色革命时代以来，以化肥和农药为代表的现代农业技术在大幅提高世界粮食产量的同时，也带来了显著的副作用。例如，以有效和简单杀灭为目标的化学农药的滥用对环境质量和人类健康造成了严重的影响，目前已经成为全世界各国政府高度关注的热点问题。在这种情况下，发展绿色、精准和环境友好的作物病虫害防控技术成为全球农业研究的重点。

随着生物技术的不断发展和实践范围的扩大，通过对病原微生物-昆虫-作物互作模式的深入研究，人们对上述三者之间的互作机理的理解正在不断加深，在此基础上研发新型病虫害防控和靶标技术成为可能。作物病虫害导向性防控是以作物-病原微生物-昆虫之间的关系为基础，通过研究发现它们之间的信息交流和联系，从而理解物种间生物信息的产生、识别、信号转导、级联放大和细胞对信息的处理等。在此基础上，通过对作物-昆虫-病原微生物之间的信息流及行为进行人为操纵，采用特定的有针对性的方法，实现对作物病虫害进行高效和特异性防控的目的（钱韦等，2017a；钱韦等，2017b）。

作物病虫害导向性防控的研究主要是基于对作物-病原微生物-昆虫之间的信息交流和相互作用的认识及操作。有关这三者之间关系的相关研究最早可以追溯到 100 多年前。例如，1914 年，科学家就已经研究对植物寄生线虫的培养（Byars，1914），“植物免疫”这一名词可以追溯到 1918 年的研究（Combes，1918）。近年来，我国科学家基于病毒-昆虫-植物三者互作领域，瞄准国际前沿，立足相关领域交叉性和前沿性的问题，从三者互作领域的分子机制上入手，取得了系列研究进展，显著提升了我国在植物保护尤其是植物病理学方面的研究水平（叶健等，2017）。

8.1.2 作物病虫害导向性防控的主要研究内容

以作物-昆虫-病原微生物之间的信息流为基础进行作物病虫害导向性防控的方法主要

包括以下 3 个方面的内容。

8.1.2.1 作物与昆虫互作领域

与作物互作的昆虫既包括对作物直接产生危害的昆虫，即害虫，也包括传播病毒侵染的媒介昆虫。害虫与作物的关系主要体现在相关植物和植食性昆虫的防御及反防御策略之间的关系。主要涉及 3 个层次：①植物对植食性昆虫相关分子模式的识别。②植食性昆虫种群释放特异性效应子抑制植物产生免疫反应。③植物基因型通过特异性抗性基因识别植食性昆虫的效应子（禹海鑫等，2015）。协同进化的结果是植食性昆虫通过寄主选择适应性，改变取食策略、调节生长发育的节律，逃避或者改变植物的防御，形成特定的取食范围，而作物也产生了特异的抗虫性（彭露等，2010）。当然，作物和植食性昆虫之间的互作受多重因素的影响，包括植物和植食性昆虫的种类、气候和大气中 CO_2 的浓度等（解海翠等，2013）。

除直接与作物发生相互作用的害虫外，农业生产中对农作物造成危害的植物病毒的80%是通过媒介昆虫进行传播（叶健等，2017）。媒介昆虫对植物病毒的传播涉及昆虫、病毒和寄主植物相互作用的过程。昆虫通过口针携带式、前肠保留式或体内循环式的方式进行病毒传播，如何进行传播和传播的效果与昆虫的性别、龄期及寄主植物种类、环境和昆虫体内共生菌的情况都有一定的关系。

近年来，有关作物与昆虫互作的研究已经取得了一些进展。利用农田景观格局的空间配置为害虫的天敌提供避难场所，消除害虫的越冬场所和寄主转移，能够阻断害虫的大规模扩散与蔓延，从而起到提高害虫生物防治的效果。我国科学家提出通过调节农田景观中的植物控制有害生物，减少化学农药的使用，实现作物病虫害的生态调控（戈峰等，2017）。另外，采用遗传调控技术对作物害虫进行相关基因改造并扩散至群体，最终实现害虫种群逐步下降的方法对害虫生物防治颇具应用前景（李芝倩等，2017）。

8.1.2.2 作物与病原微生物互作领域

细菌、卵菌、病毒和真菌是作物中常见的病原微生物。农作物在受到病原微生物的侵染以后，通常情况下会通过诱导产生过敏反应，从而激发一系列防卫反应，在特定的组织或者整个植株产生抗病性。一般情况下互作模式如下：①植物细胞表面的模式识别受体对病原微生物的相关分子模式进行识别，帮助植物抵抗大部分的病原微生物。②病原微生物分泌效应子抑制寄主植物的模式分子识别。③植物细胞内部抗病基因编码的蛋白产物直接或者间接识别病原微生物分泌的效应子，激发防御反应，形成免疫应答。而病原微生物也在与植物的互作过程中进化出增加侵染力的机制。

在农作物致病的病原微生物中，有很多属于植物病毒。植物病毒在农业上被称为“植物癌症”，每年给全球农业生产造成非常严重的损失。植物病毒感染宿主后通过自身的基因及编码的蛋白对寄主植物的细胞周期和信号转导等进行调控，从而完成复制、转录和增殖。而寄主植物也会形成免疫应答，从而实现抵御病毒侵染。

随着分子生物学技术的进步，目前已经发现植物细胞的 RNA 沉默现象可以抵御病毒侵染。RNA 沉默可以分为小干扰 RNA（siRNA）介导的转录后基因沉默（post-transcriptional gene silencing，PTGS）和转录水平的基因沉默（transcriptional gene silencing，TGS）。根据研究发现，几乎所有的植物病毒都编码了 PTGS 抑制子来对抗寄主植物的防御反应，而植物在与双生病毒的防御-反防御过程中进化出了 DNA 甲基化介导的 TGS 来增强自身的抗感染能力。目前，RNA 沉默已经被用于防治植物有害生物，并展现出良好的发展和应用前景。我国科学家在利用寄主诱导基因沉默（host-induced gene silencing，HIGS）技术防治棉花黄萎病的研究中取得了突破性的进展，从分子水平上证明了寄主植物表达产生的 RNAi 分子进入病原真菌，可以降解病原基因的跨界 RNA 沉默（郭惠珊等，2017）。

8.1.2.3 病原微生物和昆虫互作领域

昆虫体内存在着种类繁多、数量庞大的微生物。这些微生物包括病原细菌、真菌和病毒，在长期的进化过程中，这些微生物与昆虫形成复杂多样的关系。微生物可以存在于昆虫体内的多个部位，尤其以肠道微生物居多。肠道微生物利用昆虫寄主肠道进行拓殖，一些昆虫共生菌也会为宿主昆虫提供稀缺的营养资源，保护宿主抵抗病原微生物和捕食者的侵害，协助宿主昆虫耐受一定的不良环境（王四宝和曲爽，2017）。

除肠道微生物外，昆虫作为媒介还携带有大量的病毒。植物病毒大多数都是通过昆虫媒介进行传播和流行，对全球农作物和农业造成极大的危害。昆虫通过口器或者前肠的表皮衬细胞对植物病毒进行传播，属于非循回型传播，如蚜虫对马铃薯 Y 病毒属病毒和花椰菜花叶病毒（Cauliflower mosaic virus，CaMV）的传播。另外，植物病毒穿过昆虫的细胞膜到达血腔后进行传播的方式称为循回型传播，如粉虱对双生病毒科中菜豆金黄花叶病毒的传播和叶蝉对玉米雷亚多非罗病毒的传播等。

近年的研究发现，微小核糖核酸（microRNA，miRNA）在昆虫和病毒的互作中扮演着重要角色（毛颖波等，2017）。昆虫作为宿主，其编码的 miRNA 通过调控自身和病毒基因的表达，可以降低病毒的基因表达，从而起到抵制侵染的目的。而反过来病毒也可以通过自身编码的 miRNA 一方面提高病毒复制相关基因的表达，另一方面抑制宿主体内与免疫相关的基因的表达。

8.2 主要国家相关战略规划与举措

8.2.1 美国

8.2.1.1 基因组相关资助计划

2016 年 10 月 20 日，美国国家科学基金会（National Science Foundation，NSF）宣布投入 4400 万美元资助植物基因组研究计划（Plant Genome Research Program，PGRP），以提高农业实践水平，减少对资源的需求，以及解决环境问题等。其中，与植物病虫害相关的研究项目包括利用番茄的天然多样性来寻找新的抗病资源；多年生作物中植物免疫调节基因的发掘和功能研究。

2017 年 1 月 24 日，美国创新基因组学计划发布研究项目征集公告，将资助成簇的规律间隔的短回文重复序列（clustered regularly interspaced short patindromic repeats，CRISPR）技术在农业、微生物、环境、前沿技术和社会伦理等更广泛领域的开创性研究和潜在应用。其中，植物病虫害相关的资助项目主要集中在农业基因组学、植物基因组学领域，研究方向包括发展中国家作物的胁迫响应和病虫害抗性、木本植物的病虫害和胁迫响应等方面。

8.2.1.2 植物-生物互作项目

2016 年 3 月 8 日，NSF 宣布名为“植物-生物互作”（Plant-Biotic Interactions，PBI）的新研究项目开始招标。该项目将由 NSF 和美国国立食品与农业研究院（National Institute of Food and Agriculture，NIFA）共同支持和管理，开展植物与病毒、细菌、卵菌、真菌、植物和无脊椎共生体、病原体和害虫之间的互助及对抗作用的研究，经费预算为 1450 万美元。PBI 项目将重点加强对现存和新兴模型及非模型系统、农业相关植物的研究，通过对植物-生物互作的基础研究发现可用于农业实践的机理和方法。

PBI 项目的研究领域包括基础理论及相关机理，后者重在探索农业实践中支配植物-生物互作的机制。项目必须具备基础生物学方法和/或相关的农业基础和应用前景，适用于包括共栖、互利、寄生和寄主-病原相互作用等所有共生类型。研究的重点包括植物宿主、病原体、害虫或共生体，以及它们之间的相互作用或植物相关微生物组功能的生物学；研究这些复杂关系的起始、传递、保持和产出等方面的动力学，包括物种之间的代谢相互作用、免疫识别和信号、宿主共生体的调控、相互应答，以及如花粉-雌蕊等自我或非自我识别机理。总体而言，这些研究将加深人们对介导植物与生物体之间相互作用的基础过程的了解，并通过这些相关基础知识来推进农业技术的发展。

研究方法包括基因和基因组应答、细胞信号、营养和代谢作用及发展过程等。PBI 项目还支持免疫功能，如模式和效应物驱动的免疫性、在调控免疫应答中表观遗传学过程的作用与免疫的生理调节、活性氧族的作用与免疫引发的系统获得抗病性等领域的研究。

2017 财年 PBI 计划获资助项目见表 8-1，研究项目的主题包括植物免疫调控分子机制、致病菌生物学效应及病原菌-宿主互作机制和基因编辑技术等。

表 8-1 2017 财年 PBI 计划获资助项目

项目名称	研究机构	资助经费/万美元
在新型植物病原体 *Erwinia tracheiphila* 的宿主适应性和多样化的驱动因素	爱荷华州立大学	79.1
病毒介导的韧皮部装载参与抑制株龄相关的抗性	马里兰大学	60.0
植物脂质：结构、机制和功能	戈登研究大会	10.0
阐述植物免疫应答的翻译调控机制	杜克大学	92.5
由植物控制的食草感知的多层营养层	宾夕法尼亚州立大学	60.0
鉴定和确认柑橘中的黄龙病菌持久性的调节子	佛罗里达大学	86.3
胞外小泡在植物病原菌互作中的作用	印第安纳大学	65.5
RUI：在促进滩头草 *Ammophila breviligulata* 生长和健康中根系微生物的作用	霍夫斯特拉大学	47.6

续表

项目名称	研究机构	资助经费/万美元
CAREER：鉴定在调控的转座因子表观遗传因子及其调控作用特性，植物免疫与代际传承	得克萨斯州立大学	78.6
植物的免疫信号网络的演进	明尼苏达大学双城分校	91.4
用于食草诱导防御的系统氧脂素信号（systemic oxylipin signals，SOS）	得克萨斯农工大学	98.3
生长素在丁香假单胞菌发病机制中的作用	华盛顿大学	64.5
CAREER：了解物种复杂的尖孢镰刀菌的生物学效应	马萨诸塞大学安姆斯特分校	79.3
micoRNA 与配糖巨肽在植物免疫反应中的作用	加利福尼亚大学戴维斯分校	54.3
稻瘟病菌基因组作用于水稻活细胞效应器的易位效应机制	堪萨斯州立大学	63.4
基因组编辑柑橘溃疡病的损伤基因 *CSLOB1* 的后果	佛罗里达大学	91.2
正链 RNA 病毒复制复合物中的病毒-宿主相互作用	弗吉尼亚理工大学	77.1
水稻细胞中稻瘟病菌抑制植物防御相关的分子机制	内布拉斯加大学林肯分校	57.0
研究影响 TAL 效应的致病作用	爱荷华州立大学	58.6
细胞器与 Lys63 相关的泛素化在植物免疫中的作用	内布拉斯加大学林肯分校	68.5

8.2.1.3 国家计划 301——植物遗传资源、基因组学和遗传改良行动计划（2018-2022）

2017 年 5 月，美国农业部农业研究局（United States Department of Agriculture-Agricultural Research Service，USDA-ARS）发布了国家计划 301——植物遗传资源、基因组学和遗传改良行动计划（2018-2022）（*National Program 301 Plant Genetic Resources，Genomics and Genetic Improvement Action Plan 2018-2022*），核心任务是利用植物的遗传潜力来帮助美国农业转型，以实现成为全球植物遗传资源、基因组学和基因改良方面的领导者的战略愿景。具体做法是通过提供知识、技术和产品，以提高农产品的产量和质量，改善粮食安全，改善全球农业对破坏性疾病、害虫和极端环境的脆弱性。

该计划将管理、整合和向全球用户交付大量的原始遗传材料（遗传资源）、优良品种及基因、分子、生物和表型信息。最终目标是提高作物产量、适应性、抗性和品质等农艺性状，从而提升美国农产品价值。该国家计划具体解决的问题中，与植物病虫害相关的研究有：

1）利用最先进的基因库进行保藏，确保美国的植物和微生物遗传资源收集和相关信息的长期可用性和完整性。

2）识别并填补植物和微生物基因库收集、获取和描述，以及为研究人员、种植者、生产者和消费者提供高质量的遗传和信息资源等方面的空白。

3）培育更高产量的多样性作物，提高对水和其他投入利用效率，以及增强应对病害、害虫和极端环境等不利因素的能力。

8.2.1.4 国家计划303——植物病害行动计划（2017-2021）

美国国家计划303——植物病害行动计划（*National Program 303 Plant Diseases Action Plan 2017-2021*）旨在支持对现有及新出现的植物病害的研究，并制定有效的疾病管理策略，维护和扩大美国植物和植物产品的出口市场，实现生态和农业的可持续发展。其中，2017～2021年植物病害计划主要涉及以下内容：

1）病原学、鉴定、基因组学和系统学。随着国际植物产品贸易的增加及美国和贸易伙伴寻求保护自己免受外来植物病原体的引入，快速、可靠的病原体检测和鉴定程序对准确、及时的病害诊断至关重要。相关研究包括开发或改进对现有、新兴或外来病原体的诊断；开发或改进病原体检测和/或定量方法（如遥感）；系统学、进化、比较基因组学和病原体的群体基因组学；探究外来的、新兴的或未知的植物病害的病因。

2）植物病原体的生物学、生态学和遗传学，以及植物相关微生物。开发有效的病害管理方法的关键是了解病原体的遗传学、生态学、流行病学及对病原体-宿主-媒介相互作用和植物生物组学的基础生物学的深入了解。相关研究包括植物病原体的分子、基因组、细胞和器官，植物相关微生物及其与植物宿主的相互作用；病原体与媒介的相互作用（包括媒介-植物相互作用，因为其影响病原体传播和病害发展）；生态学、流行病学及病原体和媒介的传播；气候变化对病原体、媒介和病害发展的影响。

3）植物健康管理。需要有效、安全、环保、价格低廉和可持续的战略与方法来管理植物病害或植物病原体。植物病原体具有显著的改变和适应能力，这使其能够克服抗性作物品种或逃避曾经有效的防控策略和化学品。本部分的主要目标是通过宿主、病原体、媒介、植物微生物群落或有益生物的遗传、培养、化学或生物操作来提高植物健康。相关研究包括开发、鉴定和应用抗病原体或媒介的遗传抗性资源（常规育种或转基因/同源转基因等方法）；改进栽培措施或植物相关微生物的操作，以促进植物健康或管理病原体或媒介种群；继续推进杀虫剂溴甲烷替代品的研发，并对现有替代品进行优化；开发、鉴定和应用生物制剂或其他方式来减少病原体或媒介种群，从而提高植物抗性；通过改进化学药剂药效来控制病原体和媒介种群；开发综合病害管理体系，提高植物抗性和作物产量。

8.2.2 欧洲

8.2.2.1 欧盟植物病虫害优先行动

2014年3月，欧洲科学院科学咨询委员会（European Academies Science Advisory Council, EASAC）发布了题为《植物健康风险：欧盟应对新出现的植物害虫与病害的优先行动》（*Risks to plant health: European Union priorities for tackling emerging plant pests and diseases*）的报告。

报告认为，跨界病虫害正日益成为全球和区域作物与生态系统健康的重要威胁。对植物健康的挑战不仅来自真菌、细菌和病毒及其媒介，而且还来自无脊椎生物，特别是昆虫和线虫等。欧盟新出现的威胁包括最新鉴定的植物病原体或害虫入侵及在区域内传播的概率增加；已知病原体侵入或传播的概率增加，如新贸易或新农业政策所导致的结果；寄主植物敏感性增加，已知的病原体寄主范围扩大（如小麦白粉病病菌 *Blumeria graminis* 的寄主范围扩大到了黑小麦）或病原体致病力改变等。上述风险可能来自欧盟引入的用来生产生物燃料或做其他应用的新作物，也可能来自新品种。需要利用分子生物学技术鉴定害虫和病原。

为此，EASAC 推荐了以下 3 方面的优先行动：

1）监测系统。加强对病原菌与害虫的监测，以收集标准化的综合数据，建立早期预警系统；致力于长期数据记录并加强数据库之间的联系，包括遗传特征类数据库，以更快速地在成员国与其他地区之间交换和利用流行病等信息；利用新监控形式，包括社会媒介等；将预测预报从农业环境拓展至自然环境；持续关注生物恐怖问题；确保大学与公共研究机构的相关研究工作获得适当资助，并确保与植物健康部门的活动相配合。

2）研究与培训。落实建设必要的科学基础设施和网络，以支持监测、监管和创新；确保“地平线 2020”（Horizon 2020）采纳由科学团体提出的、针对解决新出现风险而编制的基础与应用研究议程中的详细建议。推荐的领域包括害虫与病害诊断；植物有害生物的生物学、生态学、流行学及其与寄主和媒介的关系；植物害虫与病害抗性；可持续病虫害防治中的生物与栽培措施；评价健康植物如何与具有直接或间接效益的微生物协调生长；减少成员国之间研究力量及确定优先顺序中的碎片化现象，支持多学科研究战略；提高研究与监测数据在模型、预测和推论中的应用，包括在作物病害-天气相互作用耦合模型中的应用；关注关键学科领域中当前迫切需要的技能，包括植物病理学与分类学，并在学科与行业之间建立更好的联系；确保植物健康研究问题获得当前欧洲委员会计划的足够关注，如欧洲农业、粮食安全与气候变化联合计划及欧洲农业生产与可持续性创新伙伴关系。

3）创新。对该问题的研究赋予更高优先级并更有效利用研究进展，以支持创新与知识从研究中心向实践应用的转移；开发新的持久防治措施以克服当前农药的缺点，并应对欧盟旨在减少许可化学防治措施数量的农药产品登记政策的挑战；通过标记辅助选择、转基因技术或其他新型育种技术培育对生物胁迫具有持久抗性的改良植物，同时需要相应地对欧盟监管框架进行改革；实施监管与创新相协调的政策，包括更全面地思考植物健康，并采取加强植物-动物-人类健康之间战略联系的措施。

8.2.2.2 欧洲植物科学组织植物和微生物研讨会

2017 年 3 月，欧洲植物科学组织（European Plant Science Organization，EPSO）植物与微生物工作组发布《EPSO 植物和微生物研讨会》（*EPSO Workshop on Plants and Microbiomes*）报告。报告认为，具有多样化微生物共生的多样化作物可为人与动物提供有益健康的多样化饮食，并有益于粮食生产系统的适应性。对植物微生物群落/植物微生物区系的定义，应包括所有与植物相关的微生物，也包括人/动物/植物病原体。专家明确建议将至少部分生命期生活在受植物影响的环境（如根际、根系内生菌、叶际微生物）中的所有微生物（包括真菌、细菌、古生菌、病毒、原生生物）都纳入植物微生物区系，并对植物微生物未来应开展的研究方向提出了以下建议：

1）将当前植物与微生物的相关关系研究（如微生物种类与特定植物性状或功能的相关性）深入到因果关系的研究上。需要进一步研究以下主题，即微生物区系的功能和各种微

生物之间的相互作用，如信号交换；植物对微生物区系的响应；微生物区系与植物性状之间的关系。此外，还有两个研究方向将日益重要，即植物微生物区系表观遗传学的作用；微生物中可转移的遗传元件，如质粒和转座子等。

2）需要研究生态系统-植物-微生物区系系统的复杂性，需要开展多学科研究以在多营养层面了解微生物区系的生态学和功能。

3）需要研究植物与微生物群落互作的机制，如识别能响应特定微生物的植物遗传标记以开辟植物育种新方向。

4）在模式作物的选择上，建议将大麦作为谷物和单子叶植物的模式作物，马铃薯作为双子叶植物的模式作物，番茄作为蔬菜的模式作物，豌豆作为豆类的模式作物，草莓作为水果的模式作物。

5）竞争前研究（precompetitive research）应首先确定基于微生物群落的植物健康和适应性指标，定义“健康的微生物区系”，确定“核心微生物区系”或“微生物区系中的关键物种”是否与植物健康相关。

6）建议建立植物微生物区系的研究标准，包括建立生物复制最低数量、采样方法、样品处理方法、元数据记录方法、分析过程和生物信息学分析方法的标准。

此外，专家还提出了一系列其他方面的建议，包括：①建立欧洲的（植物）微生物组数据库。②在欧洲建立植物微生物研究基础设施，如欧洲微生物技术中心，整合各种微生物研究，联合各种类型的微生物组数据，且并不限于植物微生物。③开展国际合作，共享数据库和保藏的菌种，以及实验、协议、标准化程序和测试环境。④与当地利益相关方就相关研究和应用进行早期、广泛的沟通。⑤加强植物微生物学教育培养人才。⑥改善微生物产品的监管，以充分利用植物微生物区系的潜在益处。⑦登记针对可消除害虫和病原体的生防产品时，应关注安全性和效果，对非病原体微生物，可以采用快速程序。

8.2.2.3 英国动植物健康科学能力建设战略

2014 年 12 月，英国政府科学办公室（Government Office for Science，GO-Science）及环境、食品和农村事务部（Department for Environment，Food and Rural Affairs，DEFRA）发布了英国首个动植物健康领域战略报告——《英国动植物健康：建设科学能力》（*Animal and plant health in the UK：Building our science capability*）。报告重点强调了在该领域科学能力建设中，国家层面的整体协调合作（包括国家布局、科研工作、基础设施等方面）具有重要意义。

该报告分析了英国在动植物健康领域面临的关键科学问题和不足，包括需要找到能证明农作物、林木和本土植物物种的病虫害对粮食安全、森林生产力和生物多样性的威胁日趋严重的证据；领域太过复杂且提供科学能力的基础设施分散在不同研究机构，很难有效地自我整合；缺乏在该领域的协调合作，没有统一的优先领域；缺乏对动植物健康科学的全局战略，从而降低了在自然科学、社会科学和经济学等跨学科有效部署的水平；面临技术短缺问题；没有以全局的角度评估更广泛的风险因素，而不仅是从已知害虫和病原体角度，有必要对动植物健康进行优先风险登记。

报告在分析了上述问题和不足的基础上，提出了英国动植物健康领域的未来发展愿景，即拥有足够的科学能力来保护和改善动植物健康，从而增加其对社会的贡献。针对该愿景，报告提出了建立新的“英国动物之健康科学合作体系”建议。为了该体系的建立、实现愿景还要转变工作方式，将现有的工作指导小组转变为临时执行小组，由政府首席科学顾问担任组长，负责对以下 3 项优先行动的开展实施监督和领导，并制订出具体的优先行动计划，具体如下：

1）制定英国动植物健康科学战略，提出关键优先领域和科学问题，明确政府和其他机构的角色，制订具有问责机制的行动计划；

2）加强政府投资动植物健康科学的证据基础，最大化公共投资效益；

3）制订计划开发植物健康技术，促进植物健康发展。

8.2.2.4 英国生物科学资助计划

2017 年 4 月 11 日，英国生物技术与生物科学研究理事会（Biotechnology and Biological Sciences Research Council，BBSRC）宣布，英国政府将持续性投入 3.19 亿英镑支持英国生物科学研究，以确保英国的国际竞争力。这笔经费来自英国商务、能源与产业战略部（Department for Business，Energy and Industrial Strategy，BEIS），用于 BBSRC 支持英国未来 5 年的生物科技发展，将通过 17 个战略计划资助一批经严格和独立的国际同行评审筛选出来的科研院所。其中与植物病虫害研究相关的战略计划见表 8-2，涉及了宿主-病原体互作、抗病育种、生物制剂和植物-微生物互作分子机理等方面。

表 8-2 与植物病虫害研究相关的战略计划

战略计划	目标与内容	研究机构
增强宿主对疾病控制的反应	将集中在免疫学、遗传学、昆虫学领域，从宿主角度（包括作为病毒载体的节肢动物）来研究宿主-病毒互作、宿主对病毒感染的反应及将这些知识转换成新的疾病控制方法	皮尔布赖特研究所
抗性作物的核心战略计划	提高农作物应对气候和政策的经济性、产率和环境可持续性开发农作物多样性以保证其在干旱和洪涝灾害环境下的产量和质量，以及抗病虫害的能力	英国亚伯大学
植物健康	了解植物与微生物之间的分子对话，建立彼此之间的交流方式，以及理解其如何参与相互进化	约翰英纳斯中心、塞恩斯伯里实验室

8.2.3 澳大利亚

2012 年，澳大利亚粮食研究局（Grains Research and Development Corporation，GRDC）发布了《2012-2017 年研究与发展战略规划》（*Strategic Research and Development Plan 2012-2017*），公布了其未来 5 年研发及推广投资的重点领域。在植物保护领域，5 年目标包括针对杂草、无脊椎动物害虫、谷物锈病、谷物（非锈病）及豆类和油料作物的真菌病原菌、线虫、病毒和细菌，开展有效、可持续及高效的管理，种植者联合利用新的遗传、生物、栽培、杀菌剂及化学等管理工具和措施减少作物损失和最小化控制成本；有效的生物安全、农药与遗传技术管理。远景目标是种植者通过采用有效、可持续及高效的杂草和病害控制措施管理农场，最大化收益并减少风险。

2017 年 6 月，澳大利亚科学院发布《澳大利亚农业科学十年规划（2017-2026）》（*The decadal plan for Australian Agricultural Sciences 2017–2026*）报告，确定了未来 10 年最有可能大幅提高农业生产力、收益率和可持续性的 6 个农业科学研究领域，为澳大利亚未来农业科学投资提供了战略方向。6 个农业科学研究领域具体包括基因组学的发展与利用、农业智能技术、大数据分析、绿色可持续化学、应对气候变率和变化、代谢工程/合成生物学。植物病虫害研究主要集中在基因组学的发展与利用和代谢工程/合成生物学等领域。

8.2.4 印度

印度“十二五”期间，通过“农业基础、战略、前沿研究国家基金计划”（National Fund for Basic，Strategic and Frontier Application Research in Agriculture，NFBSFARA）将资助 29 个项目，总预算为 7.269 亿卢比（约合人民币 6900 万元），优先领域包括 13 个方面。植物保护相关研究主要集中在以下方面：

1）生物胁迫。在主要粮食作物、动物和植物中开展持久抗性育种；利用新型植物和动物防御机制应对生物胁迫，并将其作为有害生物综合治理措施之一；植物、动物和鱼类病虫害的诊断和疫苗的研究开发；识别与防御有关的基因和基因体系；土壤和水体中生物分子的分离和表征，用于保护人体、动物、植物和土壤的健康。

2）利用 RNAi 技术研究植物、动物和鱼类的病虫害抗性。

3）开发具有豆荚螟抗性的豆科植物品种。

2015 年 7 月，印度农业研究理事会（Indian Council of Agricultural Research，ICAR）发布了《面向 2050 年的愿景》（*Vision 2050*）战略报告，规划了未来发展的重点研究领域，并设计了实现可持续粮食和营养安全的农业研究、教育和推广的战略目标与实现途径。植物病虫害研究的重点包括通过研究生物胁迫来提高农产品产量；保障生物安全特别是防止基因剽窃和跨境病媒传输等植物病虫害相关内容。

8.2.5 中国

8.2.5.1 973 计划

973 计划旨在解决国家战略需求中的重大科学问题，以及对人类认识世界将会起到重要作用的科学前沿问题，对推动我国基础研究的发展具有重要意义。

973 计划植物保护领域历年来发布了包括病虫害发病及控制机理、植物免疫机制、农药抗性、生防制剂、天敌昆虫控制害虫和病毒昆虫传播机理等多个方向在内的研究计划。近年来的主要计划项目名称、首席科学家及第一承担单位见表 8-3。

表 8-3 973 计划中植物病虫害研究相关的资助项目

近年来的主要计划项目名称	首席科学家	第一承担单位（时段）
主要粮食作物重大病害控制的基础研究	彭友良	中国农业大学（2012～2016 年）
害虫爆发成灾的遗传与行为机理	康乐	中科院动物所（2012～2016 年）
农业生防微生物制剂的合成与作用机理及定向改造	邓子新	上海交通大学（2009～2013 年）

续表

近年来的主要计划项目名称	首席科学家	第一承担单位（时段）
重要外来物种入侵的生态影响机制及监控基础	万方浩	中国农业科学院植物保护所（2009～2013 年）
分子靶标导向的绿色化学农药创新研究	钱旭红	华东理工大学（2010～2014 年）
家蚕关键品质性状分子解析及分子育种基础研究	夏庆友	西南大学（2012～2016 年）
作物多样性对病虫害生态调控和土壤地力的影响	朱有勇	云南农业大学（2011～2015 年）
稻飞虱灾变机理及可持续治理的基础研究	娄永根	浙江大学（2010～2014 年）
植物免疫机制与作物抗病分子设计的重大基础研究	何祖华	中国科学院上海生命科学研究院植物生理生态研究所（2011～2015 年）
天敌昆虫控制机制和可持续利用	陈学新	浙江大学（2013～2017 年）
农作物病原线虫生物防治的基础研究	张克勤	云南大学（2013～2017 年）
主要粮油产品储藏过程中真菌毒素形成机理及防控基础	刘阳	中国农业科学院食品所（2013～2017 年）
小麦重要病原真菌毒性变异的生物学基础	黄丽丽	西北农林科技大学（2013～2017 年）
重要农作物病毒昆虫传播的生物基础	李毅	北京大学（2014～2018 年）
农业鼠害爆发成灾规律、预测及可持续控制的基础研究	张知彬	中国科学院动物研究所（2007～2011 年）
农业转基因生物安全评价与控制基础研究	彭于发	中国农业科学院植物保护研究所（2007～2011 年）
森林重大病虫灾害生态调控的关键科学问题	规划中	
果树重大病虫害成灾机理与持续控制的基础研究	规划中	
农作物有害生物抗药性预测与治理的分子生物学基础研究	规划中	
农田杂草恶性化机制与防控基础研究	规划中	

8.2.5.2 国家重点研发计划

国家重点研发计划是国家科技计划管理改革后实施的最新科技计划，由原来科学技术部管理的 973 计划、863 计划、国家科技支撑计划、国际科技合作与交流专项，国家发展和改革委员会、工业和信息化部共同管理的产业技术研究与开发资金，以及农业部和国家卫生健康委员会等 13 个部门管理的公益性行业科研专项等整合而成。该计划主要针对事关国计民生的重大社会公益性研究，以及事关产业核心竞争力、整体自主创新能力和国家安全的重大科学技术问题，突破国民经济和社会发展主要领域的技术瓶颈。

该计划自 2015 年实施，首批重点研发专项于 2016 年 2 月 12 日发布。2017 年，国家重点研发计划重点专项达到 40 个，入选项目共计 1077 个，总经费超过 216 亿元，其中，国家重点研发计划中植物病虫害研究相关的资助项目见表 8-4，主要分布在化学肥料和农药减施增效综合技术研发和七大农作物育种两个专项中。项目研究内容涉及有害生物调控、作物免疫调控、农药靶标、天敌昆虫防控及多抗新品种培育等方面。

表 8-4　国家重点研发计划中植物病虫害研究相关的资助项目

所属专项	项目名称	项目牵头承担单位	项目负责人	中央财政经费/万元	年份
化学肥料和农药减施增效综合技术研发	活体生物农药增效及有害生物生态调控机制	中国科学院动物研究所	戈峰	5480	2017
化学肥料和农药减施增效综合技术研发	作物免疫调控与物理防控技术及产品研发	中国农业科学院植物保护研究所	邱德文	5003	2017
化学肥料和农药减施增效综合技术研发	耕地地力影响农业有害生物发生的机制与调控	中国科学院微生物研究所	郭良栋	4967	2017
化学肥料和农药减施增效综合技术研发	化学农药对靶高效传递与沉积机制及调控	中国农业科学院植物保护研究所	黄啟良	4376	2017
化学肥料和农药减施增效综合技术研发	天敌昆虫防控技术及产品研发	中国农业科学院植物保护研究所	张礼生	2536	2017
化学肥料和农药减施增效综合技术研发	新型高效生物杀虫剂研发	中国农业科学院植物保护研究所	张杰	2022	2017
七大农作物育种	十字花科蔬菜优质多抗适应性强新品种培育	中国农业科学院蔬菜花卉研究所	杨丽梅	3139	2017
七大农作物育种	茄科蔬菜优质多抗适应性强新品种培育	中国农业科学院蔬菜花卉研究所	张宝玺	2951	2017
七大农作物育种	长江中下游冬麦区高产优质抗病小麦新品种培育	江苏里下河地区农业科学研究所	高德荣	2182	2017
七大农作物育种	西南麦区优质多抗高产小麦新品种培育	四川省农业科学院作物研究所	杨武云	1864	2017

8.2.5.3　转基因作物新品种培育重大专项

科学技术部于 2008 年开始实施转基因作物新品种培育重大专项，其目标是要获得一批具有重要应用价值和自主知识产权的基因，培育一批抗病虫、抗逆、优质、高产、高效的重大转基因生物新品种，提高农业转基因生物研究和产业化整体水平，为我国农业可持续发展提供强有力的科技支撑。

农作物病虫害领域相关的项目主要涉及抗病、抗虫、抗病毒基因克隆及抗病、抗虫、抗病毒转基因作物新品种培育（表 8-5）。农作物品种主要集中在水稻、小麦、玉米和棉花等方面。其中，抗黄萎病棉花品种培育取得重要突破，该专项 2016 年成功利用 HIGS 技术在早熟陆地棉中实现了抗黄萎病的种质创新，在抗黄萎病棉花品种培育领域跨出了具有里程碑意义的一步。

表 8-5　转基因作物新品种培育重大专项中植物病虫害研究相关的资助项目（2011 年）

项目名称	负责人	第一作者单位	年份
抗病转基因水稻新品种培育研究	曹立勇等	中国水稻研究所	2011
抗病虫转基因大豆新品种培育	董英山	吉林省农业科学院	2011
抗病虫关键基因克隆及功能验证	何祖华	中国科学院上海生命科学研究院	2011

续表

项目名称	负责人	第一作者单位	年份
抗病转基因羊新品种培育	连正兴	中国农业大学	2011
胚乳无 Bt 蛋白的抗虫转基因水稻培育研究	林拥军等	华中农业大学	2011
双价 Bt 抗虫转基因水稻培育	林拥军等	华中农业大学	2011
抗虫转基因水稻衍生品系的培育	牟同敏等	华中农业大学	2011
棉铃虫田间种群 Cry1Ac 抗性的遗传多样性	吴益东等	南京农业大学	2011
抗病虫转基因小麦新品种培育	于嘉林	中国农业大学	2011
抗病及转基因早熟棉花新品种培育	喻树迅等	中国农业科学院棉花研究所	2011

8.2.5.4 中国科学院战略性先导科技专项

2014 年 5 月 22 日，中国科学院战略性先导科技专项（B 类）“作物病虫害的导向性防控－生物间信息流与行为操纵”项目启动。

该战略性先导科技专项以中国科学院动物研究所为依托单位，通过建立和发展创新型的科研组织模式，组织中国科学院在昆虫学、病原微生物学、植物病理学和植物保护学方面的优势研究团队进行协同攻关，以作物-病原微生物-昆虫相互关系作为具体的科学研究模式，系统解析生物间信息流识别、解码和自然操纵的分子与信息基础这一核心科学问题，揭示新的生物学过程，探索物种间关系人工模拟和操纵的规律与原则。

该专项包括 5 类项目，即种内信息流的生物学效应与人工操纵、种间信息的识别解码与人工操纵、信息流识别与应答的调控与操纵、基于靶标分子的病虫特异性干预和多营养级生物间信息互作与导向性调控。

8.3 研究论文分析

本研究以 Clarivate Analytics Web of Science 科学引文索引数据库作为数据来源，检索作物病虫害导向性防控研究领域的 SCI 论文，文献类型限制在研究论文（article）、图书章节（book chapter）、综述（review）、会议摘要（meeting abstract）、会议论文（proceedings paper）和通信（letter），共检索到论文 30 458 篇。利用数据分析工具德温特数据分析家（Derwent Data Analyzer，DDA）和可视化分析工具对检索到的论文进行文献计量分析。

8.3.1 趋势分析

作物病虫害导向性防控的研究论文最早发表于 1911 年，图 8-1 显示，相关研究的发文量从 20 世纪 60 年代开始逐渐增加。论文的快速增长期从 1981～1990 年开始，10 年间发文量为 945 篇，较上一个 10 年发文量翻了一番。1991～2000 年的发文量呈现出爆发式增长的态势，10 年共发文 5032 篇，比上一个 10 年增加了 4 倍多。这种论文增长的趋势主要源于一些新学科和新技术的发现及技术成本的降低。例如，20 世纪 90 年代，随着一些物种基因组计划的启动，基因组学得到了快速发展；1993 年，植物基因组编辑技术开始发端。

随后，归巢核酸酶（engineered meganuclease，MN）、锌指核酸酶（zinc-finger nuclease，ZFN）、转录激活因子样效应核酸酶（transcription activator-like effectors nucleases，TALENS）和成簇规律间隔短回文重复序列（CRISPR）等新的基因组编辑技术的相继出现使相关研究成果快速增加。

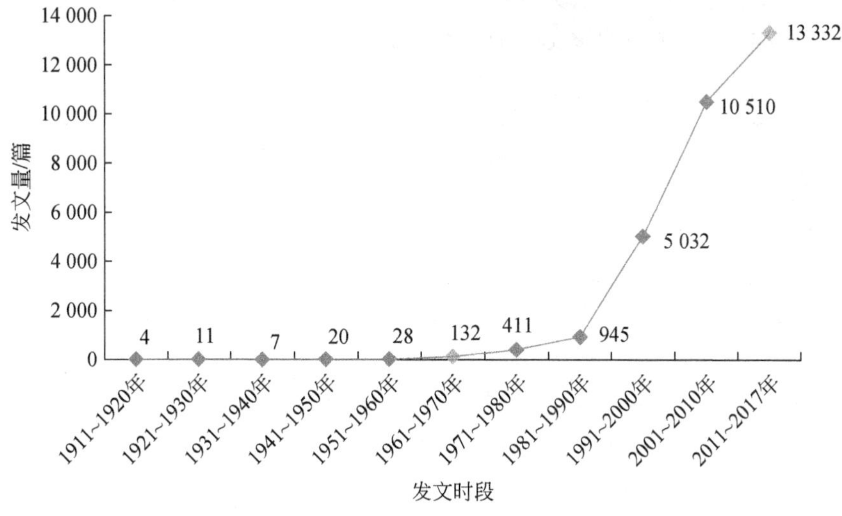

图 8-1 作物病虫害导向性防控研究每 10 年发文量比较

8.3.2 国家分析

图 8-2 列出了作物病虫害导向性防控研究发文量排名前 10 位的国家。从图 8-2 中可以看出，在排名前 10 位的国家中，美国和中国的发文量占总发文量的 50%。其中，发文最多的国家是美国，所占比例为 34%，在该领域占据重要的地位。紧随其后的国家是中国，发文量所占比例为 16%。传统的科技发达国家德国、英国、日本和法国所占比例分别为 9%、8%、8%和 7%，排名前 10 位的国家中发文量最少的是西班牙和巴西，所占比例均为 4%。

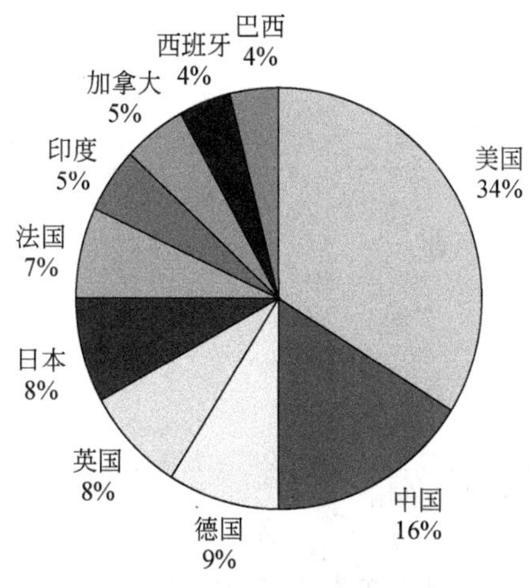

图 8-2 作物病虫害导向性防控研究发文量排名前 10 位的国家

作物病虫害导向性防控研究排名前 10 位的国家的文献计量特征显示在表 8-6 中。从表 8-6 中可以看出，美国不仅在相关领域的发文量排名第 1 位，而且其被引用次数和 H 指数均排在最前列，远超过其他国家。在篇均被引次数方面，英国排名第 1 位（60.02 次），紧随其后的是美国（53.03 次）。中国的发文总量虽然仅次于美国，但是总被引用次数较少，与之相关的是中国的篇均被引用次数仅排名第 8 位，H 指数排名第 6 位，这说明我国在作物病虫害导向性防控研究领域的发文影响力有待提高。

表 8-6　作物病虫害导向性防控研究排名前 10 位的国家的文献计量特征

序号	国家	发文量/篇	被引用次数/次	篇均被引用次数/次	H 指数
1	美国	8 878	470 763	53.03	268
2	中国	4 241	70 198	16.55	97
3	德国	2 322	109 170	47.02	147
4	英国	2 066	123 993	60.02	163
5	日本	1 932	58 609	30.34	105
6	法国	1 869	91 439	48.92	140
7	印度	1 280	17 801	13.91	61
8	加拿大	1 228	39 261	31.97	96
9	西班牙	1 087	40 361	37.13	89
10	巴西	1 056	15 394	14.58	52

对某一领域近几年的研究成果进行统计，与其全部时间的研究成果相比较，结果在一定程度上可以反映出相关研究领域研究活跃度。研究领域研究活跃度的定义如下：

$$\text{研究领域研究活跃度} = \frac{\text{近}n\text{年发表论文}/\text{全部时间段发表论文的总数}}{n/\text{全部时间段}},\ n=5$$

如果研究领域的活跃度大于 1，表明该领域的研究在近几年比较活跃；反之则表明该领域的活跃度较低。图 8-3 显示 2012～2016 年发文量排名前 10 位的国家发文活跃度的情况。

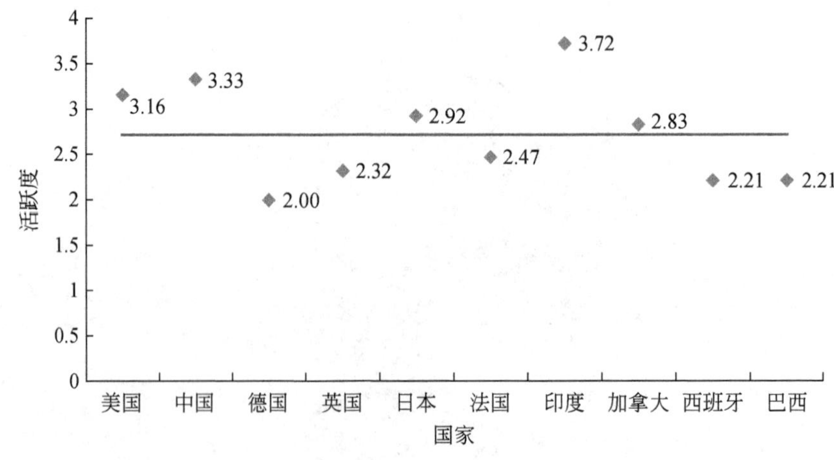

图 8-3　2012～2016 年发文量排名前 10 位的国家发文活跃度比较

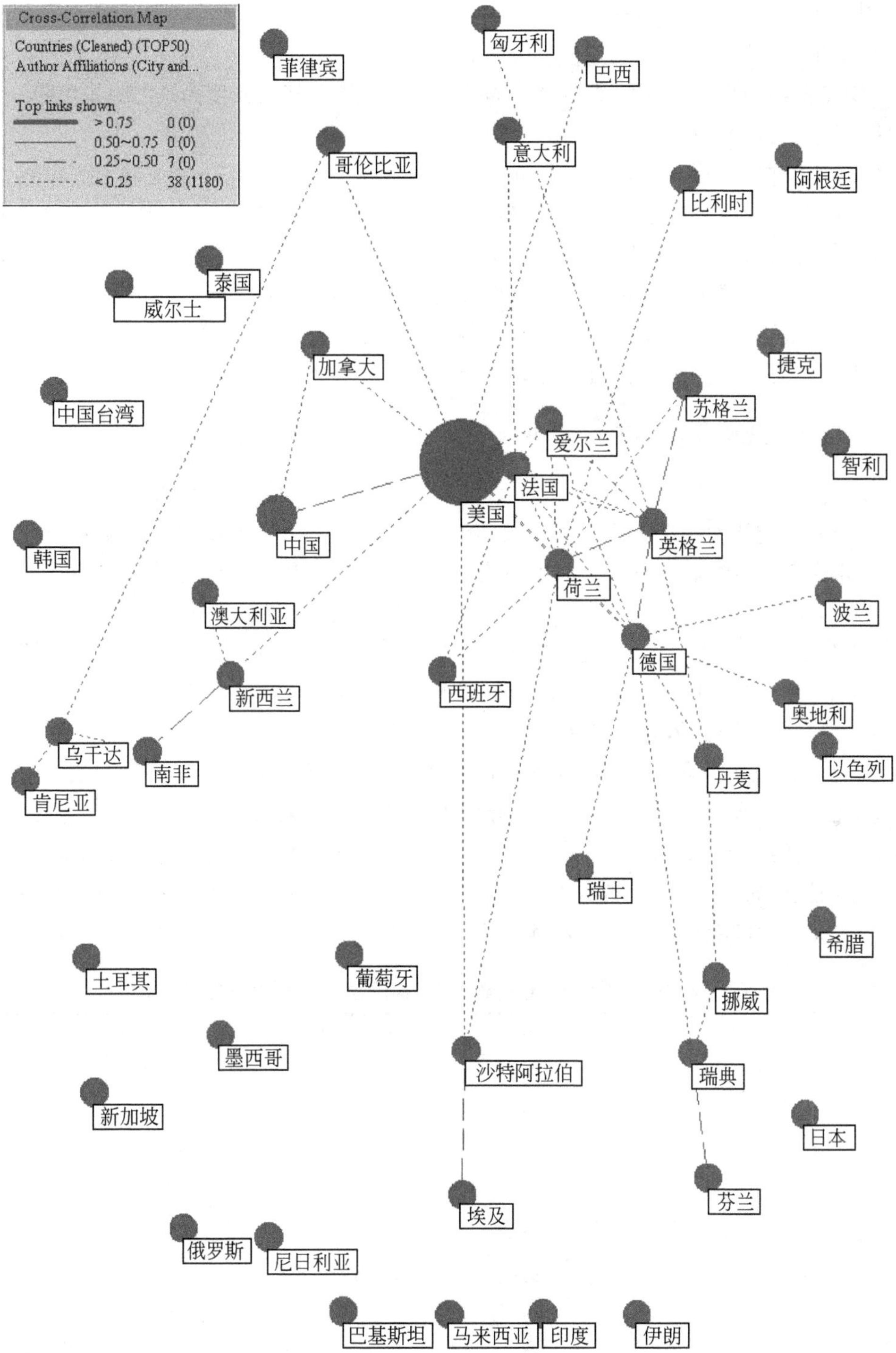

图 8-4 作物病虫害导向性防控研究国家（地区）合作结构图

从图 8-3 中可以看出，近 5 年来，排名前 10 位的国家发文的平均活跃度是 2.72，共有 5 个国家近 5 年的发文活跃度超过平均值，分别是美国、中国、日本、印度和加拿大。其中，印度近 5 年在作物病虫害导向性防控方面的研究异常活跃，其活跃度为 3.72，排名第 1 位。中国紧随其后，活跃度为 3.33，排名第 2 位。

图 8-4 列出作物病虫害导向性防控研究国家（地区）合作结构，直观显示国家之间的合作情况。处于合作网络中心位置的国家包括美国、法国、爱尔兰、英国、荷兰和德国，这些国家与其他国家之间有比较紧密的合作。中国和加拿大的合作强度较小，图 8-4 中显示这两个国家只是与美国进行合作。从合作强度来看，国家之间合作强度较大的既包括地理位置上较为接近的国家，如英国和德国、英国和荷兰、瑞典和芬兰；也包括洲际之间的合作，如中国和美国、新西兰和南非之间的合作。

8.3.3 研究机构分析

根据对作物病虫害导向性防控研究领域发文的研究机构的统计（表 8-7），发文量排名前 10 位的研究机构依次是美国农业部（美国）、康奈尔大学（美国）、法国农业科学院（法国）、中国科学院（中国）、马普学会分子植物生理研究所（德国）、中国农业科学院（中国）、佛罗里达大学（美国）、浙江大学（中国）、加利福尼亚大学戴维斯分校（美国）和西班牙高等科学研究委员会（西班牙）。表 8-7 显示，马普学会分子植物生理研究所发文的篇均被引用次数为 61.14 次，排名第 1 位，说明其相关论文受到较高的关注程度。来自加利福尼亚大学戴维斯分校和康奈尔大学发文的篇均被引用次数排名第 2 位和第 3 位，分别为 55.79 次和 51.03 次。发文量排名前 10 位的来自中国的 3 个研究机构分别为中国科学院、中国农业科学院和浙江大学，其篇均被引用次数分别为 23.00 次、11.68 次和 18.85 次。从 H 指数这一指标来看，康奈尔大学是 H 指数唯一超过 100 的研究机构，略高于排名第 2 位的马普学会分子植物生理研究所（H 指数为 95）。来自中国的 3 个研究机构的 H 指数分别为 63（中国科学院）、38（中国农业科学院）和 45（浙江大学）。

表 8-7　作物病虫害导向性防控研究机构排名前 10 位的文献计量特征

序号	研究机构	发文量/篇	被引用次数/次	篇均被引次数/次	H 指数
1	美国农业部	1 197	33 330	27.84	81
2	康奈尔大学	754	38 478	51.03	104
3	法国农业科学院	698	31 230	44.74	91
4	中国科学院	655	15 065	23.00	63
5	马普学会分子植物生理研究所	533	32 587	61.14	95
6	中国农业科学院	514	6 006	11.68	38
7	佛罗里达大学	487	12 076	24.80	59
8	浙江大学	479	9 030	18.85	45
9	加利福尼亚大学戴维斯分校	467	26 056	55.79	87
10	西班牙高等科学研究委员会	452	15 480	34.25	67

进一步对发文量排名前 10 位的中国的研究机构进行统计（表 8-8）。除上述中国科学院、中国农业科学院和浙江大学外，国内发文量较高的研究机构主要集中在农林院校，包括南京农业大学、中国农业大学、华中农业大学、福建农林大学、西北农林大学、浙江省农业科学院和华南农业大学。从篇均被引次数来看，华中农业大学的这一指标最高，为 26.74 次/篇，略高于中国科学院。H 指数显示中国科学院的这一指标远高于国内其他研究机构，说明中国科学院的发文质量较高，受到同行关注的程度较大。此外，浙江大学和南京农业大学也有较高的 H 指数，分别为 45 和 40。

表 8-8 作物病虫害导向性防控研究发文量排名前 10 位的中国的研究机构的文献计量特征

序号	研究机构	发文量/篇	被引用次数/次	篇均被引次数/次	H 指数
1	中国科学院	655	15 065	23.00	63
2	中国农业科学院	514	6 006	11.68	38
3	浙江大学	479	9 030	18.85	45
4	南京农业大学	448	6 432	14.36	40
5	中国农业大学	281	5 465	19.45	39
6	华中农业大学	233	6 231	26.74	37
7	福建农林大学	136	1 451	10.67	22
8	西北农林大学	126	638	5.06	16
9	浙江省农业科学院	126	1 616	12.83	20
10	华南农业大学	104	481	4.63	11

8.3.4 主题分析

8.3.4.1 载文量排名前 10 位的来源期刊

作物病虫害导向性防控研究的相关论文共发表在 1285 种期刊上，其中，发文量排名前 10 位的来源期刊共刊载了该研究领域大约 1/5 的论文数量（表 8-9）。在排名前 10 位的来源期刊中，只有期刊 *Plos One* 和 *Proceedings of The National Academy of Sciences of The United States of America*（*PNAS*）属于综合性期刊，其余 8 种均属于专业性期刊。在专业性期刊中，*Phytopathology 和 Molecular Plant-microbe Interactions* 的载文量均超过了 900 篇，是集中刊载作物病虫害导向性防控研究的来源刊物。2016 年的影响因子显示，*PNAS* 具有最高的影响因子（9.661），载文量为 526 篇；紧随其后的是 *Plant Cell*（8.688），载文量为 439 篇。

表 8-9 作物病虫害导向性防控研究排名前 10 位的来源期刊及影响因子

序号	期刊名称	影响因子（2016 年）	载文量/篇
1	*Phytopathology*	2.896	932
2	*Molecular Plant-microbe Interactions*	4.332	915
3	*Plos One*	2.806	879

续表

序号	期刊名称	影响因子（2016 年）	载文量/篇
4	*Plant Physiology*	6.456	742
5	*Plant Journal*	5.901	570
6	*Proceedings of The National Academy of Sciences of The United States of America*	9.661	526
7	*Frontiers in Plant Science*	4.298	474
8	*Plant Cell*	8.688	439
9	*Phytochemistry*	3.205	426
10	*Molecular Plant Pathology*	4.697	395

8.3.4.2 发文学科分布

图 8-5 给出了作物病虫害导向性防控研究学科领域分布情况。从图 8-5 中可以看出，有关作物病虫害导向性防控研究的论文主要集中在植物科学、生物化学与分子生物学领域，属于这两个学科领域的发文量超过了总发文量的一半以上，这种情况与论文期刊分布的特点是相似的。图 8-5 显示，属于生物技术与应用微生物学、昆虫学、农业这 3 个学科的发文量相差不多，均在 4000 篇左右。

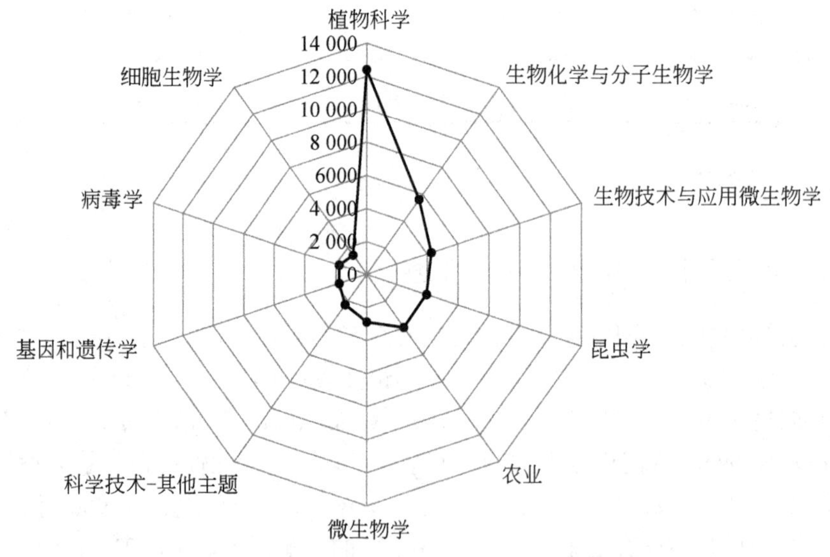

图 8-5 作物病虫害导向性防控研究学科领域分布

8.3.4.3 主题词分析

对作物病虫害导向性防控相关研究论文的作者关键词（author's keywords）和关键词扩展（keywords plus）合并进行分析，经清洗后排序（表 8-10）。抗病性（disease resistance）是所有论文中使用最多的关键词，说明作物的病害抵抗和防御是研究重点。此外，表达（expression）、细胞死亡（cell-death）、先天性免疫（innate immunity）也都进入排名前 20 位的关键词之列，说明目前有关作物病虫害导向性防控研究中，这些都是科学家优先关注的问题。从各研究热点历年的发展来看，2001 年以来，除有关“表达”的研究内容外，各方面的研究基本都随着时间的推移而增加。变化比较明显的是先天性免疫（innate immunity），2001 年相关的研究只有 11 篇论文，到 2014 年时，有关先天性免疫的论文已经超过 200 篇，近年来略有下降。

表 8-10 作物病虫害导向性防控研究排名前 20 位的关键词

序号	关键词	发文量/篇	序号	关键词	发文量/篇
1	抗病性	4904	11	先天性免疫	1886
2	植物	2629	12	鉴定	1828
3	基因	2414	13	丁香假单胞菌	1729
4	基因表达	2248	14	生物防控	1694
5	表达	2214	15	防御反应	1542
6	水杨酸	2149	16	致病性	1416
7	抗性	2136	17	白僵菌	1408
8	获得性抗性	2061	18	感染	1277
9	蛋白质	2009	19	绿僵菌	1178
10	细胞死亡	1894	20	过敏反应	1158

进一步利用 Derwent Data Analyzer 工具把高频主题词生成矩阵，用 SPSS 软件把生成的矩阵结合主成分分析转化为多维结构图（图 8-6）。根据图 8-6 中的结果，有关作物病虫害导

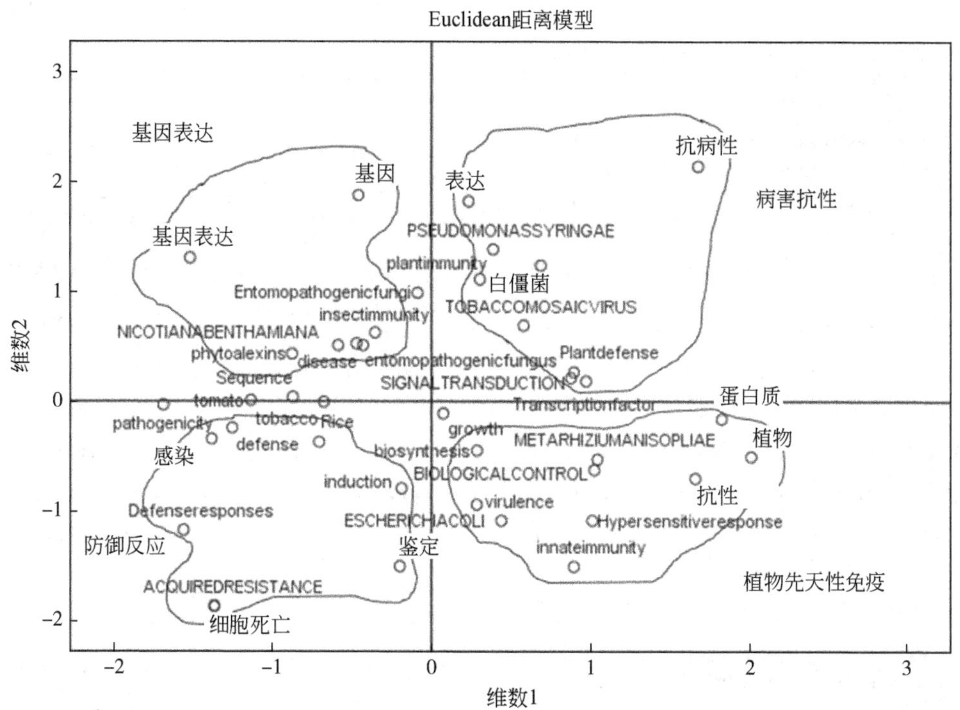

图 8-6 作物病虫害导向性防控研究多维尺度分析结构图

向性防控研究可以归为以下 4 个热点研究方向：①病害抗性。②基因表达。③防御反应。④植物先天性免疫。但是，这 4 个研究方向在界线上并不是非常清晰的，而是在一定程度上呈现出交叉和重叠的特征。

8.3.5 高影响力论文分析

表 8-11 和表 8-12 分别列出了作物病虫害导向性防控研究排名前 15 位的高被引论文和热点论文。排名前 15 位的高被引论文中，最早发表于 2007 年的有 4 篇，最晚于 2014 年发表在 *Science* 上的有 1 篇。排名前 15 位的高被引论文中，引用最高的前 3 篇全部来源于年评类期刊综述性文章。其中，引用最高的论文 *The host defense of Drosophila melanogaster*，发表于期刊 *Annual Review of Immunology* 上，主要对昆虫的防御反应的分子机制及由病原体演化而来的逃避策略进行综合述评。作物病虫害导向性防控研究在本报告的检索时间段共产生 6 篇热点论文，引用最高的两篇均发表于 2017 年。可以看出，高被引论文和热点论文中与基因组编辑技术有关的内容较多，如 TALEN 技术和 CRISPR-Cas9 技术等。另外，有关植物免疫方面的内容也受到较高程度的关注。

表 8-11 作物病虫害导向性防控研究排名前 15 位的高被引论文

序号	题名	来源期刊	发文时间	第一作者
1	The host defense of Drosophila melanogaster	*Annual Review of Immunology*	2007	Lemaitre B
2	Regulation of mRNA Translation and Stability by micro RNAs	*Annual Review Biochemistry*	2010	Fabian M R
3	A Renaissance of Elicitors：Perception of Microbe-Associated Molecular Patterns and Danger Signals by Pattern-Recognition Receptors	*Annual Review of Plant Biology*	2009	Boller T
4	Efficient design and assembly of custom TALEN and other TAL effector-based constructs for DNA targeting	*Nucleic Acids Research*	2011	Cermak T
5	Plant immunity：Towards an integrated view of plant-pathogen interactions	*Nature Reviews Genetics*	2010	Dodds P N
6	The new frontier of genome engineering with CRISPR-Cas9	*Science*	2014	Doudna J A
7	Small non-coding RNAs in animal development	*Nature Reviews Molecular Cell Biology*	2008	Stefani G
8	Plant immunity to insect herbivores	*Annual Review of Plant Biology*	2008	Howe G A
9	Antiviral immunity directed by small RNAs	*Cell*	2007	Ding S W
10	Networking by small-molecule hormones in plant immunity	*Nature Chemical Biology*	2009	Pieterse C M J
11	Role of plant hormones in plant defence responses	*Plant Molecular Biology*	2009	Bari R
12	A flagellin-induced complex of the receptor FLS2 and BAK1 initiates plant defence	*Nature*	2007	Chinchilla D
13	Salicylic Acid，a multifaceted hormone to combat disease	*Annual Review of Phytopathology*	2009	Vlot A C
14	Metagenomic and functional analysis of hindgut microbiota of a wood-feeding higher termite	*Nature*	2007	Warnecke F
15	Arbuscular mycorrhiza：The mother of plant root endosymbioses	*Nature Reviews Microbiology*	2008	Parniske M

表 8-12 作物病虫害导向性防控研究热点论文

序号	题名	来源期刊	发文时间	第一作者
1	Induction and suppression of antiviral RNA interference by influenza A virus in mammalian cells	*Nature Microbiology*	2017	Li Y
2	High-efficiency gene targeting in hexaploid wheat using DNA replicons and CRISPR/Cas9	*Plant Journal*	2017	Gil-Humanes J
3	Intracellular innate immune surveillance devices in plants and animals	*Science*	2016	Jones J D G
4	Development of broad virus resistance in non-transgenic cucumber using CRISPR/Cas9 technology	*Molecular Plant Pathology*	2016	Chandrasekaran J
5	Plant hormone-mediated regulation of stress responses	*Bmc Plant Biology*	2016	Verma V
6	Salicylic acid modulates colonization of the root microbiome by specific bacterial taxa	*Science*	2015	Lebeis S L

8.4 专利分析

专利数据以 Derwent Innovation 数据库为数据来源，根据标题和摘要主题词编写检索式，检索时间限定为入库年至 2017 年 10 月。数据集包含新品种在内的专利共 6268 件（美国等国家可以将新品种申请专利，这导致作物病虫害导向性防控研究领域检索出了大量与新品种相关专利），数据下载后，将数据导入 DDA 分析工具中进行数据清洗，再利用 EXCEL、UCINET 和 INNOGRAPHY 等工具进行数据分析、统计和图表绘制。

8.4.1 趋势分析

8.4.1.1 专利年度趋势分析

根据专利申请数量的发展趋势，作物病虫害导向性防控技术发展大致可以划分为以下 3 个阶段（图 8-7）。

（1）萌芽期：1979～2004 年

2004 年以前作物病虫害导向性防控研究领域的全球每年专利申请数量较少，均在 33 件以下，属于萌芽期。1979 年，日本住友化学株式会社申请了本领域的首件专利 JP56025136A（抗有机磷酸盐和氨基甲酸酯害虫的杀虫剂）。此时期申请的 97 件专利中，代表性专利包括澳大利亚联邦科学与工业研究组织和拜耳作物科学公司申请的 WO2005049841A1（利用基因表达抑制昆虫抗性）。

（2）快速发展期：2005～2010 年

作物病虫害导向性防控研究领域专利申请数量呈现出快速的增长趋势，并在 2010 年形成了一个小的申请高峰（751 件）。在此期间，领域内许多大型企业快速发展，建立了自身的技术竞争优势，代表性专利包括生物科技种子公司 Devgen NV 公司（2012 年被先正达公司收购）申请的 WO2007080126A2 和 WO2007074405A2（均为关于利用 RNA 干扰方法提高作物产量或控制植物害虫的侵扰）、WO2007080127A2（利用 RNA 干扰方法控制害虫的侵扰）、WO2006129204A2（利用 RNA 干扰方法控制昆虫）。

（3）波动发展期：2011～2017 年

在此阶段，专利申请数量呈现上升后波动下降的态势，在 2012 年达到最高申请数量（956 件）。代表性专利如孟山都公司申请的 US20160068852A1，涉及了作物小 RNA 沉默途径基因研究。

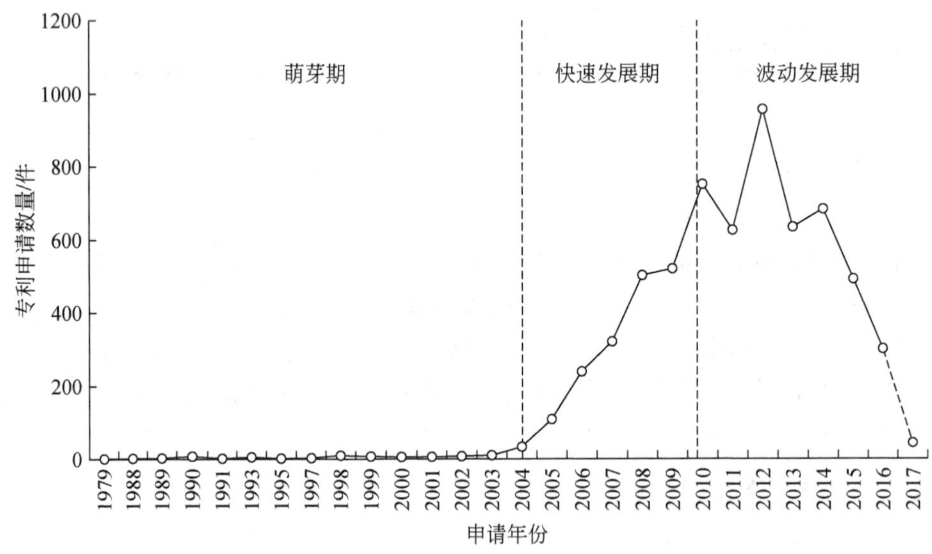

图 8-7　作物病虫害导向性防控研究领域专利申请数量年度趋势分析

8.4.1.2　专利技术演化分析

（1）基于 DWPI 手工代码

德温特手工代码（Derwent World Patents Index，DWPI 手工代码）由德温特数据标引人员分配给专利，每个专利都至少对应一个手工代码，能够反映出专利的核心内容和创新之处。将作物病虫害导向性防控技术专利手工代码按照出现频次高低进行排序（表 8-13），其中，“抗虫性”和“转基因植物”两项技术分别排名第 1 位和第 2 位，出现次数均超过 5000 次。从技术类别上看，转基因技术和组织培养技术等是当前的热点。从目标性状上看，抗虫性、抗除草剂和抗逆性等是目前研究较多的重要目标。从时间分布上看，各个主题总体呈现先快速增加后缓慢下降的趋势，并在 2012 年达到最高值，其中“抗虫性”、“转基因植物”、“抗除草剂”、“抗逆性”和“植物生长调节剂”5 个主题最近 3 年发展较平稳（图 8-8）。

表 8-13 作物病虫害导向性防控研究领域排名前 10 位的技术主题分布-基于 DWPI 手工代码

序号	DWPI 手工代码	手工代码含义	出现次数/次
1	C14-U04	抗虫性	5990
2	D05-H16B	转基因植物	5451
3	C14-U03	抗除草剂	4889
4	C14-U05	抗逆性	4485
5	C14-U01	植物生长调节剂	4133
6	C04-E02	DNA 编码序列改变	3752
7	C04-A09	一般植物组织	3719
8	C04-E03	其他 DNA 编码序列	3673
9	C04-F08	植物/藻类	3267
10	D05-H08	细胞或组织培养	2974

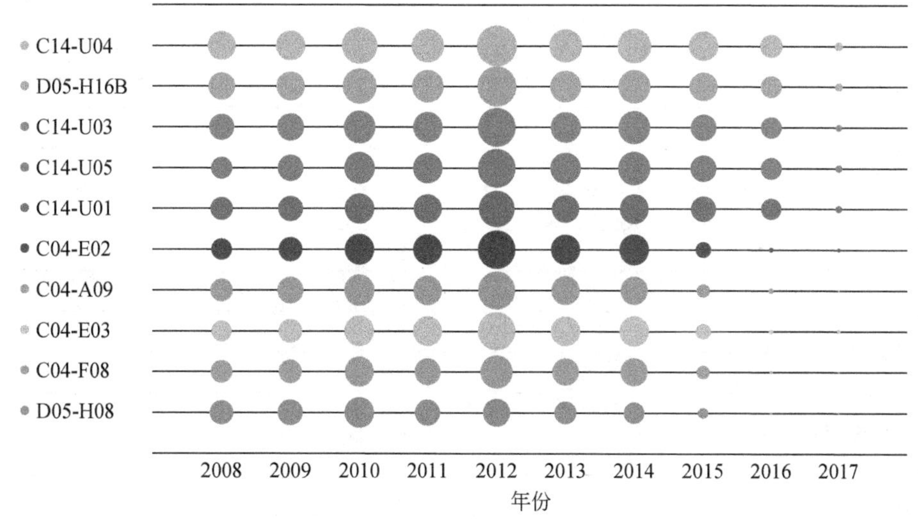

图 8-8 作物病虫害导向性防控研究领域排名前 10 位的专利技术主题 2008～2017 年发展趋势-基于 DWPI 手工代码（文后附彩图）

（2）基于标题高频词

词频分析法可以用来分析学科领域的发展情况、研究热点及演变趋势。本次分析首先通过 DDA 抽取标题关键词，经过数据清洗后，按照词频数量高低进行排序和统计，遴选出高频词开展领域技术热点的研究。

对作物病虫害导向性防控技术关键词按照词频高低进行排序（表 8-14），并从不同角度进行分析。其中，从频次上看，超过 5000 次的关键词有 1 个，即“抗虫性”；超过 3000 次的关键词有 2 个，分别为“抗除草剂”和“雄性不育”。从育种目标上看，频次较高的关键词依次为“抗虫性”“抗除草剂”“雄性不育”“抗病性”等。从时间分布上看（图 8-9），“抗虫性”“抗除草剂”“雄性不育”等主题近年来出现频次呈现出波动变化趋势。

表 8-14 作物病虫害导向性防控研究领域排名前 10 位的技术主题分布-基于标题高频词

序号	标题高频词	频次/次
1	抗虫性	5120
2	抗除草剂	3530
3	雄性不育	3305
4	抗病性	1877
5	发育	1351
6	新品种	1171
7	杂交	1010
8	非生物胁迫抗性	965
9	油	747
10	转基因植物	429

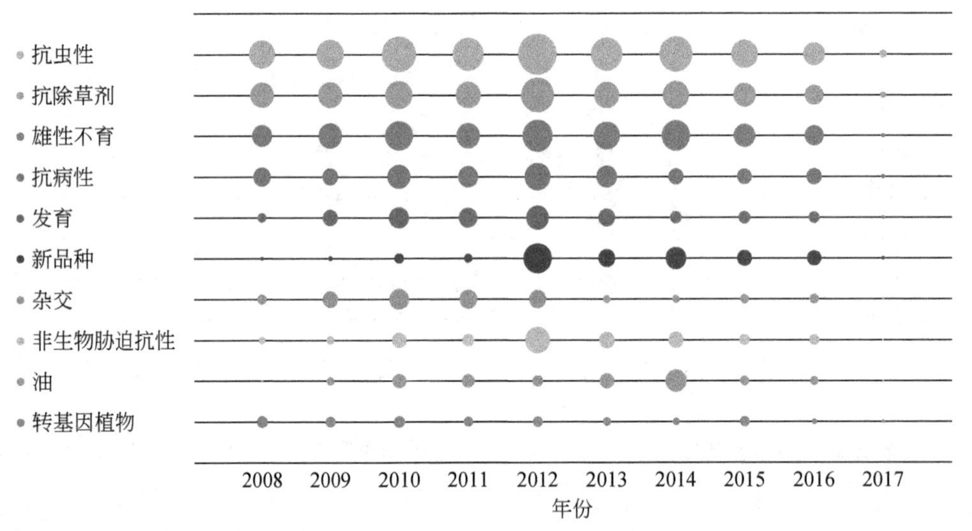

图 8-9 作物病虫害导向性防控研究领域排名前 10 位的专利技术主题 2008～2017 年发展趋势-基于标题高频词（文后附彩图）

8.4.2 国家分析

从专利申请国家分布可以看出，该领域研究技术来源最多的是美国，专利申请数量为 4160 件，占专利申请总数量的 74.2%，远超其他国家，是该领域强大的技术产出国家。中国排名第 2 位，专利申请数量为 348 件，占专利申请总数量的 6.2%。瑞士排名第 3 位，专利申请数量为 235 件，占专利申请总数量的 4.2%。排在前 10 位的其他国家依次是荷兰、德国、加拿大、比利时、法国、以色列和日本［图 8-10（a）］。

专利受理国家及组织机构分布可以从侧面反映专利市场情况［图 8-10（b）］。美国专利受理数量排名第 1 位，专利申请数量为 4793 件，占专利受理总数量的 76.5%。中国排名第 2 位，专利申请数量为 427 件，占专利受理总数量的 6.8%。世界知识产权组织排名第 3 位，专利申请数量为 250 件，占专利受理总数量的 4.0%。排在前 10 位的其他国家及组织机构依次是加拿大、欧洲专利局、澳大利亚、印度、日本、韩国和俄罗斯。

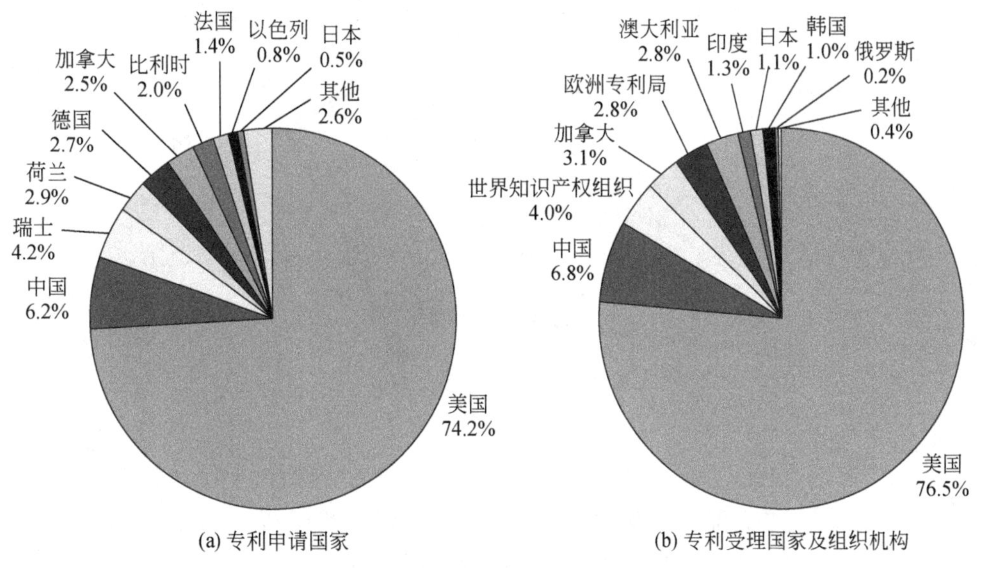

图 8-10　作物病虫害导向性防控研究领域排名前 10 位的专利申请国家和专利受理国家及组织机构分布

对排名前 10 位的专利申请国家进行专利流向分析（图 8-11），结果显示，排名前 10 位的专利申请国家与专利受理国家及组织机构之间形成了一个来往密集的合作网络。美国和中国专利主要在本国进行布局，所占比例分别为 89.1%和 90.2%，在其他国家均进行了零星的布局；瑞士和荷兰主要在美国进行布局，所占比例分别为 79.6%和 91.3%；德国主要在美国、世界知识产权组织、欧洲专利局、加拿大和中国进行布局，所占比例分别为 38.9%、20.1%、13.4%、10.1%和 8.7%，在本国布局所占比例为 1.3%。

8.4.3　专利申请机构分析

从表 8-15 可知，对作物病虫害导向性防控领域专利申请数量排名前 10 位的专利申请机构全部是企业，从专利分布来看，这些企业主要分布在美国（8 家）、瑞士（1 家）和德国（1 家）。从专利申请数量来看，基本可以分为 3 个梯队，第一梯队为孟山都公司和杜邦先锋公司，专利申请数量均超过 500 件，两者专利总和占前 10 位专利申请机构专利申请总数量的 68.7%，属于该技术领域的龙头企业；第二梯队为专利申请数量超过 100 件的 6 家机构，依次为先正达公司、陶氏益农公司、Stine 种子公司、MS 科技公司、拜耳作物科学公司、Agrigenetics 公司。第三梯队为数量在 100 件以下的 2 家机构，分别是巴斯夫集团和 Mertec 公司。其中，2012～2017 年申请数量所占比例最高的是拜耳作物科学有限公司，所占比例达 88.65%，说明该公司近期研发较活跃。

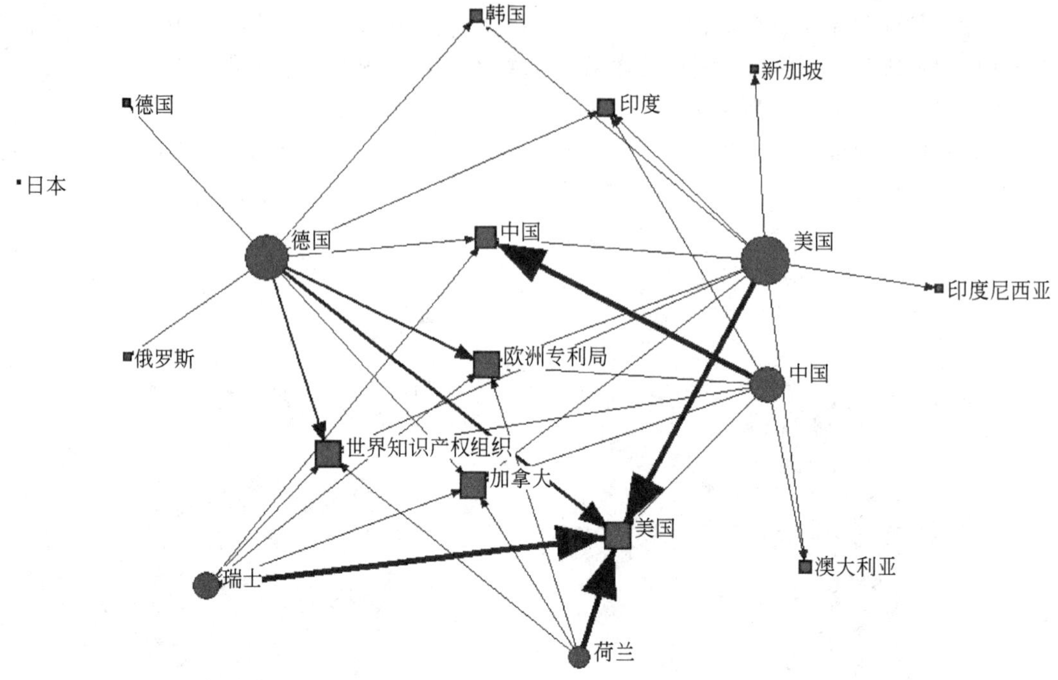

图 8-11 作物病虫害导向性防控研究领域 Top5 专利申请国家及组织机构专利流向分析

红色圆圈代表专利申请国家，蓝色方块代表专利受理国家及组织机构，按中心度进行分析，箭头的粗细与专利布局的比例呈正相关

表 8-15 作物病虫害导向性防控领域排名前 10 位的专利申请机构活跃程度分析

序号	专利申请机构	专利申请数量/件	所属国家	机构性质	近 5 年专利申请数量所占比例/%
1	孟山都公司	2307	美国	企业	57.91
2	杜邦先锋公司	962	美国	企业	38.05
3	先正达公司	389	瑞士	企业	52.96
4	陶氏益农公司	282	美国	企业	50.35
5	Stine 种子公司	230	美国	企业	16.52
6	MS 科技公司	166	美国	企业	27.71
7	拜耳作物科学有限公司	141	德国	企业	88.65
8	Agrigenetics 公司	121	美国	企业	61.16
9	巴斯夫集团	88	美国	企业	19.32
10	Mertec 公司	70	美国	企业	11.43

8.4.4 研发主题分析

8.4.4.1 核心专利概述

作物病虫害导向性防控领域全时段（1979～2017 年）和近 5 年（2012～2017 年）的专利技术聚类分析发现（图 8-12），在作物病虫害导向性防控领域全时段内，全球专利申请机构在玉米和大豆品种培育、核苷酸序列及病虫害防御等方面研究较多，具体涉及自交系玉米、植物组织、组织培养、植物细胞和转基因植物等主题方向。近 5 年除了聚焦在玉米、核酸序列、植物组织、大豆品种培育和病虫害防御等，还涉及大豆培养和自交系玉米等主题方向。

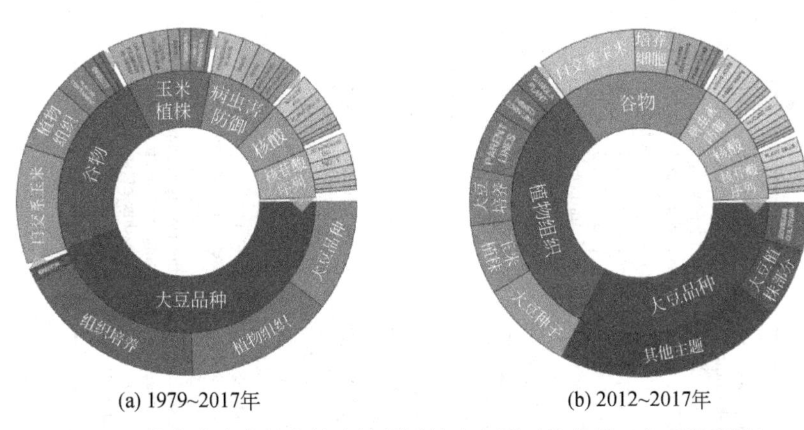

(a) 1979~2017年 (b) 2012~2017年

图 8-12 作物病虫害导向性防控领域技术主题对比分析（文后附彩图）

专利强度（patent strength）是 Innography 独创的专利评价新指标，可对现有专利进行潜在价值评分。其评分依据来自专利引证、诉讼数量、权利要求数及长度和审查时间等十余项指标，从 0～100% 分为 10 级，强度越大表明专利越重要。表 8-16 为专利强度≥90 的专利，其中，公司申请 6 件，大学申请 2 件，专利强度最高值为 91 的核心专利是约翰•霍普金斯大学申请的 US9011866 B2（RNA 干扰技术影响凋亡蛋白的研究）和孟山都公司申请的 CN101861392 B（转基因大豆植株和种子检测），其他专利主要与抗除草剂、重组 DNA 结构和 RNA 干扰控制线虫等研究相关。

8.4.4.2 专利全景地图

通过 Derwent Innovation 平台中的 THEMES 主题分析功能，对作物病虫害导向性防控领域的研发主题进行可视化，形成类似等高线地形图。

作物病虫害导向性防控技术专利全景地图如图 8-13 所示，当前该领域的研发主要集中在作物品种和作物病虫害机制研究。作物品种包括玉米、小麦、大豆、西兰花、辣椒和油菜等作物；机制研究包括作物的抗逆性、载体、靶细胞、RNA 及细胞组织培养等领域。其中，美国在各个主题领域分布较为均匀，中国主要集中在载体、RNA 和靶细胞等领域，其他领域涉及较少。

表 8-16　作物病虫害导向性防控领域排名前 8 位的核心专利

序号	专利公开号	标题	专利申请机构	摘要	专利公开时间	优先权年	专利失效时间	专利强度	法律状态
1	US9011866 B2	Rna interference that blocks expression of pro-apoptotic proteins potentiates immunity induced by dna and transfected dendritic cell vaccines	约翰·霍普金斯大学	An immunotherapeutic strategy is disclosed that combines antigen-encoding DNA vaccine compositions combined with siRNA directed to pro-apoptotic genes，primarily Bak and Bax，the products of which are known to lead to apoptotic death. Gene gun delivery（particle bombardment）of siRNA specific for Bak and/or Bax to antigen-expressing DCs prolongs the lives of such DCs and lead to enhanced generation of antigen-specific CD8+ T cell-mediated immune responses in vivo. Similarly，antigen-loaded DC's transfected with siRNA targeting Bak and/or Bax serve as improved immunogens and tumor immunotherapeutic agents	2015-4-21	2005-1-6	2027-10-23	91	有效
2	CN101861392 B	Corresponding to transgenic event mon 87701 soybean plant and seed and its detecting method	孟山都公司	The invention claims transgenic soybean event mon 87701 and comprises a device for diagnosing the soybean event of the dna of the cell seed and plant. The invention also claims a composition comprising a for diagnosis in biology sample the said soybean event the nucleotide sequence of the composition is used for detection and diagnosis in biology sample the said soybean event of the presence of nucleic acid sequence the primer and probe and used for testing biological sample in the soybean event nucleotide sequence of the existence of the method of. The invention further claims a cultivating this invention claims a soybean event of the seed is becoming soybean plant and method for generating the used for the diagnosis of the soybean event of the dna of soybean plant breeding method of. Atcc or pta 8194 20070131	2016-1-20	2007-11-15	2028-11-6	91	有效

续表

序号	专利公开号	标题	专利申请机构	摘要	专利公开时间	优先权年	专利失效时间	专利强度	法律状态
3	US8273867 B2	Transducible delivery of sirna by dsrna binding domain fusions to ptd/cpps	加利福尼亚大学	The disclosure provides fusion polypeptides and constructs useful in delivering anionically charged nucleic acid molecules including diagnostics and therapeutics to a cell or subject. The fusion constructs include a protein transduction domain and a nucleic acid binding domain, or a protein transduction domain and a nucleic acid that is coated with one or more nucleic acid binding domains sufficient to neutralize an anionic charge on the nucleic acid. Also provided are methods of treating disease and disorders such as cell proliferative disorders	2012-9-25	2006-2-10	2027-11-1	90	有效
4	JP6111200 B2	Stack of herbicide tolerance event 8264.44.06.1, related transgenic soybean line, and its detection	陶氏益农公司	It relates in part on soybean event pDAB8264.44.06.1, the invention includes a transgenic insert and novel expression cassette comprising a plurality of traits conferring resistance to glufosinate herbicide glyphosate, and aryloxyalkanoate . The present invention relates to a method for controlling some resistant weeds, also herbicide resistant plants and plant breeding. In some embodiments, for example, and other traits, including insect inhibitory proteins and / or herbicide resistance genes and other（s）This event sequence may be "stacked". The present invention relates further part to the endpoint TaqMan PCR assay for the detection of events pDAB8264.44.06.1 of related plant material and soy	2017-4-5	2010-12-3	2031-12-2	90	有效
5	US7858849 B2	Bacillus thuringiensis crystal polypeptides, polynucleotides, and compositions thereof	杜邦先锋公司	The present invention provides insecticidal polypeptides related to shuffled Bacillus thuringiensis Cry1 polypeptides. Nucleic acids encoding the polypeptides of the invention are also provided. Methods for using the polypeptides and nucleic acids of the invention to enhance resistance of plants to insect predation are encompassed	2010-12-28	2006-12-8	2027-12-10	90	有效

续表

序号	专利公开号	标题	专利申请机构	摘要	专利公开时间	优先权年	专利失效时间	专利强度	法律状态
6	US7812218 B2	Polynucleotides and polypeptides involved in plant fiber development and methods of using same	Evogene 公司	Isolated polynucleotides are provided. Each of the isolated polynucleotides comprise a nucleic acid sequence encoding a polypeptide having an amino acid sequence at least 80% homologous to SEQ ID NO：26，106，107，109，110，112，114，115，118，119，122，123，124，126，95 or 96，wherein the polypeptide is capable of regulating cotton fiber development. Also provided are methods of using such polynucleotides for improving fiber quality and/or yield of a fiber producing plant，as well as methods of using such polynucleotides for producing plants having increased biomass/vigor/yield	2010-10-12	2004-6-14	2027-2-22	90	有效
7	EP2765189 A1	Recombinant dna constructs and methods for controlling gene expression	孟山都公司	The present invention provides molecular constructs and methods for use thereof，including constructs including heterologous miRNA recognition sites，constructs for gene suppression including a gene suppression element embedded within an intron flanked on one or on both sides by non-protein-coding sequence，constructs containing engineered miRNA or miRNA precursors，and constructs for suppression of production of mature microRNA in a cell. Also provided are transgenic plant cells，plants，and seeds containing such constructs，and methods for their use. The invention further provides transgenic plant cells，plants，and seeds containing recombinant DNA for the ligand-controlled expression of a target sequence，which may be endogenous or exogenous. Also disclosed are novel miRNAs and miRNA precursors from crop plants including maize and soy	2014-8-13	2004-12-21	2025-12-15	90	有效
8	US7659444 B2	Compositions and methods using rna interference for control of nematodes	巴斯夫集团	The present invention concerns double stranded RNA compositions and transgenic plants capable of inhibiting expression of essential genes in parasitic nematodes，and methods associated therewith. Specifically，the invention relates to the use of RNA interference to inhibit expression of a target essential parasitic nematode gene，which is a parasitic nematode pas-5 gene，and relates to the generation of plants that have increased resistance to parasitic nematodes	2010-2-9	2004-8-13	2025-8-12	90	有效

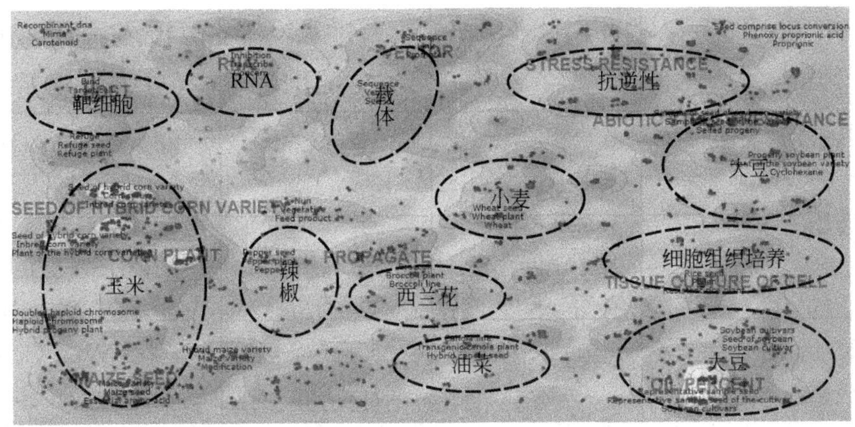

图 8-13　作物病虫害导向性防控技术专利全景地图

山峰表示相似专利形成的不同技术主题，白色表示专利集中领域和热点，红色点表示美国申请的专利，绿色点表示中国申请的专利（文后附彩图）

8.5　企业研发动向

8.5.1　国际大型公司注重多重作用机制的新型抗虫品种培育

杜邦先锋公司在 2012 年推出了 Optimum AcreMax、Optimum AcreMax Xtra 和 Optimum AcreMax XTreme 三大玉米品种。其中，Optimum AcreMax 品种对地上害虫具有双重作用机制；Optimum AcreMax Xtra 品种不仅能防控地上害虫，还增加了对地下害虫的防控机制；Optimum AcreMax Xtreme 品种同时对地上和地下害虫具有双重作用机制。未来，杜邦先锋公司计划推出更多的具有多种作用机制的产品来防控地上和地下害虫，包括玉米根虫、玉米棉铃虫、西部豆类地老虎、欧洲玉米螟、西南玉米秆草螟和黑色地老虎等。

先正达公司也将陆续推出全新的具有多种作用机制的抗虫性状聚合玉米品种。其中，Agrisure Viptera 3220 E-Z Refuge 和 Agrisure 3122 E-Z Refuge 将是第一批 5%的综合防护品种。Agrisure Viptera 3220 性状聚合品种具有双重作用机制，其优势是控制根虫和玉米棉铃虫。Agrisure 3122 对地上和地下害虫都能有效防治，其优势之一是在其他公司的产品对玉米根虫无效的地块尤其适用。另外，先正达公司新开发的下一代玉米根虫性状品种是 Agrisure Duracade，已经成功取得了美国国家环境保护局的批准。

孟山都公司在性状叠加技术领域表现突出，开发了多种具有叠加性状的作物产品，在应对虫害方面，开发出了 8 种复合性状叠加的抗地上害虫、地下害虫及抗除草剂的玉米产品 SmartStax® PRO、第三代抗地上害虫玉米、第二代抗虫大豆和第三代抗虫棉 Bollgard®III。在应对环境胁迫方面，2014 年推出了抗旱性状和抗地上与地下多种害虫性状叠加的杂交玉米品种 Genuity® DroughtGard®。

8.5.2 大型农业生物技术公司非常重视RNA干扰技术在植物保护领域的应用

由于RNA被美国食品和药物管理局（U.S.Food and Drug Administration，FDA）认为通常是安全的，与转基因技术相比，RNA干扰（RNAi）技术可能会加速审批过程。此外，与苏云金杆菌（Bacillus thuringiensis，Bt）毒素不同，RNAi是高度特异的，只针对特定的害虫种类。因此，近来国外大型农业生物公司倾向于利用RNAi技术来防治病虫害。

早在2007年，孟山都公司的科学家就曾在*Nature Biotechnology*上发文，表明RNAi可用于植物病虫害防治。他们利用植物表达与昆虫特定基因匹配的双链RNA分子，当昆虫取食这类植物后，其靶基因的表达会被明显降低。2012年8月底，孟山都公司和Alnylam制药公司结成战略联盟，旨在将Alnylam制药公司的RNAi技术平台和知识产权引入孟山都公司新的BioDirect平台（该平台旨在开发生物制剂，以替代传统杀虫剂和其他基于化学品的杂草、昆虫及病毒控制措施）。2013年，孟山都公司花费3500万美元收购了一家利用RNAi改良作物性状的以色列公司Rosetta Green。该技术目前正处于孟山都公司研发概念验证和早期产品开发阶段：①在植物抗病毒研究方面，已经针对番茄斑萎病毒开展了前期研究，开发中的一种产品可减少病毒对植物的影响。②在害虫防治领域，早期测试表明，利用该技术制造的杀虫剂可有效防治科罗拉多金花虫，而不影响瓢虫等益虫。2017年6月15日，孟山都公司的RNA干扰技术首次被美国国家环境保护局批准作为杀虫剂使用。

先正达公司与世界领先的RNAi作物保护企业Devgen公司宣布达成一项为期6年的全球授权和研发合作协议。在该协议下，先正达公司可将对方的RNAi技术纳入其作物保护研究技术中。从2013年4月起，双方将合作开发新的基于RNAi技术的害虫生物控制技术。

8.5.3 跨国农业公司重视基因编辑技术在农业领域的应用

目前多数重要跨国农业公司通过技术转让和合作方式纷纷进入基因编辑领域，以期在未来利用基因组编辑技术进行农作物品种改良中能占有一席之地。2014年，先正达公司与Precision BioSciences公司合作，使用基因组编辑技术开发先进农业产品。2015年，杜邦先锋公司宣布与维尔纽斯卡普苏斯大学签署《指导性Cas9基因组编辑技术的许可及多年的研发合作协议》，该大学在证实CRISPR是准确、高效的基因编辑工具中做了大量研究工作，并申请了相关专利。同年，杜邦先锋公司与CRISPR/Cas技术领先开发商Caribou生物科学公司达成战略联盟，获得CRISPR/Cas技术在主要农作物中的独家知识产权使用权。2017年1月，孟山都公司宣布与哈佛大学-麻省理工学院的博德研究所就新型的CRISPR-Cpf1基因组编辑技术在农业中的应用达成全球许可协议。2017年3月，巴斯夫集团宣布与哈佛大学-麻省理工学院的Broad研究院就CRISPR- Cas9基因组编辑技术在农业及工业微生物中的应用达成全球许可协议。2017年8月，孟山都公司宣布和ToolGen公司就CRISPR技术平台在农业领域的应用达成全球许可协议。2017年11月，先正达公司宣布与哈佛大学-麻省理工学院的Broad研究院就CRISPR-Cas9基因组编辑技术在农业中的应用达成全球许可协议。

基因编辑技术的兴起为培育抗虫和抗病等作物品种带来了更多的可能性。目前，基因组编辑技术已经应用于育种实践，并培育出多个作物新品种（品系），其中，一些品种已经申请解除转基因监管。拜耳公司的科学家已经利用该技术培育出了具有抗虫性和抗除草剂的棉花品系，未来该技术还可以用于水稻和大豆品种的改良。杜邦先锋公司分别与国际玉米小麦改良中心（CIMMYT）和唐纳德·丹弗斯植物科学中心等机构合作，将 CRISPR-Cas9 基因编辑技术应用于抗东非玉米坏死病和木薯病毒性褐条病等研究上。

8.6 总结与建议

8.6.1 总结

现代分子生物学及相关技术的进步使人们从分子水平上探究种群内部和跨界物种间的信息识别、解码并进行有目的的操控成为可能，为实现绿色、高效、可持续发展的作物病虫害防控奠定了坚实基础。全球多个国家高度重视研究和开发农作物病虫害防控的新技术和新手段，纷纷从国家层面给予政策和资金支持。我国也通过各种专项和计划对相关领域进行重点研究，取得一批重要成果。

全球作物病虫害导向性防控的基础研究和技术研发持续快速增长。基础研究论文从 20 世纪 90 年代开始快速增加，美国研究论文数量和质量均处于领先地位，中国的研究论文数量仅次于美国，论文质量上仍有较大的上升空间。从技术研发来看，美国在该领域的研发实力较强，代表性企业包括孟山都公司和杜邦先锋公司，我国主要以高校和科研机构为研发主体。

作物病虫害导向性防控研究方向主要集中在植物病理学和植物-微生物相互作用、病害抗性和防御反应等方面。技术热点包括植物的抗（病）虫性和转基因植物，所采用的技术手段包括转基因技术和组织培养技术等；核心专利技术涉及 RNAi、转基因技术、抗除草剂和重组 DNA 等研究。

作物抗性新品种的研发专利技术主要由大企业垄断，这些企业非常关注作物病虫害防治研究及相关产品的研发，如杜邦先锋公司、先正达公司和孟山都公司等注重多重作用机制的新型抗虫品种培育。此外，近年来这些公司纷纷将新型技术（如 RNAi 技术和基因编辑技术等）应用在抗虫和抗病等作物品种培育中。我国技术研发企业的参与度有待进一步提高。

8.6.2 建议

加强国际合作和战略规划。全球农业发展面临许多共同的挑战，需要各国科学家携手合作，共同攻坚克难。国际相关机构和科学家应加强沟通，团结协作。我国作为农业大国，应从国家层面加强战略规划，统筹协调国家相关科技力量，加强和支持农作物保护研究。通过部署攻关农业作物病虫害相关难题，在夯实我国生物互作领域国际地位的同时，带动我国植物学、昆虫学、微生物学、病毒学、生态学、基础生物学、遗传学、生物化学和分子生物学等学科的共同发展，同时带动科技平台、科学设施和相关产业的发展与科技人才的培养。

提高基础研究质量。我国在作物病虫害导向性防控方面的基础研究在数量上已经有了明显的进步，但是，在研究质量上还有待进一步提高，受到的关注程度还不够高。我国科学家应当加强与国内和国际同行之间的交流合作，提高科研成果的显示度和影响力。此外，尽管有些研究已经取得了突破和进展，但是，还有不少科学问题仍然处于探索之中。例如，目前对昆虫共生微生物在昆虫生理活动中的作用及分子机制、跨界生物间信息的产生、相互识别和传递等的认识还比较粗浅。建议优化科研布局，形成优势攻关能力，争取在短期内对相关问题的研究能取得显著进展。

加强抗性育种技术研发，推动企业力量。目前在农作物抗性育种相关的专利申请方面，国外基本处于垄断地位。我国在抗性育种方面的技术研发应加强规划，稳步推进，逐步打破国外的技术垄断。另外，应加强对企业的引导和支持，让更多的企业投入相关技术的研发中，并加强技术研发的国际布局，为未来我国在相关的技术标准制定中发挥更多作用。

致谢 中国科学院微生物研究所钱韦研究员、中国科学院动物研究所魏佳宁副研究员对检索方案设计提供了宝贵的指导意见，并对报告的初稿给予了有价值的修改意见，谨致谢忱！

参考文献

戈峰，欧阳芳，门兴元. 2017. 区域性农田景观对昆虫的生态学效应与展望. 中国科学院院刊，32（8）：830-835.

郭惠珊，高峰，赵建华，等. 2017. 发展基因沉默技术，控制作物土传真菌病害. 中国科学院院刊，32（8）：822-829.

李芝倩，陈凯，杨芳颖，等. 2017. 适用于入侵害虫治理的遗传调控技术. 中国科学院院刊，32（8）：836-844.

毛颖波，陈殿阳，陈晓亚. 2017. 植物非编码 RNA 与抗虫防御反应的研究及应用. 中国科学院院刊，32（8）：814-821.

彭露，严盈，刘万学，等. 2010. 植食性昆虫对植物的反防御机制. 昆虫学报，53（5）：572-580.

钱韦，陈晓亚，方荣祥，等. 2017a. 生物信息流的人工操纵——作物病虫害导向性防控的新科学. 中国科学：生命科学，（9）：889-892.

钱韦，曲静，康乐. 2017b. 生物信息流操纵：作物病虫害导向性防控的新科学. 中国科学院院刊，32（8）：805-813，800.

王四宝，曲爽. 2017. 昆虫共生菌及其在病虫害防控中的应用前景. 中国科学院院刊，32（8）：863-872.

解海翠，彩万志，王振营，等. 2013. 大气 CO_2 浓度升高对植物、植食性昆虫及其天敌的影响研究进展. 应用生态学报，24（12）：3595-3602.

叶健，龚雨晴，方荣祥. 2017. 病毒——昆虫—植物三者互作研究进展及展望. 中国科学院院刊，32（8）：

845-855.

禹海鑫，叶文丰，孙民琴，等. 2015. 植物与植食性昆虫防御与反防御的三个层次. 生态学杂志，34（1）：256-262.

Byars L P. 1914. Preliminary notes on the cultivation of the plant parasitic Nematode，Heterodera radicicola. Phytopathology，4（4）：323-U324.

Combes R. 1918. Plant immunity in the face of immediate principles that they elaborate. Comptes Rendus Hebdomadaires Des Seances De L Academie Des Sciences，167：275-278.

9　地球深部金属矿资源探测国际发展态势分析

刘　学　赵纪东　王立伟　刘文浩　吴秀平

（中国科学院兰州文献情报中心）

摘　要　目前全球开采的金属矿主要来自地壳浅层(深度 500m 以内)。研究表明，地球第二深度空间（500～2000m）及以下区域是金属矿的富集区，将成为未来金属矿开发的接替区。自 20 世纪 60 年代以来，国际深部探测研究持续展开，如加拿大岩石圈探测计划（1984 年）、澳大利亚玻璃地球计划（2001 年）和美国地球透镜计划（2003 年）等，在这些研究计划的推动下，开辟了成矿学研究和深部找矿的新思路，并取得了重大进展。

近年来，国际上越来越关注已知矿区的深部找矿工作和未知矿区的隐伏矿寻找。当前，南非、加拿大、美国、澳大利亚等矿业强国已有很多深部金属矿勘探开采的成功案列，包括兰德金矿，萨德伯里（Sudbury）铜、镍矿，奥林匹克坝（Olympic dam）铜、铀和金矿等。长期以来，上述各国启动了相应的战略规划与项目，以持续推进深部开采基础性问题和相关技术的深入研究，包括较早的加拿大岩石圈探测计划、澳大利亚四维地球动力学计划以及最新的澳大利亚“为未来勘探”计划等。

从深部金属矿探测的科学引文索引（science citation index，SCI）论文发表来看，加拿大、南非、美国等矿业强国在该领域的研究起步较早，中国从 2012 年起成为该领域年发文量最多的国家。该领域的研究表明深部金属矿勘探中常应用的勘探技术是数值模拟、地球化学、地球物理等，同时注重勘探开采活动对土壤和地下水的污染等。专利分析结果与论文分析结果几乎一致，虽然日本、俄罗斯和美国一直有专利授权，但自 21 世纪以后，中国在该领域的专利授权开始大量出现并呈现急剧上升的趋势，明显高于其他国家。

目前，我国金属矿探采深度大多数仅为 300～500m，而国外普遍超过 1000m。因此，加大对地球深部金属矿探测技术研发力度，是降低我国未来金属矿产资源供给风险、应对战略性资源国际竞争、保障经济发展需求和国家安全的必由之路。近年来，我国相继启动了多个地球深部资源探测重大项目，如 2009 年国土资源部的深部探测技术与实验研究专项（SinoProbe），2012 年中国科学院的战略性先导专项“深部资源探测核心技术研发与应用示范”和 2014 年科学技术部的 863 项目“深部矿产资源勘探技术”等。由科学技术部联合教育部、中国科学院、国家自然科学基金委员会共同制定的《"十三五"国家基础研究专项规划》中，将深地资源探测列为加强目标导向的基础研究和变革性技术科学研究的方向之一。同时，深部资源探测亦是中国科学院"十三五"规划提出的60个有望实现创新跨越的重大突破之一。依托上述研究任务，我国正在建立适应全国地质特征的深部精细结构探测技术体系，并按照国际标准建立一个覆盖全国的地球化学基准网。另外，在地球物理探测数据的处理与分析和地应力测量技术等方面也取得了重要进展。

通过对当前国际上深部金属矿勘探开采的成功案例的梳理和相关战略规划以及相关领域的SCI发文和专利比较分析，得出以下几点建议：首先，加强成矿理论的基础研究，提升影响力；其次，发布旨在深部勘探的刺激计划，提升相关研究机构与相关企业的积极性；最后，需发展大探测深度精细地球物理、深部找矿地球化学、三维地质建模、三维立体填图和深部成矿预测等关键技术方法。

关键词 深部 探测 矿产资源 态势分析 文献计量

9.1 引言

矿产资源是重要的自然资源，是人类社会经济发展的重要物质基础。据统计，人类95%以上的能源、80%以上的工业原料和70%以上的农业生产原料都来自矿产资源（中国科学院矿产资源领域战略研究组，2009）。矿产资源不仅是一个国家或地区宝贵的自然财富，也是经济可持续发展的重要物质基础。

当前，占世界人口4/5的发展中国家陆续步入工业化发展阶段，这意味着一方面未来矿产资源的消耗将更大量、更快速（王安建和王高尚，2002），另一方面低碳未来的发展也必将刺激相关矿物和金属需求的增长。欧盟将锑、铍和钴等14种重要矿产原料列入"紧缺"名单（EU，2010）。英国地质调查局将稀土、锑、铋、锗、钒、镓、锶、钨、钼和钴列为面临全球供应风险最高的10个矿种（BGS，2017）。美国科技政策办公室（2016）将钇、稀土和铑等17个矿种列为面临全球供应风险的关键矿物。受国际铜业协会（International Copper Association，ICA）委托，咨询公司IDTechEx 2017年编制的报告《电动车市场与铜需求》（*The Electric Vehicle Market and Copper Demand*）指出，电动车需求激增导致到2027年电动车铜的需求较现在增加9倍。世界银行发布题为《矿物和金属在未来低碳发展中将发挥日益重要作用》（*The Growing Role of Minerals and Metals for a Low-Carbon Future*）的报告，认为清洁能源转型将刺激相关矿物和金属需求的增长，具体包括铝、铜、铅、锂、锰、镍、银、钢铁、锌及稀土矿物（铟、钼和钕）等（World Bank，2017）。具体如下：在全球升温2℃情景中，至2050年，对铝的累计需求将超过8000万t，对铬的累计需求将接近400万t，对钴的累计需求约为9万t，对铜的累计需求将达2000万t，对铟的累计需求约为2.5万t，对锂的累计需求约为2000万t，对钕的累计需求将超过12万t等。市场研究公司罗斯基尔（Roskill）表示，到2025年，碳酸锂的需求量将从2017年的22.7万t增加至78.5万t，每年仍会有2.6万t的供应缺口（Reuters，2017）。

随着露头矿和浅部矿等容易找到的矿床越来越少，为应对可能的资源短缺，未来将不得不面对难以发现和识别的隐伏矿、深部矿。目前，已知矿床深部和覆盖区（包括植被、土壤戈壁、岩层覆盖区和沼泽区等）的资源预测，即“攻深找盲”，已经成为找矿预测的新方向。从成矿理论来看，地球内部有利的成矿空间主要分布在地下 5～10km 的深度范围，因为这个空间是地壳内部物质与能量强烈交换及其动力作用的汇集地域，也是成矿要素发生突变和耦合的转换地带，适宜于成矿元素在内外动力作用下的聚集与大量矿床的产出（中国科学院矿产资源领域战略研究组，2009；中国科学院，2013）。早在 20 世纪 90 年代，就有学者对国际和国内深部矿产储量进行了一定预测（表 9-1），并且已经从浅层或地表延伸到地下深层 2000m。

表 9-1　国际和国内深部矿产储量分布（李生虎，2017）　　单位：亿 t

矿种	国际数据	国内数据
铁	230	843
锰	0.44	12.2
铝	8.3	41.5
铜	3000	9690

9.2　国际矿产资源勘探态势

9.2.1　国际矿产勘探的投资形势

2017 年 2 月，标准普尔全球市场情报（S&P Global Market Intelligence，2017）发布了 2017 年全球勘探趋势报告，指出全球勘探投入继续下降，拉丁美洲为最大勘探目的地，黄金仍然是最重要的勘探矿种。

从过去 20 多年的勘探投入来看，20 世纪 90 年代早期稳步增长，于 1997 年达到最高点的 52 亿美元。随后，随着金属价格暴跌、大型矿业公司减少投资与企业兼并等原因，勘探投资连续 5 年下降，2002 年达到 12 年来的最低点 20 亿美元，总体下降了 61.5%。2003 年以后，全球勘探投资重新进入一个上升期，连续 6 年增加，2008 年达到 144 亿美元这一新的历史峰值，是 6 年前最低值的 7.2 倍。2008 年 9 月，由于全世界遭遇了严重的经济危机，各公司被迫削减勘探计划，矿业的繁荣突然停止。因此，2009 年全球有色金属勘探投资预算比 2008 年减少了 41.7%（约为 60 亿美元）。2010 年，全球经济有了显著改善，以后 3 年勘探投资又大幅增加，勘探投资预算继续增加了 18.4%，达到 215 亿美元这一新的历史峰值。由于投资者的谨慎和不满意，自 2013 年起大幅削减勘探投资预算，此后 4 年连续减少，2016 年又进一步减少至 72 亿美元（减少了 21.7%），约为历史峰值的 1/3。

从勘探投资分区的地区来看，拉美地区依然是最具有吸引力的地区。传统的矿业强国加拿大、澳大利亚、美国虽然勘探预算大幅减少，但占全球勘探投入的比例依然较高，其资金主要投向矿化富集区。加拿大仍然是全球最受欢迎的勘探目标国，占全球勘探投资预算的 14%。

从勘探投资矿种来看，2016 年黄金仍然是最受青睐的勘探矿种，占全球勘探投资预算的 48%，比 2015 年高 3 个百分点。

从勘探阶段的投资分布情况看，1996～2003 年，草根勘探预算约占 50%，此后逐渐降低至 30%，2014 年首次低于矿区勘探的比例，2015 年和 2016 年连创新低；同时，后期勘探阶段的预算稳步增加，低风险、大潜力的矿区勘探项目渐受青睐，预算比例稳步提升，2016 年，后期勘探和矿山勘探的投资比例均达到 1989 年以来的历史最高点（颜纯文，2017）。

从近年来的勘探投资来看，已知矿区的深部找矿工作和未知矿区的隐伏矿寻找受到越来越广泛的关注。

9.2.2 深部矿产出特征

从矿床的演化历史来看，矿床的埋深是不断变化的，深部矿的形成可分为两种情况：第一种是矿床原始形成深度较大，现今仍埋藏于深部，这类矿床一般是内生矿床；第二种是矿床原始形成于浅部甚至地表，现今位于深部，这类矿床多以沉积、风化矿床为主。其实对同类型矿床而言，不管现今埋藏深浅，其原始形成都是由同种成矿作用控制的，矿床的原始产出特征具有相似性；从成矿系统角度来看，相同类型的浅部矿和深部矿产出特征的差异性主要是成矿后各种因素耦合的结果（罗鹏和曹新志，2009）。

与浅部矿相比，深部矿具有以下特点：①一般保存较为完整，连续性较好，受次生改造强度不大。②除变质矿床外，大多数深部矿床中矿体或矿石组分都保存了较多的原生特征。③若矿床发育矿种上的垂直分带，则其深部矿种多是高温矿种。

浅部矿和深部矿产出特征的差异是矿床自形成至今各种地质作用共同耦合的结果（表 9-2）。探讨深部矿床的产出特征时应从成矿的区域地质背景出发，结合研究区的地层、构造和岩浆岩等地质要素，在相关理论的指导下加以分析推断。原始形成于深部且现今仍位于深部的矿床，往往产出于深部岩体附近或赋存于深部断裂构造中，有相应的围岩蚀变和指示元素等特征；而原始形成于浅部但现今位于深部的矿床一般与特定时代的地层、岩性及沉积构造等因素关系密切。深部矿所显示出的且能被采集的这些特征往往是微弱信息，在处理这些矿化信息时，切不可忽视弱缓异常，而应在综合研究的基础上，提取出最能反映深部矿特征的信息。矿化信息的采集有赖于新的勘探技术方法的运用，因而如何有效地捕捉并识别这些微弱信息也是各种新的勘探技术方法要解决的首要问题。

表 9-2 浅部矿与深部矿的产出特征对比（杨政伟，2017）

产出特征	浅部矿	深部矿
产出深度	小于 500m	大于 500m，小于 2000m
演变类型	原浅现浅，原深现深	原深现深，原浅现深
原生特征	保存较少	保存较多
次生变化	较明显	不明显
地温-地压	较小	较大
成矿系统中的位置	较浅、较上	较深、较下

续表

产出特征	浅部矿	深部矿
找矿信息	较易获得、较直观	较难获得、较微弱、间接
主观因素介入程度	较弱	较强
研究程度	较高	较低
勘采费用	较少	较多

9.2.3 深部矿勘探技术

由于深部矿本身具有埋深大和信息弱等特点，传统的用于寻找浅部矿成熟的勘探技术方法已经难以奏效，对勘探技术方法提出了新的要求。这些要求主要表现为：①在探测深度方面，要求能“穿透”位于深部矿之上的巨厚的覆盖层。②在探测精度方面，要求具有识别地下深部小规模地质体的能力。③在灵敏度方面，要求具有提取微弱信息的能力。

实现以上要求是现代勘探技术方法所追求的目标及今后的发展方向。例如，从研究地球内部精细圈层结构、耦合效应和地球内部物质与能量交换的深层动力学过程的角度，现代物探方法愈加趋向于大探测深度、高精度和高分辨率的特点。高精度重、磁、电场可在较大范围内探测地下介质、结构、构造和物质的物理-力学属性，通过高精度的重力场、地电场和地磁场等地球物理观测，进行反演和模拟，从成矿区（带）的深部构造背景和介质属性等方面来查明矿体的埋藏状况，具有传统物探技术和其他勘探手段无可比拟的优势。针对找矿对象的改变和找矿难度加大的局面，从元素的地球化学性质的角度，深穿透地球化学方法也随之发展和运用，这类方法捕捉的对象是活跃状态的金属元素，利用深部矿床本身及其围岩中的成矿元素或伴生元素可以在某种或几种营力作用下迁移至地表并在地表介质中形成元素叠加含量的特点，通过适当的技术提取这些叠加含量，以达到寻找深部矿的目的。

总体来说，目前，深部金属矿勘探中常应用的勘探技术包括地球化学勘探、地球物理勘探和地震反射技术等。

9.2.3.1 地球化学勘探

地球化学勘探法的主要作用是对勘探区域内的金属矿产分布特征进行全面的分析，并了解其变化因素，为后续的深部金属矿勘探工作提供可靠性的依据。地球化学勘探法找出水系岩层的不同变化主要是基于金属化学元素的分布，根据勘探区域内深处的地质特征和地理结构中金属化学元素的分布与含量情况，在最短的时间内掌握地下金属矿产资源的状况。

在过去 20 年中，地球化学勘探技术得到了快速发展。国际上先后开展的“国际地球化学填图计划”和“国际地球化学基准计划”，目的都在于发现巨量金属的聚集地，为找寻世界级矿床服务。针对如何获取大面积覆盖区的直接含矿信息，国际矿产界试图利用地气方法、电化学方法和活动金属离子法等多种方法以探测地球更深处。近年来，国际勘探地球化学家协会组织实施的“深穿透地球化学方法对比计划”取得了一些进展：提出了深穿透地球化学的概念，发展了寻找隐伏矿集区或超大型矿床的深穿透地球化学方法；通过深风化壳景观的研究，建立了元素在表生环境中的三维立体分散模式，为寻找厚风化壳地区的隐伏矿奠定了基础（中国科学院矿产资源领域战略研究组，2009）。

地球化学勘探技术的发展趋势包括从基于成矿理论向基于巨量金属聚集的找矿理论转变；从研究地表信息到研究深部成矿信息向地表的传输过程和传输到地表以后的再分散富集机理转变；从发现局部异常向发现大型-超大型矿床形成的大规模异常转变。

9.2.3.2 地球物理勘探

地球物理勘探具有探测深度大、分辨率高、方法手段多元化的特点，能为深部找矿勘探提供丰富的信息，是深部资源探测的主要技术手段之一，主要包括地下的电场、磁场和重力场测量。

重力找矿：重力找矿非常适合勘探密度大及与超基性岩层伴生的金属矿产资源。工作原理是首先，勘探人员勘探目标地质体与周围岩体的密度是否存在差异；其次，使用精密重力仪对重力异常进行测量；再次，结合相关物探资料、当地地质条件及重力异常结果推断矿体的分布情况；最后，确定金属矿体的分布位置。

磁法找矿：其工作原理是基于不同金属矿石磁场的分布规律，通过对比分析所探测到的磁场就能确定探测目标的实际情况。相比于其他物探方法，磁法找矿的精度较高。目前，关于磁场找矿的理论研究基本完备，且方法应用趋于成熟，成为深部金属矿产勘探工作中常用的方法之一。

电法找矿：其工作原理是利用矿石的导电性、电学性质探讨目标地质体的构造，确定金属矿产位置。电法找矿是一种应用较早的方法，从 20 世纪 80 年代起，陆续出现了激发极化法（induced polarization method，IPM）、瞬变电磁法（transient electromagnetic methods，TEM）和可控音频源大地电磁法（controlled source audio-frequency magnetotellurics，CSAMT）等方法，在金属矿产勘探工作中得到广泛应用。

近年来，重、磁、电勘探技术正沿着两个方向发展：一个是向高精度和高分辨率三维方向发展，另一个是向重磁电综合勘探方向发展。

9.2.3.3 地震反射技术

虽然反射地震勘探的研究工作开展得比较早，但受理论、技术及设备的限制，直到 20 世纪 90 年代，地震反射技术才开始被大范围地应用到金属矿产勘探中。相比于其他物探勘探技术，其勘探深度可达数千米，因此，在勘探深度普遍超过 500m 的金属矿产时，地震反射技术有其独特的优势，发展前景良好。

金属矿反射地震技术的发展方向包括建立更加精细和完善的矿物岩石物理属性信息；三维地震、高分辨率井下地震勘探技术能够在更复杂或更深的环境下仍然保持数据的高分辨率和高质量；研究和开发轻便智能、信号频率较高且成本较低的震源；进行更多典型矿体模型的正演模拟研究；多种地震属性反演研究；三维或四维的地质建模研究（汪杰等，2017）。

9.2.4 深部矿探测现状与趋势

到底多深才算进入深部，至今国际上尚无统一的定量划分标准。李夕兵等（2017）梳理了国内外对深部的划分和界定：美国矿务局出版的采矿、矿物及相关术语辞典中定义深部开采通常解析为 5000ft（1524m）以上；南非工业界根据是否需要特定制冷降温定义深部金矿开采深度为 1500m；同时于 1996 年首次提出“超深”（Ultra-Deep）开采概念，即采深为 3500～5000m 属于超深开采的范畴；加拿大也沿用这一概念并将大于 2500m 深度视为超深部开采。澳大利亚深部开采范畴为 1000～2000m。我国《采矿手册》规定开采深度 600m 为深部开采，深度大于 2000m 为超深开采。而在“十五”期间金属矿采深超过 600m 定义为深部，随后改为 800m、1000m，现在“十三五”提出实现 1000m 以深规模化采矿和 1500m 以深建井示范，探明 1500m 以深岩体力学行为。由此可见，“深部”是一个相对术语，深部开采的深度界定是随时间、采矿工业发达程度和资源赋存条件而不断变化的。

根据 20 世纪 80 年代前期的资料，就金属矿山来说，在国外年产矿石 10 万 t 以上的 2018 座（包括露天矿）非煤矿山中，开采深度超过 1000m 的有 79 座。其中，开采深度为 1000～2000m 的有 64 座，2000～3000m 的有 12 座，3000m 以上有 3 座（胡社荣等，2011）。从国别分布来看，加拿大排名第一位，其余依次为南非、美国和印度等（表 9-3）。

表 9-3 开采深度超过 1000m 的 79 座矿山国别分布（刘同有，2005）

国家	数量/座	国家	数量/座
加拿大	30	赞比亚	2
南非	15	乌克兰	1
美国	11	挪威	1
印度	4	日本	1
澳大利亚	4	英国	1
俄罗斯	2	匈牙利	1
波兰	2	墨西哥	1
西班牙	2	津巴布韦	1

现阶段我国对浅部矿与深部矿的区分以地表以下 500m 为界限，地下 500～2000m 被视为深部找矿远景区，又被称为“第二找矿空间”或“第二矿化富集带”。目前我国的采矿集中在地表浅部，世界上某些矿业大国一些矿床的勘探开采深度已经达到 2500～4000m，中国大都小于 500m（图 9-1）。俄罗斯科拉半岛穿越古大陆地壳 12km 的超深钻，在不同深度分别发现了 Cu-Ni、Cu-Zn、Fe-Ti-Au 矿化，其中，最深的 Fe-Ti-Au 矿化达地下 10 000m。

目前，国外开采深度超千米的金属矿山有百余个，开采深度最深的产矿井主要分布在南非和加拿大，其中，南非金属矿平均采深已经超过 2000m，Carlrtonville 金矿田的 Western Deep Level 金矿已经开采到 4800m，为世界之最（表 9-2）。我国的河南灵宝釜鑫金矿采矿深度为 1600m，为中国之最，仅为南非 Carlrtonville 金矿田的 Western Deep Level 金矿的 1/3。由表 9-4 可以看出，世界上最深的矿山（2000m 以上）主要为金矿。

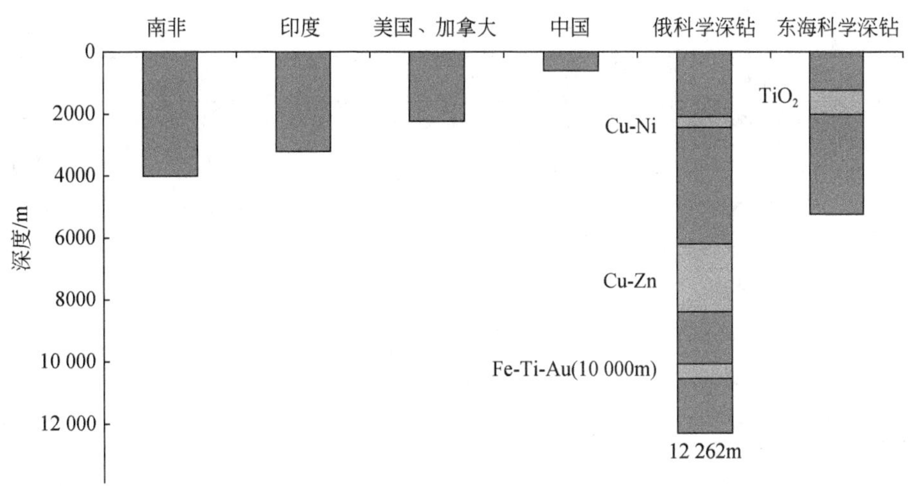

图 9-1 我国矿床的勘探开采深度与其他国家（地区）的对比（翟裕生，2007）

表 9-4 国内外主要金属矿山勘探开采深度统计表（李夕兵等，2017）

国家	矿山	开采深度/m
南非	Carlrtonville 金矿田	4800
	Mponeng 金矿	4000
	Tautona 金矿	3900
	Savuka 金矿	3700
	Driefontein 金矿	3400
	Kusasalethu 金矿	3276
印度	Kolar 金矿	3200
南非	Moab Khotsong 金矿	3054
加拿大	LaRonde 金铜镍矿	3008
南非	South Deep 金矿	2999
加拿大	Kidd Creek 铜锌矿	2927
美国	Lucky Friday 银铅锌矿	2920
南非	Great Noligwa 金矿	2600
加拿大	Creighton 镍矿［萨德伯里（Sudbury）铜、镍矿区］	2500
南非	Merensky reef 铂族金属矿	2200
奥地利	Mount Isa 铜矿	1900
捷克	Příbram 铀矿	1838
德国	SDAG Wismut 铀矿	1800
俄罗斯	Cheremukhovskaya-Glubokaya 矿	1550
英国	Boulby 钾矿	1300
中国	河南灵宝釜鑫金矿	1600
	吉林夹皮沟金矿	1400

续表

国家	矿山	开采深度/m
中国	辽宁红透山铜矿	1377
	云南会泽铅锌矿	1300
	山东玲珑金矿	1200
	安徽冬瓜山铜矿	1120
	湖南湘西金矿	1100
	辽宁弓长岭铁矿	1000
	河北寿王坟铜矿	1000
	广东凡口铅锌矿	900

9.3 深部金属矿探测典型案例

9.3.1 南非兰德金矿

南非维特瓦特斯兰德盆地（Witwatersran，简称兰德盆地）的砾岩型金矿是世界上最重要的金矿类型，约 100 年来，其黄金产量居世界各种类型金矿之首。兰德盆地位于南非约翰内斯堡以南至韦尔科姆（Welkom）之间，呈北东向狭长展布，盆地面积约为 25 000km^2，沿盆地北、西、南三面分布有 Evander、EastRand、CentralRand WestRand、Carlrtonville、Klerkdorp 和 Welkom 等 9 个金矿田，总计有 100 多个金矿床。目前，Carlrtonville 金矿田的 Western Deep Level 金矿已经开采到 4800m，不久可达 5000m 左右。

地球物理方法在兰德金矿田勘探过程中起到了重要作用，根据 EastRand 金矿田在含金砾岩层下部一定深度处有一层磁性页岩的特点，曾利用磁法勘探确定隐伏和半隐伏的磁性页岩层，通过钻探控制了金矿床。但是，随着开采深度的加深，深部找矿的难度也越来越大。为确定深部控矿构造及深部赋矿部位，一系列大勘探深度的物探方法相继在兰德盆地展开，其中，最有特色的就是在 Welkom 金矿田开展了三维人工源地震勘探。

3D 地震数据采集由著名的地球物理服务公司 CGG 负责，采用 20 次叠加，完成了 13km×5km 范围的地震数据采集。根据传统的数据处理流程，进行了叠前时间偏移等处理。在对比垂直和水平切片的基础上，利用成像方法，最终建立了两个 3D 地震体模型。利用这个高质量的二维地震模型，从反射振幅、瞬时频率、瞬时相位和倾角等地震属性中提取了详细的地质信息，增强了对构造的解释，如利用相位属性进行含矿砾岩的岩性变化成像和控矿断裂的展布方式分析等。结合该矿区完成的钻孔资料发现，Welkom 金矿主要产出于 Kliprivier sberg 群下部的中兰德群砾岩中。声波测井发现，Klipriviersberg 火山岩的地震波 P 波速度为 6000～6500m/s，其他沉积岩层的 P 波速度为 5600～5900m/s，可见，赋矿层顶部与非赋矿层围岩存在明显的速度差，即波阻抗差，故能产生较强反射。

可见，利用三维地震勘探可以查明含矿层位的深度和空间形态，结合一定的钻孔控制、地质观察和地震图像，甚至可以提供小尺度断裂（最小为 10～20m）的空间展布及含矿层位的岩性变化，为深部找矿提供丰富的信息。Welkom 金矿田的三维地震勘探，为深部找矿指明了方向，大大降低了勘探风险（严加永等，2008）。

9.3.2 加拿大萨德伯里铜、镍矿区

加拿大安大略省的萨德伯里矿区是世界上著名的铜、镍矿区，位于加拿大地盾南部，萨德伯里市北缘。控矿构造为北东向延伸 60 多 km 的向斜，宽约 30km，铜、镍矿均产出于该构造岩体的边缘。

经过多年研究，很多地质学家均认为，萨德伯里的铜、镍矿化分布和萨德伯里火成杂岩体有密切的关系。随着深部找矿的需求，查明萨德伯里盆地的深部构造，确定火成杂岩体的底面深度成为一个急需解决的关键问题。传统观点认为，该火成杂岩体呈对称的“盆状”或“漏斗”状，北侧向南倾，南侧向北倾。加拿大 Lithoprobe 计划在萨德伯里构造上进行多条高分辨率反射地震剖面测量，结果与地表的推断完全不同，该构造在深部是非对称的，火成杂岩体的北翼呈缓倾角向南倾，而南翼也是向南倾，还伴随有北西-南东向的强烈缩短，即一系列的逆冲、剪切和叠瓦构造。

在初步查明萨德伯里深部构造的基础上，在萨德伯里火成杂岩体接触带底板以下可能还存在很富的底板型矿床。利用井中瞬变电磁法（down-hole transient electromagnetic method，DHTEM）勘探，使钻孔的勘探半径从 10cm 扩大至 200～300m。在萨德伯里林兹里矿床开展的 DHEM 探测，虽然钻孔 7 中没有打到苏长岩的接触带，但是，利用 DHEM 在钻孔 7 中观测到的负异常，经过分析认为，其旁侧可能存在良导体，且可能是一个形状复杂的弯曲状的良导体，经过其余钻孔 1～钻孔 6 的验证，在地下 600～1280m 找到了高品位矿体。随后，利用 DHEM 在萨德伯里矿区相继发现了深达 2430m 的大型、高品位的维克多矿床，深 1370m、含铜达 9.9%、含镍达 0.9%的东麦克格雷迪矿床，以及最深达 2190m 的克雷顿矿床。

通过地震反射和重力反演，初步查明了萨德伯里深部构造的基本特征，即在深部具有明显的不对称特征，而萨德伯里火成杂岩体底面深度为 10km，基本上反映了主要地层界面的形态和深度，并推断出控矿的凹槽部位。利用老钻孔和一批新钻孔，采用 DHEM 勘探扩大了范围，直接发现了深部良导体，进而圈定出深部矿体。利用地震和重力测量确定深部构造，结合 DHEM 直接寻找井间盲矿体的技术组合，对萨德伯里深部找矿特别是寻找底板型矿床具有重大意义。

9.3.3 澳大利亚奥林匹克坝铜、铀、金矿区

奥林匹克坝矿区位于澳大利亚南部阿德莱德城附近，是世界上著名的铜、金、铀、银矿床。该矿区于 1974 年发现，以铀、铜为主，铀储量居世界第 1 位，铜储量居世界第 6 位，并伴有、金、银、铁和稀土元素等。该矿区在大地构造上位于高勒克拉通与阿德莱德地槽衔接部位的斯图尔陆棚区，且与元古宙裂谷环境密切相关。该矿区直接位于一条长为 7km、宽为 4km，以断层为界的 NWW 向裂陷带——“奥林匹克坝地堑”内，其基底地层为中元古代奥林匹克坝组碱性花岗岩。主要含矿岩为产状较陡的碎裂花岗岩和角砾岩杂岩体，中

心主要为富赤铁矿角砾岩，现已经探明其向下延伸大于 1km，属于深部空间金属矿床范畴。杂岩体中分布有铜、铀矿带和金矿带，铜、铀矿带由斑铜矿、辉铜矿和黄铜矿组成两个亚带，铀矿体则产于斑铜矿和辉铜矿亚带的上部。金矿带分布于角砾岩上部。它们的成矿主要发生于热液喷发及热液角砾岩形成阶段，其中，以铜形成最早，其次为铀，金最晚。矿质来自深源流体，矿床成因以内生为主，内生与表生相结合。

在奥林匹克坝矿区的发现过程中，重、磁方法起到了重要作用。从 1957 年西部矿业有限公司根据“世界和澳大利亚等大型铜矿均产于元古宇地层或岩石中”的认识为导向开始了在元古宇地层中的找铜工作，发现重、磁异常可能是由隐伏于中生代沉积物之下的玄武岩引起的，并注意到一些地区的铜矿具有重力和航磁高值的一致性等。E.S.奥德里斯科尔根据西澳大利亚州找矿经验，总结出澳大利亚许多大型矿床与区域线性构造有密切关系。根据区域重、磁资料，发现奥林匹克坝地区的几个大型构造系统是 WNW、NNW 和 NNE 向线性构造体，其中，WNW 向大型线状异常带与成矿关系最为密切。为此，利用线性构造分析来确定构造靶区，在 Andamooka 图幅内，在 8 个地球物理异常靶区中的 4 个靶区符合构造靶条件。因此，在奥林匹克坝重力、航磁—构造重叠靶区布置了钻探验证，在 RD1 钻孔深度 700m 附近发现了 38m 厚的矿层，岩心中含铜达 1%，为这个巨型矿床的深部找矿开启了大门。

随着大规模的开采，奥林匹克坝深部找矿的问题也显得日益突出。当今普遍认为，奥林匹克坝矿床是来自深部地壳和地幔的铁镁质物质在铁氧化层和深部流体之间沉积形成的，但是，含矿流体的路径和侵入机制尚未明确。为解决此问题，大探测深度的大地电磁测深（magnetotelluric sounding，MT）和人工源深层地震勘探相继在奥林匹克坝矿区开展。穿过奥林匹克坝矿区及主要地壳边界完成了 NE—SW 向长 200km 以上的 MT 剖面，通过二维反演求得了电阻率测深断面。该 MT 剖面显示出奥林匹克坝矿区西南部为高电阻率的太古宙地壳，推测大部分为麻粒岩，原因是良导体的自由流体与麻粒岩相变质岩不相容。反演结果清晰地刻画出了 Burgoyne 基底，容矿的奥林匹克坝角砾杂岩恰好切穿了该基底。奥林匹克坝矿床下面的地壳为低电阻率，与人工源深地震层析成像的透明（低反射）率区域一致。在西南部高阻的太古宙地壳与东北良导体下地壳之间地段，结合深地震成像结果，推测是一条深至壳内的深大断裂带，来自下地壳和上地幔富含 CO_2 的流体通过该大型断裂向上运移，在某些部位沉积形成了含石墨较高的岩石，从而导致电阻率和反射率降低。该深大断裂带也被证实是含矿热液的运移通道，该通道的形成晚于 Hiltaba 组花岗岩，而奥林匹克坝矿床的成矿年代也稍晚于 Hiltaba 组花岗岩，来自幔源的流体富含混合铀和金，沿着该通道向上迁移，并在奥林匹克坝角砾杂岩带沉积，故形成了这个巨型的铁氧化铀、铜、金、稀土矿床。

在奥林匹克坝矿床的发现过程中，地球物理勘探起到了重要作用，特别是区域重、磁资料反演、分析和解释，圈定了多个找矿靶区。在进入深部找矿阶段后，大探测深度的人工源深地震和大地电磁测深在整个高勒克拉通地区进行的深部地壳结构探测，查明了该大型矿集区的成因，为深部找矿奠定了理论基础，同时，也为寻找深部金属矿产资源指出了范围。

9.3.4 俄罗斯诺里尔斯克铜、镍多金属矿集区

诺里尔斯克铜、镍多金属矿集区位于西伯利亚北部泰梅尔半岛的叶尼塞河河口处，主要有塔尔纳赫矿床和十月矿床。该矿区是俄罗斯镍、铜、钴、铂的主要产地，初步探明铜储量为 545 万 t、镍储量为 360 万 t。诺尔里斯克矿区在构造上属于西伯利亚克拉通的西北缘，其交界带属于贝加尔期褶皱带，克拉通基底为元古宇地层。铜、镍硫化物矿体主要与两种特殊的基性、超基性侵入体有关，即诺里尔斯克型和塔尔纳赫型，这两种类型的侵入岩都出现在诺里尔斯克-哈莱拉赫断裂带中。诺里尔斯克型侵入岩本身就是容矿体，而塔尔纳赫型侵入体的下部和周围接触带为重要的成矿部位。含矿侵入体的分布主要受深部断裂的控制，控矿主断裂为 NE 向的诺里尔-哈莱拉赫断裂带。矿石主要为浸染状和致密块状硫化物，硫化矿物包括黄铜矿、镍黄铜矿、磁黄铁矿和黄铁矿。

近年来，为扩大资源储量，探测工作开始从西南部向东北部转移，这里的侵入体埋藏深度为 700～2000m。在深部找矿勘探过程中，主要采用的地球物理勘探方法是高精度重力测量法、瞬变电磁法和电测深法等方法。

通过瞬变电磁法、电测深法和钻孔确定侵入体的深度，首先利用视电导率曲线追索 10～40Ψ.m 的层位，该层与通古斯群对应，在测深点 116 点和 4 点之间该层位埋深发生突变，说明两点之间有断距可达 250m 左右的断层。在通古斯群下面电阻率为 300Ψ.m，厚为 200～300m 的层位为塔尔纳赫侵入体，再下面的电阻率升高的部位推测其为含矿层，通过钻孔控制验证了该模型的正确性，找到了较富的硫化物矿体，实现了深部找矿的有效突破。

9.3.5 澳大利亚 Yilgarn 克拉通金、镍矿集区

澳大利亚西部的 Yilgarn 克拉通是世界上最大的太古宙花岗岩-绿岩集合体，具有世界级的金矿、镍矿。从 20 世纪 90 年代开始，澳大利亚相关机构相继在其构造单元 Eastern Goldfields 开展过 4 次反射地震探测研究工作。其中两次是在 Kalgoorlie 成矿带和其北部开展了两条区域深地震反射剖面，根据该深地震反射结果，诠释了古老的 Yilgarn 克拉通为什么能够形成世界级的金矿、镍矿，原因是穿过地壳的巨型断裂控制了金矿成矿系统的形成和演化。Yilgarn 克拉通东部地壳结构的反射特征反映了挤压造山后期的伸展垮塌构造变形过程，切穿地壳的巨型剪切带及中上地壳的“Y”形构造和“楔状”构造，对造山带金矿成矿系统的形成至关重要，起到汇集流体和运移流体的作用（吕庆田等，2010）。

9.3.6 瑞典 Skellefte 成矿带

瑞典北部的 Skellefte 成矿带是瑞典最重要的有色金属基地，也是世界上最大的古元古代火山岩为主岩的块状硫化物（valcanic-hosted massive sulfide，VHMS）矿化密集区之一，已经发现有 80 多处 VHMS 型矿床。随着地表矿床的枯竭，勘探重点逐渐转移到深部。深部勘探的最大挑战是对深部 3D 结构不清楚，为了查清该地区含矿火山岩、上覆变质沉积岩、中基性火山岩、不同时代侵入岩之间的空间关系，指明深部找矿方向，瑞典 Uppsala 大学在 Skellefte 成矿带西部的 Kristineberg 矿集区开展了高分辨率反射地震剖面和重、磁、震联合反演解释研究，建立了该地区 3D 地质-地球物理模型。

3D 地质-地球物理模型揭示了该地区不同地质单元的空间分布和相互关系，反射地震发现了位于地壳深部的基底剪切带，剪切带下面可能是古元古代沉积基底，Skellefte 火山岩及上覆变质沉积岩很可能是沿此剪切带从异地推覆过来的；模型还表明 Skellefte 火山岩厚 2.5～3.5km，构造上位于区域大背斜上盘的核部，背斜内部包含有一系列次级背斜和向斜，著名的 Kristineberg 矿床就位于其中一个向斜的北翼。剖面南部的 Revsund 岩体根据厚度和形态分为两种类型：没有重力低的岩体，解释为薄层状（厚几百米）；有重力低的岩体为岩基或岩隆，厚度在 3～3.5km。北部的 Mala 火山岩和 Skellefte 火山岩之间呈断裂接触，断裂走向与 Mala 火山岩走向不一致，但与 Skellefte 火山岩内部剪切组构方向平行。

模型预测了在南部 Revsund 岩体接触带深部为 VHMS 型矿床找矿靶区，在研究区的西部沉积变质岩分布区为寻找金矿的靶区。

9.3.7 蒙古奥玉陶勒盖斑岩铜金矿

蒙古国奥由陶勒盖（Oyu Tolgoi）矿床位于蒙古国南部。此矿最早由蒙古和苏联联合考察队在该区寻找恐龙化石时发现的。由于地处偏僻，北运路途遥远，蒙古国放弃对该矿的勘探、开采，而选择了蒙古北部的额尔登特铜矿。澳大利亚 BHP 公司亚洲勘探部 Sergei Diakov 领导的一个勘探组于 1996 年检查了该地区，1997 年，BHP 公司取得了勘探权，并且在该区开展了地质填图、水系和土壤沉积物测量及磁法和激发极化测量等工作。在这些工作的基础上，BHP 公司打了 23 个钻孔，钻孔分布较零散，累计进尺 3000 多 m，孔深最大的为 270m，见到了矿化。其中，有两个孔结果较好：一个见矿长度为 26m，平均铜品位为 0.86%；另一个见矿长度为 38m，平均铜品位为 1.63%。探矿效果不是很理想。2000 年 5 月，BHP 公司将包括 Oyu Tolgoi 项目工作区在内的 238km^2 的勘探权区转让给了 Ivanhoe Mines 公司，2000 年 6 月，Ivanhoe Mines 公司开始开展反循环钻进，至 9 月底，完成了 109 个孔，总计 8828m。反循环钻进最初的目标是验证 BHP 公司已经施工钻孔揭露的次生富集辉铜矿矿层，但却有意外的发现，即许多孔的底部打到了可工业利用的深部铜金矿化体。Ivanhoe Mines 公司于是扩大了勘探范围，在 1120km^2 范围内进行了 490 处点总深度达 278 000m 的钻探，最终打出了铜储量为 1500 万 t、金储量为 400t 的超大型斑岩型铜金矿。

9.3.8 智利 Caspiche 斑岩型铜金矿

Caspiche 铜金矿是 2007 年发现的一个完全隐伏矿床，位于智利北部 Maricunga 成矿带上，该成矿带长为 200km，宽为 30km，走向为南北，出露渐新世火山杂岩及同岩浆期次火山岩岩株。该矿带在 20 世纪 80 年代先由区域勘探确定，后因 90 年代发现的 Marte 矿床确定了斑岩型矿化的存在。整个矿带进行过系统勘探，先后发现了多个斑岩型矿床。但是，在 Caspiche 矿权地上的勘探，屡屡受挫。此前其他公司在当地先后进行了 21 年的勘探，包括详细填图、岩石地球化学采样、激发极化测量、直升机载磁法测量、数个钻孔，但仅仅得到 0.14g/t 的低品位矿化。此后有 8 年时间中断了勘探。2005～2006 年又进行了地质填图、岩石地球化学采样，以及 CSAMT 测量等。直到 2007 年年末，才在一个验证钻孔得到了 304m 厚的 0.90g/t 的金和 0.26%的铜；而后 2008 年的后续钻探时打的第三个钻孔，得到了 793m 的 0.96g/t 的金和 0.40%的铜，终于找到了真正的主矿体。到 2012 年，又完成了

63 000m 钻探，累积得到了黄金储量 1930 万盎司（约合 600t）和 210 万 t 铜；其矿床平均品位是 Au0.38g/t；边界品位相当于 0.18g/t 的金。目前已知矿化垂直延伸达 1400m。

这个矿床具有典型的斑岩型矿床的特征，花费 20 多年反复勘探才找到的原因之一是地表上覆盖了大面积的火山喷发形成的汽化角砾岩，厚度为 500～750m，是一个火山通道的出口；有些角砾岩是成矿前的，也有同期的和成矿后的，这使其地质背景变得越发复杂。当地的斑岩体也不简单，共有 5 期，其中，仅有第一～第二期斑岩体中赋存有金铜矿化，伴随有钾质蚀变；矿床共有五种蚀变类型，即钾化、青盘岩化、钾-钙质蚀变、绿泥石绢云母化及前进泥质蚀变。其中，钾质蚀变和前进泥质蚀变与矿化关系密切。而硅质蚀变的范围在矿床的 3km 以外，深度至少为 400m，不能直接指示矿床的存在。整个蚀变带在垂直方向上延伸 1400m。晚期还发育了金-锌矿化，产于矿床的边缘（沈承珩，2014）。

9.4 深部金属矿探测的科技战略与动向

南非、加拿大、美国、澳大利亚和欧盟等国家和地区，工业部门及研究机构密切配合，就深部开采基础性问题和相关技术开展了深入的研究。大陆动力学与成矿关系的研究也已经成为当今地学和成矿学研究的前沿（胡瑞忠等，2008），国际地学界掀起了深部地质与成矿作用联系研究的热潮。澳大利亚于 1993 年专门成立了地球动力学研究国家中心（Australia Geodynamics Cooperative Research Center，AGCRC），实施了地球动力学与成矿作用研究计划。欧洲科学基金会（European Science Foundation，ESF）1998～2003 年实施了由 14 个国家参与的“欧洲地球动力学与矿床演化”（geodynamics and ore deposit evolution in Europe，GEODE）计划。2010 年。澳大利亚成立深部勘探技术合作研究中心（Deep Exploration Technologies Cooperative Research Center，DET-CRC），目的是把各个行业的研究、工程人员和生产专家集中起来研发适合于深部勘探的突破性技术。该中心由澳大利亚政府及参加单位提供 1.4 亿澳元的基金（包括现金和实物）。2014 年，加拿大成立超深采矿联盟（Ultra-DeepMining Network，UDMN），旨在继续使加拿大在全球深部采矿知识方面处于领导地位。

为了找寻深部矿产，自 20 世纪 70 年代以来国际上陆续发起了众多地球深部探测计划，董树文等（2010）对这些计划的主要内容进行了详细阐述，包括美国大陆反射地震探测计划（COCORP）、地球透镜计划（EarthScope）、欧洲地球探测计划（EU ROPROBE）、德国大陆反射地震计划（DEKORP）、英国反射地震计划（BIRPS）、意大利地壳探测计划（CROP）、瑞士地壳探测计划（NRP20）、俄罗斯深部探测计划、加拿大岩石圈探测计划（LITHOPROBE）、澳大利亚四维地球动力学计划（AGCRC）、澳大利亚玻璃地球计划（Glass-Earth）和澳大利亚地球探测计划（AuScope）等。

澳大利亚和加拿大分别实施的四维地球动力学计划和岩石圈探测计划把重要成矿带和矿集区深部结构探测与成矿学研究密切结合，探索大型矿集区和巨型矿床形成的深部控制因素，还开展了不同构造环境下控矿构造、深部矿体的反射地震探测研究，开辟了成矿学研究和深部找矿的新思路，并取得了重大进展。加拿大岩石圈探测计划在太古宙绿岩带、火山杂岩区和造山带花岗岩区等典型结晶岩地区控岩、控矿构造探测方面取得重要进展。澳大利亚 4D 地球动力学计划在古老的 Yilgarn 克拉通的金、镍矿集区进行了反射地震探测，结果获得意想不到的发现，即穿过地壳的巨型断裂控制了金矿成矿系统的形成和演化。

9.4.1 南非

南非是目前拥有最先进深矿开采技术的国家之一，这与其持续不断地开展一系列深部开采相关研究工作密不可分。1998 年 7 月启动了耗资约合 1380 万美元为期 4 年的著名的"Deep Mine"研究计划，旨在解决 3000～5000m 深度的金矿安全、经济开采所需解决的一些关键问题（李夕兵等，2017）。研究内容包括安全技术研究、地质构造研究、采场布置与采矿方法、降温与通风、采场支护、岩爆控制、超深竖井掘进、钢绳提升技术和无绳提升技术等。

2011 年，南非科学与工业研究理事会和日本合作启动了为期 5 年耗资 300 万美元的"减缓矿山地震风险的观测研究"（observational studies to mitigate seismic risks in mines）项目（Durrheim et al，2010），旨在阐明震源岩石性质，增强对金矿地震孕育和前兆的认识，提高金矿地震危险性评估的可靠性，改进金矿强地面运动预测的可靠性和微地震事件位置的估计，使地震灾害损害评估更加精确。

9.4.2 加拿大

9.4.2.1 加拿大岩石圈探测计划

岩石圈探测计划（1984～2003 年）是加拿大国家级的多学科合作的地球科学研究项目，是为了综合了解北美大陆北半部的大陆演化而设立的项目。加拿大的地质背景是一幅具有镶嵌状和复杂锯齿状的图案，是一个难解的谜团。它反映了距今 4Ga 以来大陆的生长和重组。现今所看到的地质轮廓是如何构建的?地质作用过程又如何?这些都是地球科学的基本问题，也是具有全球意义的地质问题。加拿大以其地质的多样性及地球历史的漫长性，成为研究大陆在如此漫长历史中演化的最理想国家。岩石圈探测计划正是为加拿大提供了一个如此良好的机会。

加拿大岩石圈探测计划，将北美大陆划分为 10 个断面区进行探测研究，每一个断面区的探测都以深地震反射剖面作为先行方法，切开岩石圈并揭示断面的结构图像，配合其他方法追踪岩石圈的演化。特别注重对矿业开发区的探测，提供更加丰富更加可靠的成矿信息，增加了投资者的信心，许多矿业公司直接增加深部探测投资，使加拿大一直保持世界矿业大国地位而长期不衰。该计划的领导者认为，使加拿大岩石圈探测计划使加拿大的地球科学研究走到了世界的前列。

过去认为地震技术不能在矿床和矿区中应用，加拿大岩石圈探测计划证实了地震技术方法的价值，使许多公司和省政府地质调查局提供现金增加区域研究并进行高分辨率测量。一些公司独立承包部分感兴趣地区的地震数据采集工作。技术成功地应用在巴肯斯、中纽芬兰、马塔加米和莱斯矿、北魁北克的 Selbaie、鲁安-诺兰达和西魁北克的柯克兰湖和东安大略、萨德伯里安大略、汤普生、马尼托巴。基于矿业公司的意见，加拿大岩石圈探测计划第四阶段与工业界、省/地区地质调查局在阿伯蒂比-格林维尔地学断面（萨德伯里，北魁北克和东魁北克）、中马尼托巴（THOT）、西苏必利尔地学断面（西北安大略）和奴-北科迪勒拉岩石圈演化地学断面（SNORCLE）（西北地区，育空地区和西北大不列颠哥伦比亚）进行了进一步的合作。

9.4.2.2 足迹项目

2013 年 5 月 14 日，加拿大政府宣布资助新的合作项目用于采矿业的研究和创新，该创新性的研究项目被称为“足迹项目”（footprints project），由采矿业领导并在加拿大的多个大学实施，且得到了自然科学与工程研究理事会（Natural Sciences and Engineering Research Council of Canada，NSERC）通过其合作研究和发展项目的最大经费支持。该项目的目标为开发可更有效地寻找隐伏矿床的新方法。

NSERC 已经对该项目给予 5100 万美元的资金支持，另外，通过加拿大矿业创新委员会（Canada Mining Innovation Council，CMIC）还获得了加拿大采矿和勘探行业赞助商的资助，预计会获得接近 700 万美元的额外资助。最初获得 NSERC 资助的包括 17 所加拿大大学和 24 个行业合作伙伴。自从该项目获得官方批准，参加该计划的大学已经增至 24 所，而行业合作伙伴的数量已经增至 27 个。

该项目将基于隐伏矿床微妙的信号或足迹开发用于远程传感和评估的新工具。最终，这项工作可以改善加拿大乃至全世界获取矿产勘探和资源开发的方法。勘探行业、相关服务、政府机构、研究人员和大学空前的合作水平为该行业设立了一个新的标准。作为该项目的地质工程师之一，巴里克黄金公司全球勘探部门副总裁兼首席地质学家 Francois Robert 博士运用加拿大矿业创新委员会产业驱动的创新方式，为大规模的科研合作引进了 27 个行业赞助商。

对该项目的商业化来说，大量的服务提供商和行业赞助商的加入至关重要。大多数的研究计划包括获取数据和生成知识，但该项目还包括商业化，这一特别步骤则是走向了真正的创新。加拿大矿业创新委员会董事长 John Thompson 认为，“足迹项目”代表合作研究项目发展的一个重要里程碑，自然科学和工程研究委员会决定从行业中匹配广泛的资金就是很好的证明。此外，该项目的行业赞助商和大学研究团体共同完成未来 10 年战略远景，项目的成功能促进国家矿业相关研究更长远发展。

9.4.2.3 加拿大超深采矿联盟

2014 年，由加拿大安大略省萨德伯里矿业创新卓越中心（Centre for Excellence in Mining Innovation，CEMI）提出倡议建立了加拿大超深采矿联盟，UDMN 将继续使加拿大和安大略省在全球深部采矿知识方面处于领导地位，从而确保国家保持自然资源投资最佳目的地的地位。该联盟斥资 4600 万美元（2015～2019 年），旨在解决地表以下深度达 2500m 处采矿所涉及的 4 个主要战略主题，即减少应力灾害、降低能耗、提升矿石运输与生产能力、改进工人安全性。

9.4.3 澳大利亚

9.4.3.1 澳大利亚四维地球动力学计划

澳大利亚联邦政府与矿产资源和能源勘探工业密切合作，建立澳大利亚大陆地球动力学框架，以增强工业界发现世界级矿床的能力。澳大利亚四维地球动力学计划 AGCRC（1993～2000 年）应用数字模拟技术模拟矿床形成的地球动力学过程——地球动力学模拟，使用数字模拟技术对单一地质过程进行模拟，如岩石变形、流体和热事件模拟。把 4 个过程（变形、流体、热、成矿）结合在一起进行模拟，并把模拟结果与成矿系统分析和找矿预测联系起来。AGCRC 进行的地球动力学模拟使用各种数据，进行综合分析，目的在于理解控制成矿系统的各种物理化学参数。

AGCRC 的目标包括以下 7 个方面：

1）建立地球动力学过程和世界级矿床形成之间的联系，增强对 4D 地球动力学模型的理解（矿床尺度），研究、理解控制并形成巨型、高品位矿床的地球动力学要素，研究世界级矿床具有的共同的动力学要素，包括其构造背景和矿源、路径及沉淀环境。

2）构建关键成矿区带的地球动力学综合演化过程，为建立 4D 地球动力学模型提供资料（区带尺度），研究成矿区带与非（少）成矿区带地球动力学演化的差异。

3）理解澳大利亚及各省大陆板块构造和地球动力学背景，为建立 4D 地球动力学模型提供资料（板块尺度），从更宏观的角度理解大陆结构，研究块体、活动带和盆地如何拼合在一起，以及如何受后期地质事件影响?

4）建立与地质关联的各种地球动力学模型，包括概念框架和计算机软件，在不同尺度模拟和预测地球动力学演化过程（地球动力学模拟），从概念上理解地球内部岩石行为和非线性地球动力学过程（变形、流体流、热流和化学反应），这种理解必须通过计算机可靠地模拟岩石运动学、动力学行为和物理-化学过程，即地球动力学模拟。

5）开发地球物理、地质数据和地球动力学过程的可视化及进行 4D 模拟的综合科学和技术（数据处理、地质模拟和可视化），大量的数据和模型需要相应的数据处理、计算机可视化和 3D、4D 模拟工具。

6）与澳大利亚矿产资源和能源勘探界（包括政府和其他研究机构）建立伙伴关系，促进 AGCRC 研究成果（知识、技术和技能）的转化（工业参与和技术转化）。AGCRC 的基本任务是产生工业界可以使用的矿产勘探新战略，研究成果必须快速、有效地转化成现实勘探工具。AGCRC 在探测板块边界、地壳三维结构和壳幔过渡带产状及上地幔结构的同时，开展了全国主要成矿带和大型矿集区的 3 个层次的三维结构探测，通过高分辨率地震反射技术、重磁 3D 反演技术和构造动力学模拟技术，获得了主要成矿带的地壳结构、成矿系统结构和矿集区热-变形-流体控制成矿的演化过程。大区域包括 South Australia、Western Australia、Northern Territory、Northern Margin；大型矿集区包括 Queensland、New South Wales、Victoria、Tasmania、Yilgarn、MtIsa、Broken Hill、New England、Lachlan 等。在西澳 Menzies-Norseman 矿集区，通过高分辨率地震反射和重力三维反演技术精细刻画出全区的三维立体结构，揭示出绿岩带中主要断裂带、花岗岩体的分布，提出花岗岩内薄厚度区为潜在金矿成矿区的认识，指出了金、镍矿勘探的方向，并按照预测取得了重大找矿发现。

7）提供岩石单元的空间分布；绿岩带中主要断裂带、花岗岩体的分布；对绿岩带演化提供约束；指出金、镍勘探靶区。其中，深部地壳剪切带切割绿岩带基底滑脱带控制金矿的形成，金矿与NNE向次级构造关系密切，Kanowna Belle、Kalgoorlie、Binduli和Coolgardie矿床沿NNE向构造分布，花岗岩内薄厚度区为潜在金矿成矿区；模拟发现，科马提岩型镍矿在容矿地层底部呈NE向，不是原来认为的NNW向，对该地区镍矿勘探具有重要意义。以卡尔古利（Kalgoorlie）成矿带为例，高分辨率地震反射技术揭示出绿岩带（金矿的主要容矿地层）的厚度为5～7km，发现在绿岩带下面存在巨型剪切带，并与中地壳的成矿流体库相连接。巨型剪切带是深部成矿流体迁移的重要通道，与之连接的浅部次级构造和基底滑脱控制了绿岩带中金矿的形成。

9.4.3.2 澳大利亚玻璃地球计划

澳大利亚玻璃地球（Glass Earth Australia）计划是2000～2003年由澳大利亚联邦科学和工业研究组织提出的一项国家创新计划，拟通过航空综合地球物理探测、2D-3D深地震反射、钻探技术和计算机模拟技术，使澳大利亚大陆1km内的地壳及控制它的地质过程变得“透明”，以增强发现巨型矿床的能力。

玻璃地球计划包括以下几个具体项目：下一代探测技术，风化层和基岩深部地质过程研究，空间信息管理、集成和解释技术及区域成矿预测模型与概念模型。Glass Earth投资建立两个合作研究中心：矿床发现预测合作研究中心、景观环境与矿产勘探合作研究中心。与Glass Earth直接关联的技术研发和项目有航空重力梯度测量、先进的磁测量技术（航空磁张量、磁梯度）、矿物填图技术、电磁模拟（EMModelling）技术、2D-3D地震探测、成矿过程、先进的钻探技术、风化层和环境地球科学、虚拟现实技术、计算地球科学。但是，该计划已于2003年终止。

9.4.3.3 勘探地球科学领域研究网络

2012年8月8日，澳大利亚资源与能源部长马丁·福格森（Martin Ferguson）公布了《地球深部探测：澳大利亚地球科学勘探远景》（*Searching the Deep Earth: A Vision for Exploration Geoscience in Australia*）报告，该报告号召澳大利亚科学家在一个创新的、结构化的和全国协调的战略联盟中开展合作，为澳大利亚矿产勘探创造竞争优势，并提出建立一个新的勘探地球科学研究网络（UNCOVER）和4项重要举措。

（1）建立勘探地球科学研究网络——UNCOVER

UNCOVER将探索集合和协调澳大利亚的世界一流勘探地球科学领域专家，形成跨机构和跨地域的研究网络，以实现澳大利亚矿产勘探的全国战略远景。即确保在地质调查数据采集和资源服务领域，更重要的是，在矿产勘探方面，澳大利亚依然是世界级的研究中心。

UNCOVER将召开一系列的工作研讨会和类似于戈登会议的会议，参会的研究人员和业界代表将进一步理解澳大利亚面临的勘探机遇与挑战。会议将制定长期战略，明确大型国际项目的开采活动，在至 2020 年或更长的时期内提升澳大利亚的勘探成功率。

UNCOVER 的一个关键作用是提供在企业、政府机构和科研界之间的快速技术转让机制。这种技术转让可以帮助科学家关注矿产业的关键问题所在。在企业不断推出技术成果时，该研究的价值才会得以体现，并且在勘探实践中会得到有效的使用。该网络将采用两种措施促进这种思想和研究成果的快速转化，即全国嵌入式研究与交流计划；早中期的职业指导、培训和研讨。

（2）揭示澳大利亚大陆盖层

在澳大利亚有 80%的区域由沉积盆地和风化层覆盖，了解盖层的厚度、物理、矿物学和化学特征及其形成和演变的过程，将有助于提高发现资源的潜力。

关键科学挑战和机遇：①盖层深度：由于四维地形的动态演化，利用原地保留的与搬运的风化层的厚度及三维或四维尺度的沉积盆地厚度等参数，可以推算盖层深度。在勘探过程中，原地风化层是非常有用的样品来源，但是，区分原地风化层和受搬运的风化层之间的界限的确是难题，这需要新的测井仪器和工具。②盖层年龄：盖层年龄限制了不同目标区域的盖层和基底的组成，并且在一定地质环境和背景下，可以揭示矿床运移的规律。这些盖层的测年需要地形演化的时序和速率，包括高分辨率的地质构造的隆升、侵蚀、沉积和风化层形成等。③盖层特征：盖层特征与发现埋藏的矿产系统息息相关，包括地球物理透明度、矿物持久性、化学迁移、扩散和运移、地貌、含水层和植被、盆地沉积的几何特征和地球动力学等。④数据集成、分析和校正：一个重大的挑战就是地球科学团体创建和运用新的科学技术整合大量的数据。目前对深部评价的直接依据是钻井和钻孔记录，限制了对目标区深度的校正，钻穿盖层的区域地层钻探计划将对校对地球物理数据解译继续发挥重要作用。

（3）调查澳大利亚岩石圈结构

要发现盖层下新的有经济效益的矿床，全球的矿产勘探业需要对整个岩石圈的结构有更深入的理解，重点是形成大型矿床或矿富集区的岩浆和流体等。深部构造可能决定岩石圈的地球化学特性和成矿体系的相变。我们的目标是开展一系列开创性的科学研究项目，对澳大利亚从岩石圈至地壳尺度的结构和组成进行绘图和空间表达。

完成该远景最大的挑战是，从二维区域岩石圈的平面分析转换为对岩石圈的三维组成和几何学特征等的立体分析。理解澳大利亚岩石圈的三维结构和组成，需要进行大范围的合作，包括：①地质、地球化学和地球物理之间的密切关系。随着一系列定量方法的不断发展，模拟适合岩石圈的三维地质模型需要引入地震、重力、磁场和电磁数据及温压条件等参数。②开展多个计划收集所需的地球物理数据。继续获取特定位置或横切面的相对高分辨率数据；采集宽范围的相对低分辨率数据。③表征岩石圈结构。需要开发新的用于三维展示现代澳大利亚大陆岩石圈的产品，其能够在空间上表达岩石圈的物理特性、结构和化学组成、重要的界面、主要边界之间的结构、性质和时序；能被研究人员和产业界轻松操作；以及能及时更新等。

（4）分析澳大利亚四维地球动力学和成矿演化过程

在勘探过程中尽早评估目标区的成矿潜力非常关键，目前对大型矿床的预测能力依然有限。该举措的目标是通过研究项目之间的合作，分析澳大利亚四维地球动力学和成矿演化过程，获取从单一形式转化为四维的数据，以帮助预测全国各个尺度下的矿化岩石的分布。澳大利亚将是第一个具有这种能力的国家，这将促使其在勘探地球科学领域处于世界领先地位。

关键科学挑战和机遇：

1）增加对澳大利亚大陆的四维地球动力学演化的理解；

2）提升对多尺度的成矿系统的认识（从单个矿体到整个岩石圈）；

3）利用计算机解释庞大的数据集，并模拟多尺度地球动力学和成矿过程。

（5）追踪和监测矿床的运移足迹

有效的勘探需要清楚矿床和整个矿化系统的空间信息，利用相关产品和工具监测矿化系统的基础数据和区域地质背景信息等。该举措的目标是整合整个澳大利亚大陆所有矿床类型的矿床特征和运移足迹，建立矿床系统的足迹。

关键科学挑战和机遇：

1）清楚多尺度成矿系统的原始足迹，特别是辨别盖层下的运移；

2）理解成矿系统的再次运移和多次运移；

3）降低对背景信号的错误判断；

4）监测多尺度成矿过程中地球物理数据的替代指标；

5）多方位描述矿体特征。

9.4.3.4 勘探开发激励计划

2014年7月1日，澳大利亚政府宣布正式启动勘探开发激励计划（Exploration Development Incentive，EDI），旨在刺激澳大利亚“绿地”（指地表植被尚未被破坏，矿产资源尚未被开发状态的矿产资源蕴藏区域）矿产资源开发，以此带动澳大利亚新一轮的经济增长（AMEC，2014）。

计划所涉及的探测活动范围包括地质勘测、地球物理勘探、矿床系统勘探及矿床钻探。明确规定，只有以新矿产资源开发为目的的勘探活动才被列为该计划所允许的范围，即计划仅允许旨在确定新矿产的赋存、位置、规模或品位的探测活动，但矿床种类不包括石材、页岩油、传统油气资源（包括煤层气及任何赋存形态的天然碳氢化合物）和地热能资源。同时还规定了矿权范围，即仅限于澳大利亚陆上勘探，任何其他形式的矿权，包括生产许可、保留租约及海域探测均是被禁止的。同时，为确保实现该刺激计划推动经济增长和促进就业的既定目标，计划还对受资助对象即企业资质予以明确限定，即规定参与开发的企业必须是新成立矿业企业，所有已经从事矿产资源生产的企业或其附属企业均不纳入考虑范畴。

计划总预算为1亿澳元，计划周期为2014～2017年，分为3个实施阶段：2014～2015年，预算为2500万澳元；2015～2016年，预算为3500万澳元；2016～2017年，预算为

4000 万澳元。

根据探测所处的阶段，澳大利亚将矿产资源商业勘探分为“绿地”勘探、“棕地”勘探、前期可行性研究、盈利可行性研究及正式的开发建设阶段。

9.4.3.5 澳大利亚未来 20 年矿业路线图

目前澳大利亚已经几乎将易发现的露天或近地表资源开采殆尽，亟须勘探另外 80%由风化层和沉积盆地覆盖的大陆深部区域。2015 年 7 月 22 日，澳大利亚发布该国至未来 20 年隐伏矿勘探路线图（*Roadmap for Exploration Under Cover*），提出了未来探矿的六大挑战和为改进“绿地”和覆盖区区域的探矿需开展的 16 项优先研究。

该路线图的愿景是拟通过定位和开发未来矿产资源，公布主要的新矿床，将澳大利亚打造成勘探覆盖区矿产资源的全球领导者。

路线图中罗列了勘探覆盖层下方的矿产资源的六大挑战：①揭示澳大利亚大陆盖层。②研究澳大利亚岩石圈结构。③分析澳大利亚四维地球动力学和成矿演化过程。④追踪和监测矿床的运移足迹。⑤分析隐伏矿勘探的成本和回报。⑥为提高勘探成功率所必需的研究、教育与培训。为改进“绿地”和覆盖区的探矿需开展的 16 项优先研究详见表 9-5。

表 9-5 路线图第一阶段中 16 项优先研究领域

研究领域	优先级
了解盖层类型、年龄和厚度。编制地质和古夷平面 3D 图集	最高
利用新型航空电磁系统的成像进行基底深度计算和盖层特征分析	最高
整合众多模型与数据以构建澳大利亚整个岩石圈的 3D 结构	最高
加快完成国家 AusLamp 长期项目	最高
提升对不同矿种与成矿类型中多尺度成矿体系的认识与了解	最高
表征与绘制整个成矿系统的运移足迹	最高
通过大陆钻探计划，对盖层/古夷平面和基底进行采样	高
提升和细化对盖层矿化序列的地球化学分散模式的认识	高
绘制当前岩石圈结构和盆地金属资源分布图	高
数据采集-澳大利亚地震台阵	高
获取垂直方向上网格间距为 4km 的重力数据	高
生成并更新对整个澳大利亚岩石圈的 3D 结构解释	高
通过 Strat 钻探计划，采集一些矿点、重要盆地和隐伏盆地基底的地质年代数据	高
增加对澳大利亚岩石圈的地球动力学演化的理解	高
开发新工具以理解和评估特定地质、构造和成矿事件中矿产资源潜力	高
最大限度地获取检测信号并提升检测水平和能力	高

9.4.3.6 “为未来勘探”计划

2016 年 12 月 8 日，澳大利亚政府宣布投资 1 亿澳元实施一项名为“为未来勘探”

（exploring for the future）的计划，旨在进一步提升澳大利亚矿业生产力和竞争力。整个计划为期 4 年，重点是扩大澳大利亚北部资源开发，进而带动澳大利亚经济发展。

“为未来勘探”计划的主要任务是在北澳大利亚及南澳大利亚地区收集新数据，以了解未勘探区域的能源、矿产和地下水资源的位置、数量和质量。相关前期数据和信息将在 4 年内陆续发布，以支持资源决策、降低投资风险。届时所有数据和信息都将开放共享，包括政府部门、研究机构和开发方等各利益相关方都将受益。计划将主要在以下 3 个领域展开：①矿物。主要关注澳大利亚北部的地质演化，并确定哪些地质地形对矿床类型的形成具有更大的潜力。②能源。侧重探索沉积盆地，以更好地了解潜在油气资源的位置和规模。③地下水。主要评估地下水的位置、数量和质量及使用或消耗速率，以确定农业灌溉、矿物和能源开发及社区供水的潜在机会。

目前，计划的前期项目已经启动，包括投资 310 万澳元的地质填图项目，主要是通过地下电阻测量来更好地找到矿产地和油气田位置。另外，在昆士兰州和澳北领地边界处，将投资 380 万澳元建设长达 550km 的地震测线，用于预测油气田的位置和规模。这些项目只是澳大利亚未来庞大的矿产资源勘探和地下水调查计划的开始。澳大利亚 80%的地域还没有进行探测。明确资源潜力不仅能够保障能源、矿产和地下水的安全供应，也有利于澳大利亚的长期繁荣。

9.4.3.7 澳大利亚《2017—2022 年国家矿产资源勘探战略》

2017 年 7 月 17 日，澳大利亚地球科学局发布《2017—2022 年国家矿产资源勘探战略》（*2017-2022 National Mineral Exploration Strategy*），旨在确保澳大利亚资源部门的持续竞争力和可持续性。

矿业在澳大利亚持续的经济繁荣中起着至关重要的作用。2015～2016 年，采矿业占澳大利亚国内生产总值（gross domestic product，GDP）的 6%。虽然澳大利亚是矿产勘探的既定且稳定的目的地，但从 2002 年以后，其在全球勘探投资中的份额一直在下降。2002 年，它吸引了 21%的全球对黄金、铜和其他金属等商品的投资。到 2013 年该比例已经下降至 12%，很大程度上是因为近期没有发现大型高品质的矿藏。在此背景下，国家矿产资源勘探战略应运而生，战略中论述了关键的技术风险，以及澳大利亚未充分勘探区域的矿产资源发现所需的科学和技术。

该战略的愿景是通过挖掘澳大利亚隐藏的矿产资源打造可持续的经济未来。目标是推动矿产勘探的持续投资，产生新的勘探机会，刺激重大新发现，确保澳大利亚矿业的连续性和长期性，使所有澳大利亚人受益。

主题及其相关行动包括以下 4 方面。

（1）鼓励投资

这个主题有两个相互关联的要素，即公益性地学数据和矿产勘探投资吸引计划。

公益性地学数据信息系统已经为澳大利亚提供了竞争优势。而越来越多的竞争对手正在模仿过去的澳大利亚并迎头赶上，这危及澳大利亚的国际领导地位。为保持竞争优势，最好的方法是更新公益性地学数据的投资，同时开发创新性的工具和决策支撑系统将政府投资产生的全部价值最大化。加强对高性能计算、“大数据”“云”的开发及新的模拟研究和创建勘探实验室都至关重要。相关行动包括：①新的公益性项目取决于澳大利亚联邦政府、各州和各领地的政府资助，2017～2022 年公益性项目包括大型地震、大地电磁和航空地球物理勘测；地层钻井；地质、地球化学和同位素绘图与采样；各种矿产品和成矿系统的潜力评估，并向公司提供地学和勘探数据。②利用 AuScope 基础设施、先进的计算机编码、超级计算机设备和先进技术，寻求数字合作，使澳大利亚保持的大量在线数据优势最大化。③创建一个新的数据盖层下勘探决策支撑系统，使公益性地学数据和工具的利用最大化。该系统将成为支撑政府、行业和研究人员决策的开源数字平台，并将成为采矿设备、技术和服务（Mining Equipment，Technology and Services，METS）部门形成新应用和价值的环境。

矿产勘探投资吸引计划的目标是推动澳大利亚成为矿产勘探投资的首选目的地；支持未充分勘探区域的发现，包括新的成矿系统概念、新的成矿区和新的矿种；为所有细分市场的矿产勘探提供投资决策。相关行动包括：①2018 年更新计划将阐述市场渠道的变化（包括社交媒体），发展为每个投资者部门和地区相适应的产品和送货渠道。②协调一个“登记册”以确保为澳大利亚矿业所提供和传递消息的一致性。③该计划将成为活动的文档，包含市场情绪、商业利用、技术和政治变化，使澳大利亚保持当前竞争力，吸引新的投资。

（2）利用已有的能力

战略的成功实施将需要所有利益相关者之间的深度合作，以及对科学及其影响进行有效的并有针对性的交流。利用 UNCOVER 计划使澳大利亚的国家矿产勘探能力取得了良好的进展。澳大利亚的地球科学研究界具有处理盖层下矿产勘探所面临复杂挑战的能力。与大学、AuScope 基础设施、澳大利亚联邦科学与工业研究组织（Commonwealth Scientific and Industrial Research Organisation，CSIRO）和合作研究中心计划（Cooperative Research Center，CRC）建立更强大的伙伴关系是战略成功的组成部分。

相关行动包括：①政府公益性项目与 UNCOVER 路线图优先事项保持一致。②UNCOVER 研究活动与大学、行业和其他政府部门（CSIRO 和 CRC 等）建立更强大的合作和战略联系。③与 METS 合作，促进和发展澳大利亚的世界领先能力。④政府地球科学信息委员会将会向地球科学工作小组（Geoscience Working Group，GWG）通报新的信息技术、数据标准和数据集成平台、可视化产品。⑤支持和鼓励大学、CRC 在项目中的参与者的培训和发展。

（3）保护环境

作为该战略的组成部分，公益性地学数据获取需要大量的野外活动，这些活动将以安全的并以对环境最小化影响的方式进行。一些原本为矿产勘探设计的公益性项目数据集也可以为监测环境建立基准信息。这些信息包括时间序列卫星图像、数字高程模型、地球物理数据集、水文模型、地球化学数据库、土壤模型和地下水。

相关行动包括：①确保所有实地活动符合相关法律。②将地球科学与环境科学要素相结合并使其进入公益性项目工作。③确保环境和其他土地利用利益相关者对数据的可用性和传递有效性。④支持资源数据计划（resources data initiative，RDI）和基础空间数据框架

（foundation spatial data framework）与地球科学信息门户（Australian geoscience information network，AusGIN）之间建立连接。

（4）支持我们的人民和社区

战略通过促进资源部门的经济和社会效益，为支持社区和人民提供了长期路径。

相关行动包括：①为描绘澳大利亚的主要前景提供新的理解。②在创造工作机会和杠杆值方面衡量战略的影响。③对日常生活中的争议问题和资源贡献进行公众教育，交流地球科学的价值。

9.4.4 欧盟

近年来，欧盟启动了 3 项有代表性和前瞻性的课题（李夕兵等，2017）：①未来智能深矿井的创新技术与理念（innovative technologies and concepts for the intelligent deep mine of the future，i2mine）的概念，旨在开发新的深部地下矿物资源和废物处置方法、技术，以及必要的机器和设备，以提高矿物的回收率，降低矿物开发中伴生废物的运输量，减少地面设施，降低矿物开发对环境的影响，实现深部开采的安全、生态和可持续。②热、电、金属矿物的联合开发（combined heat，power and metal extraction）（CHPM2030），旨在提高地下资源及地热能源的综合利用率，通过开发一种新颖的、潜在的颠覆性技术解决方案，可以帮助满足欧洲在能源和战略金属方面的需求。③利用生物技术从深部矿床中提取金属的新采矿理念（New Mining Concept for Extracting Metals from Deep Ore Deposits using Biotechnology，IOMOre）（2015～2018 年），旨在联合传统采矿和原位生物浸取对地下 1000m 以下金属资源进行开发，并实现最小的环境影响。

9.4.5 美国

早在 20 世纪 60 年代中期，美国矿业局、爱达荷大学、密歇根理工大学及西南研究院等就已经开展了深井开采及岩爆研究，并提供岩爆的预警及控制方法。近年来美国矿业重心转移到职业安全与健康和矿区生态环境恢复治理（矿山公园）等方面，研究和提出相关建议、标准并鉴定和评估工作场所的危险性及在测量技术和控制工艺等方面开展研究。同时美国也是建立“深地科学与工程实验室”最多的国家。自 2010 年起，美国勘探地球物理学家学会（Society of Exploration Geophysicists，SEG）和经济地质学会，每年联合召开深部资源勘探学术研讨会。

9.4.6 印度

2016 年 2 月，印度地质调查局启动了一项名为“Khanij Khoj”的航空地球物理调查计划，其主要目的是发现国内深部或隐伏矿床。2016 年 7 月，印度批准了一项国家矿产勘探政策（national mineral exploration policy，NMEP），旨在鼓励私营机构参与矿产勘探的各个领域。随后，印度地质调查局确定了 100 个勘探区块（每个区块的面积约为 $100km^2$），用于向私营和政府机构进行拍卖，其中，70 个区块都极有可能存在深部矿床。

9.4.7 俄罗斯

俄罗斯是世界上最早开展深部探测的国家之一，其科拉半岛科学钻深度超过 12km，成为世界上最深的钻孔。科拉超深钻改变了地球物理探测解释的许多深部现象，特别是否定了中、上地壳之间的物理界面——康氏面，在 10km 深处发现流体和矿化作用。1990 年，俄罗斯开始通过跨越区域岩石圈地质-地球物理断面网执行区域岩石圈地质-地球物理与地球动力学模拟计划，开展了与区域地质调查和成矿预测研究相关的科学-方法技术的信息-分析系统研究。2008 年，针对投资于俄罗斯矿物原料部门的国内外企业，俄罗斯制定了一系列新的规范条例，鼓励矿产资源的有效利用与保护，鼓励对深部矿床的研究与利用。近年俄罗斯政府资源勘探投资预算不断增加，2003 年为 27 亿卢布，到 2008 年已增加至 220 亿卢布。

9.5 深部金属矿探测的文献计量分析

本节利用文献计量学方法，通过国际研究论文的分析，揭示地球深部金属矿资源探测国际发展态势分析的现状。研究论文分析数据来源为 ISI WoK（Web of Knowledge）论文数据库（SCI-E/SSCI），文献类型选取研究型论文，包括研究论文（article）、研究综述（review）和学术会议论文（proceedings paper）。分析数据提取所依据的检索式为 TS=（（（（（（（deep* or interior or depths or mantle or lithosphere）near/5（metal or mine* or metallic or ore or deposit* or resource* or mineral*））or “second mineral”）and（explorat* or survey* or prospect* or investigat* or exploit* or mining or excavat* or extract* or probe or probing or penetrat*））not（“deep-sea” or “deepsea” or “deep sea” or seabed or benthal or benthic or “deep ocean” or “deep-ocean” or Mars））or “deep mining”）not（oil or petroleum or coal or colliery or gas or “deep heat” or “data mining” or database* or “data base*” or weapon* or protein or cell* or clinic* or cancer or gene* or medica*）），分析数据时间范围为 1970～2017 年（很多发达国家于 20 世纪 70 年代陆续启动了以深部探测和超深钻为主的深部探测计划和工程，发现了大批深部矿床。故在此将时间范围划定为从 1970 年开始）；数据检索下载时间为 2017 年 12 月 8 日。共获得符合检索条件的原始记录为 4312 篇（由于数据库自身的时滞性及数据采集时间等问题的影响，最近两年，特别是 2017 年的数据不全，仅供参考），利用汤森路透集团开发的数据分析器 TDA 对论文数据进行文献计量分析、数据挖掘及可视化分析。

9.5.1 发文量年度趋势

在地球深部金属矿资源探测研究中，1970～2017 年 SCI 论文年度发文量统计分析如图 9-2 所示。可以看出，该研究可分为两个阶段：一个是 1970～1989 年，这一时期发文量较少，年发文量几乎都不超过 10 篇；另一个是从 1990 年后，发文量持续快速增长，从 1990 年的刚过 20 篇到 2016 年的超过 300 篇。

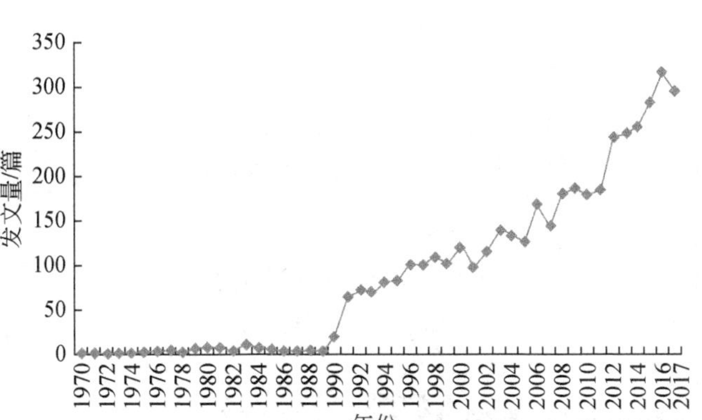

图 9-2 地球深部金属矿资源探测研究 SCI 论文的年度分布

9.5.2 论文的国家分布

从地球深部金属矿资源探测研究 SCI 论文发文量国家排名来看（基于论文第一著者国家分析）（图 9-3），美国和中国的发文量遥遥领先，其余发文量较多的国家包括德国、加拿大和英国等。

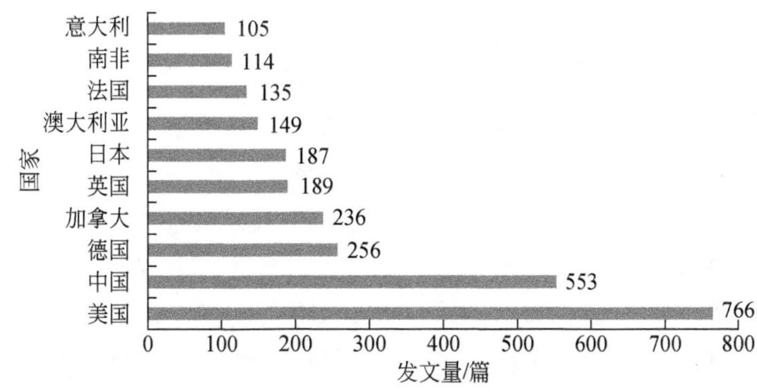

图 9-3 地球深部金属矿资源探测研究 SCI 论文发文量排名前 10 位的国家

从各国的年度发文量来看（图 9-4），加拿大、南非、美国在该领域的研究起步较早，中国直到 1994 年才有发文记录，虽然起步较晚，但一直保持快速增长趋势，自 2012 年起超越美国，成为该领域年度发文量最多的国家。

从 2013～2017 年的发文情况来看（表 9-6），中国表现得尤其抢眼，说明在近年来中国的地球深部金属矿资源探测研究非常活跃，其近 5 年发文量占其总发文量的比例达 60.04%。发文量侧重于从量的角度反映研究主体在某领域的产出能力，论文被引次数侧重于反映其研究产出的影响力。从被引论文所占比例来看，英国、法国和美国的被引论文所占比例超过 90%。从篇均被引次数来看，法国、美国、德国、英国的篇均被引次数较高，超过 20 次/篇，而中国和南非则分别是倒数第 1 位和倒数第 2 位。

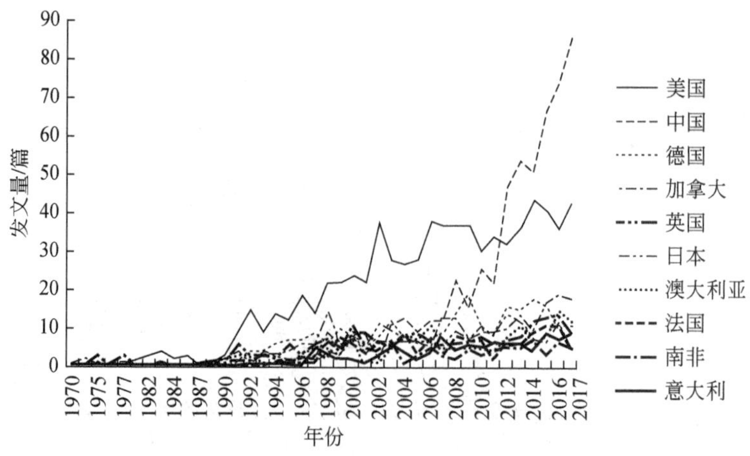

图 9-4　地球深部金属矿资源探测研究 SCI 论文各国年度发文量

表 9-6　地球深部金属矿资源探测研究排名前 10 位国家的影响力

国家	发文量/篇	近 5 年发文量所占比例/%	被引论文所占比例/%	总被引次数/（次/篇）	篇均被引次数/（次/篇）
美国	766	26.11	90.86	20 203	26.37
中国	553	60.04	74.14	4 137	7.48
德国	256	27.73	89.45	5 959	23.28
加拿大	236	32.63	86.86	4 372	18.53
英国	189	29.63	96.30	3 980	21.06
日本	187	22.99	89.30	2 794	14.94
澳大利亚	149	34.90	88.59	2 689	18.05
法国	135	31.11	92.59	4 265	31.59
南非	114	23.68	82.46	1 139	9.99
意大利	105	33.33	89.52	1 772	16.88

9.5.3　论文的研究机构分布

从地球深部金属矿资源探测研究 SCI 论文发文量研究机构排名来看（基于论文第一著者研究机构分析）（图 9-5），中国科学院和俄罗斯科学院的发文量遥遥领先，其余发文量较多的研究机构包括中国地质大学（北京）、美国地质调查局和中国地质科学院等。

9.5.4　研究所涉学科领域分布

根据美国信息科学研究所（Institute for Scientific Information，ISI）数据库的学科分类，1970～2017 年地球深部金属矿资源探测研究 SCI 论文主要分布在地学交叉科学(geosciences，multidisciplinary)、地球化学与地球物理学（geochemistry and geophysics）、环境科学(environmental sciences)、材料科学交叉科学（materials science，multidisciplinary)、采矿与选矿（mining and mineral processing)、应用物理学（physics，applied）矿物学（mineralogy)、

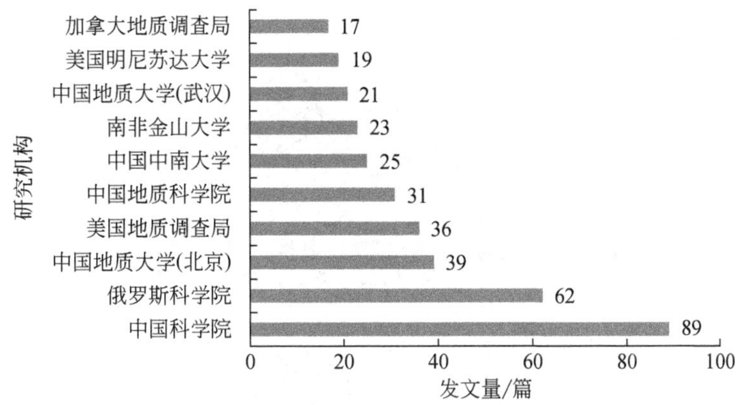

图 9-5 地球深部金属矿资源探测研究 SCI 论文发文量排名前 10 位的研究机构

地质学（geology）和冶金与冶金工程（metallurgy and metallurgical engineering）等学科领域。从图 9-6 可以看出，地学交叉科学和地球化学与地球物理学领域的发文量最多，分别占发文总量的 17.49%和 16.86%，其余依次为环境科学、材料科学交叉科学和采矿与选矿等。

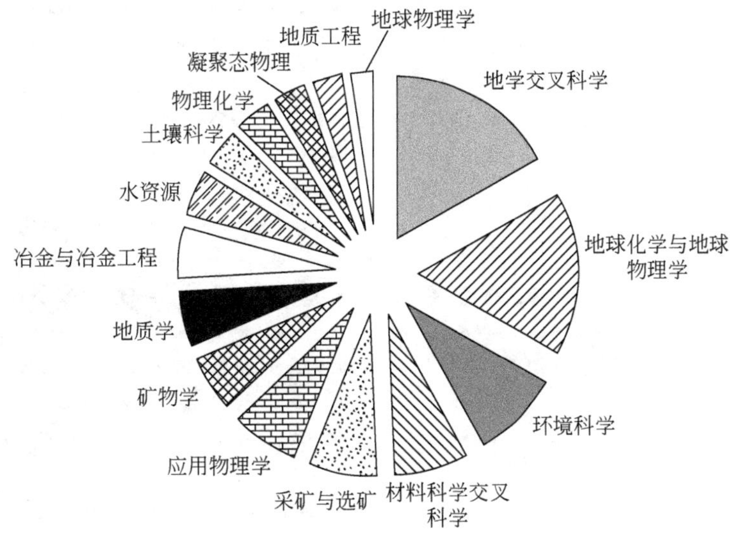

图 9-6 地球深部金属矿资源探测研究论文分布最多的 10 个学科领域

9.5.5 研究热点分布

根据研究论文著者关键词的词频统计，得到地球深部金属矿资源探测研究论文的高频关键词词频分布图（图 9-7），1970～2017 年，地球深部金属矿资源探测研究主要集中于利用数值模拟和地球化学等方法对地球深部金属矿资源的勘探与开采，以及勘探开采对土壤和地下水的污染等。

从关键词的年度变化来看，尤其是近几年，数值模拟在深部金属矿资源的勘探开采中的应用得到越来越多的重视（图 9-8）。

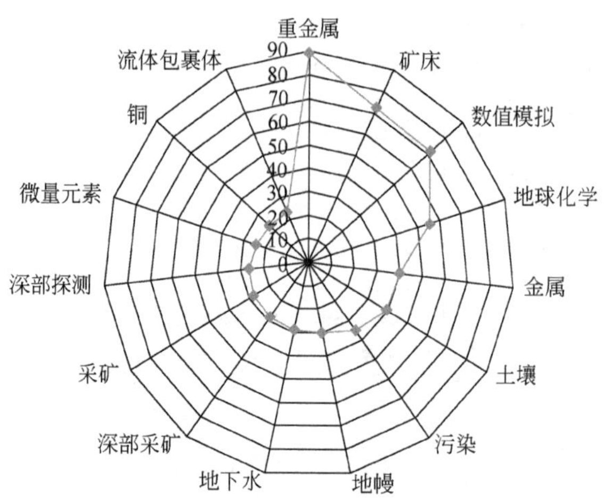

图 9-7 1970～2017 年地球深部金属矿资源探测研究论文的关键词词频分布

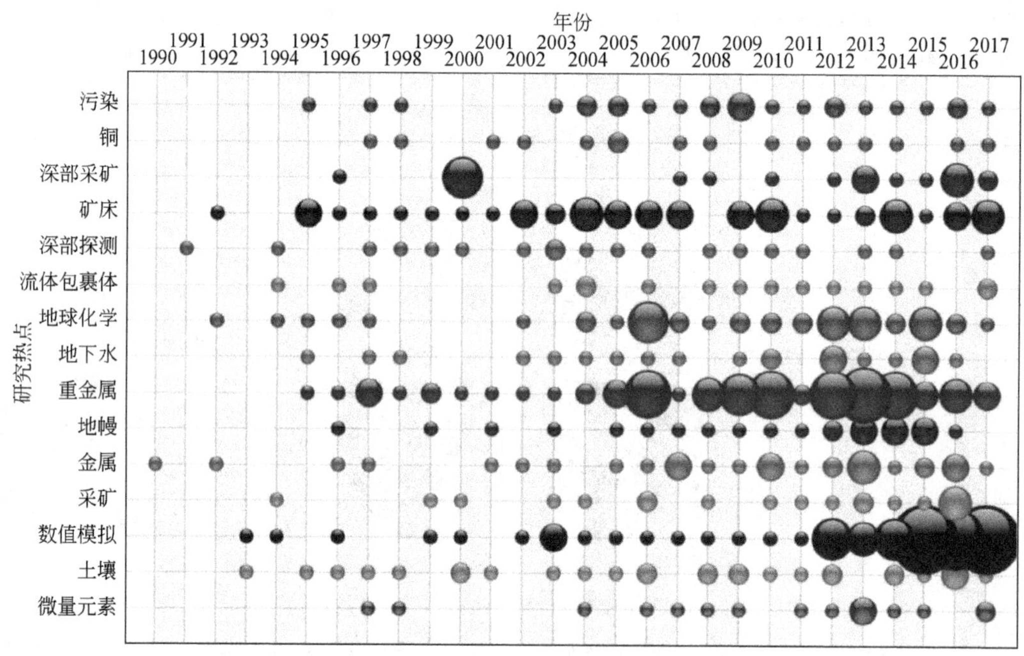

图 9-8 1990～2017 年地球深部金属矿资源探测研究热点变化图（文后附彩图）

9.5.6 主要国家研究特点分析

首先，就开展研究活动的研究机构性质来看，1970～2017 年，地球深部金属矿资源探测领域研究最为活跃的国家中，德国和日本其研究主要由大学承担，其余则集中于国家研究机构和大学。其次，就研究热点而言，矿物学分析和重金属矿及矿山重金属污染普遍为美国、中国、加拿大和南非都非常注重应用数值模拟进行地球深部金属矿资源探测领域的研究，中国对青藏高原和华北克拉通的研究比较多，美国、德国和意大利等国对地球深部金属矿资源探测的具体技术手段比较关注，包括探地雷达、X 射线显微照相术和原子力显微镜等（表 9-7）。

表 9-7 1970～2017 年主要国家地球深部金属矿资源探测领域研究特点

国家	主要研究机构	热点关键词
美国	美国地质调查局、明尼苏达大学、亚利桑那大学、俄亥俄州立大学	数值模拟、流体包裹体、地球化学、探地雷达
中国	中国科学院、中国地质大学（北京）、中国地质科学院、中南大学、中国地质大学（武汉）、中国矿业大学	数值模拟、重金属、地球化学、流体包裹体、青藏高原、华北克拉通、隐伏矿床
德国	哥廷根大学、拜罗伊特大学	重金属、深部探测、X 射线显微照相术、稳定同位素
加拿大	加拿大地质调查局、多伦多大学、皇后大学、阿尔伯塔大学	数值模拟、地下采矿、深部采矿、地球化学、金、尾矿
英国	英国地质调查局、布里斯托大学、剑桥大学、利兹大学	微量元素、地球物理、地幔、污染
日本	东京大学、京都大学	深部探测、深拉伸、重金属
澳大利亚	西澳大利亚大学、澳大利亚联邦科学与工业研究组织	污染、重金属、矿产勘探、地球化学
法国	法国国家科研中心、巴黎大学	地幔、土壤、气候、有限元建模、地球化学、重金属
南非	金山大学、南非科学与工业研究理事会	深部采矿、数值模拟、地下采矿
意大利	意大利研究理事会、博洛尼亚大学	重金属、原子力显微镜

9.5.7 国家合作分析

随着大科学时代的到来，各个科研领域的国际合作成为大势所趋，从图 9-9 来看，美

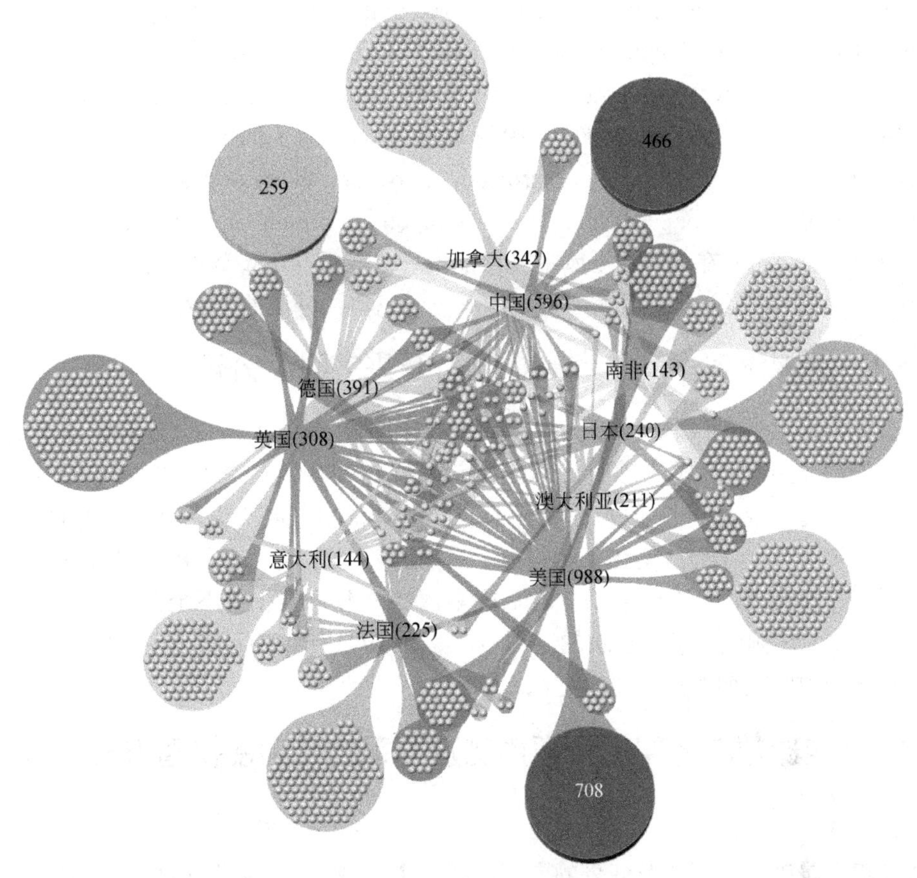

图 9-9 主要国家在地球深部金属矿资源探测研究领域的合作关系（文后附彩图）

国、中国和英国在国际合作中的表现尤为突出，是全球地球深部金属矿资源探测研究合作网的中心。美国的主要合作对象有英国、法国、澳大利亚和日本等。中国的主要合作对象有美国、南非和加拿大等。

9.6 地球深部金属矿资源探测的专利分析

通过德温特专利数据库（Derwent Innovations Index，DII），利用 Thomson Data Analyzer（TDA）、Thomson Innovation（TI）等专利分析工具和平台，对地球深部金属矿资源探测及开采专利技术进行深入分析，旨在系统客观地揭示地球深部金属矿资源探测及开采技术专利的研发现状与态势，包括专利技术的分布、主要技术领域、研发热点及技术的市场占有与竞争格局。本研究数据均采集于 DII。DII 是以德温特世界专利索引（Derwent World Patent Index）和德温特世界专利引文索引（Patents Citation Index）为基础形成的专利信息和专利引文信息数据库，是世界上最大的专利文献数据库，收录了来自全球 47 个专利机构（涵盖 100 多个国家，包括中国的实用新型专利信息）的超过 2000 万条基本发明专利，4000 多万条专利情报；数据可回溯到 1963 年。本研究利用检索式（TS=（((((((deep* or interior or depths or mantle or lithosphere)near/5(metal or mine* or metallic or ore or deposit* or resource* or mineral*)）or "second mineral"）and（explorat* or survey* or prospect* or investigat* or exploit* or mining or excavat* or extract* or probe or probing or penetrat*)）not（"deep-sea" or "deepsea" or "deep sea" or seabed or benthal or benthic or "deep ocean" or "deep-ocean" or Mars)）or "deep mining"）not（oil or petroleum or coal or colliery or gas or "deep heat" or "data mining" or database* or "data base*" or weapon* or protein or cell* or clinic* or cancer or gene* or medica*)))）在 DII 数据库中进行检索，共获得 994 条数据，检索时间为 2018 年 1 月 21 日。分析工具主要采用美国汤姆森科技信息集团开发的 TDA 分析工具。

9.6.1 地球深部金属矿资源探测及开采的时序分布

地球深部金属矿资源探测及开采的专利申请趋势如图 9-10 所示，从专利申请数量变化得出该领域专利经历两个时期的变化，以 20 世纪 90 年代为界限。在此之前专利申请数量呈现波动式上升趋势变化，在 1990 年之后经历了三年的数量减少期，1993～2016 年，专利申请数量呈现急速上升趋势变化。2017 年，专利申请数量较少，主要原因为数据统计是以进入数据库时间为准，因为专利数据滞后因素，2017 年的数据并不全面，所以统计中专利申请数量较少。该领域被 DII 收录的专利最早是在 1973 年，专利申请主要内容是关于从黄铜矿等硫化物中回收铜的原位采矿方法。

9.6.2 地球深部金属矿资源探测及开采的专利授权国家及组织机构分布

地球深部金属矿资源探测及开采的专利主要集中在俄罗斯（含苏联时期）、中国、美国、

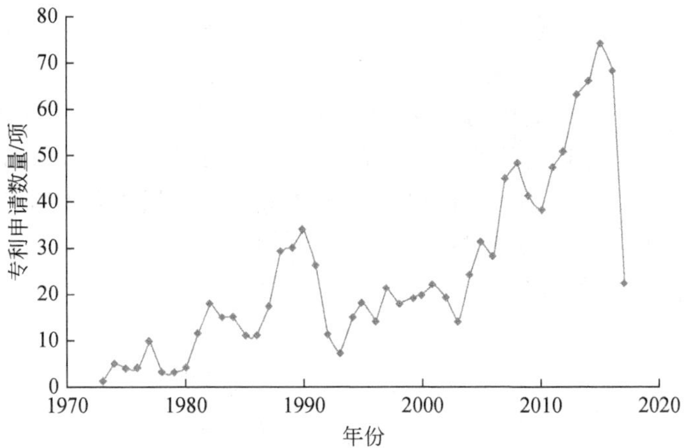

图 9-10 1973～2017 年全球地球深部金属矿资源探测及开发的专利申请数量变化

日本、德国、世界知识产权组织、欧洲专利局、韩国和法国，图 9-11 为排名前 10 位的地球深部金属矿资源探测及开采的专利授权国家及组织机构，其专利申请数量占所有专利申请数量的比例为 92%。图 9-11 给出了为排名前 10 位的主要授权国家及组织机构所占的比例及授权的专利件数。

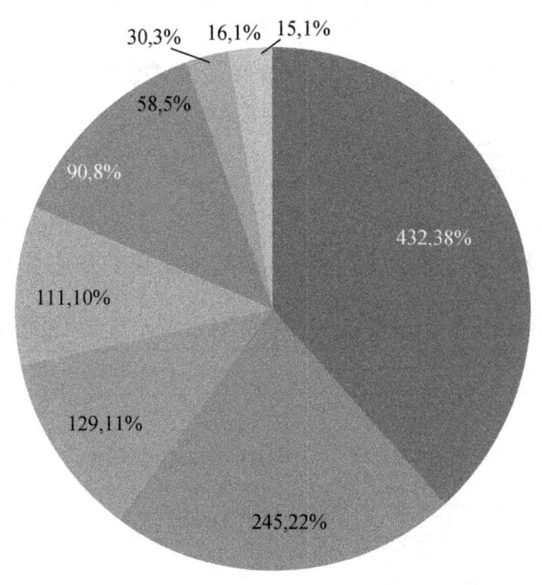

■俄罗斯（含苏联时期） ■中国 ■美国 ■日本 ■德国 ■世界知识产权组织 ■欧洲专利局 ■韩国 ■法国

图 9-11 排名前 10 位的地球深部金属矿资源探测及开采的专利授权国家及组织机构分布（文后附彩图）

9.6.3 技术研发布局

根据 IPC 分类号中小类的组，获得地球深部金属矿资源探测及开采领域的主要专利的技术布局（图 9-12），图中主要涉及 5 个大类，分别为 E（固定建筑物）、G（物理）、H（电学）、B（作业、运输）、F（机械工程等），在大类中涉及的小类为具体的专利技术布局。

从图 9-12 中看到，地球深部金属矿资源探测及开采的专利中 E21C 明显占据绝对优势，即在开采、采石，土层和岩石的钻进，以及采矿等方面的技术分布较多。位于第二梯队的技术主要为 E21D（即采矿或采石用的钻机、开采机械，以及隧道竖井等；）和 E21F（矿井或隧道中的安全装置）。第三梯度的专利技术主要集中在 E21B（土层或岩石的钻进）、G01V（物质或物体的探测）、H01L（半导体器件，其他类目中不包括的电固体器件，如使用半导体测量）、G01N（测量和测试分析材料）、B32B（扁平或非扁平薄层等层状产品）、E02D（基础、挖方、填方、地下或水下结构物）、F42D（爆破）。

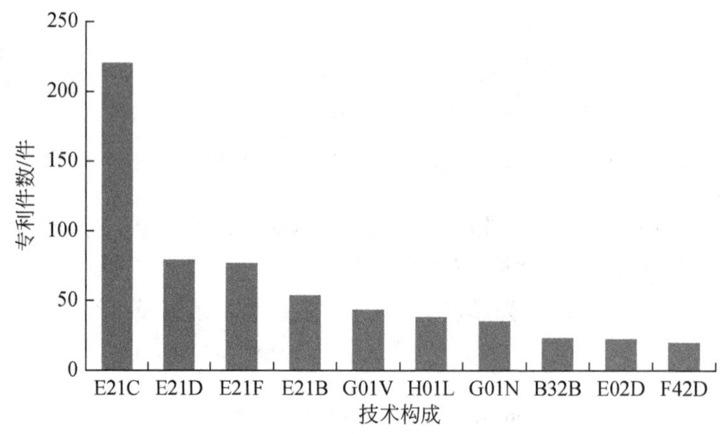

图 9-12　排名前 10 位的地球深部金属矿资源探测及开采的专利技术布局

9.6.4　不同时段技术布局

表 9-8 为地球深部金属矿资源探测及开采排名前 10 位的专利技术主题，图 9-13 为地球深部金属矿资源探测及开采排名前 10 位的专利技术布局的年度分布。

表 9-8　地球深部金属矿资源探测及开采排名前 10 位的专利技术主题（前 10 位 IPC 号）

序号	IPC 号	专利技术含义
1	E21C	开采、采石，土层和岩石的钻进，以及采矿
2	E21D	采矿或采石用的钻机、开采机械，以及隧道竖井等
3	E21F	矿井或隧道中的安全装置
4	E21B	土层或岩石的钻进
5	G01V	物质或物体的探测
6	H01L	半导体器件；其他类目中不包括的电固体器件，如使用半导体测量
7	G01N	测量和测试分析材料
8	B32B	扁平或非扁平薄层等层状产品
9	E02D	基础、挖方、填方、地下或水下结构物
10	F42D	爆破

地球深部金属矿资源探测及开采排名前 10 位的专利技术布局的年度变化呈现明显的波动趋势变化。专利技术 E21C、E21F、E21D、E21B 和 H01L 在 2010 年之后均占据绝对

优势。

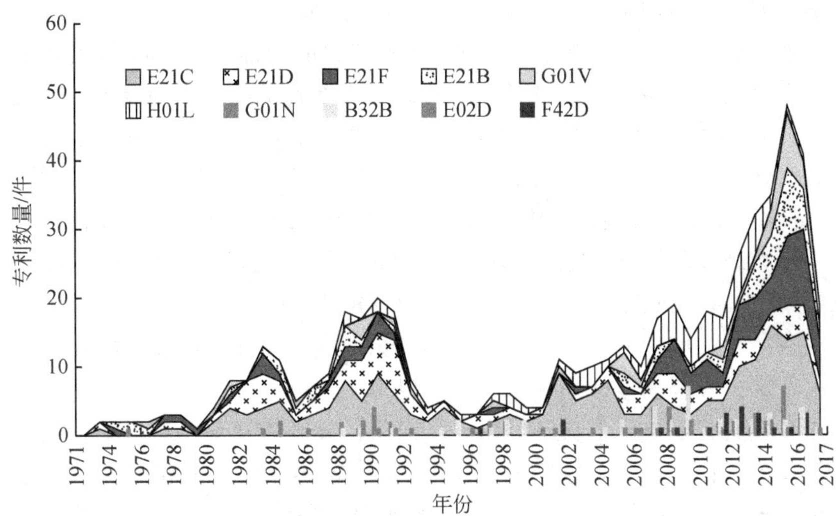

图 9-13 地球深部金属矿产探测及开采排名前 10 位的专利技术布局的年度分布（文后附彩图）

9.7 我国深部金属矿资源探测发展现状与未来需求

随着工业化、城镇化步伐的加快，我国已经进入人均矿产资源用量快速增长的工业化中期发展阶段。较乐观地估计，我国对钢、铜和铝等主要矿产品的需求在 2025 年之前将继续快速增长，然后进入较平稳增长的需求状态（中国科学院矿产资源领域战略研究组，2009）。与我国对矿产资源的巨大需求不相协调的是，我国已经探明矿产资源尤其是大宗矿产的保障能力严重不足。尽管经过努力，国内重要矿产资源储量大幅增长，但依靠国内资源无法满足需求的局面不会根本性改变，重要矿产对外依存度仍会在较长时期内维持在较高水平。预计到 2020 年，石油、铁矿石、铜和铝等矿产的对外依存度分别为 60%、80%、70%和 50%以上，到 2030 年对外依存度仍将高企或增加，预计为 70%、85%、80%和 60%左右，资源供应风险仍将在较长一段时期内存在。与此同时，石油、铁矿石、铜、铝和金等重要矿产资源静态保障年限呈下降态势，预计到 2020 年总体保障年限在 10 年左右，到 2030 年将进一步下降至 10 年以下，能源资源安全保障受到严峻挑战。

应对上述局面的方法之一是加大矿产资源的勘探力度，力争发现和掌握更多的重要矿产储量，尤其是深部和隐伏矿床。有研究表明，如果我国固体矿产勘探深度达到 2000m，探明的资源储量可以在现有基础上翻一番（宋明春，2017）。开展深部资源勘探能够为国家能源资源安全提供重要保障。当前我国的河南灵宝釜鑫金矿开采深度最深，为 1600m，但仅为南非的 1/3。

相较于 20 世纪 70 年代美国、欧洲、俄罗斯、加拿大和澳大利亚等就已启动了地球深部探测计划，我国深部探测起步较晚，但深部矿床开采是矿业发展的大势所趋。1996 年在铜陵开展“千米深井矿山 300 万吨级强化开采综合技术研究”国家攻关，2001 年举办“深部高应力下的资源开采与地下工程”香山科学会议，2003 年“深部岩体力学基础与应用研究”重大基金项目启动，从此揭开了“深地”矿业研究的序幕。“深部矿床开发利用”已经被提升到国家发展战略高度：国土资源部于 2009 年部署了深部探测技术与实验研究专项（SinoProbe），中国科学院 2012 年启动战略性先导专项“深部资源探测核心技术研发与应用示范”，以及科学技术部 2014 年批准 863 计划“深部矿产资源勘探技术”等。《中国至 2050 年矿产资源科技发展路线图》中的战略安排如下：2020 年前突破东部地区至 2000m 左右高分辨地球物理探测技术；2020～2030 年，突破西部地区地下 2000m 内矿产资源高效高精度探测技术；2030～2050 年，突破地下 3000～4000m 矿产资源探测技术。2016 年，“十三五”国家项目的“深部岩石力学与采矿基础理论研究”、“深部金属矿建井与提升关键技术”和“深部金属矿安全高效开采技术”先后启动。

成矿理论是制约找矿选区的关键因素，近年来，我国在深部及危机矿山找矿过程中产生了一批新的理论认识，如大陆碰撞成矿理论、整装勘探区找矿预测理论、胶东金矿热隆伸展成矿理论、五层楼+地下室成矿模式及深部金矿阶梯式成矿模式等，这些新的理论认识对深部找矿起到了重要指导作用。然而，由于地质作用的复杂性和不可预见性，任何一种成矿理论都难以解决千变万化的成矿问题，特别是深部矿床所处地质环境更为复杂，发展多学科高度综合且实用性强的深部成矿、找矿理论模型将是今后理论研究的重点。在关键技术研发方面，由于深部矿所处环境、条件与浅部矿明显不同，单一找矿技术难以准确反映深部成矿信息，需要建立以地质理论为基础、信息技术为核心，地、物、化、遥多学科技术融合与集成的找矿技术体系，亟须发展大探测深度精细地球物理、深部找矿地球化学、三维地质建模、三维立体填图和深部成矿预测等关键技术方法（宋明春，2017）。

9.8 总结与建议

未来全球将面临资源短缺的难题，深部探测采矿已经成为大趋势，研究表明，地球深部矿产资源储量潜力巨大。从近年来的全球勘探投资来看，已知矿区的深部找矿工作和未知矿区的隐伏矿寻找受到越来越广泛的关注。由于深部金属矿本身具有埋深大和信息弱等特点，传统的用于寻找浅部矿成熟的勘探技术方法已经难以奏效，对勘探技术方法提出了新的要求。总体来说，目前，深部金属矿勘探中常应用的勘探技术包括地球化学勘探、地球物理勘探和地震反射技术等。当前，国际上有很多深部矿勘探开采成功的案例，包括南非兰德金矿、加拿大萨德伯里（Sudbury）铜、镍矿、澳大利亚奥林匹克坝（Olympic dam）铜、铀和金矿等。南非、加拿大、美国、澳大利亚和欧盟等国家和地区，工业部门和研究机构密切配合，就深部开采基础性问题和相关技术开展了深入的研究，各国启动了相应的战略规划与项目，其中，澳大利亚表现得尤为突出，尤其是近几年，相继推出了勘探开发激励计划、“为未来勘探”计划，发布了《2017—2022 年国家矿产资源勘探战略》。

从深部金属矿探测的 SCI 论文发表来看，从 1990 年后，发文量持续快速增长，加拿大、南非、美国在该领域的研究起步较早，中国直到 1994 年才有发文记录，虽然起步较晚，但一直保持快速增长趋势，自 2012 年起超越美国，成为该领域年度发文量最多的国家。该领域的研究主要集中于利用数值模拟和地球化学等方法对地球深部金属矿资源的勘探与开采，以及勘探开采对土壤和地下水的污染等。特别是近几年，数值模拟在深部金属矿资源的勘探与开采中的应用得到越来越多的重视。

从地球深部金属矿资源探测及开采的专利来看，该领域专利经历 2 个时期的变化，以 20 世纪 90 年代为界限。在此之前专利申请数量呈现波动式上升趋势变化，在 1990 年之后经历了 3 年的数量减少期，1993～2016 年专利申请数量呈现急速上升趋势变化。苏联授权专利主要在 80～90 年代，日本、俄罗斯和美国则一直有专利授权，仅是数量有所变化。中国在该领域的专利授权主要是从进入 21 世纪才开始大量出现，并呈现急剧上升的趋势变化，明显高于其他国家。

相较于国际社会，我国地球深部金属矿资源探测及开采起步较晚，但深部矿床开采是矿业发展的大势所趋，我国也在展开相关的布局，但是，还存在以下 3 个问题：首先，成矿理论是制约找矿选区的关键因素，近年来中国的地球深部金属矿资源探测及开采研究非常活跃，但影响力远不如法国、美国、德国和英国等；其次，相较于矿业大国澳大利亚和加拿大等相继发布了多个刺激深部勘探的计划，我国在这方面还比较薄弱；最后，在关键技术研发领域，亟须发展大探测深度精细地球物理、深部找矿地球化学、三维地质建模、三维立体填图和深部成矿预测等关键技术方法。

致谢 山东省地质矿产勘探开发局宋明春总工程师、兰州大学地质科学与矿产资源学院王金荣教授、宁夏回族自治区地质矿产勘探院褚小东高级工程师、长庆油田勘探开发研究院马文忠高级工程师、中国科学院兰州文献情报中心郑军卫研究员等在本报告完成后审阅了全文，提出了宝贵的建议和修改意见，谨致谢忱！

参 考 文 献

董树文，李廷栋，高锐，等. 2010. 地球深部探测国际发展与我国现状综述. 地质学报，84（6）：743-770.

胡瑞忠，毛景文，毕献武，等. 2008. 浅谈大陆动力学与成矿关系研究的若干发展趋势. 地球化学，37（4）：344-352.

胡社荣，彭纪超，黄灿，等. 2011. 千米以上深矿井开采研究现状与进展. 中国矿业，20（7）：105-110.

李生虎. 2017. 论述地质勘探方法及深部找矿存在问题. 世界有色金属，（3）：218-220.

李夕兵，周健，王少锋，等. 2017. 深部固体资源开采评述与探索. 中国有色金属学报，27（6）：1236-1262.

刘同有. 2005. 国际采矿技术发展的趋势. 中国矿山工程，34（1）：35-40.

吕庆田，廉玉广，赵金花. 2010. 反射地震技术在成矿地质背景与深部矿产勘探中的应用：现状与前景. 地质学报，84（6）：771-787.

罗鹏，曹新志. 2009. 金属矿产浅部矿与深部矿产出特征及勘探技术方法的对比研究. 地质与资源，18（4）：304-308.

沈承珩. 2014. 全球矿产勘探新战略——迎接深部的挑战. http：//www.cmgb.com.cn/lddsd/gzyj/ 2014-06-13/428194. shtml［2018-01-12］.

宋明春. 2017. 对我国深部金矿资源勘探有关问题的认识与思考. 黄金科学技术，25（3）：1-2.

滕吉文. 2003. 地球深部物质和能量交换的动力过程与矿产资源的形成大地构造与成矿学，27（1）：3-21.

滕吉文. 2006. 强化开展地壳内部第二深度空间金属矿产资源地球物理找矿、勘探和开发. 地质通报，25（7）：267-771.

汪杰，刘振东，严加永，等. 2017. 反射地震技术在深部金属矿勘探中的应用现状及展望. 地球物理学进展，32（2）：721-728.

王安建，王高尚. 2002. 矿产资源与国家经济发展. 北京：地震出版社.

严加永，滕吉文，吕庆田. 2008. 深部金属矿产资源地球物理勘探与应用. 地球物理学进展，23（3）：871-891.

颜纯文. 2017. 2017 年全球勘探趋势报告. 地质装备. 18（5）：11-16.

杨政伟. 2017. 深部找矿方法在地质矿产勘探的探讨. 世界有色金属，（10）：93-94.

翟裕生，邓军，王建平等. 2004. 深部找矿研究问题. 矿床地质，23（2）：141-148.

翟裕生. 2007. 成矿系统时空演变及资源效应. 全国第三届成矿理论和找矿方法学术讨论会，海口.

中国科学院. 2013. 科技发展新态势与面向 2020 年的战略选择. 北京：科学出版社.

中国科学院矿产资源领域战略研究组. 2009. 中国至 2050 年矿产资源科技发展路线图. 北京：科学出版社.

AMEC. 2014. Exploration Development Incentive. http：//www. amec. org. au/policies/ corporate-regulation-and-taxation/exploration-development-incentive［2016-02-11］.

AMIRA International. 2015-7-22. Unlocking Australia's Hidden Mineral Potential：An Industry Roadmap-STAGE1. http：//www. uncoverminerals. org. au/_data/assets/pdf_file/0018/31590/uncover-flyer. pdf［2015-07-22］.

Australian Academy of Science. 2012. Searching the Deep Earth：A Vision for Exploration Geoscience in Australia. http：//www. science. org. au/policy/documents/uncover-report. pdf［2016-02-11］.

BGS. 2017. Mineral Risk List 2015. http：//www. bgs. ac. uk/downloads/start. cfm?id=3075［2017-12-01］.

Biomore. 2017. A Project for Winning Deep Ores. http：//www. biomore. info/ project［2017-10-30］.

CHPM2030. 2017. CHPM2030：Combined Heat，Power and Metal Extraction. http：//www. chpm2030. eu［2017-11-12］.

Durrheim R J，Ogasawara H，Nakatani M，et al. 2010. Observational studies to mitigate seismic risks in mines：A new Japanese-South African collaborative research project. 5th International Seminar on Deep and High Stress Mining，Santiago，Chile.

EU. 2010. Critical Raw Materials for the EU. http：//ec. europa. eu/enterprise/policies/raw-materials/files/docs/report_en. pdf［2016-10-16］.

Geoscience Australia. 2016. Exploring for the Future - A New Phase of Resource Investment in Northern Australia. http：//www.ga.gov.au/news-events/news/latest-news/exploring-for-the-future-a-new-phase-of-resource-investment-in-northern-australia［2016-12-08］.

Geoscience Australia. 2017. 2017-2022 National Mineral Exploration Strategy. https：//d28rz98at9flks. cloudfront. net/111002/111002_National_Mineral_Strategy_w. pdf［2017-07-17］.

I2Mine. 2017. Project Overview. http：//www. i2mine. eu［2017-11-20］.

IDTechEx. 2017. The electric vehicle market and copper demand. http：//copperalliance. org/wordpress/wp-content/uploads/2017/06/2017. 06-E-Mobility-Factsheet-1. pdf［2017-06-30］.

OSTP. 2016. Assessment of Critical Minerals：Screening Methodology and Initial Application. https：//www.

whitehouse.gov/sites/default/files/microsites/ostp/NSTC/csmsc_assessment_of_critical_minerals_report_2016-03-16_final. pdf［2016-03-16］.

Reuters. 2017. Lithium Processors Risk Shortfall as EV Batteries Quadruple Demand. https：//www. autoblog. com/2017/08/07/lithium-processors-risk-shortfall-as-ev-batteries-quadruple-dema［2017-08-07］.

S&P Global Market Intelligence. 2017. Worldwide Mining Exploration Trends 2017. https：//pages. marketintelligence. spglobal. com/worldwide-mining-exploration-trends. html［2017-11-10］.

Ultra-Deep Mining Network. 2017. The Business of Mining Deep：Below 2. 5 kms. https：//www. miningdeep. ca［2017-09-20］.

World Bank. 2017. The Growing Role of Minerals and Metals for a Low-Carbon Future. http：//documents. worldbank. org/curated/en/207371500386458722/pdf/117581-WP-P159838-PUBLIC-ClimateSmartMiningJuly. pdf［2017-07-25］.

10 第三极环境研究国际发展态势分析

刘燕飞　曲建升　曾静静　裴惠娟

（中国科学院兰州文献情报中心）

摘　要　世界第三极地区是全球最独特和最重要的地质-地理-资源-生态耦合系统之一，对中国、北半球乃至全球环境变化具有重要的影响。鉴于第三极地区在全球生态环境研究中的重要地位，及其对经济社会发展和国家安全的重大意义，第三极环境研究日益成为国际资源、生态环境领域的科技前沿问题和重点关注方向。本报告通过第三极环境研究国际发展态势分析，全方位探求该领域的现状和研究态势，为我国第三极环境研究未来的发展提供有益的参考。

近年来，国内外开展了青藏高原气候系统变化及其对东亚区域的影响与机制、青藏高原多圈层相互作用及其资源环境效应、青藏高原环境变化对全球变化的响应及其适应对策等关键问题的研究，并实施了以双边或多边合作为主的青藏高原隆升与环境及生态系统（Tibetan Plateau-Uplifting，Environmental Changes and Ecosystem，TiP）研究计划、冰冻圈计划、喜马拉雅地区监测和评估项目（Hindu Kush Himalayan Monitoring and Assessment Programme，HIMAP）。2009 年，中国、美国和德国科学家联合发起由 30 多个国家科学家参与的第三极环境（third pole environment，TPE）国际计划。2016 年，TPE 深化为泛第三极环境（Pan-TPE）国际计划并得到大型研究计划支持，推动了第三极气候演变、全球变暖与冰冻圈、冰雪-水-大气相互作用、生态系统变化及反馈、人为因素影响与结果方面的前沿研究，并取得卓越成就。

本报告首先梳理了第三极环境研究重要的国际战略与计划，介绍了相关战略与计划的科学目标、关注的科学问题与研究内容；其次，利用文献计量分析方法，对科学引文数据库（SCIE）中第三极环境研究领域的文献进行了定量分析，系统梳理了该研究领域的整体发展情况、领先国家和研究机构及研究热点等；最后，提出了我国第三极环境研究发展的建议思考。

分析表明，目前国际第三极环境研究整体呈稳定发展态势，其中，1991～2006 年和 2007～2016 年分别经历了稳定发展和快速增长的时期。从国家角度看，中国、印度和美国是近 10 年第三极环境研究最主要的论文产出国家，其中，中国和美国也是高被引论文数量最多的国家。从研究机构角度来看，中国科学院在论文数量与学术影响力方面表现突出，是第三极环境研究领域发文量、总被引次数和高被引论文数量都最高的机构。从合作角度看，中国处于近10年第三极环境研究国际合作网络的核心，与中国合作关系最密切的国家包括美国、英国、德国和法国等；机构合作网络呈现出以中国科学院为核心，兰州大学、中国地质大学（北京）、中国地质科学院和北京大学等机构为二级中心的合作局面。

近10年，第三极环境研究的热点包括青藏高原地质构造、青藏高原气候系统变化与影响、冰冻圈变化、古气候学与古生态学、第三极环境灾害与适应、生态环境变化与生物资源；重点研究手段包括数值模拟和遥感应用与GIS等；热门研究学科包括生物分类学、地球化学、谱系地理学、构造学、生物地理学和地球年代学等；热门研究对象国家包括中国、印度、尼泊尔和巴基斯坦。第三极环境研究领域的关键研究方向包括：①青藏高原隆升机制及其地球化学过程。②青藏高原自然资源和生态系统。③冰冻圈变化及其水文和气候影响。④青藏高原水文和气象学。⑤青藏高原隆升的气候与环境效应。⑥第三极地区地震灾害研究与监测。

我国对第三极环境研究领域的重视程度很高，论文数量及整体学术影响力已达到较大的规模，篇均影响力尚有提升空间，在合作网络中处于核心地位。针对我国第三极环境研究发展现状，未来我国第三极环境研究发展需要：①从国家层面加大政策支持力度，制定第三极环境研究的长期规划。②加强第三极地区环境变化及其与全球气候变化的相互作用研究。③加快第三极地区生态系统变化趋势及未来影响的研究。④持续加强国际交流与技术合作。

关键词 第三极环境 青藏高原 发展态势 战略计划 文献计量

10.1 引言

以青藏高原为核心的世界第三极地区（Qiu，2008），西起帕米尔高原和兴都库什，东到横断山脉，北起昆仑山和祁连山，南至喜马拉雅山区，面积约为500万km^2，平均海拔超过4000m。该地区是全球最独特和最重要的地质-地理-资源-生态耦合系统之一，对中国、北半球乃至全球环境变化具有重要的影响。首先，第三极地区包含了地球系统的六大圈层，并存在深部-浅表、陆地-大气、冰圈-水圈和生物-土壤等多种过程及其相互作用，是开展综合集成研究的理想区域（马耀明，2012）。其次，第三极地区作为一个独特的地域单元，在长时间尺度和大空间范围上对中国、北半球乃至全球气候环境系统具有重要影响，包括亚洲季风及中国气候异常和气候变化（叶笃正和高由禧，1979；Wu and Zhang，1998；Ma et al，2006；周明煜等，2000）。第三极地区的冰川孕育着亚洲几大河流，以其独特的冰冻圈过程，对全球变化表现出敏感的响应（姚檀栋，2012），将影响周边10多个国家（姚檀栋，2010）。最后，该地区地表生态系统分布格局和功能对全球变化的适应平衡关系十分脆弱。环境变化的微小波动可能导致生态系统格局发生改变，影响当地生计和产业发展，并影响深层次敏感的国际关系，周边地区的人类活动也越来越明显地加剧环境的恶化（中国科学院学部，2009）。出于科学发展、社会经济发展和国家安全的需要，第三极地区在全球生态环境研究中至关重要（姚檀栋，2014）。

随着第三极地区日益受到重视，我国制定了多项针对该地区环境研究和保护的政策与规划（马耀明，2010）。在《国家中长期科学和技术发展规划纲要（2006—2020 年）》（国务院，2006）中，提出要重点开发青藏高原等典型生态脆弱区生态系统的动态监测技术及青藏铁路等重大工程沿线的生态保护及恢复技术。2009 年 2 月，国务院第 50 次常务会议审议并通过了《西藏生态安全屏障保护与建设规划（2008—2030 年）》，提出用近 5 个五年规划期的时间，投入资金 155 亿元，实施三大类 10 项工程，基本建成国家生态安全屏障。环境保护部发布的《青藏高原区域生态建设与环境保护规划（2011—2030 年）》（环境保护部，2011）划分了青藏高原区域四类环境功能区，并提出青藏高原区域生态建设与环境保护的阶段目标，以加强青藏高原生态建设与环境保护和维护国家生态安全。《中国科学院"十三五"发展规划纲要》（中国科学院发展规划局，2016）将"青藏高原多圈层相互作用及其资源环境效应"列为资源生态环境方向有望实现创新跨越的重大突破之一。

鉴于第三极地区在全球生态环境研究中的重要地位，及其对社会经济发展和国家安全的重大意义，第三极环境研究成为国际资源、生态环境领域的科技前沿问题和重点关注方向。第三极环境研究国际发展态势分析将通过多个角度探求该领域的现状和研究态势，为我国第三极环境研究未来的发展提供有益的参考。

10.2 第三极环境研究国际发展态势

10.2.1 第三极环境国际研究现状

10.2.1.1 第三极地区概念

世界第三极地区以青藏高原为核心，西起帕米尔高原和兴都库什，东到横断山脉，北起昆仑山和祁连山，南至喜马拉雅山区（图 10-1）。该地区是亚洲十大河流系统（阿姆河、印度河、塔里木河、恒河、雅鲁藏布江、伊洛瓦底江、萨尔温江、湄公河、长江和黄河）的源头，为 2.1 亿人口提供了水、生态系统服务和生计基础（ICIMOD，2012）。

该地区又被称为兴都库什-喜马拉雅（Hindu Kush Himalaya，HKH）地区，据国际山地综合发展中心（International Center for Integrated Mountain Development，ICIMOD）的数据，HKH 地区总面积（760 000km^2）的 18%由积雪覆盖，其中，60 411km^2 由冰川覆盖，冰储量为 6101km^3，使其成为地球上除了南北两极之外冰储量最大的"第三极"。HKH 地区作为生态缓冲区，影响南亚的温度、季风和降水模式，为农业创造了有利的条件。HKH 地区具有巨大的文化和种族多样性，在该地区存在超过 1000 种不同的语言，并且，该地区是遗传资源的宝库，涵盖了全球 34 个生物多样性热点地区中的 4 个（ICIMOD，2012）。

近年来，巨大的冰川储量正在缩小；冰川的加速融化威胁第三极地区作为"亚洲水塔"的作用；洪水和干旱的频率有所增加；森林、湿地和牧场的退化威胁人民生计和生

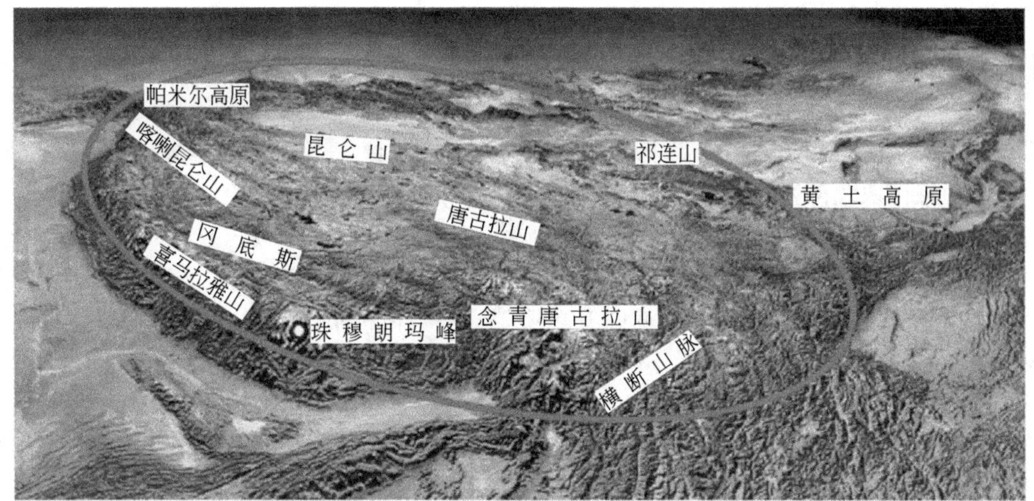

图 10-1 第三极地区的空间范围（文后附彩图）

（姚檀栋，2014）

物多样性。人口快速增长、城市化、移民、经济发展和气候变化对该地区传统生计的风险不断加剧。

10.2.1.2 关键研究内容

“第三极环境”（third pole environment，TPE）国际计划中提出，第三极环境研究的关键科学问题包括：①第三极气候演变。②全球变暖下的冰冻圈（冰川退缩、积雪覆盖变化和冻土退化）。③冰雪-水-大气相互作用。④生态系统变化及反馈。⑤人为因素的影响与适应（Yao et al，2012）。以下为近年来开展的关于第三极环境关键问题研究的主要内容。

（1）青藏高原气候系统变化及其对东亚区域的影响与机制

开展青藏高原环境、地表过程、生态系统对全球变化的响应及其对周边地区人类生存环境影响的综合交叉研究，以揭示青藏高原气候系统变化及其对东亚区域的影响机制，提出前瞻性的应对气候变化与异常的策略，减少其导致的区域自然灾害的损失和风险。

该方面的研究以“水-冰-气-生”多圈层相互作用为主线，研究全球变化与青藏高原-东亚区域气候系统相互影响和机制，拟解决的 3 个关键科学问题是：①全球变化背景下青藏高原水圈、冰冻圈和生态系统对大气环流异常的响应和影响。②青藏高原气候系统变化对东亚区域气候的影响机理。③气候变化对青藏高原影响的区域适应机制（马耀明等，2014）。

（2）青藏高原多圈层相互作用及其资源环境效应

围绕青藏高原各圈层相互作用的基本特征、过程和机理的研究，在印度与欧亚大陆碰撞时间与方式、高原隆升古高度、西风与季风影响及其环境效应等方面实现新的科学突破，使我国地球系统科学研究水平达到世界引领地位，并对青藏地区社会、经济发展做出重要贡献。

该研究分为3个方面，即岩石圈深部圈层相互作用；深部-浅部相互作用与远程效应；现代高原的地表各圈层相互作用。研究课题包括新特提斯洋演化与高原南部古地理重建；新特提斯洋壳扩张与铬铁矿成矿作用；冈底斯岛弧的形成与铜钼成矿作用；印度与欧亚大陆碰撞时限、方式与过程；高原边界扩展过程与机制；高原深部岩石圈组成、热状态及演化过程；青藏高原北部岩石圈结构探测与壳幔相互作用；伊朗-青藏高原深部岩石圈结构对比；不同时期古高度的定量估算；高原北缘新生代陆内变形与远程效应；高原东侧大江大河发育历史与高原隆升的关系；高原隆升与大陆剥蚀风化及其环境效应；高原隆升对亚洲腹地干旱化和季风演化的影响；高原隆升环境效应的数值模拟；末次冰盛期（last glacial maximum，LGM）以来特征时段气候环境空间格局及其多圈层相互作用过程；现代水体在不同圈层间的相态转化过程及其影响；地表环境对气候变化响应的模型研制及其应用；地表过程关键要素对全球变暖的敏感性及其环境影响；生态安全屏障建设的环境效应评价与优化建议（中国科学院院刊，2016）。

（3）青藏高原环境变化对全球变化的响应及其适应对策

通过研究青藏高原现代地貌环境格局演变过程、关键地区过去环境变化和现代环境与地表过程变化特征及生态系统对全球变化的响应过程与机制，评估青藏高原环境对全球变化的响应并提出适应对策。

该研究需要解决的关键科学问题有：（1）青藏高原隆升到现代地貌格局以后，其环境变化如何响应和反馈全球变化；（2）青藏高原现代环境与地表过程如何相互作用；（3）如何应对青藏高原环境变化所引起的连锁反应，包括6个方面的研究内容：①青藏高原现代地貌与环境格局的形成过程；②青藏高原过去环境变化的时空特征及其与全球变化的联系；③青藏高原冰冻圈变化与能量水分循环过程；④青藏高原环境变化的机制；⑤青藏高原生态系统对环境变化的响应；⑥青藏高原环境变化影响的适应对策（姚檀栋和朱立平，2006）。

（4）高原生态安全屏障建设

青藏高原独特的自然地域格局和丰富多样的生态系统对我国生态安全具有重要的屏障作用。在全球变化和人类活动综合影响下，青藏高原生态系统生态屏障面临着冰川退缩、生物多样性受到威胁、土地退化显著、水土流失加重和自然灾害频发的威胁。在国家攀登计划和973计划等项目支持下，开展了高原气候变化、冰冻圈变化及其预测、高原主要生态系统碳过程对气候变化的响应、现代环境变化对青藏高原主要生态系统的影响、高原土地覆被变化与退化区域恢复和整治等方面的基础研究和气候变暖对区域生态与环境影响评估及区域对策研究，以及生态建设效应的监测与评估研究（孙鸿烈等，2012）。

在未来高原生态安全屏障建设中，需要加强气候变化对青藏高原生态屏障作用影响及区域生态安全调控的基础研究。关键问题包括：①区域生态安全变化幅度与调控机制。②高原特殊地表过程变化及其对生态屏障功能的影响。③高原主要生态系统的生态屏障功能变化过程及其对高原屏障作用的影响。④探索高原土地利用和土地覆被变化及其对区域生态安全屏障功能的影响。⑤过去、现在和未来气候条件下青藏高原生态屏障功能效应变化的时空格局（孙鸿烈等，2012）。

2009 年国务院通过《西藏生态安全屏障保护与建设规划（2008—2030 年）》，国家投入专项资金实施工程，以建设国家生态安全屏障。该规划指出，根据西藏植被地带性分异、主导生态系统结构与功能相似性、地貌格局与地貌类型相似性、生态环境与经济社会条件组合特征相对一致性和流域完整性原则，构建三个生态安全屏障区，即藏北高原和藏西山地以草甸－草原－荒漠生态系统为主体的屏障区，藏南及喜马拉雅中段以灌丛、草原生态系统为主体的屏障区，藏东南和藏东以森林生态系统为主体的屏障区。

该规划确定了保护与建设内容，包括三大类 10 项工程：第一类为保护工程，包括天然草地、森林防火和有害生物防治、野生动植物保护及保护区建设、重要湿地、农牧区传统能源替代工程 5 项；第二类为建设工程，包括防护林体系、人工种草与天然草地改良、防沙治沙、水土流失治理工程 4 项，通过对退化草地修复区、沙化土地治理区、水土流失治理区和退耕还林（草）区的建设形成自然生态系统与人工生态系统相结合的生态屏障；第三类为生态安全屏障监测工程，保障上述两类工程项目的实施和综合效益评估（王小丹等，2017）。

10.2.2 第三极环境研究国际重要战略与计划

出于科学进步、社会经济发展和国家安全的需求，目前国际上已经开展了一系列关于第三极环境研究重要的国际计划（图 10-2），促进国际第三极环境研究进入更快的发展阶段。

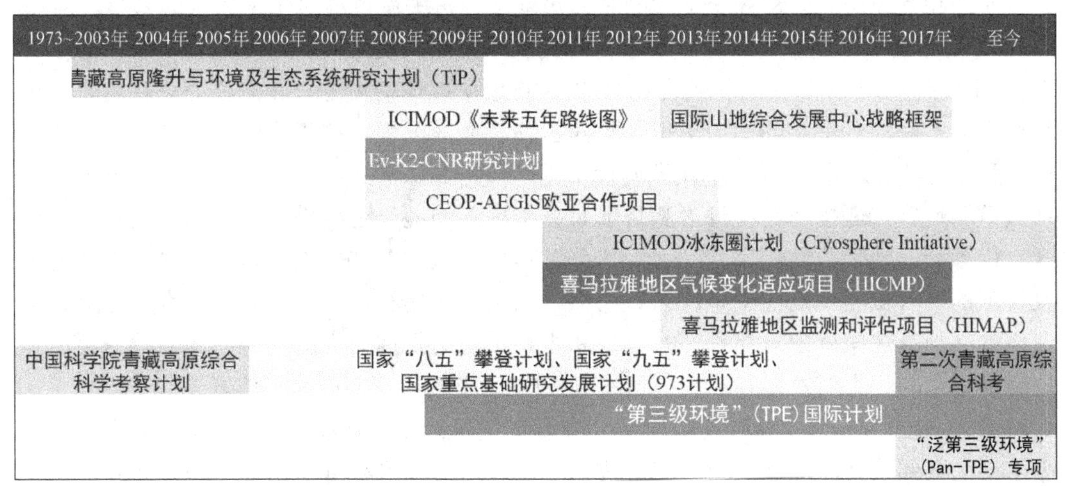

图 10-2 第三极环境研究国际重要战略与计划

10.2.2.1 Ev-K2-CNR 研究计划（2008～2010 年）

珠峰-K2 峰-意大利国家研究委员会（Ev-K2-CNR）是意大利的高山科技研究机构，于 1987 年启动 Ev-K2-CNR 研究计划，由地质学家 Ardito Desio 在喜马拉雅山和喀喇昆仑山脉开启研究考察（Ev-K2-CNR，2017）。1990 年，Ev-K2-CNR 在喜马拉雅山南坡海拔 5050m 处建立了金字塔国际气候实验室/观测站（Pyramid International Laboratory/Observatory），进行长期的实验观测和多领域研究。该观测站成为喜马拉雅地区第一个具有国际影响的台站，已经开展了超过 600 项研究任务。

Ev-K2-CNR 研究计划的研究领域包括医学和生理学、环境科学、地球科学、人类学和清洁技术。2008～2010 年，Ev-K2-CNR 研究计划主要的综合研究项目包括高海拔环境研究站（Station at High Altitude for Research on the Environment，SHARE）；喀喇昆仑基金会（Karakorum Trust，KT）实施的喀喇昆仑中央国家公园计划；兴都库什-喀喇昆仑-喜马拉雅（Hindu Kush-Karakorum-Himalaya，HKKH）伙伴关系项目；海湾环境监测与管理（Gulf environmental monitoring and management，GEMM）项目；针对高海拔地区垃圾处理问题的生态活动（ecological activity for refuse treatment at high-altitude，EARTH）和基于可再生能源的先进涡轮技术（new advanced turbo utilisation of renewable energy，NATUREnergy）（Ev-K2-CNR，2008）。

10.2.2.2 青藏高原隆升与环境及生态系统研究计划（2003～2009 年）

2003 年，由德国科学基金会资助，通过中德合作开展了为期 6 年的“青藏高原隆升与环境及生态系统研究”（Tibetan Plateau-Uplifting，Environmental Changes and Ecosystem，TiP）计划（Tip，2014），该合作研究项目，旨在对青藏高原的隆升过程、环境变化及生态系统的特点和变化趋势获得全面深入的认识。

TiP 计划研究青藏高原形成过程、气候演变和人类活动及其对生态系统的影响这 3 种强迫机制的相互作用，并从 3 个不同的时间尺度上分析关键过程对生态系统的影响。

1）高原形成和环境影响——过去数百万到数千万年尺度上高原形成对气候和生态系统的影响（隆升动力学和相关的气候变化）。项目将根据地球动力过程和海拔历史代用资料推断高原形成；利用湖泊和陆地历史记录重建古环境演变过程，并将这些结果与高原演变相关联。将解决以下问题：①印度-亚洲碰撞早期阶段对高原形成模式或气候和生态系统演变有什么重要性？②碰撞之后在过去和目前有哪些重要的地壳过程进行了水平和垂直的物质输送？侵蚀和盆地形成的作用是什么？这些过程如何量化？③根据地球物理学方法和地表记录揭示的岩石圈结构的约束是什么？④能否利用植物化石、碳酸盐氧同位素、近地表折返速率或其他方法来确定古高程？⑤气候和生态系统的长期演变历史是什么（根据湖泊和陆地历史记录的代用资料得到）？如何将气候/生态系统演变与高原形成联系起来？

2）晚新生代气候演变和环境响应——晚新生代在数万年到数十万年尺度上，十年到百年分辨率的气候演变和环境反应。将解决以下问题：①降水和融水在时间和空间上的自然变率是多少？②相互作用的风系统对青藏高原湖泊系统水汽平衡的影响是什么？第四纪晚期的降水和蒸发量如何变化？如何确定降水中不同的水汽来源？这些水汽来源如何随时间而变化？③欧洲中部在末次冰盛期冷暖阶段的区域表现是什么？④湖泊流域内不同的历史记录（如冰川、河流、湖泊和风沙沉积物）如何分配沉积物？提供温度、降水和融水的哪些信息？这种方法如何得到湖泊流域内的水文和泥沙路线？⑤青藏高原气候对外部强迫（如地球轨道、太阳、火山和温室气体）变化的区域和全球遥相关与响应如何？气候变化和气候事件对湖泊系统的区域影响是什么？湖泊沉积物能够在多大程度上反映降水与温度的量级和频率的变化？

3）人类影响和全球变化的阶段——过去 8000 年人类影响和全球变化阶段（侧重于现

阶段），以及对未来的展望。将解决以下问题：①青藏高原生态系统的主要特征是什么？生态系统的发展受青藏高原形成和隆升的影响如何？②青藏高原的形成和隆升是否创造了一个对全球气候重要的环境？哪个独特的气候因素决定了青藏高原对全球气候的重要性？③全球变化，特别是气候和人类活动如何影响青藏高原生态系统并对全球气候产生反馈？对青藏高原人类的后果是什么？

10.2.2.3　喜马拉雅地区监测和评估项目（2013 年至今）

兴都库什-喜马拉雅地区监测和评估项目（Hindu Kush Himalayan monitoring and assessment programme，HIMAP）是由国际山地综合发展中心于 2013 年协调开展的喜马拉雅地区综合评估项目，将对兴都库什-喜马拉雅地区的当前状态进行评估，以增进对各驱动因素的了解，填补数据缺口，并提出实践导向的政策建议（HIMAP，2017）。

该项目拟解决的关键问题包括（Sharma et al，2016）：喜马拉雅地区为什么是全球性的资产？维持现状/不采取行动的风险是什么？喜马拉雅地区的土地利用发生了哪些改变？喜马拉雅地区不同的能源情景有哪些？对生态系统、水资源供应和空气污染有何影响？喜马拉雅地区在以下 4 种情景下发展如何（生态或绿色情景；工业或商业场景；常规情景；可持续发展情景）？气候变化如何影响该地区的冰川覆盖？应当采用什么样的气候变化适应战略？在山区可持续发展方面，可以从传统社区和本土知识中学到什么？

该项目在 2017 年的评估报告中评估了以下内容：全球、当地和区域的山区可持续性变化的驱动因素；喜马拉雅地区的气候变化；喜马拉雅地区的未来（情景和路径）；维持喜马拉雅地区的生物多样性和生态系统服务；满足喜马拉雅地区的能源需求；喜马拉雅地区冰冻圈的现状和变化；水资源安全（可利用性、使用和管理）；喜马拉雅地区的粮食和营养安全；喜马拉雅地区的空气污染；减轻灾害风险与提升恢复力；山区居民的贫困和脆弱性；气候变化适应；性别与包容性发展；喜马拉雅地区气候变化的减缓（管理、驱动因素和结果）；喜马拉雅地区的环境治理；可持续发展的国别实施情况；结论/决策者建议。

研究团队包括巴基斯坦干旱农业大学（PMAS Arid Agriculture University）、赫里普尔大学（University of Haripur）、印度贾达普大学（Jadavpur University）、荷兰阿姆斯特丹自由大学（Vrije University）、瓦赫宁根大学（Wageningen University）、澳大利亚墨尔本大学、中国科学院青藏高原研究所、北京大学，以及国际山地综合发展中心、世界资源研究所（The World Resources Institute，WRI）印度办公室和斯德哥尔摩环境研究所（Stockholm Environment Institute，SEI）亚洲中心等机构的研究人员。

10.2.2.4　喜马拉雅地区气候变化适应项目（2011～2017 年）

喜马拉雅地区气候变化适应项目（Himalayan climate change adaptation programme，HICAP）是国际山地综合发展中心、联合国环境规划署（United Nations Environment Programme，UNEP）全球资源信息数据库挪威阿伦达尔中心（Grid-Arendal）和奥斯陆国际气候与环境研究中心（Center for International Climate and Environmental Research-Oslo，CICERO）的开拓性合作项目。项目持续时间为 2011 年 9 月至 2017 年 12 月，地域范围覆盖喜马拉雅水系 5 个主要流域，即雅鲁藏布江的 2 个子流域，印度河、恒河、萨尔温江-

湄公河各 1 个子流域。该项目旨在通过深入了解山区社会面对气候变化冲击的脆弱性，并明确其适应变化的机会与潜力，帮助山区的居民，尤其是妇女，提升应对气候变化的能力（ICIMOD，2017a）。

喜马拉雅地区气候变化适应项目将提升对自然资源、生态系统服务及其社区受气候变化影响的认知，通过服务于政策和实践来增强适应变化的能力。该项目由 7 个相互关联的领域组成：①气候变化情景。②水资源的供需情况。③生态系统服务。④粮食保障。⑤脆弱性和适应性。⑥适应变化中的妇女与性别问题。⑦传播和对外宣传。

喜马拉雅地区气候变化适应项目的主要目标是：①加深对主要流域气候变化情景和水资源供需预估不确定性的认识，鼓励充分利用由此产生的知识和研究结果；②提升评估、监测、沟通能力，随时准备应对气候和其他变化带来的挑战和机遇；③为利益相关者和政策制定者提供具体可行的战略和政策建议。

2015 年 12 月，该项目发布题为《喜马拉雅地区气候和水资源图集：气候变化对喜马拉雅地区五大河流流域的影响》（*The Himalayan Climate and Water Atlas: Impact of Climate Change on Water Resources in Five of Asia's Major River Basins*）的报告（Shrestha et al，2015），指出喜马拉雅地区印度河、雅鲁藏布江、恒河、怒江和湄公河流域的气候变化速度长期以来一直很快，并将在未来继续快速变化，给当地和下游人口带来严重后果。到 2050 年，整个兴都库什-喜马拉雅地区的温度将升高 1～2℃（某些地区升高 4～5℃）。未来几十年，HKH 大多数地区可能会发生大规模的冰川退缩。湄公河流域冰川退缩最为严重，为 39%～68%。到 2050 年，恒河上游、雅鲁藏布江和湄公河流域的径流因此分别增加 1%～27%、0～13%和 2%～20%。

10.2.2.5 CEOP-AEGIS 欧亚合作项目（2008～2013 年）

“长期观测结合卫星遥感与数值模拟研究青藏高原水文气象过程及亚洲季风系统”（coordinated Asia-European long-term observing system of Qinghai-Tibet Plateau hydro-meteorological processes and the Asian-monsoon system with ground satellite image data and numerical simulations，CEOP-AEGIS）项目是一项欧亚国际合作项目，由欧盟第七框架计划（7th Framework Programme，FP7）资助 340 万欧元，汇集了欧洲和亚洲共 18 个国家的科学家团体，于 2008 年 5 月至 2013 年 4 月实施。项目由法国路易·巴斯德大学（Louis Pasteur University）协调，参与机构包括荷兰特温特大学（Universiteit Twente）、德国拜罗伊特大学（Universitaet Bayreuth）、西班牙瓦伦西亚大学（Universitat de Valencia）、印度国家理工学院鲁尔克拉分校（National Institute of Technology Rourkela）和中国科学院青藏高原研究所等（CORDIS，2017）。

CEOP-AEGIS 项目旨在提高对青藏高原水文和气象学及其在气候、季风和极端事件中作用的认识，其优先重点是“改进水资源管理观测系统”。该项目的目标为：一是建立现有的地面观测和当前/未来的卫星观测系统，以监测和确定青藏高原的水量，即最终进入东南亚七条主要河流的水量；二是监测积雪、植被覆盖、地表湿度和地表通量的变化，分析与大气对流活动、极端降水事件和亚洲季风之间的联系。具体目标包括以下 11 项：①在青藏高原具有代表性的长期站点进行辐射通量、湍流通量和土壤水分的地面观测。②卫星观测的青藏高原积雪、植被覆盖、地表反照率和地表温度。③卫星估算的青藏高原能量通量和水汽通量。④卫星估算的青藏高原表层土壤水分。⑤地面和卫星集成观测的青藏高原降水。⑥利用地面和卫星观测估计的冰川和积雪融水。⑦数值天气预报和气候模式系统，建立青藏高原及周边地区降水预测与观测之间的联系。⑧监测青藏高原的水平衡和水量。⑨中国和印度试点地区卫星干旱监测系统。⑩中国和印度试点地区卫星洪水监测系统。⑪传播和利益相关者工作组。其中，目标①～⑥用于提高空间观测密度和时间观测频率，目标⑦用于增进对地-气相互作用、季风系统和降水的理解，目标⑧用于建立大规模地区水资源管理观测系统原型，目标⑨和目标⑩用于示范观测系统的效益，目标⑪用于促进东南亚地区的国际地球观测组织（Group on Earth Observation，GEO）水资源和基础设施能力建设。

为了实现上述具体目标，该项目围绕以下 10 个技术要素进行组织，即地面观测、地表生物-地球物理变量、地表辐射和能量平衡、土壤湿度、降水、积雪和冰川、季风和降水预报、水分平衡、干旱早期预警和洪水早期预警（图 10-3）（Menenti et al，2014）。

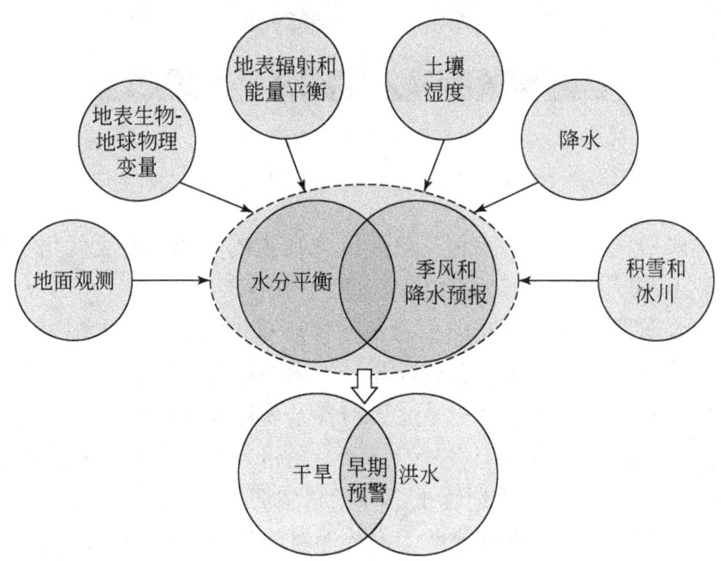

图 10-3　CEOP-AEGIS 建立的水资源观测系统原型的简化工作流程

该项目的成功实施获得了多项成就。CEOP-AEGIS 项目于 2015 年入选欧盟委员会地球观测研究和创新项目的成功典范（EC，2015），于 2013 年 12 月获得“欧洲之星”奖（Etoile de l’Europe），这一奖项是由法国高等教育和科研部（Ministère de l’Eneignement Supérieur et de la Recherche）颁布的旨在促进高度创新研究的重要奖项。

10.2.2.6　ICIMOD 战略框架（2012 年）

2012 年，ICIMOD 发布了最新的战略框架（ICIMOD，2012），该战略框架与其 2008 年发布的《ICIMOD 未来五年路线图》（*ICIMOD's Road Map for the Next Five Years*）（ICIMOD，2008）一脉相承，为 ICIMOD 设定了长远的目标。

ICIMOD 针对 HKH 地区的需求，确定了生计、生态系统服务、水与空气、地理空间解决方案 4 个主题领域。另外，近年来还出现了气候变化减缓与适应、绿色经济和水-食物-

能源系统关联等新兴的主题领域。4 个主题领域不仅是 ICIMOD 的核心竞争力所在，还是其实施区域战略的重要支柱，如图 10-4 所示。ICIMOD 战略框架强调区域计划的综合性和影响力，目前建立了 5 个区域计划和 1 个新兴的区域计划。

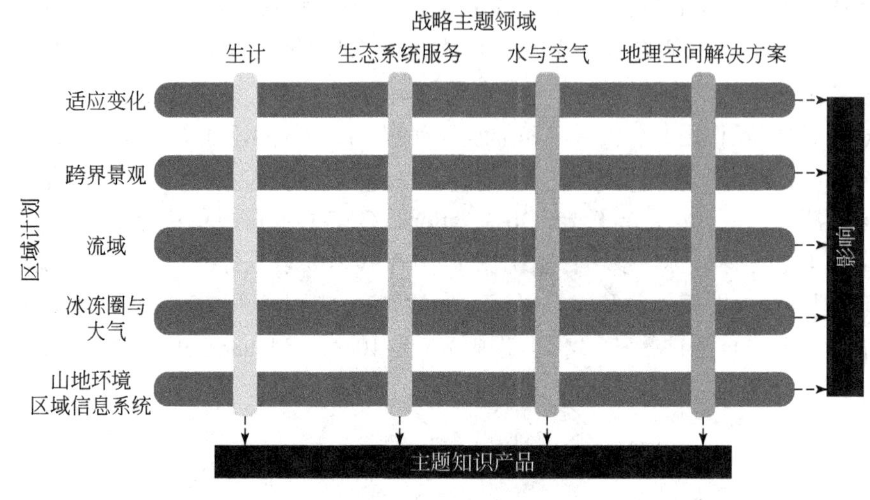

图 10-4　ICIMOD 区域计划中战略主题领域的综合图

1）适应变化区域计划。通过适应包括气候变化在内的环境和社会经济变化，提高兴都库什-喜马拉雅地区山区人口的抵御风险能力和生计水平。

2）跨界景观区域计划。跨界景观的概念是从生态系统完整性、生态服务功能性界定的景观层面，而不是在行政边界上解决自然资源（生物多样性、牧场、农业系统、森林、湿地和流域）的保护和可持续利用问题。通过从跨界景观层面开展工作，以维持生态系统产品和服务的供给水平，改善生计，增强生态完整性、经济发展持续性及社会-文化适应能力。

3）流域区域计划。流域区域计划侧重于多学科资源管理方法，处理气候变化与变率、冰冻圈动力学、水文机制和水资源可用性、水资源风险管理、山地社区水管理和脆弱性及其适应等一系列主题的问题，强调增进对上下游之间、自然资源和生计之间的联系的理解。主要成果将包括改进的未来水资源可利用量及其影响评估，以及流域和社区层面水资源适应战略。

4）冰冻圈和大气区域计划。冰冻圈是地球气候系统（由大气圈、水圈、冰冻圈、生物圈和岩石圈五大圈层组成）的组成成分之一，冰冻圈的组成要素包括冰川（含冰盖）、积雪、冻土、河冰、湖冰、海冰、冰架、冰山，以及大气圈内的冻结状水体。该计划将建立一个区域冰冻圈知识中心，与世界各地机构合作，提升冰冻圈科研能力。大气领域包括两个方面的工作：一是进一步开展黑炭和大气污染科学研究，提高对排放源、大气运输和转化过程的了解，以及深化对大气、冰川和融雪影响的认识；二是考虑关键的缓解策略。冰冻圈和大气区域计划的核心是探讨气候变化对冰川融化、大气过程及对水资源可利用量和生活质量的影响。主要成果将包括增进对冰冻圈与大气气象要素及这些变化对山区和下游的影响的理解，提升区域监测冰冻圈和大气的能力。

5）山地信息区域计划（山地环境区域信息系统）。该计划将进行该地区的长期监测、数据库开发和知识理解，信息系统将通过遥感、空间分析和野外工作，涵盖冰冻圈、气象与水文参数、空气污染、生态与气候变化、土地利用与土地覆盖状况及变化、生物多样性、洪水和自然灾害及社会经济变化等方面的信息。

ICIMOD 战略框架还建立了一个新兴的区域计划——喜马拉雅大学联盟（Himalayan University Consortium），其愿景是促进该地区大学之间的合作，并推动该地区关键议题卓越中心的建立。主要成果将包括通过新的课程和相关培训，迎接未来山区的新挑战。

10.2.2.7 ICIMOD 冰冻圈计划

冰冻圈计划（Cryosphere Initiative）（ICIMOD，2017b）由 ICIMOD 发起，旨在通过其冰冻圈知识中心共享该地区的数据和知识，重点关注冰冻圈对 HKH 地区下游的影响和重要性。合作伙伴包括阿富汗、不丹、印度、缅甸、尼泊尔、巴基斯坦和中国 7 个国家的气象、水文、矿产和能源研究机构，以及世界气象组织（World Meteorological Organization，WMO）、UNEP、Ev-K2-CNR、国际冰川学会（International Glaciological Society，IGS）和 TPE 等 18 个国际组织。

该计划指出，兴都库什-喜马拉雅地区涵盖了除极地以外最大面积的积雪、冰川和多年冻土，该地区的积雪和冰川作为自然水库为亚洲十大河流系统提供补给。为了在该地区开展和实施持续性的冰冻圈监测，冰冻圈计划及其在尼泊尔和不丹的执行伙伴已经建立了冰冻圈监测项目（cryosphere monitoring programme，CMP），以评估冰冻圈水资源、与冰冻圈相关的灾害风险及未来水资源供应情况。

计划的目标为增加对 HKH 地区冰冻圈变化的理解，改善水资源和风险管理。该计划的冰冻圈监测活动分为 3 个主要部分，即基于现场观测的积雪和冰川监测、基于现场观测的水文-气象观测和监测、基于遥感的观测和监测。基于现场观测的积雪和冰川监测包括监测冰川的质量平衡和基准冰川的动态变化、短期冰川测量活动、冰川质量平衡和动力学建模。基于现场观测的水文-气象观测和监测包括气象观测、短期水文监测、冰川水文和融雪模式发展、模拟冰川融水未来变化对径流总量的贡献。基于遥感的观测和监测包括使用 Landsat 和其他高分辨率卫星绘制和监测冰川与冰川湖泊、使用 MODIS 卫星监测积雪覆盖、使用无人机（unmanned aerial vehicle，UAV）和高分辨率立体卫星图像来监测冰川质量变化、流域/次流域尺度冰川的详细调查（ICIMOD，2016）。

为了促进兴都库什-喜马拉雅地区不同国家、不同机构之间的协同效应，该计划启动了 CMP，与不丹水文气象局、尼泊尔加德满都大学、特里布文大学（Tribhuvan University）、尼泊尔水和能源委员会秘书处（Water and Energy Commission Secretariat）、巴基斯坦喀喇昆仑国际大学（Karakoram International University）合作，共同支持冰冻圈监测活动。该计划还建立了区域冰冻圈知识中心，改进和协调区域冰冻圈之间的数据共享区域和全球的平台，作为国际战略建设的来源，并支持和召开了“国际冰川研讨会”（the international glacier symposium）和“国际山地和气候变化大会”（international conference on mountain and climate change）等国际会议。

10.2.2.8 中国科学院青藏高原综合科学考察计划（1973 年）

1971 年，中国科学院制定了《中国科学院青藏高原 1973—1980 年综合科学考察规划》。1973 年，由孙鸿烈院士领导的科学考察开启了中国科学家研究青藏高原的时代，从单纯的考察到解决科学问题的过渡，为青藏高原长期性、系统性的科学研究及其相应成果的国际影响奠定了基础。中国科学院青藏高原综合科学考察队组织了院内外 23 个单位，共 75 名科学工作者，包括地质、冰川、地理、生物、农业、林业和水利等 22 个学科，历时 5 个月，在西藏东南部 4 万多平方千米的范围内进行了综合科学考察工作。考察地区位于喜马拉雅山脉和横断山脉的交汇处，地质构造复杂，生物种属繁多，自然资源丰富，是西藏重要的农业、林业区（中国科学院青藏高原综合科学考察队，1974）。

1980 年以来开展了综合科学考察，包括横断山区、南迦巴瓦峰地区、喀喇昆仑-昆仑山地区、可可西里地区。1990 年以来，青藏高原资源与环境领域的基础研究分别被列入国家攀登计划和 973 计划项目，青藏高原综合科学考察工作进入新时期（表 10-1）（孙鸿烈，2000）。

表 10-1　中国科学院青藏高原综合科学考察重大项目

项目类别	执行时间	研究内容
国家“八五”攀登计划	1992～1996 年	青藏高原形成演化、环境变迁与生态系统研究
国家“九五”攀登计划	1997～2000 年	青藏高原环境变化与区域可持续发展
973 计划	1998～2003 年	青藏高原形成演化及其环境、资源效应
973 计划	2003～2007 年	印度-亚洲大陆主碰撞带成矿作用
973 计划	2005～2010 年	青藏高原环境变化及其对全球变化的响应与适应对策
国家重大科学研究计划	2010～2015 年	青藏高原气候系统变化及其对东亚区域的影响与机制研究
973 计划	2012～2017 年	青藏高原重大冻土工程的基础研究
国家重大科学研究计划	2013～2023 年	青藏高原地-气耦合系统变化及其全球气候效应
国家重大科学研究计划	2013～2018 年	中国西部大陆剥蚀风化与青藏高原隆升和全球变化的关系

2017 年 8 月 19 日，中国科学院第二次青藏高原综合科学考察研究在拉萨启动。第二次青藏高原综合科学考察研究将揭示 20 世纪 60 年代以来环境变化的过程与机制及其对人类社会的影响，预测这一地区地球系统行为的不确定性，评估资源环境承载力、灾害风险，提出“亚洲水塔”与生态屏障保护、第三极国家公园建设和绿色发展途径的科学方案，为生态文明建设和“一带一路”建设服务。

10.2.2.9 TPE 国际计划（2009 年至今）

2009 年，由姚檀栋院士倡议建立的 TPE 国际计划，旨在解决第三极地区环境变化方面具有挑战性的科学问题，建立区域发展知识支撑体系及 TPE 研究的国际人才团队和平台（TPE Science Committee，2009）。该计划由联合国教科文组织（United Nations Educational，Scientific and Cultural Organization，UNESCO）、国际环境问题科学委员会（Scientific Committee on Problems of the Environment，SCOPE）、UNEP 共同推动。

TPE 国际计划的总体科学目标为：通过实施以中国科学家为主导的 TPE 研究计划，联合中外相关科研机构和科学家，通过实地观测、数值模拟、卫星遥感和数据同化等途径，揭示第三极地区环境变化过程与机制及其对全球环境变化的影响和响应规律，以提高人类对环境变化的适应能力，实现人与自然的和谐相处（TPE Science Committee，2009）。

TPE 国际计划以“水-冰-气-生-人类活动”之间的相互作用为主题，旨在解决以下重要科学问题：①第三极地区过去环境变化的时空特征。②第三极地区冰冻圈与水圈相互作用及其灾害过程。③第三极地区能量水分循环过程。④第三极地区生态系统对环境变化的影响和响应。⑤人类活动对第三极地区环境变化的影响。⑥第三极环境变化的适应对策（姚檀栋，2014）。

“中国青藏高原综合观测研究平台（Tibetan Observation and Research Platform，TORP）”是 TPE 国际计划的一个重要组成部分，主要进行 3 方面的观测活动：①地质过程与气候相互作用。②高分辨率记录和现代环境过程。③陆面过程与高山大气过程。包括纳木错多圈层综合观测研究站（Nam Co Station for Multisphere Observation and Research，NAMORS）、珠穆朗玛峰大气与环境综合观测研究站（Qomolangma Atmospheric and Environmental Observation and Research Station，QOMORS）、藏东南高山环境综合观测研究站（Southeast Tibet Observation and Research Station for the Alpine Environment，SETORS）、阿里荒漠环境综合观测研究站（Ngari Desert Observation and Research Station，NADORS）及慕士塔格西风带环境综合观测研究站（Muztagh Ata Westerly Observation and Research Station，MAWORS）等观测站（Ma，2008；TPE，2016）。并通过 2010～2011 年在尼泊尔、巴基斯坦和塔吉克斯坦新建国际综合观测研究站，将现有的中国青藏高原综合观测研究平台扩展为国际第三极环境观测研究平台。

TPE 国际计划开展了与 ICIMOD、TiP 和气候与冰冻圈计划（Climate and Cryosphere Programme，CliC）等其他国际研究计划的合作；启动了喜马拉雅山南坡计划、喜马拉雅山姊妹站计划、喀喇昆仑山对比与姊妹站计划、帕米尔高原环境研究与姊妹站计划及神山圣湖计划等一系列项目；建立了青藏高原科学数据中心（Third Pole Environment Database），具备了青藏高原研究科学数据资源的收集、保存、管理、共享与应用等系统功能，集成的主要数据资源包括青藏高原基础地理、大气物理、大气环境、冰川冻土、水文、湖泊、生态、地球物理、遥感和社会经济统计等各类数据集 160 余个，数据量达到 510G，为青藏高原及周边地区社会经济发展、政府决策、地球系统研究和前沿创新提供科学数据支撑和服务（TPE，2017）。

10.2.2.10 “泛第三极环境”（Pan-TPE）国际计划（2016 年）和“泛第三极环境变化与绿色丝绸之路建设”专项（2017 年）

泛第三极地区以第三极为起点向西辐散，包括青藏高原、帕米尔高原、兴都库什、天山、伊朗高原、高加索和喀尔巴阡等山脉，面积约为 2000 万 km^2，是“一带一路”的核心区，与 30 多亿人的生存与发展环境密切相关。

“一带一路”泛第三极地区面临全球最严重的干旱问题、生态系统退化问题、冰川退缩问题、大气环境问题和自然灾害问题。例如，水资源短缺严重制约“一带一路”泛第三极地区生态环境与经济社会的可持续发展，特别是“一带一路”核心区由于跨境河流众多，跨境水资源开发的矛盾异常突出；在人类活动和全球变化的影响下，该地区生物多样性受到严重威胁；作为全球最重要的冰雪融水补给区，该地区受气候变化的影响显著；该地区还面临着大气污染（南亚大气棕色云）和中亚粉尘等对区域气候及人类健康等产生重要影响的大气环境问题；另外，气象灾害、水灾害、极端气候事件、冰湖溃决、冰崩、雪崩、冰川跃动及泥石流等自然灾害严重影响了区域的人类生存环境。以上这些问题的根源，是气候变暖影响下季风与西风相互作用及其对泛第三极地区的影响与远程效应。

因此，“泛第三极环境与一带一路协同发展”国际计划［简称“泛第三极环境”（Pan-TPE）国际计划］于 2016 年推出，基于重大科学问题的突破和科学评估，为区域协同发展面临的重大资源环境问题提供科学决策支持（中国科学院院刊，2017）。Pan-TPE 国际计划十年规划的总体目标为，以泛第三极环境变化的远程效应和对人类活动的影响为重大科学问题，形成全面的多平台综合组网观测体系和地球科学大数据集，产出里程碑式的重大科学成果，创新发展地球系统科学理论，为“一带一路”资源环境管理和可持续发展做出重大贡献。在科学研究层面，Pan-TPE 国际计划关注的科学问题包括：①泛第三极协同观测的联动机制。②季风和西风的相互作用及环境响应。③气候变化对水资源的影响。④气候变化对生态系统及安全的影响。⑤环境灾害的发生规律及影响。⑥“一带一路”协同发展的环境与社会效应。Pan-TPE 国际计划主要包括以下 6 项研究内容：①泛第三极区域立体协同观测与系统集成。环境变化典型敏感因子遥感观测体系与协同观测；典型环境要素数据集产品生成研究；环境要素大数据应用模式与冰雪融化工具。②泛第三极与季风和西风的相互作用及其影响。泛第三极对季风和西风的影响识别；泛第三极对季风西风突变作用与反馈；泛第三极水汽来源与传输路径；泛第三极海陆气热力过程和模拟。③泛第三极地区水循环及其效应。冰雪过程与模拟研究；典型江河源头水资源形成与变化过程；气候变化和人类活动对区域水循环的影响；区域水循环下游效应与安全性评估。④泛第三极生态系统过程与生态安全。气候与植被演化过程重建；极端环境下典型陆地生态系统稳定性机制；全球变化下区域生态脆弱性评价；⑤南亚大气棕色云与中亚粉尘的环境影响与风险。污染物排放的时空演化、传输与源析；黑炭的发生机制、传输与气候环境效应；持久性有机污染物（persistent organic pollutants，POPs）的冷富集、生物富集效应与环境风险；大气棕色云对印度季风的影响与评估。⑥“一带一路”资源环境格局与发展潜力（“数字丝路”）。重大自然灾害风险快速评估；城镇化与自然文化遗产地监测；典型海域与海岸带环境变化；农情监测与粮食安全；区域生态环境动态分析；“数字丝路”集成系统平台（中国科学院青藏高原研究所，2016）。

2017 年，随着“一带一路”倡议建设的实施，“泛第三极环境变化与绿色丝绸之路建设”专项（简称 Pan-TPE 专项）在“第三极环境”（TPE）国际计划的基础上提出，涵盖东亚、南亚、中亚、西亚与中东欧等 20 多个国家和地区，旨在通过科学评估该区域的水资源、重大自然灾害和粮食安全等问题，为国家“一带一路”倡议实施提供决策层面的科学支撑（杨雪，2017）。Pan-TPE 专项的目标是，阐明泛第三极地区的环境变化及其影响，评估和应对重点地区和重大工程的资源环境问题，提出丝绸之路建设的绿色发展路径。主要的科学问题包括：①自然和人类双重作用下泛第三极地区环境变化对绿色丝绸之路建设可持续性的影响；②西风和季风影响下泛第三极地区的环境不确定性。Pan-TPE 专项聚焦 5 个问题：①如何应对绿色丝绸之路可持续发展所面临的挑战。②如何科学认识和防范灾害风险。③如何管控人类活动对资源环境变化的影响。④气候变化如何影响生物与环境的协同演化。⑤西风与季风作用如何影响水资源变化。同时提出了七大研究任务：①绿色丝绸之路建设的科学评估与决策支持方案。②绿色发展技术集成及示范。③重点地区和重要工程的环境影响与灾害风险。④人类活动对资源环境的影响与管控。⑤气候变化对生态系统和生物多样性的影响。⑥西风与季风相互作用和水资源变化。⑦资源环境长期演化过程（姚檀栋等，2017）。

10.3 第三极环境研究文献计量分析

10.3.1 数据来源和分析工具

本研究文献信息来自于美国信息科学研究所（Institute for Scientific Information，ISI）的科学引文索引扩展版（science citation index expanded，SCIE）数据库。SCIE 数据库收录了世界各学科领域内最优秀的科技期刊，其收录的文献能够从宏观层面反映科学前沿的发展动态。以 SCIE 数据库为基础，采用文献计量的方法对国际第三极环境研究文献的年代、国家、研究机构及研究热点分布等进行分析，可以了解国际该研究领域的发展态势，把握相关研究的整体发展状况。

本研究以 TS=（“Third Pole Environment” OR “Earth’s third pole” OR “world’s third pole” OR “Tibet* Plateau” OR “Plateau of Tibet” OR “Qinghai-Tibet* Plateau” OR “Qing-Zang” OR “Tibet* glacier” OR “Himalaya*” OR “Karakorum” OR “Hindu Kush”）为主题进行检索，检索数据时段为 1970～2016 年，用于分析国际第三极环境研究整体发文量变化；重点分析数据时段为 2007～2016 年，用于分析近 10 年国际第三极环境研究的学科分布、重点国家（地区）、重点研究机构、重点期刊和研究热点。数据采集时间为 2017 年 10 月 15 日；文献类型包括研究论文（article）、学术会议论文（proceeding article）和研究综述（review）三种类型；剔除不相关文献后检索到 2007～2016 年第三极环境研究文献 20 191 篇。其中，根据基本科学指标（essential science indicators，ESI）数据库对应领域和出版年中的高引用阈值，被引用次数足以归入其学术领域中最优秀的 1%之列的论文被 ESI 标记为高被引论文，共检索到 2007～2016 年第三极环境研究高被引论文 245 篇。

本研究利用汤森路透集团开发的 Thomson Data Analyzer（TDA）数据分析工具进行科技期刊引文数据分析，利用社会网络分析工具 Ucinet 进行文献数据挖掘与可视化处理。本研究主要从论文的年度分布、国家（地区）分布、机构分布、期刊分布和研究热点等方面进行了分析。

10.3.2 整体情况分析

10.3.2.1 发文量年度变化分析

根据 1970～2016 年发文量变化趋势，国际第三极环境研究可划分为以下 3 个发展阶段（图 10-5）。

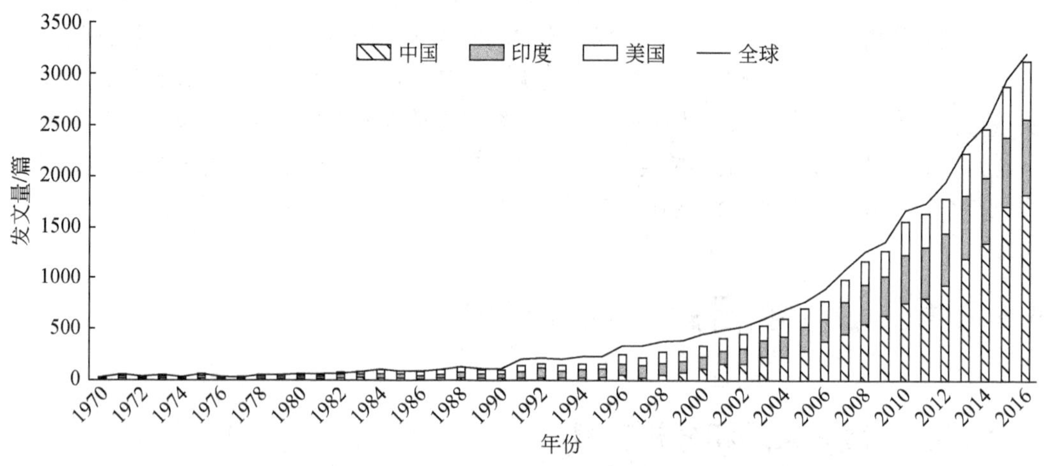

图 10-5　1970～2016 年第三极环境研究发文量发展态势

1）发展起步期。1990 年之前，全球年发文量最高仅为 110 篇，第三极环境研究尚处于起步状态。

2）稳定发展期。1991～2006 年，全球年发文量较 1990 年之前明显增长，年均复合增长率为 10.4%，发文量在 2006 年达到 901 篇。在这一阶段，第三极环境研究开始逐渐发展。其中，中国年发文量的增速领先，从 2001 年开始同时超越了印度和美国，并在之后始终保持其领先地位，年发文量在 2006 年达到 371 篇，占全球年发文量的 41.2%。

3）快速增长期。2007～2016 年，全球发文量在前一阶段水平的基础上快速增长，年均复合增长率为 12.9%，2016 年发文量达到 3225 篇。其中，中国是全球发文量迅猛增长的主要贡献者，年发文量远超印度和美国，在 2016 年达到 1842 篇，占全球发文量的 57.1%。近 10 年，国际第三极环境研究受到的关注显著增加，第三极环境研究迅速成为一项重要的国际研究热点问题。本报告也以 2007～2016 年作为重点分析研究的时段。

10.3.2.2　学科主题分布

根据 Web of Science 的学科分类，图 10-6 列出 2007～2016 年第三极环境研究发文量排名前 10 位的学科主题。近 10 年，与第三极环境研究联系最紧密的学科主题包括地球科学（geosciences，multidisciplinary）、地球化学与地球物理学（geochemistry & geophysics）、气象学与大气科学（meteorology & atmospheric sciences）、环境科学（environmental sciences）、自然地理学（geography，physical）、植物学（plant sciences）、多学科科学（multidisciplinary scienccs）、生态学（ecology）、地质学（geology）、水资源（water resources）。中国与全球的第三极环境研究学科主题分布形势较为相似，仅植物学和水资源论文所占份额略低于全球整体水平。地球科学、地球化学与地球物理学、气象学与大气科学、环境科学相关论文发文量所占份额超过 10%，其中，地球科学相关论文比例超过 25%。

Web of Science 的学科分类，指 Web of Science 核心合集所收录文献的来源出版物所属的学科类别，共划分为 252 个学科类别（Clarivate Analytics，2018a）。一个来源出版物可能属于一个或多个学科类别，不同学科类别之间可能存在交叉。例如，Web of Science 对地球

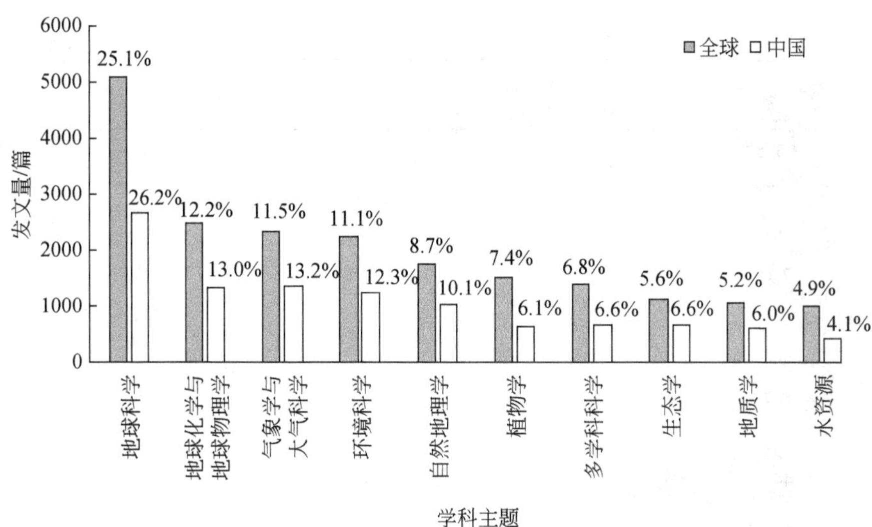

图 10-6　2007～2016 年第三极环境研究发文量排名前 10 位的学科主题

柱形上方的百分比表示全球和中国各学科发文量分别占全球发文量和中国发文量的比例

科学（geosciences，multidisciplinary）的学科类别描述为：该学科类别涵盖了采用普遍或者跨学科的方法来研究地球及其他行星的来源出版物，相关主题包括地质学、地球化学与地球物理学、水文学、古生物学、海洋学、气象学、矿物学、地理学和能源与燃料等；而主要关注地质学、地球化学和地球物理等的来源出版物被归在各自的学科类别（Clarivate Analytics，2018b）。

10.3.3　主要国家（地区）分析

10.3.3.1　主要国家（地区）发文量与被引情况

表 10-2 为 2007～2016 年第三极环境研究发文量排名前 15 位的国家（地区）。从发文量来看，中国、印度、美国是第三极环境研究最主要的论文产出国家，这 3 个国家的发文量共占全部论文的 94.7%。其中，中国发文量为 10 207 篇，占第三极环境研究世界总发文量的 50.6%。

2014～2016 年的发文量可以在一定程度反映出各国第三极环境研究的相对发展趋势。尼泊尔、澳大利亚、巴基斯坦和中国的近 3 年发文量所占比例较高，表明这些国家的第三极环境研究正处于上升期。中国的近 3 年发文量所占比例达到 47.9%，这表明中国在发文量基数较大的情况下仍然保持着上升的趋势。

表 10-2　2007～2016 年第三极环境研究发文量排名前 15 位的国家（地区）

国家（地区）	发文量/篇	发文量占世界发文总量的比例/%	近 3 年发文所占比例/%	总被引次数/次	篇均被引次数/（次/篇）
中国	10 207	50.6	47.9	144 476	14.2
印度	5 259	26.0	39.2	40 131	7.6
美国	3 655	18.1	42.1	92 471	25.3

续表

国家（地区）	发文量/篇	发文量占世界发文总量的比例/%	近 3 年发文所占比例/%	总被引次数/次	篇均被引次数/（次/篇）
德国	1 355	6.7	44.6	28 699	21.2
英国	1 277	6.3	42.4	31 201	24.4
日本	797	3.9	29.2	15 174	19.0
法国	736	3.6	41.3	19 843	27.0
加拿大	672	3.3	42.7	14 734	21.9
澳大利亚	601	3.0	50.9	12 505	20.8
巴基斯坦	507	2.5	48.9	4 596	9.1
尼泊尔	475	2.4	52.6	7 049	14.8
瑞士	446	2.2	47.3	11 520	25.8
意大利	393	1.9	46.3	8 367	21.3
荷兰	362	1.8	44.5	8 150	22.5
中国台湾	240	1.2	35.4	5 641	23.5

注：国家（地区）依据 2007～2016 年发文量排序，下同

为了更深入地了解各国（地区）在第三极环境研究方面的影响力，从主要国家（地区）发表论文总被引次数、篇均被引次数和高被引论文等方面进行分析。从总被引次数来看（表 10-2），近 10 年中国在第三极环境研究中共被引用 144 476 次，远远领先于其他国家（地区）；其次为美国，总被引次数超过 90 000 次；印度、英国、德国、法国、日本、加拿大、澳大利亚和瑞士总被引次数超过 10 000 次；意大利、荷兰、尼泊尔、中国台湾和巴基斯坦总被引次数低于 10 000 次。

从篇均被引次数来看（表 10-2），法国、瑞士、美国和英国等位居前列，篇均被引次数大于 24 次；中国篇均被引次数为 14.2 次，在排名前 15 位的国家（地区）中处于第 13 位，这主要是因为中国的发文量远大于其他国家（地区）。为了排除发文量基数对该指标分析的影响，本研究按不同发文量基数计算了各国家（地区）前 *N* 篇高被引论文的篇均被引次数（表 10-3）。结果显示，各国家（地区）的篇均被引次数随着被引次数最高论文发文量基数的减小而增加。当取前 1000 篇被引次数最高的论文时，共有中国、美国、英国、德国、印度 5 个国家参与比较，中国和美国以 70.7 次远领先于其他 3 个国家；当取前 500 篇和前 250 篇被引次数最高的论文时，分别有 10 个和 15 个国家（地区）参与比较，美国和中国仍然以较大优势领先于其他国家（地区），英国、德国和法国等国家（地区）次之。

表 10-3　2007～2016 年发文量排名前 15 位的国家（地区）前 *N* 篇被引次数最高论文的篇均被引次数

单位：次

国家（地区） \ *N*	250 篇	500 篇	1 000 篇	3 000 篇	5 000 篇	10 000 篇
中国	137.1	101.9	70.7	38.3	25.2	14.2
印度	50.6	37.6	25.9	12.6	7.6	—

续表

国家（地区）＼N	250 篇	500 篇	1 000 篇	3 000 篇	5 000 篇	10 000 篇
美国	154.6	106.7	70.7	30.9	—	—
德国	72.7	48.6	27.7	—	—	—
英国	79.0	52.7	35.3	—	—	—
日本	47.4	28.3	—	—	—	—
法国	63.2	38.8	—	—	—	—
加拿大	49.6	29.0	—	—	—	—
澳大利亚	42.5	24.6	—	—	—	—
巴基斯坦	17.7	9.1	—	—	—	—
尼泊尔	26.4	—	—	—	—	—
瑞士	42.7	—	—	—	—	—
意大利	31.9	—	—	—	—	—
荷兰	31.4	—	—	—	—	—
中国台湾	23.5	—	—	—	—	—

表 10-4 为 2007～2016 年第三极环境研究高被引论文发文量排名前 15 位国家的发文量及第一作者高被引论文所占比例情况。从高被引论文的发文量来看（表 10-4），2007～2016 年，中国和美国是第三极国际研究高被引论文的主要产出国家。中国高被引论文中近 3 年所占比例超过 40%，中国在较高学术影响力的第三极环境研究产出方面也处于上升期；而美国在近 10 年高被引论文发文量与中国相近的情况下，近 3 年发文所占比例仅为 33.1%。从第一作者高被引论文发文量和占世界高被引论文比例来看，中国在高学术影响力第三极研究的主导地位方面表现出显著的优势。

表 10-4　2007～2016 年高被引论文发文量排名前 15 位的国家

国家	高被引论文发文量/篇	高被引论文发文量占世界高被引论文总量的比例/%	近 3 年发文占比/%	第一作者高被引发文量/篇	第一作者高被引论文占世界高被引论文比例/%
中国	126	51.4	40.5	90	36.7
美国	121	49.4	33.1	63	25.7
英国	54	22.0	46.3	12	4.9
德国	39	15.9	35.9	13	5.3
法国	37	15.1	51.4	10	4.1
瑞士	24	9.8	54.2	10	4.1
澳大利亚	21	8.6	52.4	5	2.0
加拿大	20	8.2	45.0	4	1.6
日本	17	6.9	35.3	4	1.6
尼泊尔	17	6.9	41.2	1	0.4

续表

国家	高被引论文发文量/篇	高被引论文发文量占世界高被引论文总量的比例/%	近3年发文占比/%	第一作者高被引发文量/篇	第一作者高被引论文占世界高被引论文比例/%
荷兰	17	6.9	35.3	7	2.9
挪威	16	6.5	31.3	5	2.0
印度	14	5.7	50.0	4	1.6
奥地利	11	4.5	36.4	1	0.4
意大利	10	4.1	70.0	0	0

注：依据 2007～2016 年高被引论文发文量排序

综合以上对发文量、总被引次数、篇均被引次数、高被引论文相关指标的分析，近 10 年，在第三极环境研究领域，中国、印度、美国是最主要的论文产出国家，其中，中国和美国是最主要的高被引论文产出国家。美国、英国、法国和德国等科技较为发达的国家在学术影响力方面有一定优势；瑞士、中国台湾和荷兰等发文量较小的国家（地区）在篇均被引次数方面表现出色；印度、尼泊尔和巴基斯坦等国家近几年发文量增长较快，但整体学术影响力有待提升。中国第三极环境研究的发文量及整体学术影响力已达到较大的规模，论文产出和高被引论文产出均处于上升期，篇均影响力尚有进一步提升空间。

10.3.3.2 主要国家研究主题

基于第三极环境研究论文的作者关键词词频统计，列出了 2007～2016 年第三极环境研究发文量排名前 10 位的国家主要的 15 个研究关键词（表 10-5）。分析表明，各国在第三极环境研究领域除了气候变化、降水、遥感应用与 GIS、季风、生物地理分布、新物种分类等共有的基本研究主题之外，还进行了各自的特色主题研究。例如，印度和巴基斯坦侧重生物多样性与生物保护、地震灾害与地震构造、药用植物等主题的研究；美国、德国、英国、法国等国家侧重地质构造与古气候方向的研究；日本侧重地震构造、山体滑坡和冰川水文方向的研究；中国侧重地质构造、高山生态环境、地震灾害和古气候等特色主题的研究，相比较而言，需要进一步发展生物多样性与生物保护主题的研究。

表 10-5 2007～2016 年第三极环境研究发文量排名前 10 位的国家主要的 15 个研究关键词

国家	15 个研究关键词
中国	气候变化、降水、高山草甸、遥感应用与 GIS、生物地理分布、汶川地震、地震构造、青藏高原隆升、多年冻土、全新世、新物种分类、冰川、季风、树木年轮、亚洲季风
印度	气候变化、地震、遥感应用与 GIS、降水、山体滑坡、新物种分类、生物多样性、生物保护、冰川、地震构造、生物地理分布、地震灾害、精油、湖泊沉积物、药用植物
美国	气候变化、降水、遥感应用与 GIS、地质构造、谱系地理学、生物地理分布、季风、地震构造、碎屑锆石、冰川、地震、新物种分类、全新世、高山草甸、古气候
德国	气候变化、全新世、降水、新物种分类、遥感应用与 GIS、季风、生物地理分布、谱系地理学、湖泊沉积物、亚洲季风、花粉、冰川、地震、古气候、生物多样性

续表

国家	15 个研究关键词
英国	气候变化、冰川、生物地理分布、新物种分类、遥感应用与 GIS、地质构造、降水、季风、地球化学、青藏高原隆升、碎屑锆石、冰碛物覆盖型冰川、谱系地理学、地震构造、亚洲季风
日本	气候变化、遥感应用与 GIS、地震构造、降水、山体滑坡、高山草甸、冰川、汶川地震、生物地理分布、季风、风化、谱系地理学、亚洲季风、冰川水文学、土壤湿度
法国	气候变化、地震构造、季风、遥感应用与GIS、降水、地质构造、冰川、地震灾害、印度-亚洲碰撞、汶川地震、生物地理分布、数值模拟、青藏高原隆升、热年代学、新物种分类
加拿大	气候变化、谱系地理学、地质构造、降水、生物地理分布、河道径流、地球化学、蛇绿岩、遥感应用与GIS、热年代学、山体滑坡、大地电磁、生物多样性、地质年代、碎屑锆石
澳大利亚	气候变化、碎屑锆石、降水、高山草甸、地球化学、地质年代、冈瓦纳古陆、遥感应用与GIS、生物多样性、侵蚀、花岗岩、青藏高原隆升、全新世、生物地理分布、印度-亚洲碰撞
巴基斯坦	地震、药用植物、地球化学、遥感应用与GIS、气候变化、人类植物学、生物保护、山体滑坡、生物多样性、谱系地理学、降水、生物地理分布、地质构造、地震构造、地震探测

注：国家依据 2007～2016 年发文量排序

10.3.3.3 主要国家（地区）合作关系

图 10-7 为基于共现矩阵绘制的 2007～2016 年第三极环境研究发文量排名前 20 位的国家（地区）的合作关系网络。用节点的度中心性（degree centrality）来刻画合作关系网络中一个节点与其他节点相联系的程度，节点的度中心性越大，意味着该节点在网络中越重要。分析表明，中国是第三极环境研究国际合作关系网络中最核心的国家，美国与中国的合作最为密切，英国、德国、法国与中国合作的密切程度次之。

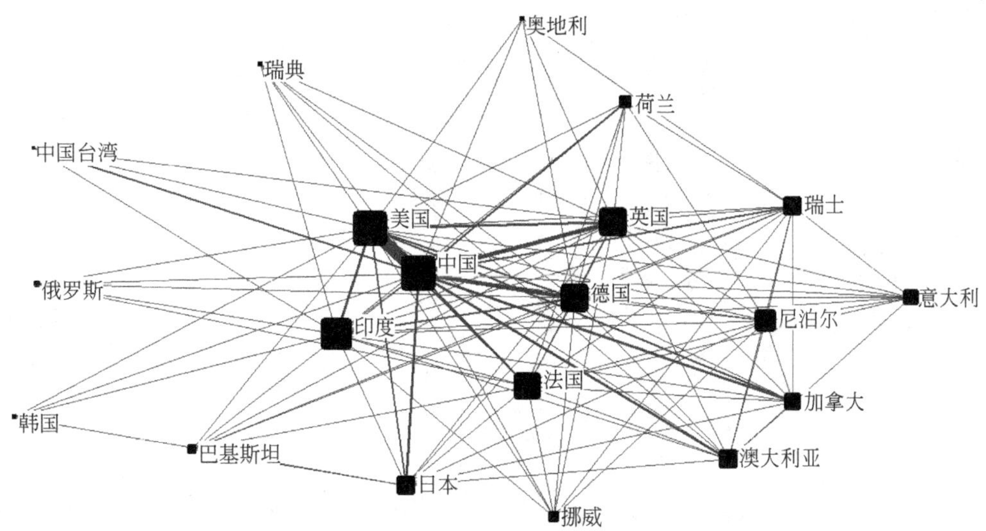

图 10-7 2007～2016 年第三极环境研究发文量排名前 20 位的国家（地区）的合作关系网络

节点代表国家（地区），节点大小表示度中心性大小；连线代表国家（地区）间的合作，连线粗细表示合作发文量多少

10.3.4 主要研究机构分析

10.3.4.1 主要研究机构发文量与被引情况

表 10-6 为 2007～2016 年第三极环境研究发文量排名前 20 位的研究机构的刊文数量及被引情况。在发文量前 20 位的研究机构中，中国和印度的研究机构占据了绝大部分，其中，中国的研究机构有 12 个，印度的研究机构有 7 个，尼泊尔的研究机构有 1 个。中国科学院在第三极环境研究领域无论是发文量、总被引次数，还是高被引论文数量，都是位列第 1 位的研究机构，其发文量达 5657 篇，总被引次数超过 85 000 次，高被引论文发文量达到 71 篇，发文量与高被引论文发文量均占国内份额的一半以上。其他发文量较多的国内研究机构包括兰州大学、中国地质科学院和中国地质大学（北京）等，这几个研究机构在总被引次数、高被引论文产出方面也比较突出。在论文篇均被引次数方面，发文量排名前 20 位的研究机构中，篇均被引次数最高的为北京大学（20.9 次）。

表 10-6 2007～2016 年第三极环境研究发文量排名前 20 位的研究机构

研究机构	全部发文量/篇	占本国全部论文比例/%	总被引次数/次	篇均被引次数/次	高被引论文发文量/篇	占本国高被引论文比例/%
中国科学院	5 657	55.4	85 122	15.0	71	53.6
兰州大学	967	9.5	15 673	16.2	16	12.7
中国地质科学院	636	6.2	11 915	18.7	14	11.1
中国地震局	531	5.2	8 020	15.1	6	4.8
中国地质大学（北京）	529	5.2	10 620	20.1	24	19.0
北京大学	450	4.4	9 417	20.9	16	12.7
瓦迪亚喜马拉雅地质研究所	444	8.4	3 850	8.7	3	21.4
印度理工学院	412	7.8	4 447	10.8	0	0
南京大学	390	3.8	6 385	16.4	9	7.1
中国地质大学（武汉）	338	3.3	5 049	14.9	1	0.8
北京师范大学	290	2.8	3 708	12.8	6	4.8
中国气象局	275	2.7	5 110	18.6	4	2.4
中国气象科学研究院	225	2.2	3 178	14.1	3	3.2
印度喜马拉雅环境与发展研究所	214	4.1	1 306	6.1	1	7.1
印度加瓦尔大学	201	3.8	1 305	6.5	0	0
印度库蒙大学	201	3.8	1 163	5.8	1	7.1
印度科学与工业研究理事会	184	3.5	1 352	7.3	0	0
南京信息工程大学	180	1.8	1 538	8.5	3	2.4
印度德里大学	175	3.3	1 967	11.2	0	0
尼泊尔特里布文大学	172	36.2	2 104	12.2	4	23.5

注：研究机构依据 2007～2016 年发文量排序

在前文分析中，中国科学院被作为一个整体与其他研究机构进行分析比较。而在中国科学院研究所层面上，2007～2016 年第三极环境研究发文量排名前 10 位的研究所见表 10-7。分析表明，在中国科学院研究所中，青藏高原研究所近 10 年的第三极环境研究发文量、总被引次数和高被引论文发文量均位列第一，尤其在总被引次数和高被引论文产出方面表现突出。寒区旱区环境与工程研究所和地质与地球物理研究所等研究机构的第三极环境研究整体学术影响力和高被引论文产出也处于较领先的地位。

表 10-7　2007～2016 年中国科学院发文量排名前 10 位的研究所

研究机构	发文量/篇	占本国论文比例/%	总被引次数/次	篇均被引次数/次	高被引论文发文量/篇	占本国高被引论文比例/%
中国科学院青藏高原研究所	1 245	12.2	22 945	18.4	27	21.4
中国科学院寒区旱区环境与工程研究所	1 039	10.2	15 085	14.5	11	8.7
中国科学院地质与地球物理研究所	517	5.1	11 429	22.1	15	11.9
中国科学院地理科学与资源研究所	500	4.9	6 817	13.6	7	5.6
中国科学院大气物理研究所	385	3.8	7 755	20.1	9	7.1
中国科学院西北高原生物研究所	345	3.4	4 308	12.5	0	0
中国科学院地球环境研究所	274	2.7	4 971	18.1	4	3.2
中国科学院植物研究所	225	2.2	2 830	12.6	0	0
中国科学院成都山地灾害与环境研究所	194	1.9	2 225	11.5	1	0.8
中国科学院成都生物研究所	176	1.7	1 997	11.3	1	0.8

注：中国科学院寒区旱区环境与工程研究所于 2016 年 6 月与其他 4 个研究机构整合为中国科学院西北生态环境资源研究院（筹），本研究仍采用整合前的名称。研究所依据 2007～2016 年发文量排序

10.3.4.2　主要研究机构合作关系

图 10-8 为基于共现矩阵绘制的 2007～2016 年第三极环境研究发文量排名前 50 位的研究机构的合作关系网络。分析表明，第三极环境研究的国际合作网络呈现出以中国科学院为主要核心，兰州大学、中国地质大学（北京）、中国地质科学院和北京大学等研究机构为二级中心，多个国家的研究机构围绕合作中心开展合作的局面。与中国研究机构合作最多的是由美国加利福尼亚大学、科罗拉多大学和华盛顿大学等组成的合作网络，这与前面对国家（地区）合作关系的分析结果一致。另外，在合作关系网络中，印度喜马拉雅环境与发展研究所、瓦迪亚喜马拉雅地质研究所和德里大学等机构组成了一个相对独立的小型合作关系网络。

10.3.5　主要发文期刊分析

2007～2016 年第三极环境研究论文共涉及 1829 种期刊，发文量排名前 10 位的期刊的刊文数量及被引情况见表 10-8。总体来看，第三极环境研究论文主要发表在地球与行星科

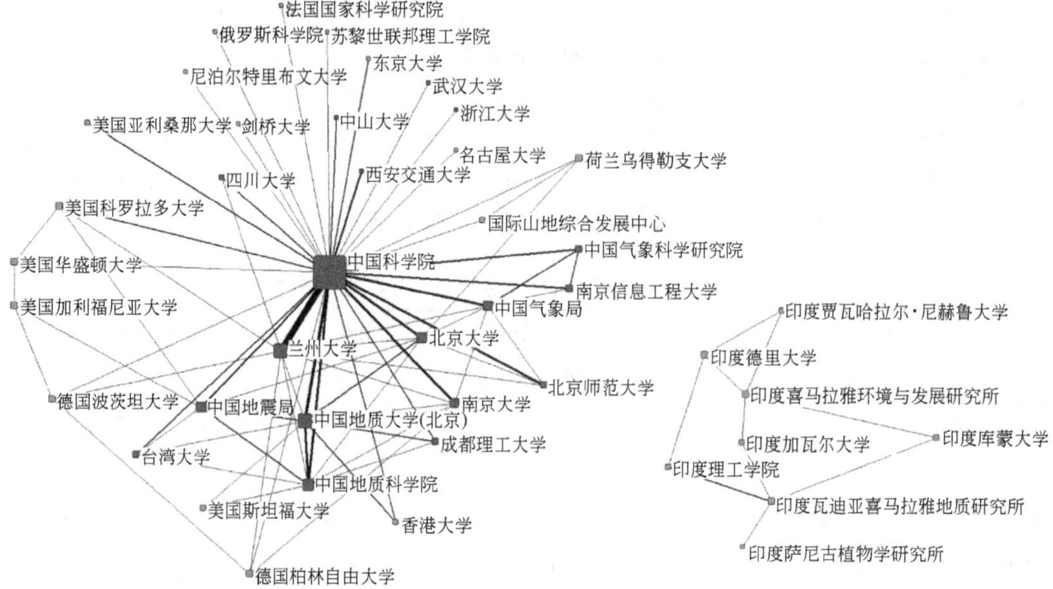

图 10-8　2007～2016 年第三极环境研究发文量排名前 50 位的研究机构的合作关系网络

节点代表研究机构，节点大小表示度中心性大小；连线代表研究机构间的合作，连线粗细表示合作发文量多少

学、构造物理学、地质学、地理学、气象学与大气科学等几类期刊上，这也反映出第三极环境研究与地质、大气和物理等学科相交叉的特征。第三极环境研究整体发文量最高的期刊为 *Journal of Asian Earth Sciences*，总被引次数、篇均被引次数和近 5 年（2011～2015 年）平均影响因子均位列第 1 位的期刊为 *Earth and Planetary Science Letters*。

从高被引论文来看，近 10 年第三极环境研究高被引论文共涉及 81 种期刊，高被引论文发文量排名前 10 位的期刊的刊文数量及被引情况见表 10-9。第三极环境研究高被引论文发文量最高的期刊为 *Gondwana Research* 和 *Nature*，总被引次数和篇均被引次数均位列第 1 位的期刊为 *Science*。

表 10-8　2007～2016 年第三极环境研究发文量排名前 10 位的期刊

期刊名称	发文量/篇	总被引次数/次	篇均被引次数/次	影响因子（2011～2015 年平均）
Journal of Asian Earth Sciences	429	6 759	15.8	2.905
Chinese Journal of Geophysics-Chinese Edition	351	2 649	7.5	0.855
Current Science	339	2 019	6.0	1.046
Acta Petrologica Sinica	330	2 680	8.1	1.444
Earth and Planetary Science Letters	327	11 662	35.7	4.966
Tectonophysics	313	6 391	20.4	3.177
PLos One	289	2 743	9.5	3.394
Journal of Geophysical Research Atmospheres	276	5 584	20.2	3.85

续表

期刊名称	发文量/篇	总被引次数/次	篇均被引次数/次	影响因子（2011～2015年平均）
Quaternary International	220	2 716	12.3	2.47
Chinese Science Bulletin	212	3 076	14.5	1.738

注：期刊依据2007～2016年发文量排序

表10-9　2007～2016年第三极环境研究高被引论文发文量排名前10位的期刊

期刊名称	发文量/篇	总被引次数/次	篇均被引次数/次	影响因子（2011～2015年平均）
Gondwana Research	14	1929	137.8	7.504
Nature	14	3552	253.7	43.769
Nature Geoscience	12	3135	261.3	14.350
Proceedings of the National Academy of Sciences of the United States of America	12	2227	185.6	10.414
Science	11	3632	330.2	38.062
Earth Science Reviews	10	1198	119.8	9.078
Earth and Planetary Science Letters	9	1160	128.9	4.966
Remote Sensing of Environment	9	1297	144.1	7.653
Tectonophysics	7	1246	178.0	3.177
Agricultural and Forest Meteorology	6	593	98.8	4.753

注：期刊依据2007～2016年高被引论文发文量排序

10.3.6　研究热点分析

10.3.6.1　高频关键词分析

基于2007～2016年论文的作者关键词词频分析，气候变化（832次）、降水（567次）、遥感应用与GIS（468次）、生物地理分布（339次）、新物种分类（333次）、地震构造（282次）、冰川（261次）、谱系地理学（261次）、山体滑坡（251次）、高山草甸（237次）、季风（188次）是出现频次最高的关键词。

通过对关键词归类组合发现，第三极环境研究的热点表现为以下6类：①青藏高原地质构造。构造学、海拔、地壳构造、接收函数法、高原隆升。②青藏高原气候系统变化与影响。气候变化、亚洲季风、极端降水、土壤湿度、全球变暖、土地利用、冰川、多年冻土、谱系地理学、生物地理分布。③冰冻圈变化。冰川水文学、冰川湖泊、冰川退缩、冰川构造、冰川测绘、多年冻土。④古气候学与古生态学。全新世、树木年轮、稳定同位素、古气候、地球年代学、湖泊沉积物。⑤第三极环境灾害。山体滑坡、汶川地震、地震构造、地震灾害、地震探测。⑥生态环境变化与生物资源。新物种分类、生物保护、基因多样性、生物多样性、药用植物、高山草甸。

另外，可以发现第三极环境研究的热门研究手段包括数值模拟、遥感、GIS、MODIS

和稳定同位素测年等；热门研究学科包括生物分类学、地球化学、谱系地理学、构造学、生物地理学和地球年代学等；热门研究区域包括中国、印度、尼泊尔和巴基斯坦等。

10.3.6.2 关键词年度变化分析

基于第三极环境研究论文的作者关键词词频统计，利用 TDA 对出现频次最高的前 30 个关键词进行年度变化的可视化分析（图 10-9）。分析结果表明，关于气候变化、降水、冰川、遥感应用与 GIS、地震构造、山体滑坡、生物地理分布、新物种分类和高山草甸等热点的研究在近 10 年呈增长趋势，其中，关于气候变化和降水的研究从 2011 年以来出现显著的增长趋势，冰川、遥感应用与 GIS、地震构造、山体滑坡、生物地理分布、高山草甸研究从 2013 年后增长迅速。关于中国的研究自 2009 年开始呈增加趋势，而关于印度的研究从 2013 年出现减少趋势。这表明，第三极地区气候要素的历史演变与季风影响、气候变化对青藏高原的水文影响、青藏高原地质灾害及其监测、生态环境变化与生物资源成为近年来愈益关注的研究热点问题。

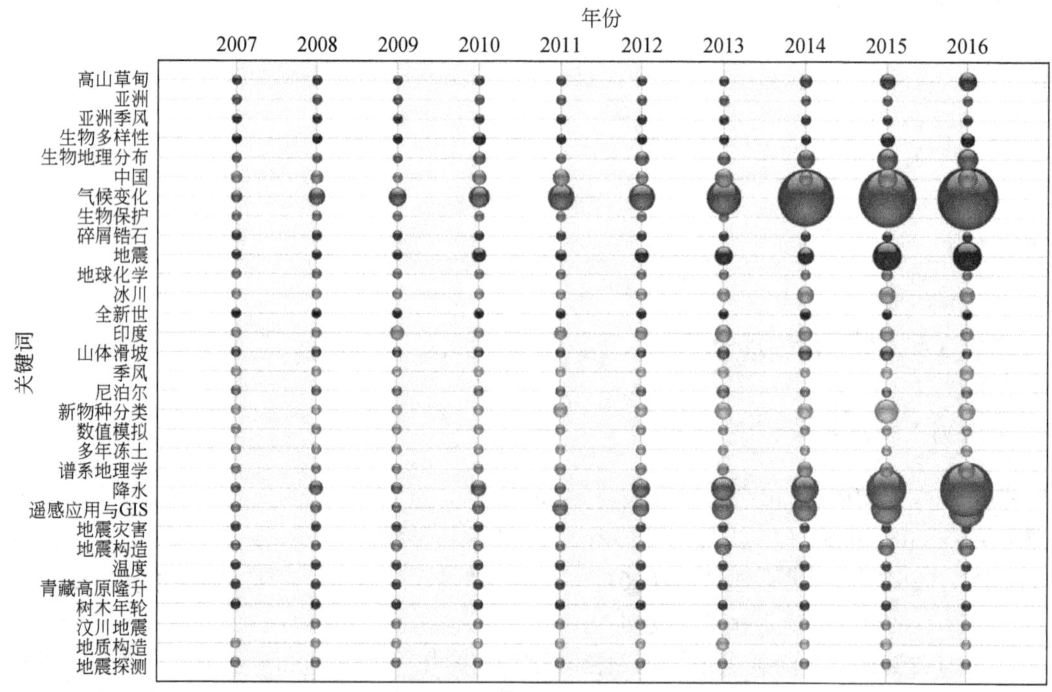

图 10-9 2007～2016 年第三极环境研究前 30 个关键词的年度变化（文后附彩图）

圆圈大小表示关键词出现频次的多少

10.3.6.3 关键词关联分析

基于第三极环境研究论文的作者关键词词频统计，对出现频次排名前 50 位的关键词进行关联分析（图 10-10）。分析得到该领域的关键研究方向：①青藏高原隆升机制及其地球化学过程；②青藏高原自然资源和生态系统；③冰冻圈变化及其水文和气候影响；④青藏高原隆升及其气候与环境效应；⑤第三极地区地震灾害研究与监测。其中，气候变化、数值模拟、地质构造、生物多样性和遥感应用与GIS是主题关联网络中的桥梁性关键词。

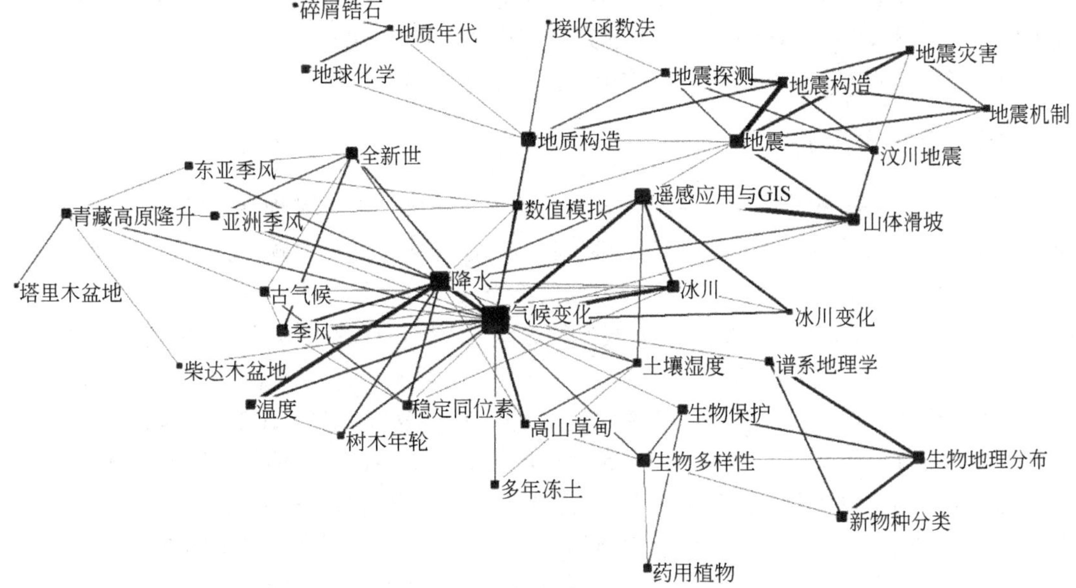

图 10-10　2007～2016 年第三极环境研究出现频次排名前 50 位的关键词关联

节点代表关键词，节点大小表示度中心性大小；连线代表关键词之间的关联，连线粗细表示关联关系的强弱

10.4　第三极环境研究趋势与热点分析

10.4.1　发展趋势

综上分析，目前国际第三极环境研究整体呈稳定发展态势，其中，1991～2006年和2007～2016年分别经历了稳定发展和快速增长的时期。受国际研究计划与项目的引导，未来几年还将继续保持较高的增长势头。

从国家角度来看，2007～2016年中国、印度和美国是第三极环境研究最主要的论文产出国家，其中，中国和美国的高被引论文发文量最多。中国第三极环境研究的发文量及整体学术影响力已达到较大的规模，论文产出和高被引论文产出均处于上升期，论文篇均影响力尚有进一步提升空间。随着科学考察的开展、重大研究计划的实施和国际合作的参与，未来中国在第三极环境研究领域将有更突出的表现。

从研究机构角度来看，中国和印度的研究机构占据了2007～2016年第三极环境研究发文量排名前 20 位研究机构中的绝大部分。中国科学院在发文量与学术影响力方面表现突出，是第三极环境研究领域发文量、总被引次数和高被引论文发文量均最高的研究机构。其他发文较多的国内研究机构包括兰州大学、中国地质科学院和中国地质大学（北京）等。

从合作角度来看，在国家合作层面上，中国是 2007～2016 年第三极环境研究国际合作网络中最核心的国家，美国与中国合作关系最为密切，英国、德国、法国与中国合作的密切程度次之；在研究机构合作层面上，第三极环境研究的国际合作网络呈现出以中国科学院为核心，兰州大学、中国地质大学（北京）、中国地质科学院和北京大学等研究机构为二级中心，多个国家的研究机构围绕合作中心开展合作的局面。

10.4.2 研究热点

从研究学科主题来看，2007～2016 年第三极环境研究主要涉及地球科学、地球化学与地球物理学、气象学与大气科学、环境科学和自然地理学等学科主题，其中，地球科学相关论文的比例超过 25%。第三极环境研究论文的发文期刊主要涉及地球与行星科学、构造物理学、地质学、地理学、气象学与大气科学等研究类别，反映出第三极环境研究与地质、大气和物理等学科相交叉的特征。

从国家研究主题来看，各国除了气候变化、降水、遥感应用与 GIS、季风、生物地理分布和新物种分类等共有的基本研究主题之外，还进行了各自的特色主题研究。例如，印度和巴基斯坦侧重生物多样性与生物保护、地震灾害与地震构造及药用植物等主题的研究；美国、德国、英国和法国等国家侧重地质构造与古气候方向的研究；日本侧重地震构造、山体滑坡和冰川水文方向的研究；中国侧重地质构造、高山生态环境、地震灾害和古气候等特色主题的研究。

从高频关键词角度来看，气候变化、降水、遥感应用与 GIS、生物地理分布、新物种分类、地震构造、冰川、谱系地理学、山体滑坡、高山草甸、季风是第三极环境研究的高频关键词，该领域的研究热点包括青藏高原地质构造、青藏高原气候系统变化与影响、冰冻圈变化、古气候学与古生态学、第三极环境灾害，以及生态环境变化与生物资源。重点研究手段包括数值模拟、遥感、GIS、MODIS 和稳定同位素测年等，热门研究学科包括生物分类学、地球化学、谱系地理学、构造学、生物地理学和地球年代学等，热门研究对象国家包括中国、印度、尼泊尔和巴基斯坦。

从关键词关系网络角度来看，气候变化、数值模拟、地质构造、生物多样性、遥感应用与 GIS 等关键词在主题关联网络中具有桥梁作用。第三极环境研究领域的关键研究方向包括：①青藏高原隆升机制及其地球化学过程。②青藏高原自然资源和生态系统。③冰冻圈变化及其水文和气候影响。④青藏高原隆升及其气候与环境效应。⑤第三极地区地震灾害研究与监测。

未来，冰冻圈计划、HIMAP、TPE 和 Pan-TPE 专项的实施，将推动第三极气候演变、全球变暖与冰冻圈、冰雪-水-大气相互作用、生态系统变化及反馈、人为因素的影响与结果方面的前沿研究取得新的成就。

10.5 总结与建议

1）从国家层面加大政策支持力度，制定第三极环境研究的长期规划。受第三极影响的东亚、南亚、中亚、西亚和中东欧等泛第三极地区是“一带一路”的核心地带，进一步深化和扩展对第三极环境的研究，是服务“一带一路”的新使命（杨雪，2017）。未来应该推出更多的科学计划来研究“一带一路”沿线地区面临的科学问题，同时要把研究尺度从局部提升到区域及全球，以更加全面地认识第三极地区环境变化的机制。开展大范围多角度的监测与研究，形成阶段性与标志性成果，使中国在国际第三极环境研究中发挥重要的引领作用。

2）加强第三极地区环境变化及其与全球气候变化的相互作用研究。从过去的气候变化看，整个第三极地区的升温速率是全球平均变化的两倍，按照巴黎气候大会设定的全球温度升高 2℃的上限预测，这一地区温度升高幅度可能将高达 4℃（中国气象局，2017）。如此剧烈的气候变化会对这一地区生态环境和人类活动产生怎样严重的后果存在很大的不确定性。未来需要结合大气模式/卫星遥感及资料同化系统等方法，加强研究全球气候变化对第三极地区高山、戈壁、冰川、冻土、湖泊、沙漠、生态系统、水资源、自然灾害的影响现状、影响机制及相互反馈作用，科学预估未来变化趋势，以期提高第三极地区人类适应气候变化的能力。

3）加快第三极地区生态系统变化趋势及未来影响的研究。近年来青藏高原呈现出部分地区生态系统稳定性降低的态势，这在一定程度上削弱了区域性生态屏障作用（孙爱民，2014）。根据国际第三极环境研究主要涉及的学科领域分析发现，2007～2016 年中国与全球的第三极环境研究学科领域分布形势非常相似，但是部分学科（如植物学）的投入与产出相对其他国家和其他领域较少。未来需要加大在相关领域的投入力度，如研究第三极地区特别是高海拔区域生态系统将发生怎样的变化，并深化高原地区生态系统变化的全球影响研究。

4）持续加强国际交流与技术合作。国际第三极环境研究文献计量分析显示，我国处于第三极环境研究合作网络中的核心地位，发文量及整体学术影响力已达到较大的规模，篇均影响力尚有继续提升空间。继续加强国际交流与技术合作将有助于进一步提升我国在第三极环境研究领域的影响力。随着“一带一路”倡议的实施，中国与周边国家在青藏高原领域的科研合作也将进一步加强。

致谢 中国科学院青藏高原研究所姚檀栋院士、马耀明研究员、王婷工程师，中国科学院成都山地灾害与环境研究所王根绪研究员、王小丹研究员、方一平研究员，中国科学院兰州文献情报中心肖仙桃研究员，四川大学黄成敏教授等专家对本报告提出了宝贵的意见与建议，谨致谢忱！

参考文献

陈发虎，安成邦，董广辉，等. 2017. 丝绸之路与泛第三极地区人类活动、环境变化和丝路文明兴衰. 中国科学院院刊，32（9）：967-975.

国务院. 2006. 国家中长期科学和技术发展规划纲要（2006—2020 年）. http：//www. most. gov. cn/mostinfo/xinxifenlei/gjkjgh/200811/t20081129_65774. htm［2006-02-09］.

环境保护部. 2011. 国务院印发《关于印发青藏高原区域生态建设与环境保护规划（2011—2030 年）的通

知》加强青藏高原生态建设与环境保护 维护国家生态安全. http：//www.zhb.gov.cn/gkml/hbb/ qt/201106/t20110616_212635. htm［2011-06-11］.

马耀明，胡泽勇，田立德，等. 2014. 青藏高原气候系统变化及其对东亚区域的影响与机制研究进展. 地球科学进展，29（2）：207-215.

马耀明. 2010. “第三极环境（TPE）计划”：一个新的研究青藏高原及其周边地区地气相互作用的机遇//中国气象学会. 第 27 届中国气象学会年会干旱半干旱区地气相互作用分会场论文集. 北京：2010 年 10 月 21-23 日.

马耀明. 2012. 青藏高原多圈层相互作用观测工程及其应用. 中国工程科学，14（9）：28-34.

孙爱民. 2014. “第三极”生态变化之忧. http：//tech. hexun. com/2014-01-23/161689514. html［2014-01-23］.

孙鸿烈，郑度，姚檀栋，等. 2012. 青藏高原国家生态安全屏障保护与建设. 地理学报，67（1）：3-12.

孙鸿烈. 2000. 青藏高原科学考察研究的回顾与展望. 资源科学，22（3）：6-8.

王小丹，程根伟，赵涛，等. 2017. 西藏生态安全屏障保护与建设成效评估. 中国科学院院刊，32（1）：29-34.

杨雪. 2017-7-12. 多国科学家共议泛第三极环境与“一带一路”. 科技日报，3.

姚檀栋，陈发虎，崔鹏，等. 2017. 从青藏高原到第三极和泛第三极. 中国科学院院刊，32（9）：924-931.

姚檀栋，姚治君. 2010. 青藏高原冰川退缩对河水径流的影响. 自然杂志，32（1）：4-8.

姚檀栋，朱立平. 2006. 青藏高原环境变化对全球变化的响应及其适应对策. 地球科学进展，21（5）：459-464.

姚檀栋. 2012. 青藏高原国际合作研究呈新格局. 科学中国人，（8）：56.

姚檀栋. 2014. “第三极环境（TPE）”国际计划——应对区域未来环境生态重大挑战问题的国际计划. 地理科学进展，33（7）：884-892.

叶笃正，高由禧. 1979. 青藏高原气象学. 北京：科学出版社.

中国科学院青藏高原研究所. 2016. “泛第三极环境”国际计划. http：//cnc-fe. cast. org. cn/haikou/11-11/11morning/11-11-4. pdf.［2016-11-16］.

中国科学院青藏高原综合科学考察队. 1974. 中国科学院青藏高原科学考察 1973 年概况. 科学通报，19（6）：287-288.

中国科学院学部. 2009. 青藏高原冰川冻土变化影响分析与应对措施. 中国科学院院刊，24（6）：645-648.

中国科学院院刊. 2016. 青藏高原多圈层相互作用及其资源环境效应. 中国科学院院刊，31（Z2）：96-100.

中国科学院院刊. 2017. 泛第三极环境与“一带一路”协同发展. 中国科学院院刊，32（Z2）：23-25.

中国气象局. 2017. 我们为什么要研究青藏高原？它与“一带一路”有啥关系?. http：//www. cclycs. com/y288947. html［2017-11-12］.

中国科学院发展规划局. 2016. 中国科学院“十三五”发展规划纲要. http：//www. cas. cn/yw/201609/t20160902_4573584. shtml［2016-09-02］.

周明煜，徐祥德，卞林根，等. 2000. 青藏高原大气边界层观测分析与动力学研究. 北京：气象出版社.

Clarivate Analytics. 2018a. Web of Science 核心合集 帮助. https：//images. webofknowledge. com/images/help/zh_CN/WOS/hp_subject_category_terms_tasca. html［2018-01-31］.

Clarivate Analytics. 2018b. Science Citation Index Expanded-覆盖范围说明（SCIE）. http：//mjl. clarivate. com/scope/scope_scie/.［2018-01-31］.

CORDIS. 2017. CEOP-AEGIS. http：//cordis. europa. eu/project/rcn/89348_en. html.［2017-05-25］.

European Commission（EC）. 2015. Investing in European success，A Decade of Success in Earth Observation

Research and Innovation，Luxembourg：Publications Office of the European Union，- 45 pp. http：//ec. europa. eu/newsroom/horizon2020/document. cfm?doc_id=12498［2015-10-19］.

Ev-K2-CNR. 2008. Ev-K2-CNR Research Project 2008-2010. http：//www. evk2cnr. org/cms/files/evk2cnr. org/Piano%20Triennale%202008-2010. pdf［2017-09-20］.

Ev-K2-CNR. 2017. Introduction to Ev-K2-CNR Association. http：//www. evk2cnr. org/cms/en/evk2cnr_committee/presentation［2017-09-20］.

HIMAP. 2017. About HIMAP. https：//hi-map. org.［2017-09-20］.

ICIMOD. 2008. ICIMOD's Road Map for the Next Five Years. http：//lib. icimod. org/record/26303/files/c_attachment_523_4857. pdf.［2008-09-05］.

ICIMOD. 2012. A Strategy and Results Framework for ICIMOD. http：//www. icimod. org/resource/13169［2013-05-13］.

ICIMOD. 2016. Cryosphere Initiative Flyer. http：//www. icimod. org/resource/23133.［2016-02-24］.

ICIMOD. 2017a. 喜马拉雅地区气候变化适应项目（HICAP）. http：//www. icimod. org/?q=17158.［2017-09-20］.

ICIMOD. 2017b. Cryosphere Initiative. http：//www. icimod. org/?q=23129.［2017-09-20］.

Ma Y，Kang S，Zhu Y，et al. 2008. Tibetan observation and research platform-atmosphere-land interaction over a heterogeneous landscape. Bulletin of the American Meteorological Society，89：1487-1492.

Ma Y，Zhong L，Su Z，et al. 2006. Determination of regional distributions and seasonal variations of land surface heat fluxes from Landsat-7 enhanced thematic mapper data over the central Tibetan Plateau area. Journal of Geophysical Research-Atmospheres，111（D10）：305.

Menenti M，Li J，Colin J. 2014. CEOP AEGIS Final Report. http：//www. ceop-aegis. net/lib/exe/fetch. php?media=ceop-aegis_finalreport_v2_2014-01-05. pdf［2014-01-05］.

Qiu J. 2008. China：The third pole. Nature，454（7203）：393-396.

Sharma E，Molden D，Wester P，et al. 2016. The Hindu Kush Himalayan Monitoring and Assessment Programme：Action to Sustain a Global Asset. Mountain Research and Development，36（2）：236-239.

Shrestha A B，Agrawal N K，Alfthan B，et al. 2015. The Himalayan Climate and Water Atlas：Impact of Climate Change on Water Resources in Five of Asia's Major River Basins. http：//www. icimod. org/wateratlas/index. html［2014-12-11］.

Third Pole Environment（TPE）. 2016. Observation Platforms. http：//www. tpe. ac. cn/template. jsp?alias=SProgram［2016-07-25］.

Third Pole Environment（TPE）. 2017. Third Pole Environment Database-About US. http：//www. tpedatabase. cn/portal/Contact. jsp［2017-09-20］.

TiP. 2014. Tibetan Plateau：Formation-Climate-Ecosystems. http：//www. tip. uni-tuebingen. de/index. php/de.［2017-09-20］.

TPE Science Committee. 2009. Report of the 1st Third Pole Environment（TPE）Workshop，Beijing，China.

Wu G，Zhang Y. 1998. Tibetan Plateau forcing and timing of the monsoon onset over South Asia and the South China sea. Monthly Weather Review，126（4）：913-927.

Yao T，Thompson L G，Mosbrugger V，et al. 2012. Third pole environment（TPE）. Environmental Development，3（1）：52-64.

彩　　图

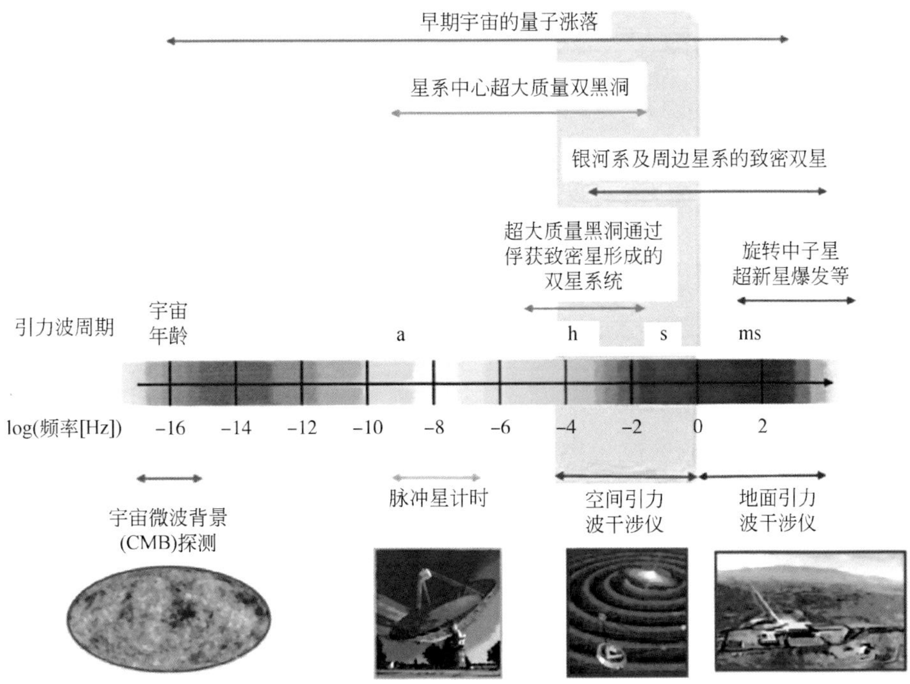

图 2-1　引力波探测器对应的引力波波源及频段

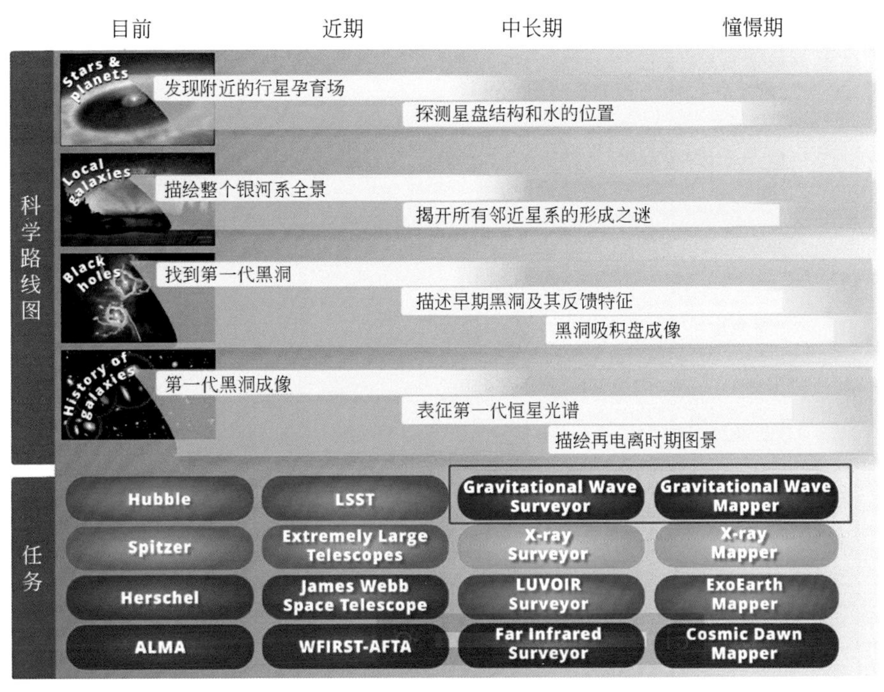

图 2-2　NASA 发布的《天体物理学三十年发展路线图》

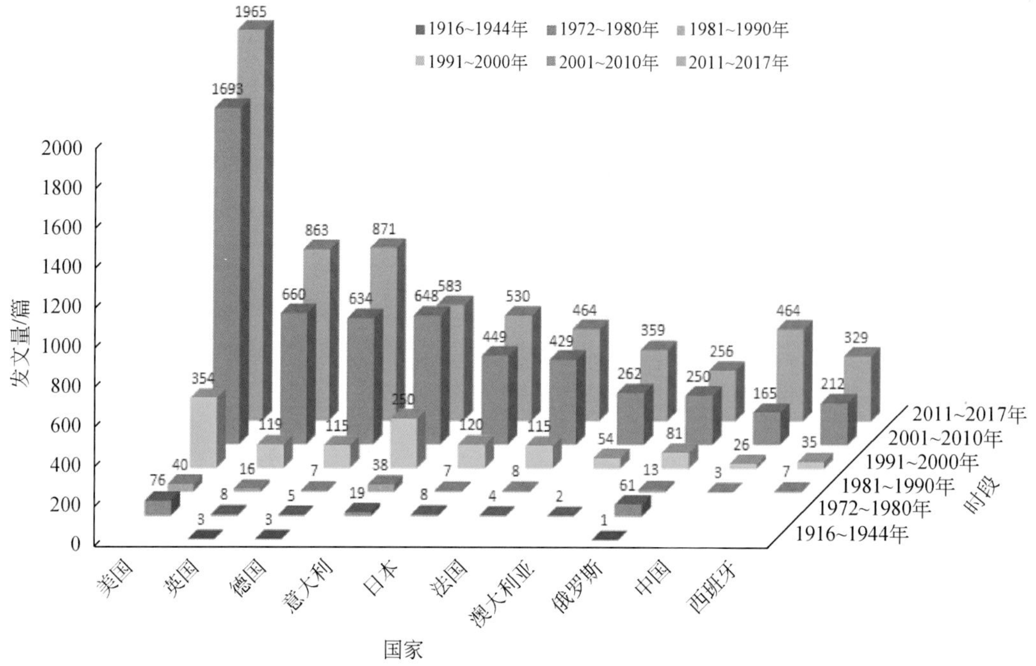

图 2-6　引力波研究领域基础研究发文量排名前 10 位的国家发文量趋势

图 2-9　引力波研究领域高频关键词分布

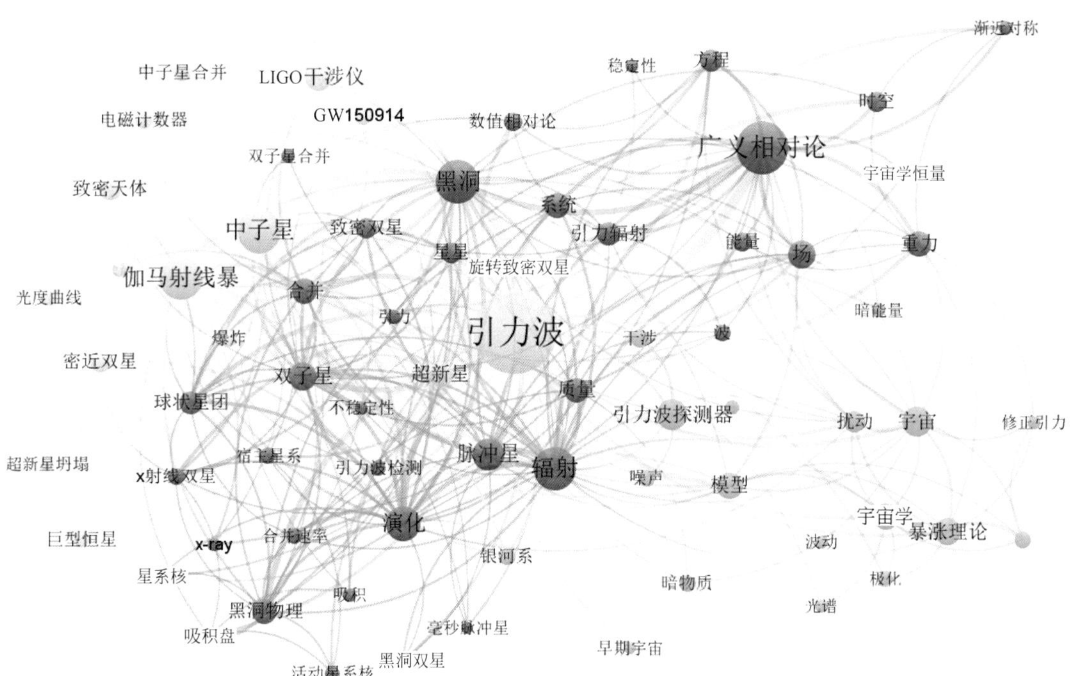

图 2-10　2016 ～ 2017 年引力波研究领域高频关键词分布

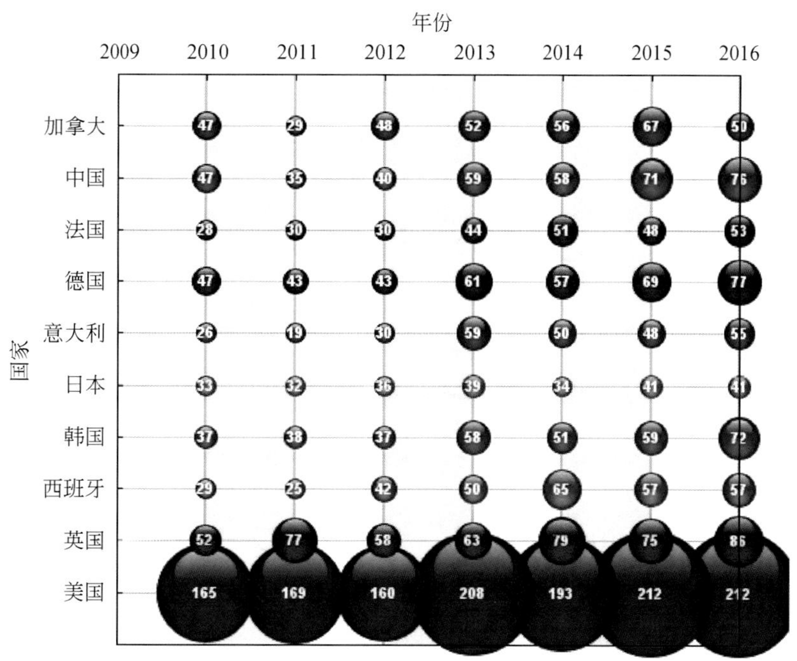

图 3-4　2010 ～ 2016 年虚拟现实主要发文国家的年度发文量

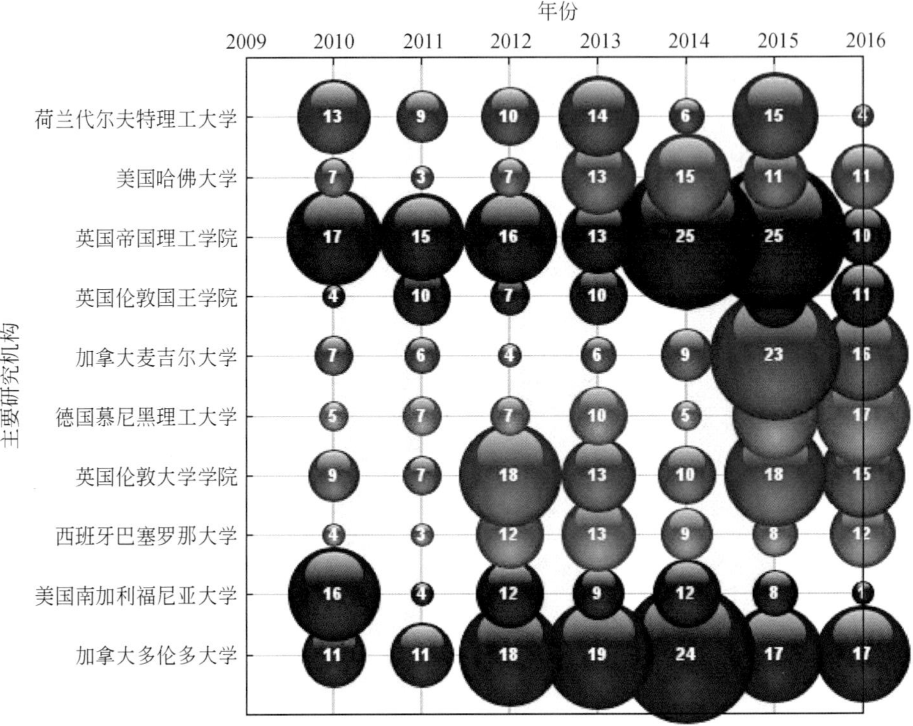

图 3-6　2010 ～ 2016 年虚拟现实主要研究机构发文量年度变化趋势

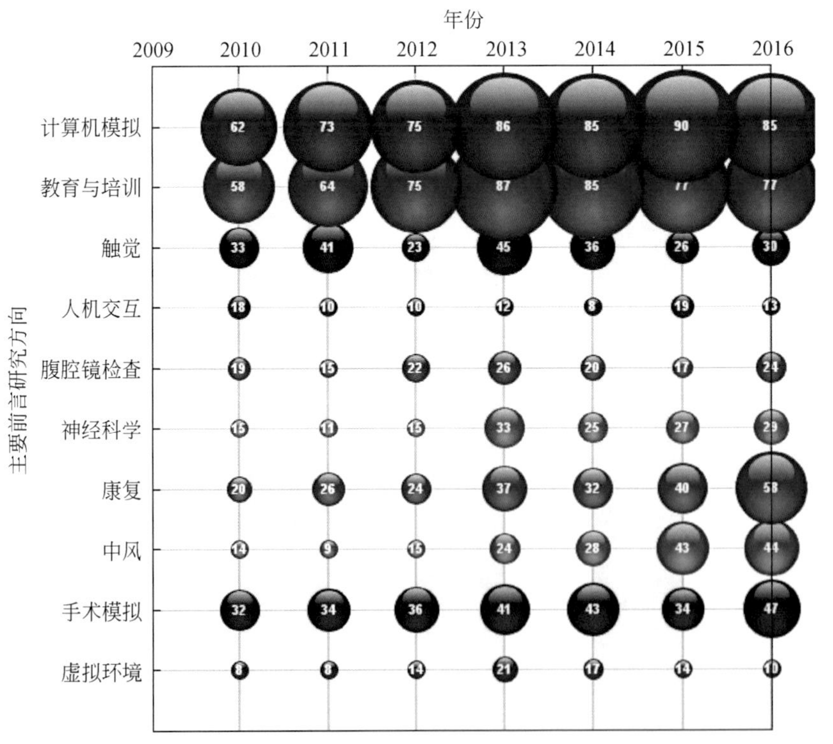

图 3-8　2010 ～ 2016 年虚拟现实主要前沿研究方向的发展变化趋势

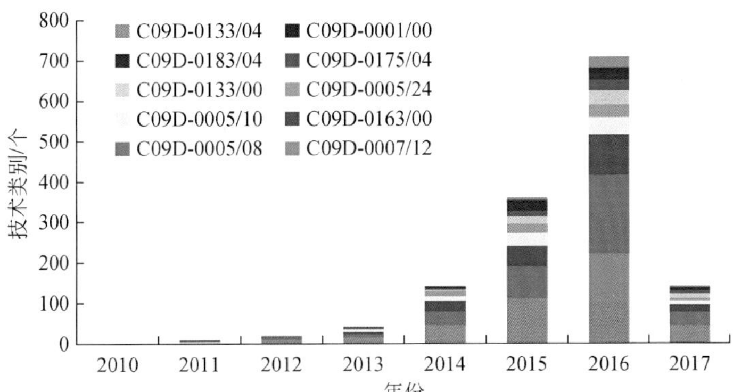

图 4-3　石墨烯防腐涂料技术技术类别的年度分布

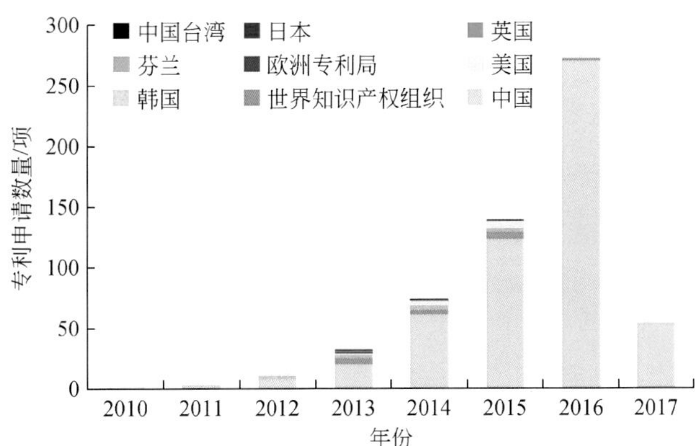

图 4-5　主要国家（地区）和组织石墨烯防腐涂料技术专利申请数量的年度分布

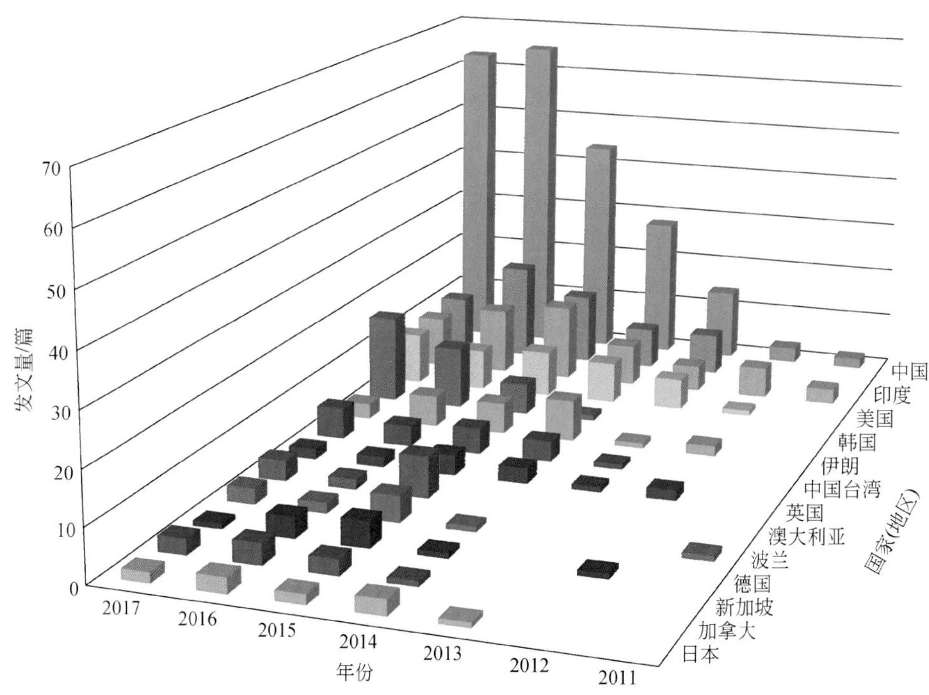

图 4-8　石墨烯防腐涂料发文量国家（地区）随时间的发展趋势

图 5-2　ITER 装置现场图（ITER Organization，2017）

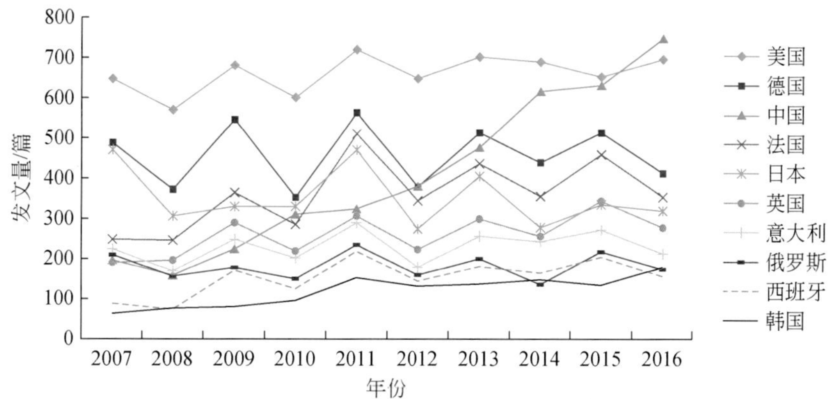

图 5-4　核聚变主要研究国家发文趋势

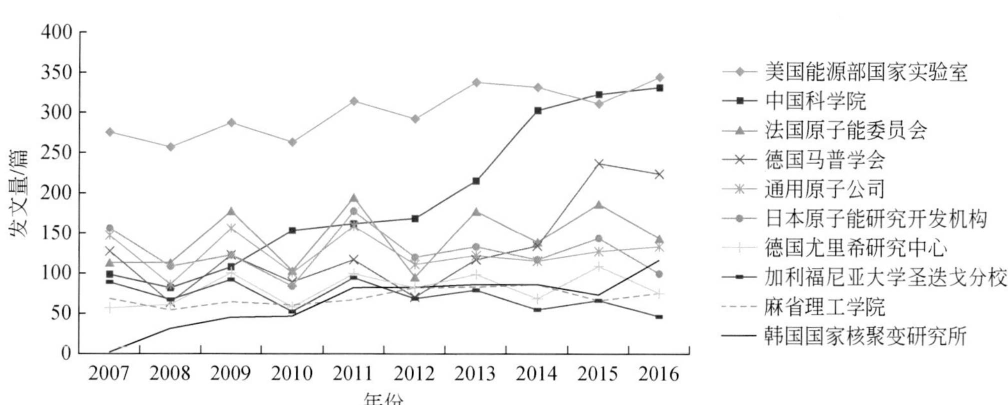

图 5-5　核聚变主要研究机构发文趋势

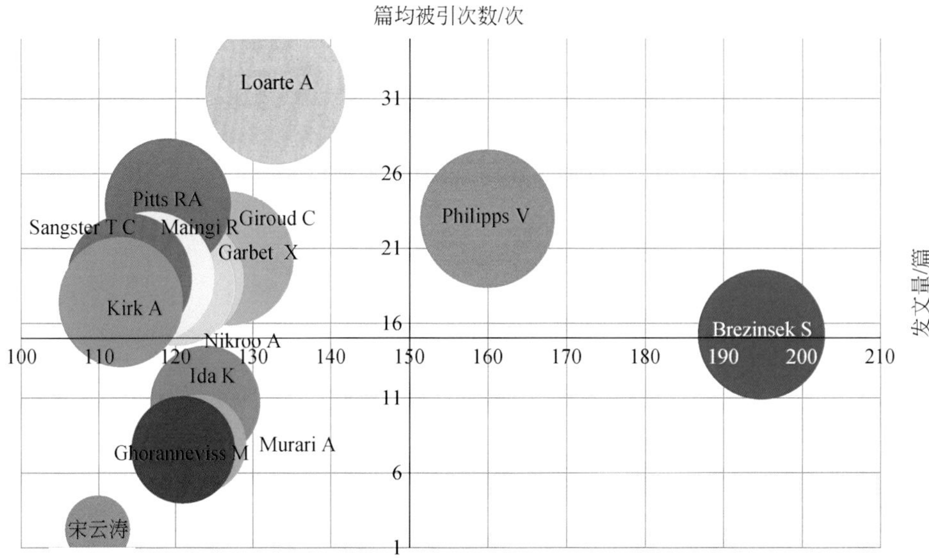

图 5-6 主要研究人员综合比较

圆圈大小代表研究人员的 H 指数

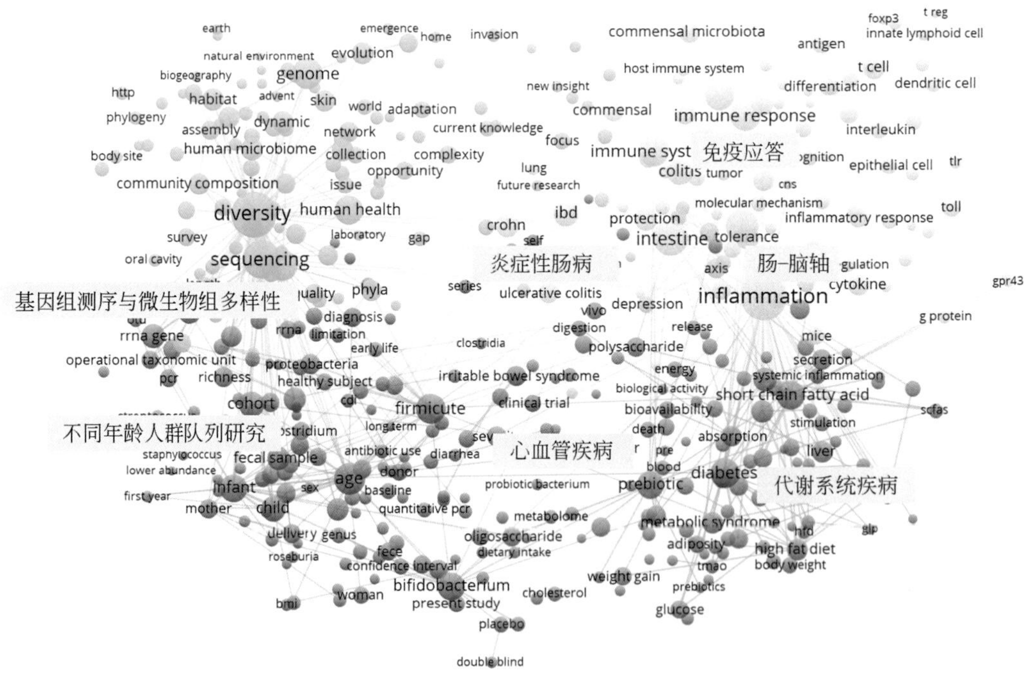

图 7-4 人类微生物组研究热点

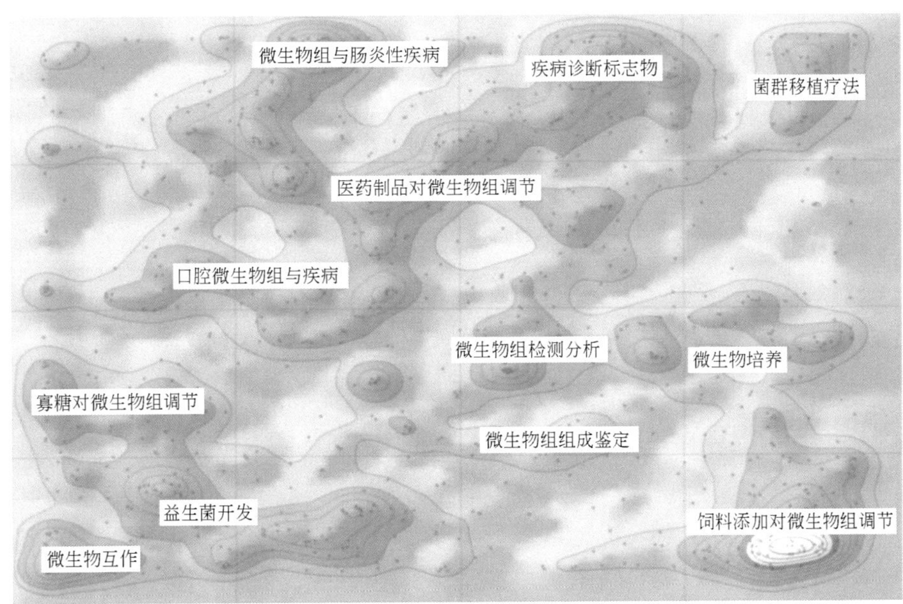

图 7-7　人类微生物组专利地图

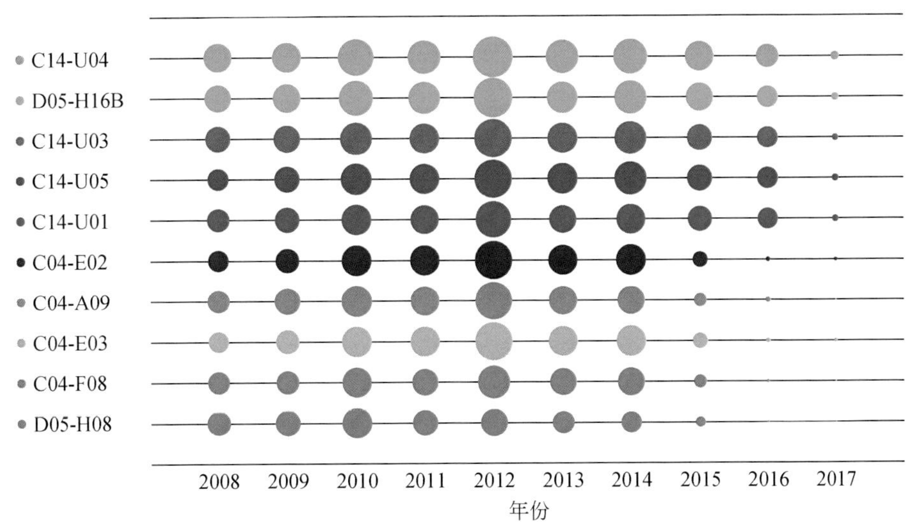

图 8-8　作物病虫害导向性防控研究领域排名前 10 位的专利技术主题 2008 ～ 2017 年发展趋势 - 基于 DWPI 手工代码

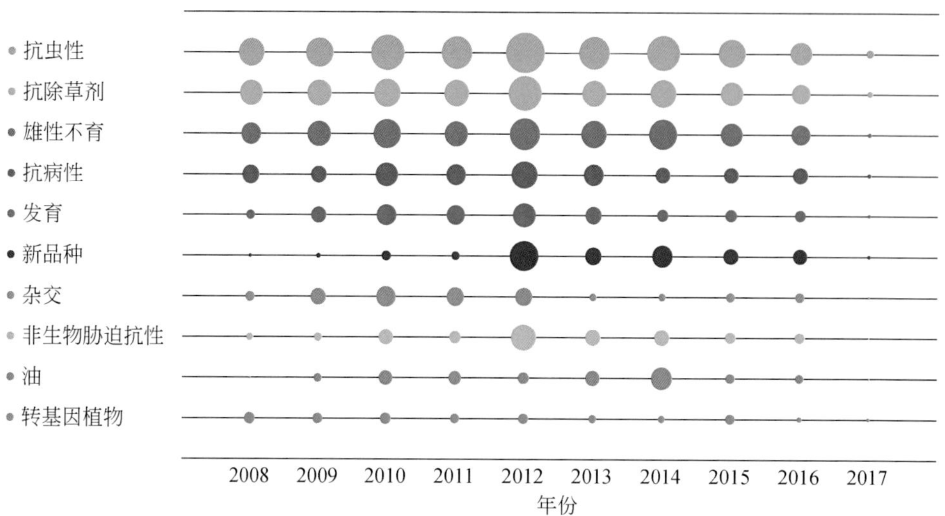

图 8-9　作物病虫害导向性防控研究领域排名前 10 位的专利技术主题 2008 ～ 2017 年发展趋势 - 基于标题高频词

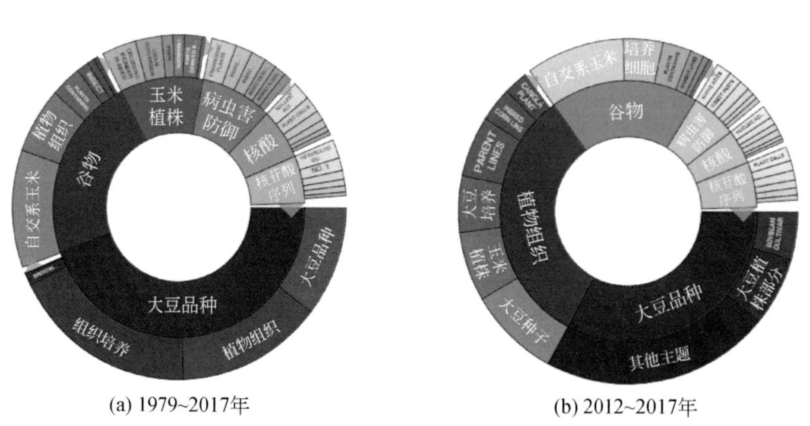

(a) 1979~2017年　　(b) 2012~2017年

图 8-12　作物病虫害导向性防控领域技术主题对比分析

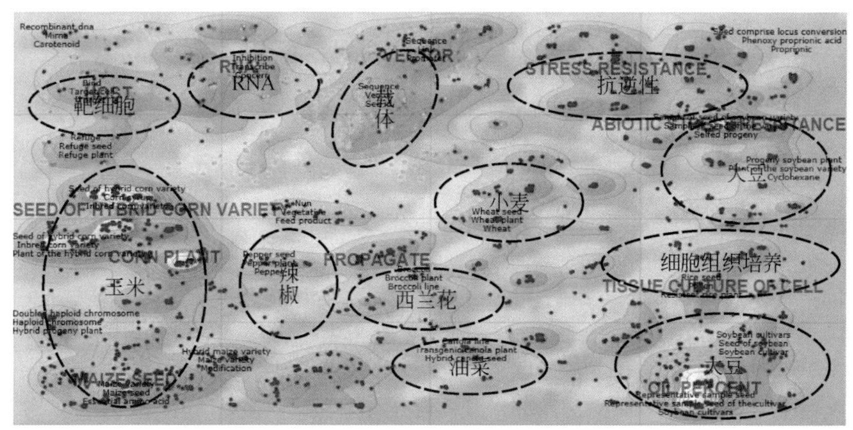

图 8-13　作物病虫害导向性防控技术专利全景地图

山峰表示相似专利形成的不同技术主题，白色表示专利集中领域和热点，红色点表示美国申请的专利，绿色点表示中国申请的专利

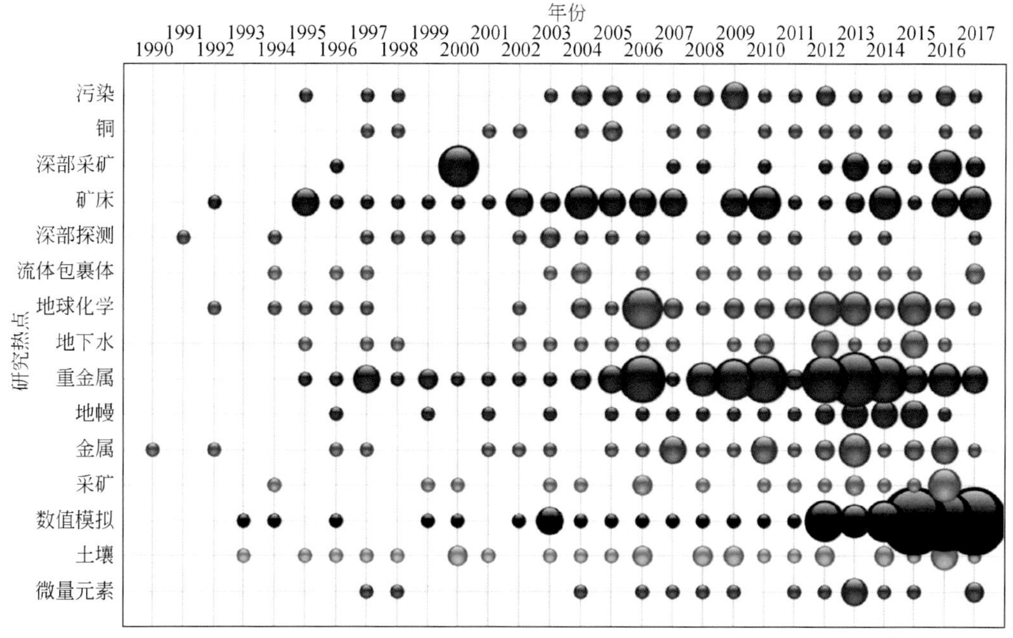

图 9-8　1990 ～ 2017 年地球深部金属矿资源探测研究热点变化图

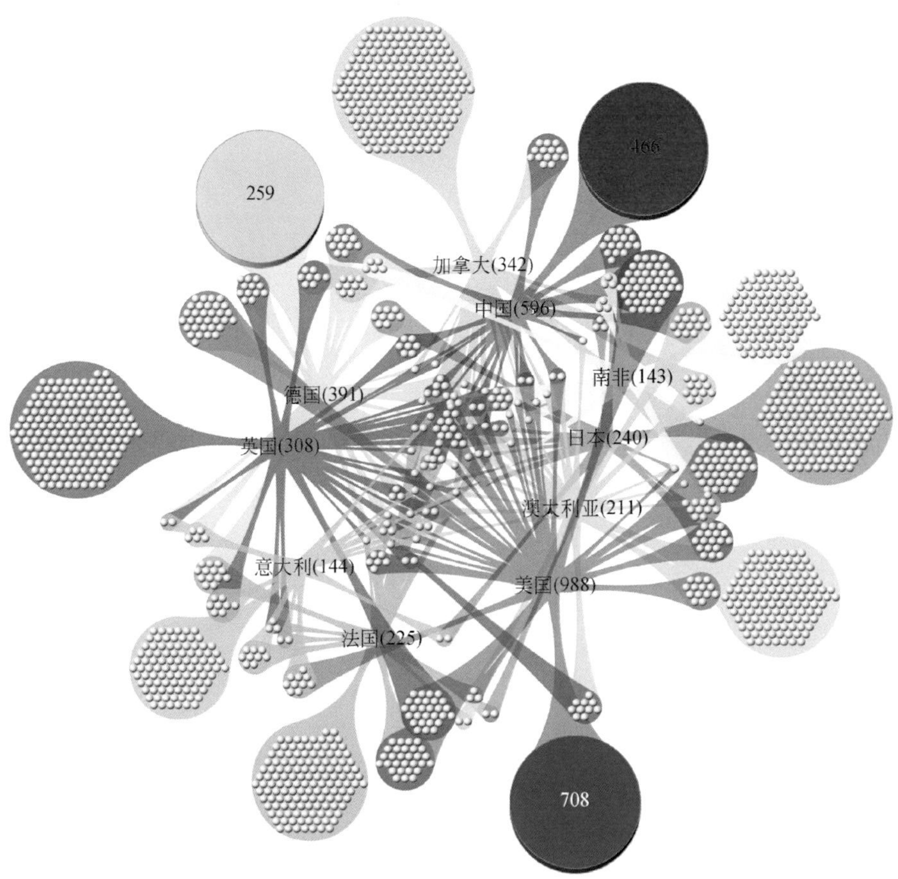

图 9-9　主要国家在地球深部金属矿资源探测研究领域的合作关系

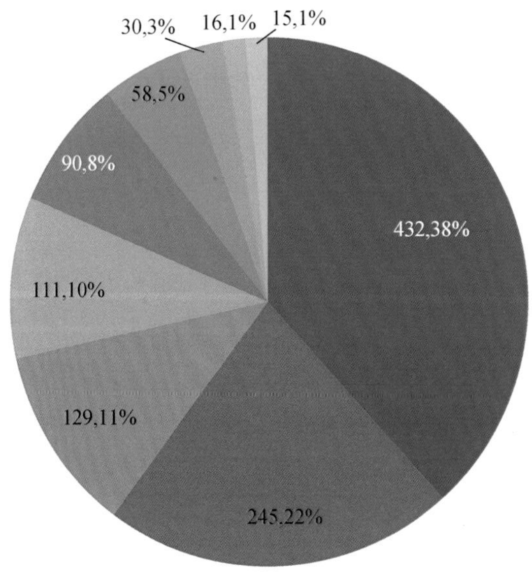

图 9-11　排名前 10 位的地球深部金属矿资源探测及开采的专利授权国家及组织机构分布

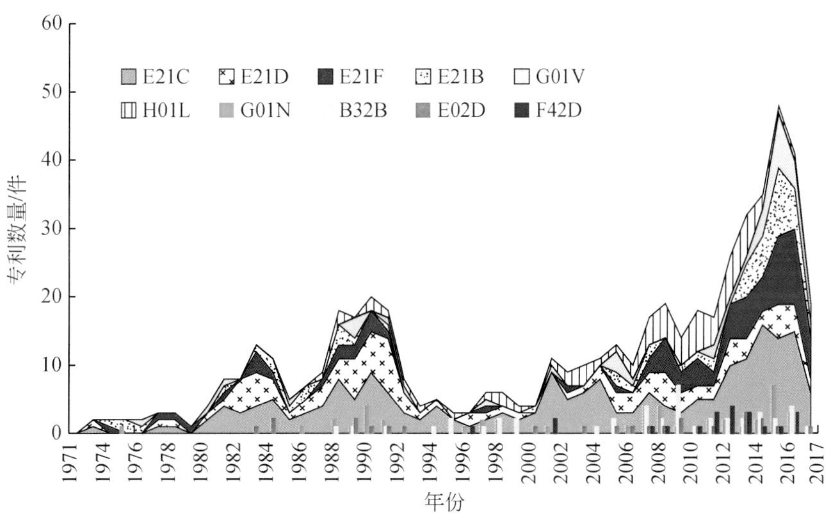

图 9-13　地球深部金属矿产探测及开采排名前 10 位的专利技术布局的年度分布

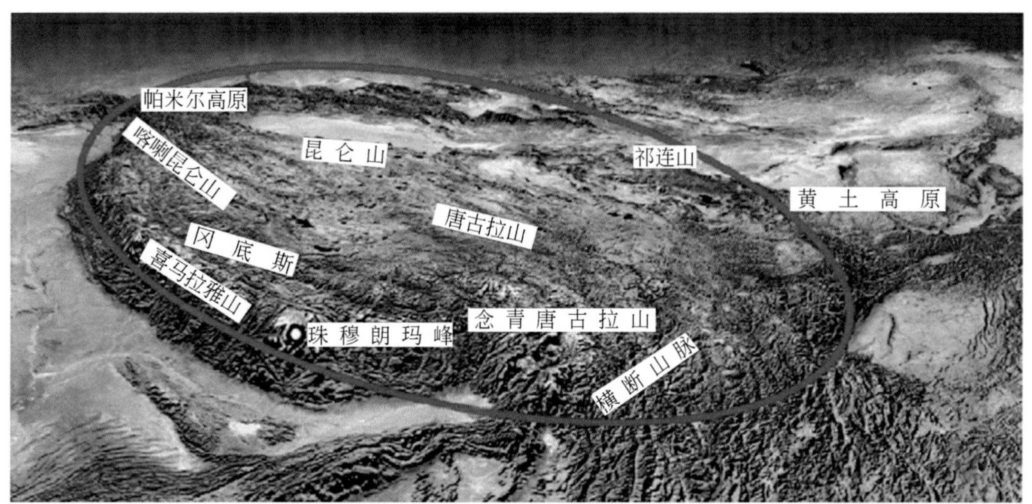

图 10-1　第三极地区的空间范围

（姚檀栋，2014）

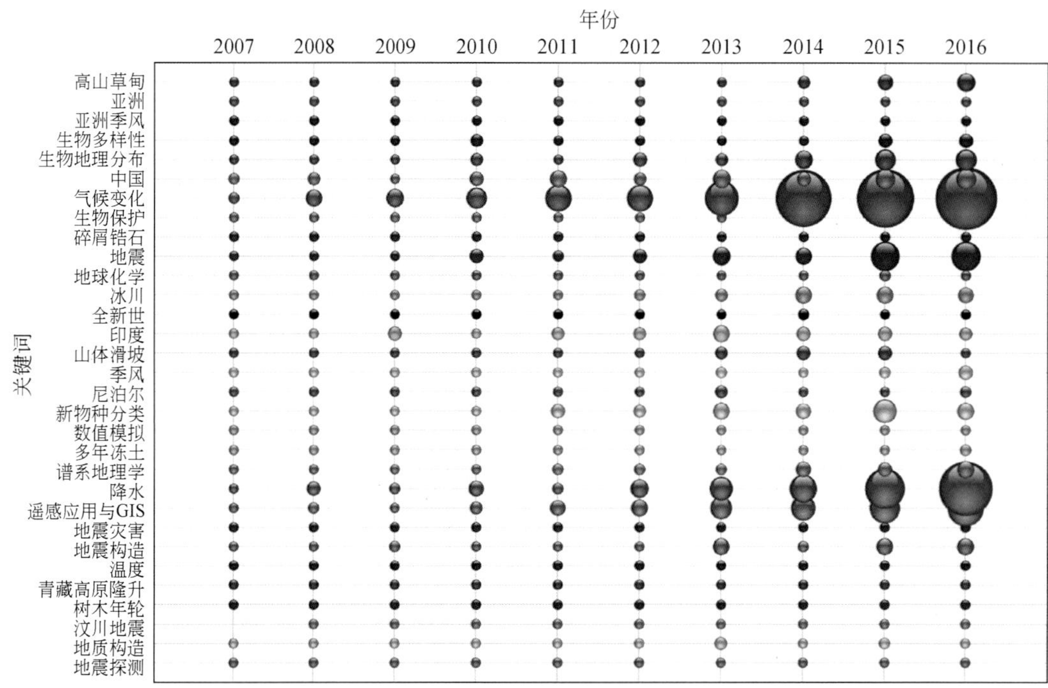

图 10-9　2007 ～ 2016 年第三极环境研究前 30 个关键词的年度变化

圆圈大小表示关键词出现频次的多少